网络空间安全科学与技术丛书

简洁非交互
零知识证明

张宗洋 李威翰 周子博
伍前红 刘建伟◎著

人 民 邮 电 出 版 社
北 京

图书在版编目（CIP）数据

简洁非交互零知识证明 / 张宗洋等著. -- 北京 :
人民邮电出版社, 2024.11
（网络空间安全科学与技术丛书）
ISBN 978-7-115-61254-0

Ⅰ. ①简… Ⅱ. ①张… Ⅲ. ①计算机网络－网络安全
－研究 Ⅳ. ①TP393.08

中国国家版本馆CIP数据核字(2023)第034943号

内容提要

区块链、隐私计算、人工智能等技术的快速发展，极大地推动了零知识证明尤其是简洁非交互零知识证明的发展。本书从通用构造方法、底层技术原理、协议性能表现等角度深入研究了现有的简洁非交互零知识证明。首先，较为详细地介绍了零知识证明的相关背景知识，总结了简洁非交互零知识证明的通用构造方法。其次，分别基于信息论安全证明和底层关键技术对现有的简洁非交互零知识证明进行分类并提炼了核心思路，深入分析了典型协议的实现原理，研究辨析了各类协议的性能表现，探讨其安全性并指出适用场景。再次，分析了零知识证明的应用，指出了在一些典型应用（如 Zcash、以太坊等）中零知识证明是如何应用的，探讨了零知识证明的标准化进程。最后，总结了简洁非交互零知识证明的发展方向。

本书的读者对象为对隐私计算、区块链、人工智能等领域的隐私保护感兴趣或者致力于深入研究的初学者，以及从事其他领域工作、想要了解零知识证明的研究者。

◆ 著　　张宗洋　李威翰　周子博　伍前红　刘建伟
　责任编辑　张亚晓
　责任印制　马振武
◆ 人民邮电出版社出版发行　北京市丰台区成寿寺路 11 号
　邮编　100164　电子邮件　315@ptpress.com.cn
　网址　https://www.ptpress.com.cn
　固安县铭成印刷有限公司印刷
◆ 开本：787×1092　1/16
　印张：13　　2024 年 11 月第 1 版
　字数：317 千字　　2024 年 11 月河北第 1 次印刷

定价：139.80 元

读者服务热线：(010)53913866　印装质量热线：(010)81055316
反盗版热线：(010)81055315
广告经营许可证：京东市监广登字 20170147 号

前 言

本书是面向从事隐私计算研究的学者或技术人员的专著，主要针对隐私计算的关键技术——零知识证明技术展开论述，包括零知识证明的定义、各种构造方案以及应用。作者努力使得本书适用于具备密码学基础知识、志在从事零知识证明研究的科技人员。

随着《通用数据保护条例》《中华人民共和国数据安全法》等的实施，如何针对数据进行依法合规处理，同时实现隐私信息保护，即实现敏感数据的“可用不可见”，催生了隐私计算这一重要研究领域。而隐私计算的关键技术主要涉及联邦学习、同态加密、零知识证明、安全多方计算等。零知识证明是运行在证明者和验证者之间的一种两方密码协议，可用于进行成员归属命题证明或知识证明。零知识证明具有完备性、可靠性和零知识性。零知识性是指证明者能向验证者证明某个陈述的正确性而不泄露除正确性以外的其他额外信息。零知识证明的 3 个性质使其具备了信任建立和隐私保护的功能，具有良好的应用前景。它不仅可以用于公钥加密、签名、身份认证等经典密码学领域，也与区块链、隐私计算等新兴热门技术的信任与隐私需求高度契合。

零知识证明作为隐私计算的重要技术之一，在与区块链及隐私计算相关的专著中常有涉及，但国内缺乏专门对零知识证明的系统介绍。本书主要针对零知识证明技术（本书涉及的所有具体零知识证明均是零知识知识证明）展开研究，立志让研究人员对这一领域的来龙去脉和最新进展有清晰的理解。本书从通用构造方法、底层技术原理、协议性能表现等角度深入研究了现有的简洁非交互零知识证明。

本书的第 1～3 章主要由张宗洋撰写，第 4～6 章和第 8 章主要由李威翰撰写，第 7 章和第 9 章主要由周子博撰写，第 10 章主要由伍前红撰写，第 11～12 章主要由刘建伟撰写，最终由张宗洋负责整本书的校订和勘误。

本书得到多个国家级/省部级科研项目的支撑，包括国家重点研发计划项目（2021YFB3100400）、国家自然科学基金项目（61972017，61972018，72031001，61932014）、北京市自然科学基金面上专项（M22038）。

感谢中国科学院信息工程研究所的邓燚研究员在本书撰写过程中给予的帮助，他阅读了初稿并提供了许多很有价值的反馈与意见。感谢我的硕士生孟子煜对零知识证明与以太坊扩容部分内容的帮助，感谢本科生李天宇对交互式证明系统的例子提供的帮助，感谢我的家人在写书过程中给予的支持和理解。

张宗洋

2023 年 8 月于北京航空航天大学

目录

第 1 章 引 言

主要内容

- 数独问题与零知识证明
- 零知识证明落地的应用需求
- 零知识证明与隐私计算、区块链
- 本书贡献及结构

零知识证明由 Goldwasser、Micali 和 Rackoff[1]提出，是运行在证明者和验证者之间的一种两方密码协议。利用该协议，证明者可向验证者证明某个陈述的正确性而不泄露除陈述正确性以外的其他任何信息。虽然零知识证明的概念提出较早，对其理论研究也较为丰富，但直至近十余年来，随着区块链、隐私计算、人工智能等技术的快速发展，零知识证明尤其是简洁非交互零知识证明才得以真正落地应用。本章第 1.1 节用一个例子简单介绍零知识证明，旨在让读者对其有一个初步的认识；第 1.2 节介绍隐私时代下的零知识证明；第 1.3 节介绍本书贡献及结构。

1.1 零知识证明简介

本节简要介绍零知识证明，第 1.1.1 小节讲述一个基于数独的例子，第 1.1.2 小节介绍本书涉及的零知识证明的相关知识要点。

1.1.1 数独问题

1.1.1.1 数独

数独问题是一种运用纸、笔进行演算的逻辑游戏。玩家需要根据 9×9 盘面上的已知数字，推理出所有剩余空格的数字，并满足每一行、每一列、每一个九宫格（3×3）内的数字均含 1～9，且不重复。一个数独问题的实例及其解如图 1.1 和图 1.2 所示。

5	3			7				
6			1	9	5			
	9	8					6	
8				6				3
4			8		3			1
7				2				6
	6					2	8	
			4	1	9			5
				8			7	9

图 1.1　一个数独问题的实例

5	3	4	6	7	8	9	1	2
6	7	2	1	9	5	3	4	8
1	9	8	3	4	2	5	6	7
8	5	9	7	6	1	4	2	3
4	2	6	8	5	3	7	9	1
7	1	3	9	2	4	8	5	6
9	6	1	5	3	7	2	8	4
2	8	7	4	1	9	6	3	5
3	4	5	2	8	6	1	7	9

图 1.2　图 1.1 数独问题的解（用圆圈表示）

数独问题具有这样的性质：给定一个数独问题的解，可以快速验证这个解是否正确；但仅给出这个问题的盘面，推理出剩余空格的数字可能需要花费一定的时间和计算量。正是因为这个性质，数独问题的解才存在价值，数独问题的比赛才有了意义。

1.1.1.2　一个证明的契机

小明和小红都是数独爱好者。有一天，小明出了一道非常困难的数独题，他将这道题交给小红求解。小红费尽周折、绞尽脑汁，都没有解出来。小红觉得不对劲，以为小明出了一道无解的数独题来耍她，于是就去质疑小明：“我觉得这道数独题没有解！”小明淡定地回答道：“这道题当然是有解的，并且我可以证明给你看我拥有这道题的解！不过为了让你接着做，我是不会告诉你解的。”小红不相信小明可以做到，就痛快地答应了。

1.1.1.3　掩藏

小明拿出 81 张正面空白、背面相同的硬纸板卡片（无法从背面看到正面）放在桌子上。他在让小红转过身后，按照解的顺序把数字写在卡片的正面。之后，写有盘面的卡片保持不动，写有解（图 1.2 圆圈中的数字）的卡片翻过去。这样，从背面就看不到解的具体数值，而只确定了解的位置。

1.1.1.4　随机挑战

小明放好卡片后，让小红转回身。小明对小红说：“你不能偷看背面朝上的卡片，但我可以让你检验这些解，你可以按照行、列和九宫格来检验我的解，并且这 3 种方式你只能选取一种。”小红虽然很困惑，但还是按照小明的需求，选了按照行的方式验证。

1.1.1.5　生成证明

小明将每一行的 9 张卡片收起来单独放进一个麻袋中，共有 9 个麻袋；接着摇晃每个麻袋，将里面的卡片混合均匀；然后将这 9 个麻袋交给小红。小明生成证明的过程如图 1.3 所示。

1.1.1.6　验证

小明说：“小红，你可以打开所有的麻袋，并验证每个麻袋中是不是恰好装着写有数字 1～

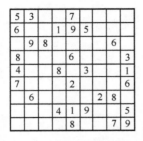

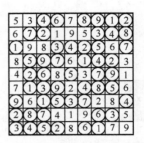

9 各 1 张的卡片。”小红打开每个麻袋，发现确实每个麻袋中都装着 1～9 的卡片。

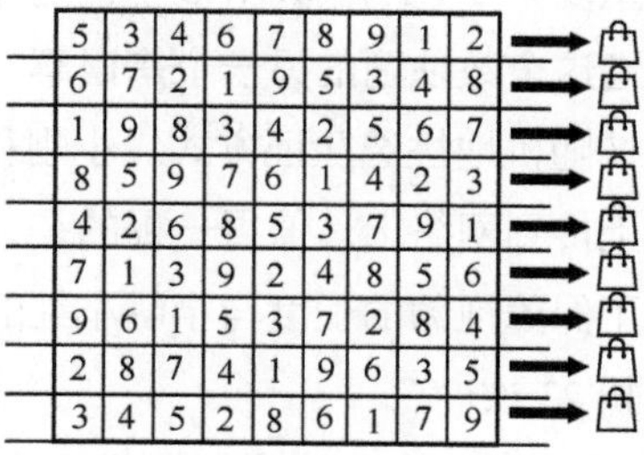

图 1.3　小明生成证明的过程

小红转念一想，说道：“这样证明不了什么啊！你完全可以伪造一个不正确的解，只需要每一行都是 1～9 就足以通过验证了。”小明解释道：“我事先并不知道你会选择行、列还是九宫格啊！”

小红仔细一想，确实。一个数独只有解是正确的才能保障每行、每列和每个九宫格恰好都是 1～9。如果小明不知道自己所选的结果，他最多只有 2/3 的概率欺骗成功，也就是说，小红有至少 1/3 的概率可以发现小明在骗人。

1.1.1.7　重复与通过验证

小红不服气，觉得 1/3 的概率还是有较大可能发生的。她让小明重新放好卡片，重复上述的操作步骤（即第 1.1.1.3～1.1.1.6 节）。在每次的随机挑战阶段，小红都尽量保持随机地挑选验证方式。如果这个数独问题没有解或者这个数独问题有解但小明不拥有解，那么重复 n 次后，小红仍然发现不了小明骗人的概率仅有 $1/3^n$。

在重复上述操作步骤 15 次后，这个概率将比 1/10 000 000 还小！此时，小红虽然认为小明仍然有可能每一次都欺骗成功，但这个概率实在是太小了。也就是说，这道题有解且小明拥有这个解的概率是极大的。至此，小红选择通过验证。

1.1.1.8　互联网时代下的数独游戏

小明将这道很难的数独题发布到互联网上，结果世界各地的很多数独爱好者也不会做这道题，纷纷怀疑这道题本身的正确性，并要求小明给出这道题的解。小明当然不想将解公之于众，他和小红想到了一个方法，就是把之前和小红的验证过程拍成视频，发布到网络上。这些数独爱好者在看完视频后，绝大多数选择相信该题有解且小明拥有这道数独题的解，并对想出这种验证方式的小明和小红感到佩服，纷纷为视频点赞。

1.1.1.9　嫉妒且聪明的小刚和小强

小刚和小强在网络上看到小明和小红的视频后，感到非常嫉妒。聪明的小刚发现，即使不知道这道数独题的解，他也可以伪造一个类似的视频。于是小刚和小强开始了行动。小刚随机伪造一个数独题的错误解，这个解的行、列和九宫格中有两项满足数独问题正确解的特征，但有一项不满足。随后小刚和小强重复第 1.1.1.4～1.1.1.6 节。与小明小红不同的是，在重复上述步骤之前，小刚需要重新随机伪造这个数独题的另一个错误解，再重复第 1.1.1.4～1.1.1.6 节。在随机挑战步骤中，小强尽量保持随机地挑选验证方式。小刚和小强将整个过程录制下来，并把未通过验证的片段剪辑掉，也上传到网络上。值得一提的是，在每一次验证中，约有 1/3 的概率小刚被发现欺骗；因此，为了保障视频的长度与小明小红的视频长度相同（均为 15 次），小刚和小强大概需要重复上述步骤 23 次。

在伪造视频的过程中，聪明的小强发现，这样录制视频太浪费时间了。事实上，小强和小刚可以事先约定好一个验证方式的挑选结果，这样，小刚伪造的每一次错误解都可以通过验证。

1.1.1.10 无法区分的观众

小明、小红和小刚、小强的视频被发布在同一个视频网站上，世界各地的数独爱好者发现，排除视频中人的因素，他们根本无法区分这两个视频。换句话说，如果一个诚实的观众因为小明的视频相信这个数独问题有解且小明拥有解，那么他也会以极大概率因为小刚的视频相信这个数独问题有解且小刚拥有解，即使小刚并没有解。

1.1.1.11 小明和小红的反击

小明和小红在看到小刚和小强的视频后非常生气，并决定进行反击。在思考良久后，小明提议不再采用视频的方式，而是在某直播平台进行直播。此外，验证方式的选取不再由小红决定，而是选取直播时小明说"开始验证"后第一条弹幕所选择的验证方式。

小红听了小明的提议后，指出了不妥之处。即使依据第一条弹幕选取验证方式，小刚和小强仍然可以欺骗成功。小强可以注册一个账号，在小刚将要说"开始验证"后，就开始发弹幕，从而实现欺骗。

小明听了后，觉得非常正确。他们在讨论后，得出了如下结论：既然第一条弹幕不可信，那么可以选择 20 分钟内不同用户所发的所有弹幕中最多的那一条。也就是说，20 分钟内的弹幕所决定的结果可以认为是可信的。小明和小红采用这种新方式在某直播平台直播，取得了比之前更好的反响。

在看了小明和小红的直播视频之后，小刚和小强发现他们再也没法作弊了，于是退出。

然而，小明和小红发现了一个新问题：在有的时间段，如午饭时间，观众可能在吃饭，没有几个人愿意发弹幕。弹幕太少会让有些观众怀疑小明和小红请了"水军"。小明和小红开始思考：有没有一种不需要与弹幕互动却可以让观众信服的验证方式？

1.1.1.12 渐感乏味的观众

渐渐地，小明和小红不再局限于 9×9 的数独了，他们打算调高难度，证明 16×16、25×25

的数独，甚至还想挑战100×100的数独。虽然问题的难度提升了，但有些观众却渐感乏味。这是因为随着数独问题盘面规模的增大，观众在验证时要检查的卡片越来越多，验证过程所花费的时间也越来越长。对于一个盘面为 $n^2 \times n^2$ 的数独问题，观众每一次都要检查所有的卡片，即 n^4 张。小明和小红又开始了另一种思考：有没有方法在保证证明成功的同时，减少观众验证卡片的数目并缩短验证的时间？

1.1.2 对数独问题的理解

上述数独问题的故事包含了零知识证明的许多相关知识，一一列举如下。

（1）数独问题的证明契机（第1.1.1.2节）隐含了两个条件：一是小红持有怀疑态度，如果她相信小明，也就没有了证明的必要；二是小明持有小红不持有的一些“知识”（即数独问题的解）。这两个条件与证明系统的概念是相符的。

（2）小明在该数独问题上拥有更多的“知识”和数独问题的给定解可以快速验证的特性都与计算复杂性理论中的NP（Non-deterministic Polynomial）问题（即多项式复杂程度的非确定性问题）是相符的。不仅如此，解决一个 $n^2 \times n^2$ 规模的、包含 n^2 个 n 宫格的数独问题是NP完备（NP Complete）的。本书中的所有零知识证明均是针对NP问题的。

（3）在上述证明过程中，如果小明确实拥有这道数独问题的解，并且小明是按照他所说的方法与小红完成证明，那么她最终就会选择相信；如果小明没有解，那么只要小红选取的验证方式是不被预先知道的，小红发现小明骗她的概率至少有1/3。这两点分别描述了证明系统的两个性质——完备性和可靠性。此外，上述证明过程是有交互的，也就是小明和小红要互相交流；上述证明过程中，小红挑选的验证方式具有一定的随机性是至关重要的，正是因为小刚能够提前知道小强所选取的验证方式，他才得以欺骗成功。交互性和随机性是交互式证明系统中不可缺少的部分。

（4）上述证明的初衷是证明这个数独问题有解，但实际是通过证明小明拥有这个数独问题的解进而说明数独问题有解的，后者本质上是知识证明（Proof of Knowledge）。

（5）这个证明是具有零知识性的，这是因为小红在证明过程中除了知道小明拥有数独问题的解以外，并没有获得任何其他的信息（只要麻袋是不透明且混合均匀的）。更确切地说，没有解的小刚和小强录制的视频与有解的小明和小红录制的视频在第三方观众看来，是不可区分的。不可区分性（Indistinguishability）是零知识证明中的基础概念之一。

读者可能已经发现，小刚和小强之所以能够拿着录制的视频骗过观众，是因为他们掌握了剪辑视频的能力。如果他们没有这个能力，那任何一个观众都会很容易地发现他们在行骗。这种剪辑视频的能力在零知识证明中是必要的，被称为重绕（Rewinding）。

如果小刚和小强不想剪辑视频，他们还可以事先约定一个验证方式的挑选顺序，从而达成同样的欺骗效果。在零知识证明中，这与诚实验证者零知识具有相似的内涵。

（6）挑选验证方式的随机性是重要的，一般而言这需要由足够多的弹幕决定，但如果小明和小红找到一种不需要弹幕却能让观众信服的验证方式，小明和小红就不再需要与弹幕交互了，这便是非交互零知识证明。事实上，在所有非交互零知识证明中，挑战均是随机且通过不需要验证者参与的某种方式生成的。

（7）在上述证明过程中，为了验证一个数独问题，观众需要逐一检查所有的卡片。如果有一种方式，能够让观众不需要检查这么多卡片却仍然可以信服，那么无疑会减少观众检查所耗费的精力和时间，这便是简洁零知识证明。

1.1.3 小结

本节讲述了一个与零知识证明密切相关的数独故事，并指出了该故事所蕴含的零知识证明的思想。零知识证明具有 3 个性质：完备性、可靠性和零知识性。其中，完备性用于描述协议本身的正确性，给定某个陈述的有效证据，如果证明者和验证者均诚实运行协议，那么证明者能使验证者相信该陈述的正确性；可靠性用于保护诚实验证者的利益，使其免于恶意证明者的欺骗；零知识性是指证明者能向验证者证明某个陈述的正确性而不泄露除正确性以外的其他任何信息。

1.2 隐私时代下的零知识证明

数字经济时代，数据被视作关键生产要素，其价值释放需通过跨领域、跨行业、跨地域的机构间数据融通共享实现。这虽然促进了金融、医疗、商业等行业的快速发展，但是带来了数据资产权益难以得到有效保护、安全性难以保证、数据泄露风险高等隐私安全问题。如何在保证数据安全的情况下实现高效的数据共享与互操作成为产业界亟待解决的痛点难题。2021 年 7 月，技术研究和分析公司 Gartner 指出，到 2024 年，超过 80%的组织将面临现代隐私和数据保护要求，隐私将成为全球数据操作的基础[2]。

除了产业需求，各国政府机构和一些组织机构已经清醒地意识到数据隐私的重要性，从政策法规层面进行了规范。例如，2016 年欧盟通过了《通用数据保护条例》，即 GDPR；2021 年美国投票通过了《统一个人数据保护法》[3]。2021 年 11 月 1 日，我国施行了《中华人民共和国个人信息保护法》，其确立个人信息保护原则、规范处理活动保障权益、禁止“大数据杀熟”、规范自动化决策、严格保护敏感个人信息、赋予个人充分权利等。2022 年 2 月 15 日，新版《网络安全审查办法》开始施行，第七条中指出掌握超过 100 万用户个人信息的网络平台运营者赴国外上市，必须向网络安全审查办公室申报网络安全审查。

零知识证明的 3 个性质使其具备了建立信任和保护隐私的功能。自提出以来，它不仅广泛应用于公钥加密[4]、签名[5]、身份认证[6]等经典密码学领域，也与目前产业及政府的隐私需求相契合，具有广泛的应用前景。在详细介绍零知识证明的理论基础之前，本节先介绍隐私时代下的零知识证明，第 1.2.1 小节介绍零知识证明在隐私计算中的应用，第 1.2.2 小节介绍零知识证明在区块链中的应用，第 1.2.3 小节介绍隐私时代下对零知识证明的新需求。

1.2.1 零知识证明在隐私计算中的应用

隐私计算由李凤华等[7]首先提出，它是一种面向隐私信息全生命周期保护的计算理论和方法，是隐私信息的所有权、管理权和使用权分离时隐私度量、隐私泄露代价、隐私保护与隐私分析复杂性的可计算模型与公理化系统。其本质上是在保护数据隐私的前提下，解决数据流通、数据应用等数据服务问题，在保证数据提供方不泄露原始数据的前提下，对数据进行计算、分析与建模的一系列信息技术，涵盖数据的产生、存储、计算、应用、销毁等数据流转的全生命周期。近年来，各大互联网公司纷纷加大对于隐私计算的投入。2022 年 7 月，蚂蚁集团面向全球开发者正式开源可信隐私计算框架——隐语，其融合了主流隐私计算的技术框架，可以从技术层面解决数据流通中的数据安全和隐私保护问题。2022 年 5 月，阿里巴巴达摩院发布新型联邦学习框架 Federated Scope，该框架支持大规模、高效率的联邦学习异步训练，提供丰富的功能模块并能兼容不同设备，有效降低了隐私保护计算技术开发与部署难度。

目前主流的隐私计算技术分为三大方向。第一类是以零知识证明、安全多方计算、同态加密等为代表的基于密码学的隐私计算技术；第二类是以可信执行环境为代表的基于可信硬件的隐私计算技术；第三类是以联邦学习为代表的人工智能与隐私保护技术融合衍生的技术。其中，零知识证明与安全多方计算作为密码学技术的代表，主要用于保障数据安全和实现隐私防护。零知识证明在隐私计算领域中的应用详见李凤华等的专著《隐私计算理论与技术》[8]，本书不再详述。

1.2.2 零知识证明在区块链中的应用

区块链技术当前正处于快速发展的时期，其利用数学、密码学等工具在不可信环境中建立可信的分布式账本，在金融、数据库、物联网、供应链和商品溯源等领域都有着十分广泛的应用。为了将区块链更加高效、更加安全地运用到各个相关领域，亟须研究和突破区块链核心技术。从政策层面上讲，2018 年 5 月 28 日，习近平总书记在中国科学院第十九次院士大会、中国工程院第十四次院士大会上提出，“以人工智能、量子信息、移动通信、物联网、区块链为代表的新一代信息技术加速突破应用”，指出了区块链技术应用的重要性。从社会层面上讲，国内成立了多家公司，如蚂蚁区块链、趣链科技、众享比特等，致力于利用区块链技术解决产业痛点。在金融领域，各大银行和金融机构正在积极研究适用于金融领域的区块链技术，利用分布式账本技术逐步取代以往的中心化数据库；在实体经济领域，国内众多公司，如京东、阿里巴巴等，将区块链技术应用于产品溯源、电子存证和电子政务等方面，保证关键信息的可追溯性、不易篡改性等。从学术层面上讲，区块链技术是目前学术界研究的热点，如何实现安全高效、隐私友好的区块链是重要的研究方向。

隐私保护是区块链技术的核心研究方向之一。区块链通常采用安全通信、混币、零知识证明、安全多方计算等技术实现隐私保护，从而保障区块链在数据流通、数据共享方面的安全。随着区块链技术的不断发展和广泛应用，区块链面临的隐私泄露问题越来越突出，研究改善区块链隐私的相关技术尤其是密码支撑技术愈发重要。基于区块链的“比特币”虽然具有去中心化、不易篡改等优点，但用户的隐私信息，如地址、交易金额等也完全透明地暴露在网络中。事实上，任何人都可以利用区块链上的信息对“比特币”系统进行去隐私化分析[9-12]。在区块链上，平凡的零知识证明虽然本身能够在不影响正确性的同时实现隐私保护，但其低效性会严重影响区块链系统的性能，如降低吞吐率、增加存储负担等。在此背景下，一系列简洁非交互的零知识证明（包括 zk-SNARK[13-14]、Stark[15]、Bulletproofs[16]、Virgo[17]、Ligero[18]等）得以出现，基于这些协议的隐私保护应用相继产生，如基于 Pinocchio[13]的“密码货币”Pinocchio coin[19]、基于 Ben-Sasson 等协议[20]的“密码货币”Zcash[21]、基于 Plonk[22]用于解决以太坊扩容问题的系列 zk rollup 方案（如 zk sync）等。本小节从区块链匿名支付、区块链扩容、范围证明 3 个角度阐述零知识证明在区块链中的应用。

1.2.2.1 零知识证明与区块链匿名支付

Zcash[21]是基于 zk-SNARK（Zero-Knowledge Succinct Non-Interactive Argument of Knowledge）[20]实现的一种支持全匿名交易的“数字货币”，它可以实现在不公布交易中任何信息（金额、钱包地址等）的前提下，验证交易有效性，这样的交易也被称为隐蔽交易（Shielded Transaction）。而其他“加密货币”（如“比特币”）为了验证交易有效性需要公开发送方（Senders）、接收方（Recipients）的钱包地址及金额。在“比特币”的交易记录中，发送方和接收方的钱包地址、每个钱包参与交易的金额及交易费（Miner Fee）都是直接可见的。而在 Zcash 的交易（隐蔽交易）记录中，除了交易费和交易时间，其他用户隐私信息都是不可见的。

利用 zk-SNARK，Zcash 可以实现在不揭露交易地址或交易金额等关键信息的同时，证明交易的有效性。具体地，一个隐蔽交易的发送方需要通过零知识证明证明以下两点：

- 交易发送方的金额之和与接收方的金额之和是相等的；
- 发送方需要证明其合法持有输入金额。

除了功能的正确性，相比于传统的零知识证明，zk-SNARK 还具有性能的优越性。第一，区块链作为点对点的系统，全节点的实时通信是难以实现的，因此 Zcash 采用非交互零知识证明。发送方只需要把证明发布到区块链网络上，参与验证的用户在收到证明后即可验证证明的有效性。第二，zk-SNARK 的通信复杂度很低，也就是证明的长度很短。在确定 Zcash 所基于的椭圆曲线（这与系统的安全等级有关）后，证明的长度为常数个群元素。这不会为区块链带来存储压力。第三，用户验证证明有效性所花费的时间很短，故对区块链的吞吐率影响较小。

1.2.2.2 零知识证明与区块链扩容

随着区块链的不断发展与广泛应用，区块链性能逐渐难以满足日益增长的需求。例如，一款区块链游戏加密猫曾造成以太坊网络大规模拥堵，其主要原因是当时的以太坊每秒只能处理15笔交易。除了实现匿名支付，合理运用零知识证明还能对区块链进行扩容。具体地，在“加密货币”的主链之外，可以建立第二层交易网络，把大部分的计算转移到链下完成，并通过零知识证明保证这一过程的可验证性。

zk rollup 方案就是基于零知识证明的二层扩容方案。该方案在链下进行复杂的计算和证明的生成，链上进行证明的校验并存储部分数据保证数据可用性，证明生成和验证使用 PLONK[22]，实现了较高的安全性。该方案可以使得完成伊斯坦布尔升级后的以太坊的交易吞吐量达到每秒3 000笔交易。基于 zk rollup 方案的应用有很多，如 zk sync、路印 3.0 协议等。

1.2.2.3 零知识证明与范围证明

（零知识）范围证明主要用来证明承诺的数值处在某个特定的区间，其经常被广泛应用于各种密码协议，如电子投票、匿名凭据及“加密货币”等场景，用来确保隐私性。例如，在电子投票场景中，往往需要验证投票人的年龄满足特定的范围，当把年龄当作一种不能公开的隐私时，就可以使用零知识范围证明的技术来完成年龄合法性的验证。在区块链“加密货币”场景中，（零知识）范围证明用于证明发送方具有偿付能力，以表明其控制着足够的资金用以完成交易。范围证明是“加密货币”门罗币（Monero）最重要的组成部分之一，但传统的范围证明长度与范围的二进制长度呈线性关系，往往会带来很大的存储开销。2016 年，Bünz 等[16]提出了一种对数级别通信复杂度的零知识范围证明，该范围证明可实现高效聚合，能够较好地解决存储开销大的问题。

1.2.3 隐私时代下对零知识证明的新需求

在泛在互联环境下，信息广泛传播，数据频繁跨境、跨系统、跨生态圈交互在信息服务的推动下成为常态。这提高了隐私信息在不同信息系统中有意或无意留存的可能性，个人信息保护面临的问题与日俱增。零知识证明可以实现在保护隐私的同时证明某个陈述的正确性或完成知识证明（证明拥有某个秘密），在互联网隐私时代有着广泛的应用前景。

隐私时代对零知识证明提出了新的要求，列举如下。

- 建立网络实时通信的开销较高，且保持网络实时交互是不切实际的，因此要求零知识证明具有非交互的特点。
- 区块链等应用具有低存储的需求，因此要求零知识证明具有简洁性的特点。
- 区块链等应用具有高吞吐率的需求，因此要求零知识证明的证明生成时间和验证时间较短。

1.3 本书贡献及结构

本书详细梳理了现有的简洁非交互零知识证明，主要贡献如下。

（1）总结了简洁非交互零知识证明的通用构造方法。构造方法分为四步，分别是将待证明陈述转换为电路可满足问题（C-SAT 问题）、将电路可满足问题转换为易证明的语言（此步可省略）、针对易证明的语言构造信息论安全证明和利用密码编译器将信息论安全证明转换为简洁非交互零知识证明。

（2）基于上述通用构造方法，分类研究了现有的简洁非交互零知识证明。根据信息论安全证明的种类，主要分为基于概率可验证证明、线性概率可验证证明、交互式概率可验证证明（Interactive PCP，IPCP）和交互式谕示证明（Interactive Oracle Proof，IOP）的零知识证明；根据密码编译器应用的底层关键技术，主要分为基于二次算术程序、双向高效交互式证明（Doubly Efficient Interactive Proof，DEIP）、内积论证（Inner Product Argument，IPA）和 MPC-in-the-Head 的零知识证明。表 1.1 分别从信息论安全证明和密码编译器应用的底层关键技术两个角度，总结了（简洁）非交互零知识证明，涵盖了待证明陈述表示形式、协议性能、启动阶段系统参数能否公开生成等相关信息。

表 1.1　基于不同角度分类的（简洁）非交互零知识证明总结

信息论安全证明	方案	时间	待证明陈述表示形式	证明复杂度	通信复杂度	验证复杂度	启动阶段系统参数生成方式	密码编译器应用的底层关键技术
PCP	Micali94[23]	1994 年	算术电路	/	$O(\log\|C\|)$	/	公开	默克尔树、抗碰撞哈希函数
	ZKBoo[24]	2016 年	算术/布尔电路	$O(\|C\|)\,\mathbb{F}_o$	$O(\|C\|)\,\mathbb{F}$	$O(\|C\|)\,\mathbb{F}_o$	公开	MPC-in-the-Head
	ZKB++[25]	2017 年	算术/布尔电路	$O(\|C\|)\,\mathbb{F}_o$	$O(\|C\|)\,\mathbb{F}$	$O(\|C\|)\,\mathbb{F}_o$	公开	
	KKW18[26]	2018 年	布尔电路	$O(\|C\|)\,\mathbb{F}_o$	$O(\|C\|)\,\mathbb{F}$	$O(\|C\|)\,\mathbb{F}_o$	公开	
IPCP	Ligero[18]	2017 年	算术/布尔电路	$O(\|C\|\log\|C\|)\,\mathbb{F}_o$	$O\left(\sqrt{\|C\|}\right)\mathbb{F}$	$O(\|C\|)\,\mathbb{F}_o$	公开	
	Ligero++[27]	2020 年	算术/布尔电路	$O(\|C\|\log\|C\|)\,\mathbb{F}_o$	$O(\log^2\|C\|)\,\mathbb{F}$	$O(\|C\|)\,\mathbb{F}_o$	公开	
	BooLigero[28]	2021 年	布尔电路	$O(\|C\|\log\|C\|)\,\mathbb{F}_o$	$O\left(\frac{\|C\|^{1/2}}{\log\|\mathbb{F}\|^{1/2}}\right)\mathbb{F}\sim O\left(\frac{\|C\|^{1/2}}{\log\|\mathbb{F}\|^{1/4}}\right)\mathbb{F}$	$O(\|C\|)\,\mathbb{F}_o$	公开	
IOP	Limbo[29]	2021 年	算术/布尔电路	$O(\|C\|)\,\mathbb{F}_o$	$O(\|C\|)\,\mathbb{F}$	$O(\|C\|)\,\mathbb{F}_o$	公开	
	Aurora[30]	2019 年	一阶约束系统	$O(n\log n)\,\mathbb{F}_o$	$O(\log^2 n)\,\mathbb{F}$	$O(n)\,\mathbb{F}_o$	公开	里德–所罗门码、低度检查、单变量求和验证
	Stark[15]	2019 年	对数空间可计算电路	$O(T\log T)\,\mathbb{F}_o$	$O(\log T)\,\mathbb{F}$	$O(\log T)\,\mathbb{F}_o$	公开	里德–所罗门码、低度检查

续表

信息论安全证明	方案	时间	待证明陈述表示形式	证明复杂度	通信复杂度	验证复杂度	启动阶段系统参数生成方式	密码编译器应用的底层关键技术
	ZKvSQL[31]	2017年	分层算术电路	$O(\lvert C\rvert \log g)\ \mathbb{G}_o$	$O(d\log g+ d\log \lvert\boldsymbol{w}\rvert)\ \mathbb{G}$	$O(d\log\lvert C\rvert)\ \mathbb{G}_o$ $O(\log\lvert\boldsymbol{w}\rvert)P$	私密	
	Hyrax[32]	2018年	分层算术电路	$O(\lvert C\rvert+ dg\log g)\ \mathbb{G}_o$	$O(\sqrt{\lvert\boldsymbol{w}\rvert}+ d\log Ng)\ \mathbb{G}$	$O(d\log(Ng)+ dg+\sqrt{\lvert\boldsymbol{w}\rvert})\ \mathbb{G}_o$	公开	
	Libra[33]	2019年	分层算术电路	$O(\lvert C\rvert)+\lvert\boldsymbol{io}\rvert)\ \mathbb{F}_o$ $O(\lvert\boldsymbol{w}\rvert+d)\ \mathbb{G}_o$	$O(d\log\lvert C\rvert)\ \mathbb{F}$ $O(\log\lvert\boldsymbol{w}\rvert)\ \mathbb{G}$	$O(d\log\lvert C\rvert)\ \mathbb{F}_o$ $O(\log\lvert\boldsymbol{w}\rvert)P$	私密	求和验证协议
IOP	Virgo[17]	2020年	分层算术电路	$O(\lvert C\rvert\log\lvert C\rvert)\ \mathbb{F}_o$	$O(d\log\lvert C\rvert)\ \mathbb{F}$	$O(d\log \lvert C\rvert)\ \mathbb{F}_o$	公开	
	Spartan[34]	2020年	一阶约束系统	$O(n)\ \mathbb{G}_o$ 或 $O(n\log n)\ \mathbb{F}_o$	$O(\sqrt{\lvert n\rvert})\ \mathbb{G}$ 或 $O(\log^2 n)\ \mathbb{F}$	$O(\sqrt{\lvert n\rvert})\ \mathbb{G}_o$ 或 $O(\log^2 n)\ \mathbb{F}_o$	公开	
	Virgo++[35]	2021年	算术电路	$O(\lvert C\rvert)\ \mathbb{F}_o$	$\min(O(\lvert C\rvert), O(d\log \lvert C\rvert+d^2))\ \mathbb{F}$	$\min(O(\lvert C\rvert), O(d\log \lvert C\rvert+d^2))\ \mathbb{G}_o$	公开	
	GGPR13[36]	2013年	算术电路	$O(\lvert C\rvert\log\lvert C\rvert)\ \mathbb{F}_o$ $O(\lvert C\rvert)\ \mathbb{G}_o$	$9\ \mathbb{G}$	$O(\lvert\boldsymbol{io}\rvert)E$ $14P$	私密	
Linear-PCP	Pinocchio[13]	2013年	算术电路	$O(\lvert C\rvert\log\lvert C\rvert)\ \mathbb{F}_o$ $O(\lvert C\rvert)\ \mathbb{G}_o$	$8\ \mathbb{G}$	$O(\lvert\boldsymbol{io}\rvert)E$ $11P$	私密	二次算术程序、双线性配对
	Groth16[14]	2016年	算术电路	$O(\lvert C\rvert)\ \mathbb{G}_o$	$3\ \mathbb{G}$	$O(\lvert\boldsymbol{io}\rvert)E$ $3P$	私密	
	GKMMM18[37]	2018年	算术电路	$O(\lvert C\rvert)\ \mathbb{G}_o$	$3\ \mathbb{G}$	$O(\lvert\boldsymbol{io}\rvert)E$ $5P$	私密	
	BCCGP16[38]	2016年	算术电路	$O(\lvert C\rvert)\ \mathbb{F}_o$ $O(\lvert C_{\mathrm{mul}}\rvert)\ \mathbb{G}_o$	$O(\log\lvert C_{\mathrm{mul}}\rvert)\ \mathbb{G}$ $O(\log\lvert C_{\mathrm{mul}}\rvert)\ \mathbb{F}$	$O(\lvert C\rvert)\ \mathbb{G}_o$	公开	
	Bulletproofs[16]	2018年	算术电路	$O(\lvert C\rvert)\ \mathbb{F}_o$ $O(\lvert C_{\mathrm{mul}}\rvert)\ \mathbb{G}_o$	$O(\log\lvert C_{\mathrm{mul}}\rvert)\ \mathbb{G}$, $5\ \mathbb{F}$	$O(\lvert C\rvert)\ \mathbb{G}_o$	公开	
?	HKR19[39]	2019年	算术电路	$O(\lvert C\rvert)\ \mathbb{F}_o$ $O(\lvert C_{\mathrm{mul}}\rvert)\ \mathbb{G}_o$	$O(\log\lvert C_{\mathrm{mul}}\rvert)\ \mathbb{G}$, $2\ \mathbb{F}$	$O(\lvert C\rvert)\ \mathbb{G}_o$	公开	内积论证
	DRZ20[40]	2020年	算术电路	$O(\lvert C\rvert)\ \mathbb{F}_o$ $O(\lvert C_{\mathrm{mul}}\rvert)\ \mathbb{G}_o$	$O(\log\lvert C_{\mathrm{mul}}\rvert)\ \mathbb{G}$ $O(\log\lvert C_{\mathrm{mul}}\rvert)\ \mathbb{F}$	$O(\log\lvert C_{\mathrm{mul}}\rvert)\ \mathbb{G}_o$ $O(\log\lvert C_{\mathrm{mul}}\rvert)P$	私密	

注：1．上述零知识证明均是知识论证。涉及的关键技术定义详见第2章和各章的定义及概念部分。

2．$\mathbb{F}$表示域元素，$\mathbb{F}_o$表示域上操作；$\mathbb{G}$表示群元素，$\mathbb{G}_o$表示群上操作，主要包括群幂运算E和群上乘法。一般而言，群上操作尤其是群幂运算比域上操作开销大得多。P表示双线性群上的配对运算。$\lvert C\rvert$表示电路规模，$\lvert C_{\mathrm{mul}}\rvert$表示电路中乘法门的数目，$d$表示电路深度，$g$表示电路宽度，$\lvert\boldsymbol{io}\rvert$表示电路可满足问题的公共输入输出规模，$n$表示一阶约束系统可满足问题的规模，$T$表示对数空间可计算电路的时间上限。启动阶段系统参数可公开生成意味着可通过基于随机谕言模型的Fiat-Shamir启发式实现非交互；启动阶段系统参数需私密生成意味着证明者和验证者需拥有公共参考串。“/”指当前协议没有具体可查的系统参数。“?”指本书尚不知道明确关系。

3．表中列出的证明、通信和验证复杂度，均为协议一轮的主要开销，协议实际运行轮数及实际证明、验证计算开销和通信量与可靠性误差ϵ及目标可靠性误差有关。此外，一些基于双向高效交互式证明的零知识证明的复杂度省去了部分因子。

（3）总结了简洁非交互零知识证明的性能评价标准，包括底层难题假设的通用性，启动阶段系统参数能否公开生成，证明、验证和通信复杂度，是否抗量子等内容。

（4）分析了简洁非交互零知识证明的未来研究方向。基于近年来简洁非交互零知识性证明的最新研究进展，从通用构造、性能、安全性等方面给出若干可能的未来研究方向。

本书结构如下。第 2 章介绍预备知识，包括相关表示，电路、承诺及相关定义，计算复杂性理论相关知识，交互式证明系统、零知识证明系统和零知识证明的若干讨论等。第 3 章介绍简洁非交互零知识证明的概念与发展。根据信息论安全证明的不同，第 4 章简要介绍基于概率可验证证明、线性概率可验证证明、交互式概率可验证证明和交互式谕示证明的零知识证明；根据密码编译器应用的底层关键技术，第 5～8 章分别介绍基于二次算术程序、双向高效交互式证明、内积论证和安全多方计算的零知识证明。第 9 章介绍改进的内积论证系统。第 10 章介绍零知识证明的应用。第 11 章介绍零知识证明的标准化。第 12 章介绍未来研究方向。

第 2 章 预备知识

主要内容

- 交互式证明系统及论证
- 零知识证明系统及论证
- 零知识证明的证明能力
- 知识证明及论证
- 零知识证明的组合方式
- 零知识证明的负面结果

2.1 相关表示

在本书中，小写粗体字母表示向量，如 $\boldsymbol{a}\in\mathbb{F}^{1\times n}$ 表示域 $\mathbb{F}$ 上维度为 n 的行向量 $(a_1,\cdots,a_n)$，为表述方便，常将 $\mathbb{F}^{1\times n}$ 简记为 $\mathbb{F}^n$。$f(\cdot)$、$g(\cdot)$ 等表示多项式，$\boldsymbol{f}(\cdot)$ 等表示向量多项式。大写粗体字母（如 $\boldsymbol{A}$）表示矩阵，如 $\boldsymbol{A}\in\mathbb{F}^{m\times n}$ 表示 m 行 n 列的矩阵且 a_{ij} 表示第 i 行、第 j 列的矩阵元素，$\boldsymbol{Aa}$ 表示矩阵 $\boldsymbol{A}$ 与向量 $\boldsymbol{a}$ 的矩阵乘法。本书用·表示乘法，特别地，$\boldsymbol{a}\cdot\boldsymbol{b}=\sum_{i=1}^{n}a_i\cdot b_i$ 表示向量 $\boldsymbol{a}$ 与向量 $\boldsymbol{b}$ 的内积。$\odot$ 表示哈达玛积，如 $\boldsymbol{a}\odot\boldsymbol{b}=(a_1\cdot b_1,\cdots,a_n\cdot b_n)$。$y\leftarrow A(x,r)$ 表示算法 A 以 x 为输入、r 为随机输入生成 y 的过程，用 $y\xleftarrow{\$}S$ 表示从集合 S 中均匀随机地挑选 y，→表示函数映射关系，用 $a\stackrel{?}{=}b$ 表示验证 a 是否等于 b。对于正整数 n，$[n]$ 表示集合 $\{1,2,\cdots,n\}$。

本书中的算法输入均包含安全参数 λ。如果对于任意的多项式 $p(\cdot)$ 都存在常数 c 使得当 $\lambda>c$ 时有 $\mathrm{negl}(\lambda)<1/p(\lambda)$，则称 $\mathrm{negl}(\lambda)$ 为对于 λ 的可忽略函数。当 $|f(\lambda)-g(\lambda)|\leqslant\mathrm{negl}(\lambda)$ 时记 $f(\lambda)\approx g(\lambda)$。用 PPT（Probabilistic Polynomial Time）表示概率多项式时间。记 $O_\lambda(\cdot)$ 为隐含安全参数 λ 多项式因子的大 O 记法，本书常省略 λ。本书常用的缩略词及其含义对照如表 2.1 所示。

表 2.1 缩略词及其含义对照

缩略词	含义	缩略词	含义
IP[1]	Interactive Proof 交互式证明	LIP[41]	Linear Interactive Poof 线性交互式证明
PCP[42-44]	Probabilistic Checkable Proof 概率可检测证明	DEIP[45-46]	Doubly Efficient Interactive Proof 双向高效交互式证明
Linear-PCP[41,47]	线性 PCP	sum-check 协议[48]	求和验证协议
IPCP[49]	Interactive PCP 交互式概率可检测证明	R1CS[50]	Rank-1 Constraint System 一介约束系统
IOP[51-52]	Interactive Oracle Proof 交互式谕示证明	IPA[38]	Inner Product Argument 内积论证
CRS[53]	Common Reference String 公共参考串	DLOG 假设	Discrete Logarithm Assumption 离散对数假设
ROM[54-55]	Random Oracle Model 随机谕言模型	MPC[56]	Secure Multiparty Computation 安全多方计算
C-SAT 问题	Circuit Satisfiability Problem 电路可满足问题	RS 码[57]	Reed Solomon Code 里德–所罗门码
CRHF [58]	Collision-Resistant Hash Function 抗碰撞哈希函数	NIZKAoK	Non-Interactive Zero-Knowledge Argument of Knowledge 非交互零知识证明
QAP[36]	Quadratic Arithmetic Program 二次算术程序	zk-SNARK[59]	Zero-Knowledge Succinct Non-Interactive Argument of Knowledge 简洁非交互零知识证明

2.2 电路及相关定义

记算术电路（Arithmetic Circuit）为 $C:\mathbb{F}^{|x|+|w|}\rightarrow\mathbb{F}^{|y|}$，它由若干域上的加法门和乘法门组成。布尔电路（Boolean Circuit）是算术电路的子类，其仅有与门、异或门等布尔逻辑门，变量取值仅为 0 或 1。可以证明，通过增加常数级别的电路门和深度，任何布尔电路都可以转换为算术电路[46]。不失一般性，本书中出现的电路均为二输入电路（Circuit with Fan-in 2 Gates）。记电路规模为电路中门的数量，用$|C|$表示，d 表示电路深度，g 表示电路宽度。

定义 2.1（分层算术电路）分层算术电路（Layered Arithmetic Circuit）是指可以分为 d 层且任意层的电路门的输入导线全部位于与该层相邻的上一层的算术电路。

通过增加电路深度级别的电路门，任意的算术电路都可转换为分层算术电路[32]。

定义 2.2（电路可满足问题）电路可满足问题（Circuit Satisfiability Problem，C-SAT 问题）是指给定电路 C、电路的部分输入 $\boldsymbol{x}$ 和电路输出 $\boldsymbol{y}$，判断是否存在证据 $\boldsymbol{w}$ 使得 $C(\boldsymbol{x},\boldsymbol{w})=\boldsymbol{y}$，其中 $\boldsymbol{x}$ 可为空，$\boldsymbol{w}$ 是电路的另一部分输入，可视为证明者 $\mathcal{P}$ 的秘密输入。如无特殊说明，本书中的零知识证明均是针对电路可满足问题的。

针对布尔电路可满足问题的零知识证明只需增加对变量为 0 或 1 的约束，即可高效构造针对算术电路可满足问题的零知识证明；反之，尚不清楚是否有高效的转化方式。

定义 2.3（一阶约束系统[30,34]）一个一阶约束系统（Rank-1 Constraint System，R1CS）是七元组$(\mathbb{F}, \boldsymbol{A}, \boldsymbol{B}, \boldsymbol{C}, \boldsymbol{io}, m, n)$，其中 $\boldsymbol{io}$ 表示公共输入输出向量，$\boldsymbol{A}, \boldsymbol{B}, \boldsymbol{C} \in \mathbb{F}^{m \times m}$，$m \geqslant |\boldsymbol{io}|+1$，$n$ 是所有矩阵中非零值的最大数目。

称一阶约束系统问题是可满足的当且仅当对于一个一阶约束系统，存在证据 $\boldsymbol{w} \in \mathbb{F}^{m-|\boldsymbol{io}|-1}$ 使得$(\boldsymbol{A}\boldsymbol{z}) \odot (\boldsymbol{B}\boldsymbol{z}) = (\boldsymbol{C}\boldsymbol{z})$，其中 $\boldsymbol{z} = (\boldsymbol{io}, 1, \boldsymbol{w})^{\mathrm{T}}$。

记 n 为一阶约束系统可满足问题的规模，可以证明，任意电路可满足问题都可用一阶约束系统可满足问题表示[34]，且 $n = O(|C|)$[30]。

一阶约束系统是高级语言编译器的常见目标程序[47,50]且形式较简单，同时任意电路可满足问题都可用一阶约束系统可满足问题表示[34]，故有部分零知识证明[13,36]在应用实现时先将电路可满足问题转化为一阶约束系统可满足问题，再针对一阶约束系统可满足问题构造；也有部分零知识证明[30,34]直接针对一阶约束系统可满足问题。

2.3 承诺及相关定义

承诺方案（Commitment Scheme）是密码学的一个基本工具，它是个两方协议，包括两个参与方，分别叫作发送者和接收者，其中发送者有个秘密消息。方案包含两个阶段，即承诺阶段和打开阶段。在承诺阶段，发送者将自己的秘密消息以密文的形式（如消息放在一个上了锁的盒子里）发送给接收者。此时接收者不知道密文中隐藏的是何种消息（即接收者无法打开盒子并获知消息），这个性质叫作隐藏性质。在打开阶段，发送者将密钥（如锁的钥匙）和秘密消息发送给接收者，接收者利用密钥来获知消息并验证该消息是否和发送者宣称的一致。在此阶段，发送者不能够使得打开的承诺消息和实际的承诺消息不同，这个性质叫作绑定性质。上述两个性质分别保护了发送者和接收者的安全性。

定义 2.4（承诺）一个承诺方案包含两个参与方（分别为发送者和接收者）及 3 个概率多项式时间算法（Setup、Com、Open）。算法 Setup 用于生成承诺参数。算法 Com 定义了函数映射 $M \times R \rightarrow C$，其中 M、R 和 C 分别表示明文空间、随机数空间和承诺空间。算法 Open 定义了函数映射 $C \times M \times R \rightarrow 0/1$。对于消息 $m \in M$ 和随机数 $r \in R$，承诺 c 的生成方式为 $c \leftarrow \mathrm{Com}(m;r)$，Open 算法为 $0/1 \leftarrow \mathrm{Open}(m, c, r)$。

承诺方案分为两个阶段。在做出承诺阶段，发送者生成对消息 m 的承诺 $c \leftarrow \mathrm{Com}(m;r)$并发送给接收者；在揭示承诺阶段，发送者和接收者运行 Open 算法将消息 m 打开。为书写方便，本书常省去随机数 r。

承诺有两个基本性质：隐藏性（Hiding）和绑定性（Binding）。其中，隐藏性是指敌手获得承诺 c 后无法获知 m 的值，绑定性是指一个承诺 c 在揭示承诺阶段只能打开为一个值。

定义 2.5（隐藏性）计算隐藏性（Computational Hiding）是指对于任意概率多项式时间敌手 $\mathcal{A}$，有

$$\left|\Pr\left[\begin{matrix}(m_0,m_1)\leftarrow\mathcal{A};b\xleftarrow{\$}\{0,1\}\\ r\xleftarrow{\$}\text{R};c\leftarrow\text{Com}(m_b;r);b'\leftarrow\mathcal{A}(c)\end{matrix}:b=b'\right]-\frac{1}{2}\right|\leqslant\text{negl}(\lambda) \tag{2.1}$$

对应地，完美隐藏性（Perfect Hiding）是将不等式（2.1）中的敌手 $\mathcal{A}$ 修改为无穷算力且"$\leqslant\text{negl}(\lambda)$"替换为"$=0$"。

定义 2.6（绑定性）计算绑定性（Computational Binding）是指对于任意的概率多项式时间敌手 $\mathcal{A}$，有

$$\Pr[(m_0,m_1,r_0,r_1)\leftarrow\mathcal{A}(\lambda):\text{Com}(m_0;r_0)=\text{Com}(m_1;r_1)\wedge m_0\neq m_1]\leqslant\text{negl}(\lambda) \tag{2.2}$$

对应地，完美绑定性（Perfect Binding）是将不等式（2.2）中的敌手 $\mathcal{A}$ 修改为无穷算力且"$\leqslant\text{negl}(\lambda)$"替换为"$=0$"。

定义 2.7（加性同态承诺）加性同态承诺（Additive Homomorphic Commitment）是指具有加性同态性质的承诺，即给定承诺 $\text{Com}(x;r_x)$和 $\text{Com}(y;r_y)$，存在运算⊕，满足

$$\text{Com}(x;r_x)\oplus\text{Com}(y;r_y)=\text{Com}(x+y;r_x+r_y)$$

定义 2.8（Pedersen 承诺[60]）Pedersen 承诺的明文空间、随机数空间和承诺空间分别为 $M,R=\mathbb{Z}_q,C=\mathbb{G}_q$。对于 Setup 算法所生成的 $\mathbb{G}_q$ 上生成元 g、h，两个具体算法为 $g^xh^r\leftarrow\text{Com}(x;r)$ 和 $1\leftarrow\text{Open}(\text{Com}(x;r),x,r)$。

容易证明，Pedersen 承诺具有完美隐藏性、计算绑定性和加性同态性质。

定义 2.9（Pedersen 向量承诺）Pedersen 向量承诺是对定义 2.8 的自然扩展，其明文空间、随机数空间和承诺空间分别为 $M=\mathbb{Z}_q^n$，$R=\mathbb{Z}_q$，$C=\mathbb{G}_q$。对于 $\mathbb{G}_q^n$ 上生成元 $\boldsymbol{g}=(g_1,\cdots,g_n)$ 和 $\mathbb{G}_q$ 上生成元 h，向量承诺的两个算法如下。

- $c=\boldsymbol{g}^{\boldsymbol{m}}h^r\leftarrow\text{Com}(\boldsymbol{m};r)$。承诺算法以消息 $\boldsymbol{m}$ 和随机数 r 为输入，输出承诺 $c=\boldsymbol{g}^{\boldsymbol{m}}h^r$。
- $0/1\leftarrow\text{Open}(c,\boldsymbol{m},r)$。承诺打开算法以承诺 c、消息 $\boldsymbol{m}$ 和随机数 r 为输入，验证承诺正确性。

多项式承诺（Polynomial Commitment，PC）[61]是对多项式的承诺。除具有隐藏性和绑定性外，发送者还可向接收者证明多项式 $f(\cdot)$在某个由接收者随机选取的点 t 上的取值为 y，即 $f(t)=y$。本章涉及的多项式承诺均是针对多变量多项式的，且允许交互，是 Bünz 等[62]对文献[61]中多项式承诺的扩展。

定义 2.10（多项式承诺[34,62]）一个多变量多项式承诺方案 PC =(Setup, Com, Open, Eval)由以下 4 个算法组成。

- $\text{pp}\leftarrow\text{Setup}(1^\lambda,\ell,d)$：参数生成算法。以安全参数 λ 的一元表示、多项式变量参数 ℓ 和度参数 d 为输入，输出公共参数 pp。
- $(c,s)\leftarrow\text{Com}(\text{pp},f(\cdot))$：多项式承诺算法。以公共参数 pp 和多项式 $f(\cdot)$为输入，输出承诺 c 和打开提示 s。
- $b\leftarrow\text{Open}(\text{pp},c,f(\cdot),s)$：多项式承诺打开算法。给定公共参数 pp、承诺 c、多项式 $f(\cdot)$和

打开提示 s，打开并验证承诺 c 的正确性，输出接受（b=1）或拒绝（b=0）。

- $b \leftarrow \text{Eval}(\text{pp}, c, t, y, \ell, d; f(\cdot), s)$：求值计算协议。PC.Eval 是一个交互式公开抛币协议，其中，承诺方案的发送方作为证明者，承诺方案的接收方作为验证者。拥有隐私输入 $f(\cdot)$ 和打开提示 s 的证明者向验证者证明 $f(t)=y$。验证者最终输出接受（b=1）或拒绝（b=0）。

2.4 计算复杂性理论相关知识

本节参考了由迈克尔·西普塞著，段磊、唐常杰等译的《计算理论导引（第 3 版）》[63]。

2.4.1 图灵机

定义 2.11（预备知识）定义字母表（Alphabet）为任意一个非空有穷集合，通常用大写希腊字母 Σ、Γ 表示。字符串的集合称为语言（Language）。

图灵机由图灵于 1936 年提出，是一种通用计算机模型，能模拟实际计算机的所有计算行为。图灵机用一个无限长的带子作为无限存储，它有一个读写头，能在带子上读、写和左右移动。图灵机开始运作时，带子上只有输入串，其他地方都是空的，如果需要保存信息，它可将信息写在带子上。为了读已经写下的信息，它可将读写头往回移动到信息所在的位置。机器不停地计算，直到产生输出为止。机器预置了接受和拒绝两种状态，如果进入其中一种状态，就对应输出接受（Accept）和拒绝（Reject）。如果不能进入任何接受或拒绝的状态，就继续执行下去，永不停止。

定义 2.12（图灵机的格局）在图灵机的计算过程中，当前状态、当前带子内容和读写头当前位置组合在一起，称为图灵机的格局（Configuration）。对于状态 q 和带子字母表 Γ 上的两个字符串 u 和 v，以 uqv 表示如下格局：当前状态是 q，当前带子内容是 uv，读写头的当前位置是 v 的第一个符号，带子上 v 的最后一个符号都是空白符。例如，$1011q_701111$ 表示如下格局：当前带子内容是 101101111，当前状态是 q_7，读写头在第二个 0 上。

定义 2.13（图灵机的形式化定义）图灵机是一个 7 元组（$Q, \Sigma, \Gamma, \delta, q_0, q_{\text{accept}}, q_{\text{reject}}$），其中 Q、Σ、Γ 都是有穷集合，并且

- Q 是状态集；
- Σ 是输入字母表，不包括特殊空白符号⊔；
- Γ 是带子字母表，其中，$\sqcup \in \Gamma$，$\Sigma \subseteq \Gamma$；
- $\delta: Q \times \Gamma \rightarrow Q \times \Gamma \times \{L, R\}$是转移函数；
- $q_0 \in Q$ 是起始状态；
- $q_{\text{accept}} \in Q$ 是接受状态；
- $q_{\text{reject}} \in Q$ 是拒绝状态，且 $q_{\text{accept}} \neq q_{\text{reject}}$。

图灵机定义的核心是转移函数 δ，它说明了机器如何从一个格局走到下一格局。对于图灵机，δ 的形式为 $\delta:Q\times\Gamma\rightarrow Q\times\Gamma\times\{L,R\}$，即若机器处于状态 q，读写头所在的带子方格内包含符号 a，则当 $\delta(q, a)=(r, b, L)$时，机器写下符号 a 取代符号 b，并进入状态 r。第三个分量 L 或 R 指出在写带之后，读写头是向左（L）还是向右（R）移动。

2.4.2 NP 类与 NP 完备类

数独问题具有这样的特性，给定数独问题的解，能够在数独问题规模的多项式级别时间内验证解是否正确，这也被称为多项式可验证性。NP 便是这种成员归属能够快速验证的语言类。

定义 2.14（验证机）语言 A 的验证机是一个多项式时间算法 V，这里

$$A=\{x|\text{对某个字符串 } w(\text{其满足}|w|=\text{poly}(|x|)), V \text{ 接受}\langle x,w\rangle\}$$

且上述验证机在$|x|$的多项式时间内运行。若语言 A 有一个多项式时间验证机，则称它为多项式可验证的。

定义 2.15（NP 类与 NP 问题）NP 是具有多项式时间验证机的语言类。一个给定 $x\in\text{NP}$、需要求解 w 的问题被称为 NP 问题。

NP 类是重要的，因为它包含许多具有实际意义的问题。事实上，实际应用中几乎所有需要证明的问题都可转化为 NP 问题。本书涉及的零知识证明所针对的问题，如电路可满足问题、一阶约束系统可满足问题等，也都是 NP 问题。不仅如此，它们还是 NP 问题中的一类特殊子问题——NP 完备问题。NP 完备类具有这样的性质：如果 NP 完备类中的任何一个问题存在多项式时间的解法，那么所有 NP 问题都是多项式可解的。具体地，NP 完备性的定义如下。

定义 2.16（NP 完备性）如果语言 B 满足下面两个条件，就称为 NP 完备的：

- B 属于 NP；
- NP 中的每个 A 都在多项式时间内可归约到 B。

可以证明，电路可满足问题是 NP 完备问题，因此，针对电路可满足问题的零知识证明可在多项式时间内归约转换为针对任何 NP 问题的零知识证明。这也是大部分零知识证明是针对电路可满足问题构造的原因之一。

2.5 交互式证明系统

本节及第 2.6 节主要参考了 Goldreich[64]所著作的 *The Foundations of Cryptography-Volume1: Basic Techniques*。

2.5.1 证明系统

证明是一个两方活动，其中证明者试图使验证者相信某个陈述是正确的。在证明中两方的

复杂度是不一致的，这是因为证明者需要提供证明而验证者只需要验证正确与否。这种证明与验证的复杂度差异性恰好与 NP 复杂度类问题相符。

证明系统必须满足两个性质：完备性和可靠性。完备性是指如果协议是正确的，并且证明者确实按照协议给出了正确的陈述和证明，那么验证者会以极高的概率接受证明。完备性是描述协议本身正确与否的性质。可靠性是指如果陈述是错误的，即使是恶意证明者也不能让验证者接受证明。可靠性是描述证明者试图欺骗验证者时，验证者不受骗的能力。

2.5.2 交互式证明系统及论证

交互式证明系统（Interactive Proof System）很好地描述了证明系统中证明者和验证者的任务：证明者生成证明和验证者验证证明。这些任务是通过分别代表证明者 $\mathcal{P}$ 和代表验证者 $\mathcal{V}$ 的图灵机实现的，这一对图灵机也被称为交互式图灵机（Interactive Turing Machine）。

定义 2.17（交互式图灵机）交互式图灵机是两台概率性多带图灵机，记作 A 和 B。它们共享公共的只读输入带，每一台图灵机还拥有一条只读随机输入带和一条读写工作带。同时，它们有一组通信带。其中，A 的只写通信带是 B 的只读通信带，B 的只写通信带是 A 的只读通信带。

交互式图灵机的工作方式如下所述。A 和 B 轮流交替工作，即一方工作时另一方停止一切计算行为。工作模式如下：A 读取公共输入、随机输入及 B 的只写通信带，然后在自己的工作带上计算结果并通过 A 的只写通信带（也就是 B 的只读通信带）发给 B；类似地，B 也进行相应的计算工作。经过若干轮交互，B 输出 1（即接受）或者 0（即拒绝）。

在用于证明 $x \in L$ 的交互式图灵机中，公共只读输入带上存储的是陈述 x。A 和 B 的随机输入带是均匀随机且互相独立的。为了描述更一般的情况，A 和 B 常有各自的辅助输入带。记 $\langle A(y), B(z)\rangle(x)$ 为在 A、B 的随机输入带均匀独立选取，公共输入为 x，A 的辅助输入为 y，B 的辅助输入为 z 时，图灵机 B 与图灵机 A 交互后输出的随机变量。

与经典的证明系统不同，交互式证明系统允许交互和随机性。这种交互可以是多轮且复杂的，但验证者 $\mathcal{V}$ 的时间是与陈述长度 $|x|$ 呈多项式关系的，记作 $\text{poly}(|x|)$。除交互外，验证者 $\mathcal{V}$ 可以是概率性的，即对于某个确定的陈述 x 和确定的证明者 $\mathcal{P}$，$\mathcal{V}$ 最后选择接受还是拒绝是概率性的。具体地，交互式证明系统定义如下。

定义 2.18（交互式证明系统）针对 NP 语言 $\mathcal{L}_{\mathcal{R}}$ 的交互式证明系统是 $\langle \mathcal{P}, \mathcal{V}\rangle$，其中验证者 $\mathcal{V}$ 是概率多项式时间的。$\langle \mathcal{P}, \mathcal{V}\rangle$ 满足如下两个性质。

- 完备性（Completeness）：对于任意的 $x \in \mathcal{L}_{\mathcal{R}}$，都有 $\Pr\left[\langle \mathcal{P}, \mathcal{V}\rangle(x) = 1\right] \geqslant 1 - \text{negl}(|x|)$。完美完备性（Perfect Completeness）是指上述概率等于 1。
- 可靠性（Soundness）：对于任意的 $x \notin \mathcal{L}_{\mathcal{R}}$，任意的 $\mathcal{P}^*$，$\Pr[\langle \mathcal{P}^*, \mathcal{V}\rangle(x) = 1] \leqslant \text{negl}(|x|)$。可靠性定义中的 $\text{negl}(|x|)$ 被称为可靠性误差（Soundness Error）。

在上述定义中，完备性仅考虑预先设定好的证明者，其描述的是协议本身正确与否。而可靠性所针对的是任意可能的证明者，其描述的是验证者抵御恶意证明者欺骗的能力。虽然限制验证者为概率多项式时间的图灵机，但对证明者可以不加限制。另外，NP 问题均有平凡的交互式证明系统。在证明中，证明者仅需将与陈述 x 对应的证据 w 发送给验证者即可，且该证明的可靠性误差为 0。可以说，针对 NP 问题的证明是一种特殊的交互式证明系统。

交互式论证与交互式证明系统的区别在于，论证可靠性定义中恶意证明者 $\mathcal{P}^*$ 被限制为概率多项式时间的图灵机。为了保证在现实环境下能够直接运行协议，通常限制完备性定义中的 $\mathcal{P}$ 为概率多项式时间的[64]。论证虽然削弱了对可靠性的限制，但在实际应用中更为普遍。这是因为一方面实际应用中的敌手大多是概率多项式时间的，另一方面基于合适的假设可以构造对数级别通信复杂度的论证，这是简洁非交互零知识知识论证的理论基础。

定义 2.19（交互式论证[65]）针对 NP 语言 $\mathcal{L}_{\mathcal{R}}$ 的交互式论证（Interactive Argument）是 $\langle\mathcal{P}(y),\mathcal{V}(z)\rangle$，其中图灵机 $\mathcal{P}$ 和 $\mathcal{V}$ 都是概率多项式时间的。$\langle\mathcal{P}(y),\mathcal{V}(z)\rangle$ 满足如下两个性质。

- 完备性：对于任意的 $x\in\mathcal{L}_{\mathcal{R}}$ 及 $(x,w)\in\mathcal{R}$，任意的 $z\in\{0,1\}^*$，有 $\Pr\left[\langle\mathcal{P}(w),\mathcal{V}(z)\rangle(x)=1\right]\geqslant 1-\mathrm{negl}(|x|)$。完美完备性是指上述概率等于 1。
- 可靠性：对于任意的 $x\notin\mathcal{L}_{\mathcal{R}}$，任意的概率多项式时间 $\mathcal{P}^*$，任意的 $y,z\in\{0,1\}^*$，$\Pr\left[\langle\mathcal{P}^*(y),\mathcal{V}(z)\rangle(x)=1\right]\leqslant \mathrm{negl}(|x|)$。

2.5.3 知识证明

知识证明概念最初被 Goldwasser 等[1]非正式提出，接下来出现了多个不同的形式化定义[6,66-68]，Bellare 和 Goldreich[69]在纠正前人错误定义的情况下，给出了至今通用的形式化定义。知识证明是指证明者向验证者证明其知道某项“知识”，而不仅仅是该“知识”的存在性。该定义需要有一个“知识提取器”，如果有敌手能够使得验证者相信某个命题，则该提取器能够提取出该知识。

定义 2.20（知识证明系统[64]）设 $\mathcal{R}$ 是二元关系，对应的语言是 NP 语言 $\mathcal{L}_{\mathcal{R}}$。称概率多项式时间图灵机 $\mathcal{V}$ 是对关系 $\mathcal{R}$ 的知识验证者，其中知识误差为 $\kappa(\cdot):\mathbb{N}\to[0,1]$，如果下列条件成立，则称图灵机 $\mathcal{K}$ 为通用知识提取器。

- 非平凡性：存在图灵机 $\mathcal{P}$，使得对任意 $(x,w)\in\mathcal{R}$，$\mathcal{V}$ 相信 x 的正确性。
- $\kappa(\cdot)$误差正确性（知识可靠性）：存在多项式 $q(\cdot)$和概率多项式时间的图灵机 $\mathcal{K}$，使得对任意的图灵机 $\mathcal{P}$，任意的 $x\in\mathcal{L}_{\mathcal{R}}$，$w,r\in\{0,1\}^*$，$\mathcal{K}$ 满足以下条件。

用 $p(x,w,r)$表示 $\mathcal{P}_{x,w,r}$ 使得 $\mathcal{V}$ 相信 x 正确性的概率，其中 $\mathcal{P}_{x,w,r}$ 表示图灵机 $\mathcal{P}$，其输入是 x，辅助输入是 w，随机带是 r。如果 $p(x,w,r)>\kappa(|x|)$，则 κ 在以下期望时间内输出一个值 $s\in\mathcal{L}_{\mathcal{R}}$。

$$\frac{q(|x|)}{p(x,w,r)-\kappa(|x|)}$$

如果 $\mathcal{V}$ 是关系 $\mathcal{R}$ 的知识验证者，$\mathcal{P}$ 是满足非平凡性条件的图灵机（相对于 $\mathcal{V}$ 和 $\mathcal{R}$），则称 $\langle\mathcal{P},\mathcal{V}\rangle$ 为关于关系 $\mathcal{R}$ 的知识证明系统。如果其是零知识的，则称 $\langle\mathcal{P},\mathcal{V}\rangle$ 为关于关系 $\mathcal{R}$ 的零知

识知识证明系统。

类似于论证，上述定义中如果 $\mathcal{P}$ 是多项式时间图灵机，则上述交互式系统叫作知识论证。

2.5.4 交互式证明系统的例子

相比于经典 NP 证明，交互式证明系统有两点不同：一是证明者和验证者都是概率性的，即随机的；二是证明者和验证者之间允许交互。正是因为随机性和允许交互，交互式证明系统才得以具备比经典 NP 证明更强的能力。事实上，记 IP 为交互式证明系统所能够判定的语言集合，则有 IP=PSPACE[70]，其中，PSPACE 是指可被多项式空间算法判定的语言集合，被视为比 NP 更大的集合。本小节通过两个例子阐述交互式证明系统的能力。

2.5.4.1 失明人士巧辨异色球

为了便于读者理解，给出一个简单的例子。假设有两个除颜色外完全一致的小球，一个为红色，一个为绿色。现在证明者想向验证者证明这两个球是异色的，一个简单的方法就是证明者将这两个小球直接展示给验证者看，验证者直接验证，这便是平凡证明。一个有趣的问题是假如弱化验证者的能力，如假设验证者是失明人士而无法直接分辨红绿色，证明者该如何向验证者证明这两个小球是异色的？

事实上，可以引入交互和随机性来证明，该过程如图 2.1 所示，步骤描述如下。

图 2.1 证明者向验证者（失明人士）证明两球异色的过程

步骤 1：证明者将两个小球交予验证者，并告知验证者哪个是红球哪个是绿球。

步骤 2：验证者将两个球置于背后以防止证明者偷窥，并随机选取一个球。

步骤 3：验证者展示其选择的球，并询问证明者该球颜色。

步骤 4：若证明者回答错误，验证者拒绝。若证明者回答正确，则验证者可选择重复步骤 2～步骤 3，直至达到验证者的置信预期。

上述证明是完备的。如果这两个球不是异色的且证明者试图欺骗验证者，那么在步骤 2～

步骤 3 中每次验证者拒绝的概率至少为 1/2；如果重复 100 次，那么欺骗成功的概率仅为 $1/2^{100}$，这便是可靠性。可靠性本质上是由验证者选取的随机性保证的。从这个例子可以看到，在引入交互和随机性后，证明者可以向能力更弱的验证者证明形式复杂的陈述。这同时证明了交互和随机性为证明系统带来了更强的能力。

事实上，基于一些经典的随机性算法和定理（如 Schwartz-Zippel 引理[71-72]），可以构造很多相比平凡证明系统实现通信复杂度降级的交互式证明系统。此外，可以证明没有任何确定性协议能够实现比平凡证明系统更低的通信量[73]。

2.5.4.2 图的非同构问题

考虑到构造针对 NP 问题的交互式证明系统是平凡的，本小节给出一个针对非平凡问题的交互式证明系统例子。

定义 2.21（图的同构与非同构问题）两个图 $G_1=(V_1, E_1)$和 $G_2=(V_2, E_2)$（V 表示点的集合，E 表示边的集合）是同构的当且仅当存在一个从点集 V_1 映射到点集 V_2 的双射 π，使得对于任意的边$(u, v)\in E_1$，都有$(\pi(u), \pi(v))\in E_2$；反之，对于任意的$(\pi(u), \pi(v))\in E_2$，也都有$(u, v)\in E_1$。记$G_2=\pi(G_1)$。图的同构问题简记为 GI（Graph Isomorphism）问题。两个图 $G_1=(V_1, E_1)$和 $G_2=(V_2, E_2)$是非同构的当且仅当不存在上述的映射关系，图的非同构问题简记为 GNI（Graph Non-Isomorphism）问题。

容易发现，GI 问题是 NP 问题，但 GNI 问题难以确定。事实上，GNI 问题被认为不属于 NP（属于 coNP）。一个针对 GNI 问题的交互式证明系统见协议 2.1。

在协议 2.1 中，验证者$\mathcal{V}$是概率多项式时间的，但证明者$\mathcal{P}$却难以确定。可以证明，协议 2.1 具有完美完备性，可靠性误差为 1/2。完美完备性是显然的，这里给出可靠性误差的一个直观证明。

协议 2.1 针对 GNI 问题的交互式证明系统

公共输入：两个图 $G_1=(V_1, E_1)$和 $G_2=(V_2, E_2)$

不失一般性，假设 $V_1=\{1,2,\cdots,|V_1|\}$，V_2类似

1）验证者$\mathcal{V}$

$\mathcal{V}$ 随机选取两个图中的一个并生成该图的一个随机同构图。也就是说，$\mathcal{V}$ 均匀随机挑选 $\sigma\in\{1, 2\}$并从 V_σ的置换集合中均匀随机挑选一个置换 π。$\mathcal{V}$ 随后构造一个图，其点集为 V_σ，边集为

$$F\leftarrow\{(\pi(u),\pi(v)):(u,v)\in E_\sigma\}$$

并把(V_σ, F)发送给证明者。

2）证明者$\mathcal{P}$

记$\mathcal{P}$收到的图为 $G'=(V', E')$，$\mathcal{P}$ 试图寻找 $\tau=\{1, 2\}$使得 G'与 G_τ是同构的，并将 τ 发送给$\mathcal{V}$（如果 $\tau=1$ 和 $\tau=2$ 均满足上述条件，则$\mathcal{P}$随机发送 1 或 2；如果 $\tau=1$ 和 $\tau=2$ 均不满足，则$\mathcal{P}$发送 0）。

输出：比特 b，如果 $\tau=\sigma$，则$\mathcal{V}$输出 $b=1$，即选择接受；否则输出 $b=0$，即选择拒绝

如果 G_1 和 G_2 是同构的，那么集合 $S_1=\{\pi_1: \pi_1(G_1)=G'\}$和集合 $S_2=\{\pi_2: \pi_2(G_2)=G'\}$的大小相同

且具有相对应的关系。这是因为：若记 $G_1=\pi(G_2)$，则对于任意满足 $\pi_1(G_1)=G'$ 的映射关系 π_1，有 $\pi_1(\pi(G_2))=\pi_2(G_2)$。也就是说，如果 G_1 和 G_2 是同构的，从证明者的视角，他无法以超过 1/2 的概率从 G' 成功推知 G_σ。这说明 $\mathcal{P}$ 最多以 1/2 的概率欺骗成功，即可靠性误差为 1/2。

2.6 零知识证明系统

零知识证明系统是指具有零知识性的交互式证明系统。其中零知识性是指，证明者在向验证者证明某个陈述正确性的同时不泄露除正确性以外的其他任何信息，也就是说，验证者在交互之后没有获得任何有用的“知识”。然而，描述“知识”与“获得知识”本身是困难的。本节从知识与获得知识出发（第 2.6.1 小节），首先给出完美零知识证明系统及变种（第 2.6.2 小节），然后介绍计算零知识证明系统（第 2.6.3 小节）。

2.6.1 知识与获得知识

为了说明验证者 $\mathcal{V}$ 没有“获得知识”，首先要定义什么叫“知识”。这里引入一个例子。一个学生声称自己知道一元二次方程的解法，老师如何验证？一个自然的方法就是随机选取几个一元二次方程让学生计算，如果学生都能算出来，老师就有一定的理由相信学生确实知道方程的解法，老师的相信程度随着挑选的数目增加而提升。另外一个简单的办法是让学生算出方程的通解表示方法。这两个方法虽略有不同，但内涵是相同的，即拥有“知识”意味着能计算出这条信息。

具体地，针对 NP 语言 $\mathcal{L}_\mathcal{R}$、公共输入 $x\in\mathcal{L}_\mathcal{R}$ 的零知识证明系统是交互式证明系统 $\langle P,V\rangle$，且满足任何概率多项式时间的验证者 $\mathcal{V}^*$ 与证明者 $\mathcal{P}$ 交互后能高效计算得出的任何信息都可仅根据 x 高效计算得出。其核心思想在于假如存在一个模拟器 $\mathcal{S}$，其没有访问证明者 $\mathcal{P}$ 的权限，却仍然能让验证者 $\mathcal{V}$ 接受，并且模拟器 $\mathcal{S}$ 的输出与 $\mathcal{P}$ 和 $\mathcal{V}$ 在正常交互时的输出是一致的，就可以认为 $\mathcal{V}$ 与 $\mathcal{P}$ 交互的过程中并没有获得任何额外信息。

基于此，可以给出完美零知识证明系统的定义，见 2.6.2 节。

2.6.2 完美零知识证明系统及变种

定义 2.22（完美零知识证明系统[64]）令 $\langle\mathcal{P},\mathcal{V}\rangle$ 是针对 NP 语言 $\mathcal{L}_\mathcal{R}$ 的交互式证明系统，其输入为 x。如果对于所有概率多项式时间的 $\mathcal{V}^*$，都存在一个概率多项式时间的模拟器 $\mathcal{S}$，使得对于任意的 $x\in\mathcal{L}_\mathcal{R}$，满足下述两个条件，则称 $\langle\mathcal{P},\mathcal{V}^*\rangle$ 是完美零知识的。

1. $\mathcal{S}(x)$ 以最多 1/2 的概率输出特殊符号 $\perp$。
2. 令 $s(x)$ 表示 $\mathcal{S}(x)$ 不输出特殊符号 $\perp$ 情况下的输出，则以下两个随机变量族是分布一致的。

- $\left\{\left\langle \mathcal{P},\mathcal{V}^*\right\rangle(x)\right\}_{x\in\mathcal{L}_\mathcal{R}}$，即$\mathcal{V}^*$在与$\mathcal{P}$交互后的输出。
- $\{s(x)\}_{x\in\mathcal{L}_\mathcal{R}}$，即模拟器$\mathcal{S}$以$x$为输入时的输出。

注 （1）在定义 2.22 中，$\left\langle \mathcal{P},\mathcal{V}^*\right\rangle(x)$和$s(x)$均是随机变量。

（2）零知识性是证明者$\mathcal{P}$的性质，它描述了$\mathcal{P}$抵抗任意概率多项式时间（包括恶意）验证者$\mathcal{V}^*$获取额外信息的能力。

（3）虽然令模拟器$\mathcal{S}$所有可能输出构成的随机变量$\mathcal{S}(x)$和$\left\langle \mathcal{P},\mathcal{V}^*\right\rangle(x)$分布一致似乎更符合完美零知识证明的内涵，但这样要求过于严格。事实上，目前尚没有满足这种条件的任何非平凡零知识证明系统。

接下来介绍完美零知识证明系统的一个等价定义。定义 2.22 仅考虑$\mathcal{V}$在交互后的输出，也可以考虑$\mathcal{V}$在交互过程中拥有的所有信息，即视图。$\mathcal{V}$的视图包括$\mathcal{V}$的公共输入、随机输入，从$\mathcal{P}$处收到的消息及$\mathcal{V}$可自行计算的信息，显然，最后一项可根据前几项计算得出。具体地，完美零知识证明系统的等价定义见定义 2.23。

定义 2.23（完美零知识证明系统的等价定义[64]）记$\mathcal{V}^*$的视图为$\text{view}_{\mathcal{V}^*}^{\mathcal{P}}(x)$。令$\langle \mathcal{P},\mathcal{V}\rangle$是针对 NP 语言$\mathcal{L}_\mathcal{R}$的交互式证明系统，其输入为$x$。如果对于所有概率多项式时间的$\mathcal{V}^*$，都存在一个概率多项式时间的模拟器$\mathcal{S}$，使得对于任意的$x\in\mathcal{L}_\mathcal{R}$，满足下述两个条件，则称$\langle \mathcal{P},\mathcal{V}\rangle$是完美零知识的。

1. $\mathcal{S}(x)$以最多 1/2 的概率输出特殊符号$\perp$。
2. 令$s(x)$表示$\mathcal{S}(x)$不输出特殊符号$\perp$情况下的输出，则以下两个随机变量族是分布一致的。

- $\{\text{view}_{\mathcal{V}^*}^{\mathcal{P}}(x,z)\}_{x\in\mathcal{L}_\mathcal{R}}$，即$\mathcal{V}^*$的视图。
- $\{s(x)\}_{x\in\mathcal{L}_\mathcal{R}}$，即模拟器$\mathcal{S}$以$x$为输入时的输出。

注 根据视图$\text{view}_{\mathcal{V}^*}^{\mathcal{P}}(x,z)$可计算出$\left\langle \mathcal{P},\mathcal{V}^*\right\rangle(x)$，反之却不成立。尽管如此，定义 2.22 和定义 2.23 被认为是等价的。

在实际应用中，仅有定义 2.22 和定义 2.23 是不够的。例如，在密码协议构造中，零知识证明往往只是整个协议的一部分，此时证明者$\mathcal{P}$和验证者$\mathcal{V}$除了公共输入外，还可能拥有其他输入；在 NP 问题的证明中，证明者$\mathcal{P}$可能会拥有对应于x的证据w。事实上，定义 2.22 和定义 2.23 甚至不能在协议顺序运行的情况下仍保持零知识性[74]。为了弥补这个缺陷，Goldreich 和 Oren[74]扩展了零知识证明的概念，使得上述零知识证明的定义在恶意验证者和验证者得到任意的辅助字符串$z\in\{0,1\}^*$情况下，仍得到满足。

定义 2.24（辅助输入的完美零知识证明系统[64]）令$\langle \mathcal{P}(y), \mathcal{V}(z)\rangle$是针对 NP 语言$\mathcal{L}_\mathcal{R}$的交互式证明系统，$x$是公共输入，$y$、$z$分别是$\mathcal{P}$、$\mathcal{V}$的辅助输入。如果对于所有概率多项式时间的$\mathcal{V}^*$，都存在一个概率多项式时间的模拟器$\mathcal{S}$，使得对于任意的$x\in\mathcal{L}_\mathcal{R}$，满足下述两个条件，则称$\langle \mathcal{P}(y), \mathcal{V}(z)\rangle$是完美零知识的。

1. $\mathcal{S}(x,z)$以最多 1/2 的概率输出特殊符号$\perp$。
2. 令$s(x,z)$表示$\mathcal{S}(x,z)$不输出特殊符号$\perp$情况下的输出，则以下两个随机变量族是分布一致的。

- $\left\{\left\langle \mathcal{P}(y),\mathcal{V}^*(z)\right\rangle(x)\right\}_{x\in\mathcal{L}_\mathcal{R}}$，即 $\mathcal{V}^*$ 在与 $\mathcal{P}$ 交互后的输出。
- $\{s(x,z)\}_{x\in\mathcal{L}_\mathcal{R}}$，即模拟器 $\mathcal{S}$ 以 x 为公共输入、z 为辅助输入时的输出。

2.6.3 计算零知识证明系统

在实际应用中，往往不需要完美地模拟 $\mathcal{V}^*$ 在与 $\mathcal{P}$ 交互后的输出或者视图。事实上，生成一个与上述输出或者视图计算不可区分的副本就足以适配大多数实际应用。计算不可区分是指两个随机变量族无法被任意概率多项式时间的判定器所区分。具体地，考虑辅助输入的计算零知识证明系统定义如下。

定义 2.25（考虑辅助输入的计算零知识证明系统[64]）令 $\langle\mathcal{P}(y),\mathcal{V}(z)\rangle$ 是针对 NP 语言 $\mathcal{L}_\mathcal{R}$ 的交互式证明系统，公共输入为 x，y、z 分别是 $\mathcal{P}$、$\mathcal{V}$ 的辅助输入，且 $\Pr\left[\langle\mathcal{P}(y),\mathcal{V}(z)\rangle(x)=1\right]\geqslant 1-\mathrm{negl}(x)$。如果对于所有概率多项式时间的 $\mathcal{V}^*$，都存在一个概率多项式时间的模拟器 $\mathcal{S}$，使得以下的两个随机变量族是计算不可区分的，则称 $\langle\mathcal{P}(y),\mathcal{V}(z)\rangle$ 是（计算）零知识的。

- $\left\{\mathrm{view}_{\mathcal{V}^*}^{\mathcal{P}}(x,z)\right\}_{x\in\mathcal{L}_\mathcal{R}}$，即 $\mathcal{V}^*$ 在与 $\mathcal{P}$ 交互后的输出。
- $\{\mathcal{S}(x,z)\}_{x\in\mathcal{L}_\mathcal{R}}$，即模拟器 $\mathcal{S}$ 以 x 为公共输入、z 为辅助输入时的输出。

其中，计算不可区分是指对于所有的概率多项式时间算法 D（运行时间受 $\mathrm{poly}(|x|)$限制）、所有的多项式 $p(\cdot)$、所有的 $z\in\{0,1\}^*$，有

$$\left|\Pr\left[D\left(\{\mathrm{view}_{\mathcal{V}^*}^{\mathcal{P}}(x,z)\}_{x\in\mathcal{L}_\mathcal{R}}\right)=1\right]-\Pr\left[D\left(\{\mathcal{S}(x,z)\}_{x\in\mathcal{L}_\mathcal{R}}\right)=1\right]\right|<1/p\left(|x|\right)$$

注 参考定义 2.23 和定义 2.24，也可定义允许模拟器 $\mathcal{S}$ 以一定概率输出特殊符号 $\perp$ 的版本，与定义 2.25 是等价的。

定义 2.26（诚实验证者零知识）诚实验证者零知识（Honest Verifier Zero-Knowledge）指模拟过程中的验证者是按照事先确定好的协议步骤运行的。令 $\langle\mathcal{P},\mathcal{V}\rangle$ 是针对语言 $\mathcal{L}_\mathcal{R}$ 的交互式证明系统，如果存在一个概率多项式时间的模拟器 $\mathcal{S}$ 使得$\{\mathrm{view}_{\mathcal{V}}^{\mathcal{P}}(x,z)\}_{x\in\mathcal{L}_\mathcal{R}}$ 和 $\{\mathcal{S}(x,z)\}_{x\in\mathcal{L}_\mathcal{R}}$ 这两个随机变量族是计算不可区分的，则称该证明系统是诚实验证者计算零知识的。

注 在本书中，用证明泛指证明系统和论证，如零知识证明系统特指形如定义 2.22、定义 2.23 及定义 2.24 的证明系统，论证则形如定义 2.19，而零知识证明则对证明系统和论证不加区分。

2.7 零知识证明的若干讨论

第 2.6 节介绍了零知识证明的基础概念，本节给出零知识证明的若干讨论，第 2.7.1 小节介绍零知识证明的证明能力，即可针对任意 NP 问题构造计算零知识证明系统；第 2.7.2 小节介绍零知识证明在串行及并行组合下的情况；第 2.7.3 小节给出针对零知识证明的轮数复杂度讨论；第 2.7.4 小节介绍零知识证明的若干负面结果。

2.7.1 零知识证明的证明能力

为了实际应用，需要明确零知识证明的证明能力，即零知识证明能够证明什么语言。假设单向函数存在，那么针对所有 NP 问题都可构造零知识证明系统[75]，这是零知识证明能够落地应用的重要基础之一。随后的一系列工作揭示了如果单向函数存在，那么零知识复杂性类（即可用零知识证明的语言集合）等价于交互式证明复杂性类[75-76]，进而等价于 PSPACE 复杂性类[70]。由第 2.4 节可知，为证明针对所有 NP 问题都可构造零知识证明系统，只需构造针对某一特定的 NP 完全问题的零知识证明系统。本小节给出针对一种 NP 完全问题——三染色问题（Graph3-Coloring Problem）的零知识证明系统构造方法，并简单证明其零知识性。

三染色问题是指给定一个简单图 $G=(V, E)$（无自环、任意两点最多只有一条边），判断是否存在一个 3 种颜色的点配色方案，使得每条边连接的两个点的颜色不同。三染色问题见定义 2.27。

定义 2.27（三染色问题）图 $G=(V, E)$是三染色的当且仅当存在映射 $\phi: V \rightarrow \{1,2,3\}$ 使得对于所有的$(u, v)\in E$，都有 $\phi(u) \neq \phi(v)$。

推论 2.1 假设单向函数存在（用于构造承诺），则有针对三染色问题的（计算）零知识证明系统（见协议 2.2）。也就是说，假设单向函数存在，那么可以针对任意 NP 问题构造计算零知识证明系统。

协议 2.2 针对三染色问题的（计算）零知识证明系统

公共输入：三染色图 $G=(V, E)$，令 $n=|V|$ 且 $V=[n]$

证明者辅助输入：图 G 的一个三染色配色方案 ψ

1）证明者 $\mathcal{P}$ 的第一步

$\mathcal{P}$ 随机选取$\{1, 2, 3\}$上的一个置换 π，并对于所有的 $v\in V$，计算 $\phi(v) = \pi(\psi(v))$。$\mathcal{P}$ 对这些点的颜色做承诺，即 $\mathcal{P}$ 随机选取随机数空间中的 $s_1,\cdots,s_n$，对任意的 $i\in V$，计算 $c_i \leftarrow \text{Commit}(\phi(i); s_i)$。$\mathcal{P}$ 将 $c_1,\cdots,c_n$ 发给验证者 $\mathcal{V}$。

2）验证者 $\mathcal{V}$ 的第一步

$\mathcal{V}$ 随机选取一条边$(u, v)\in E$ 并发送给证明者 $\mathcal{P}$。

3）证明者 $\mathcal{P}$ 的第二步

$\mathcal{P}$ 打开对 $\phi(u)$和$\phi(v)$ 的承诺，即将$(s_u, \phi(u))$ 和 $(s_v, \phi(v))$ 发送给 $\mathcal{V}$。

4）验证者 $\mathcal{V}$ 的第二步

$\mathcal{V}$ 检查收到的信息与第一步收到的承诺是否一致。记验证者 $\mathcal{V}$ 的第二步收到的信息分别为(s, σ)和(s', τ)，则 $\mathcal{V}$ 需检查 $c_u \stackrel{?}{=} \text{Commit}(\sigma; s)$、$c_v \stackrel{?}{=} \text{Commit}(\tau; s')$ 及 $\sigma \stackrel{?}{\neq} \tau$。

输出：比特 b，如果上述 3 项检查均通过，则 $\mathcal{V}$ 输出 $b=1$，即选择接受；否则输出 $b=0$，即选择拒绝

对于协议 2.2，有如下注意事项。

（1）在协议 2.2 中，证明者 $\mathcal{P}$ 和验证者 $\mathcal{V}$ 均是概率多项式时间的。

（2）协议 2.2 所运用的承诺是具有计算隐藏性和完美绑定性的承诺，其可基于单向函数存在性假设实现。

（3）协议 2.2 具有完美完备性。如果公共输入的图 G 是三染色的，且 $\mathcal{P}$ 是诚实的，那么 $\mathcal{V}$ 最终会接受。

（4）对于可靠性，如果公共输入的图 G 不是三染色的，那么在所有的边中，至少会有一条边的两个端点是颜色相同的。并且，由于承诺的绑定性，恶意证明者 $\mathcal{P}$ 不能将承诺打开为其他值，因此，$\mathcal{V}$ 会以至少 $1/|E|$ 的概率拒绝。

为了证明零知识性，给出协议 2.2 的模拟器算法，如算法 2.1 所示。

算法 2.1 协议 2.2 的模拟器算法

输入： 图 $G=(V, E)$

第一步：设置 $\mathcal{V}^*$ 的随机输入带。

令 $q(\cdot)$ 是 $\mathcal{V}^*$ 的运行时间上限，模拟器 $\mathcal{S}$ 随机均匀选取 $r\in\{0,1\}^{q(\cdot)}$，并将其作为 $\mathcal{V}^*$ 的随机输入带。

第二步：模拟证明者 $\mathcal{P}$ 的第一步。

$\mathcal{S}$ 随机选取 n 个值 $e_1,\cdots,e_n\in\{1, 2, 3\}$ 及 n 个随机串 $s_1,\cdots,s_n\in\{0,1\}^n$ 。对于所有的 $i\in V$，$\mathcal{S}$ 计算承诺 $d_i\leftarrow\text{Commit}(e_i; s_i)$。

第三步：模拟验证者 $\mathcal{V}^*$ 的第一步。

$\mathcal{S}$ 将图 G 放到 $\mathcal{V}^*$ 的公共输入带，将 r 放到 $\mathcal{V}^*$ 的随机输入带，将 $(d_1,\cdots,d_n)$ 放到 $\mathcal{V}^*$ 的只读通信带。在 $\mathcal{V}^*$ 经过若干步（多项式级别）计算后，$\mathcal{S}$ 可以读取 $\mathcal{V}^*$ 的输出，记作 m。不失一般性，假设 $m\in E$ 且 $(u,v)=m$。

第四步：模拟证明者 $\mathcal{P}$ 的第二步。

如果 $e_u\neq e_v$，那么模拟器停机并输出 $(G, r, (d_1,\cdots,d_n), (s_u, e_u, s_v, e_v))$；如果 $e_u= e_v$，模拟器 $\mathcal{S}$ 输出特殊符号⊥。

协议 2.2 具有辅助输入的（计算）零知识性，其核心思路简述如下。第一，对于随机选取的 $e_1,\cdots,e_n$，任意两条边满足 $e_u\neq e_v$ 的概率为 2/3。并且，由于承诺的隐藏性，从验证者 $\mathcal{V}^*$ 的视角来看，$(c_1,\cdots, c_n)$ 与 $(d_1,\cdots, d_n)$ 是计算不可区分的，因此 $\mathcal{S}$ 有约 1/3 的概率输出特殊符号⊥。第二，在 $\mathcal{S}$ 不输出特殊符号⊥的情况下，模拟器输出的随机变量 $(G,r, (d_1,\cdots,d_n), (s_u, e_u, s_v, e_v))$ 和正常交互验证者输出的随机变量 $(G,r, (c_1,\cdots,c_n), (s_u,\phi(u), s_v,\phi(v)))$ 是计算不可区分的。具体地，可以构造两个非均匀电路，其输入分别是对 $1^n2^n3^n$ 和 $\alpha\in\{0,1\}^{3n}$ 的承诺，输出分别是 $(G,r, (c_1,\cdots,c_n), (s_u,\phi(u), s_v,\phi(v)))$ 和 $(G,r,(d_1,\cdots,d_n), (s_u, e_u, s_v, e_v))$。如果 $(G,r, (c_1,\cdots,c_n), (s_u,\phi(u), s_v,\phi(v)))$ 和 $(G,r, (d_1,\cdots,d_n), (s_u, e_u, s_v, e_v))$ 可以区分，那么可以利用这两个电路区分对 $1^n2^n3^n$ 和 $\alpha\in\{0,1\}^n$ 的承诺，

而这与承诺的隐藏性相违背。基于以上两点，可以说明协议 2.2 具有辅助输入的（计算）零知识性。由于三染色问题是 NP 完备问题，可先将任意 NP 问题归约为三染色问题，然后通过对三染色问题的零知识证明构造针对 NP 问题的零知识证明系统。

除了考虑计算零知识证明系统的能力之外，本书给出若干常见的其他零知识证明的能力。

推论 2.2 如果单向置换存在，那么针对任意 NP 语言都可以构造完美零知识证明。

证明推论 2.2 的思路较为简单，事实上，只需将协议 2.2 中的承诺方案替换为具有完美隐藏性和计算绑定性的承诺方案，而后者需要基于单向置换存在性假设才能构造。

如无特殊说明，本书涉及的所有具体零知识证明均是零知识知识证明，为叙述方便，本书将非交互零知识知识证明（Non-Interactive Zero-Knowledge Argument of Knowledge）简记为 NIZKAoK。

推论 2.3 如果单向函数存在，那么针对任意 NP 语言都可以构造零知识知识证明系统。

事实上，协议 2.2 是一个知识误差为 $1-1/|E|$ 的知识证明系统，并且利用串行组合（Sequential Composition），可将知识误差降低为可忽略。

知识证明在身份认证、承诺、抵御选择明文攻击等方面有着较为广泛的应用。

2.7.2 串行/并行零知识证明

辅助输入的零知识证明在串行组合下是闭合的。也就是说，如果一个接一个地运行零知识证明，那么整体协议也是零知识的。在实际应用中，串行组合是设计零知识证明的重要工具。许多零知识证明本身的可靠性误差较高，不满足实际问题的安全级别需求，因此有必要通过串行组合的方式，在保障零知识性的同时降低可靠性误差，从而达到目标安全级别。

虽然串行零知识证明足以解决可靠性不足的问题，但一个接一个地运行零知识证明在某些场景下仍可能会导致效率较低。一个自然的想法是能否实现并行零知识证明，即问题 2.1。

问题 2.1（并行零知识证明存在问题）令 $\mathcal{P}_1$ 和 $\mathcal{P}_2$ 是两个零知识证明的证明者，那么这两个证明者并行运行是否仍是零知识的?

遗憾的是，问题 2.1 的答案是否定的，其主要原因是无法抵御恶意验证者的延展性攻击，即验证者 $\mathcal{V}^*$ 可以利用从 $\mathcal{P}_1$ 处获得的信息从 $\mathcal{P}_2$ 处获得知识，即使 $\langle \mathcal{P}_1,\mathcal{V}\rangle$ 和 $\langle \mathcal{P}_2,\mathcal{V}\rangle$ 本身都是零知识的。一个简单的证明思路如下。令 $\mathcal{P}_1$ 是针对三染色问题（公共输入为图 $G=(V,E)$）的证明者，则 $\mathcal{P}_1$ 是零知识的。对于 $\mathcal{P}_2$ 和 $\mathcal{V}$，$\mathcal{V}$ 声称自己拥有针对图 $G=(V, E)$ 的解 ψ，$\mathcal{P}_2$ 也拥有针对图 $G=(V, E)$ 的相同解，随机挑选一条边 (u, v)，并询问 $\mathcal{V}$ 这条边 (u, v) 的颜色，如果 $\mathcal{V}$ 回答正确，则 $\mathcal{P}_2$ 将解 ψ 发给 $\mathcal{V}$。可以证明，$\mathcal{P}_2$ 也是零知识的，这是因为一个不知道解 ψ 的验证者无法正确回答 $\mathcal{P}_2$ 的问题。然而，如果 $\mathcal{P}_1$ 和 $\mathcal{P}_2$ 并行运行，那么恶意验证者 $\mathcal{V}^*$ 可以在与 $\mathcal{P}_1$ 交互时将随机挑战设置为 $\mathcal{P}_2$ 所询问的问题，从而实现从 $\mathcal{P}_2$ 处获得知识。

2.7.3 零知识证明的轮数复杂度讨论

在提出之时，零知识证明被视为一种特殊的交互式证明。交互式证明在执行时需要证明者和验证者保持在线，因此交互轮数越多，对执行环境的要求越苛刻。基于此，轮数复杂度的优化一直是零知识证明的重要研究方向之一。需要注意的是，协议 2.2 虽然是一个常数轮的协议（其中交互只有 3 轮），但其可靠性仅为 $1/|E|$，其中$|E|$为图的边数。为实现可忽略的可靠性误差，需要将整个协议串行重复很多次（约为 $\lambda\log 2/(\log|E|-\log(|E|-1))$，其中 λ 为协议想要达到的安全级别）。一个自然的问题是能否构造常数轮的、可靠性误差可忽略的零知识证明系统。对于上述问题，有如下限制。

推论 2.4 针对任意 NP 问题的零知识证明系统必须至少满足下面的限制之一：

- 不是常数轮的；
- 具有不可忽略的可靠性误差；
- 需要比单向函数存在性假设更强的假设；
- 是论证。

在不超越上述限制的前提下，Goldreich 和 Kahan[77]基于无爪函数存在性假设，指出了针对任意 NP 问题的、常数轮的、有着可忽略可靠性误差的零知识证明系统的存在性，并给出了一个 5 轮非公开抛币零知识证明系统的构造方法。Feige 和 Shamir[68]给出了证据不可区分和证据隐藏的概念，并仅基于单向函数存在性假设构造了 5 轮针对任意 NP 问题的、证据不可区分的、有着可忽略可靠性误差的交互式证明。事实上，即使不超越推论 2.4 中的限制，零知识证明系统和论证在轮数上也存在一些负面结果。Katz[78]指出，在黑盒归约框架下，针对任意 NP 问题不存在 4 轮的零知识证明系统。Fleischhacker 和 Goyal[79]则指出，针对任意 NP 问题不存在 3 轮的非公开抛币的零知识证明系统，甚至在允许非黑盒归约技术时这个结论仍然成立。即使是论证，也存在一些轮数上的限制。Goldreich、Oren[74]和 Goldreich、Kahan[77]指出，针对任意 NP 语言的 2 轮零知识论证不存在；在黑盒归约技术框架下，3 轮的非公开抛币零知识论证和常数轮的公开抛币零知识论证仅局限于 BPP 复杂性类。在此背景下，部分研究弱化了安全性需求，以寻求轮数更低的零知识证明。例如，Hada 和 Tanaka[80]基于一种非黑盒模拟技术，提出了一种针对任意 NP 语言的 3 轮零知识论证。

2.7.4 零知识证明的若干负面结果

虽然针对任意 NP 问题都可构造零知识证明（假设单向函数存在），但零知识证明也不是“万能”的，本小节简要介绍零知识证明的一些局限性和若干负面结果。

定义 2.28（BPP）BPP 问题（Bounded-Error Probabilistic Polynomial Problem）是概率多项式图灵机可决定的一类问题，在所有情况下，其误差概率均为 1/3。具体地，语言 $\mathcal{L}\in\mathrm{BPP}$ 当且

仅当存在概率多项式时间的图灵机 M，使得：

- 对于任意的 $x \in \mathcal{L}$，M 输出接受的概率大于或等于 2/3；
- 对于任意的 $x \notin \mathcal{L}$，M 输出拒绝的概率小于或等于 1/3。

BPP 语言的成员归属由验证者自身决定，在此过程中验证者没有获得任何知识，因此针对 BPP 问题的零知识证明被视为平凡的。

本小节指出交互和随机性都是零知识证明系统所必需的。其证明的核心思路是利用模拟器构造一个不需要 $\mathcal{P}$ 即可判定 x 是否属于 $\mathcal{L}$ 的判定器，从而说明 $\mathcal{L} \in$BPP。此外，本小节指出了完美（统计）零知识证明系统的能力局限性。

1. 交互的必要性。如果针对语言 $\mathcal{L}$ 可以构造轮数为 1 的零知识证明系统，即证明者 $\mathcal{P}$ 仅发送一轮消息给 $\mathcal{V}$ 可完成证明，那么语言 $\mathcal{L} \in$BPP。记 x, α, r 分别为零知识证明中的待证明陈述、$\mathcal{P}$ 发送的消息和 $\mathcal{V}$ 的随机数。由交互式证明系统的性质可知，如果 $x \in \mathcal{L}$，那么对于部分 α，有大多数的 r 会使 $\mathcal{V}(x, \alpha, r)=1$；如果 $x \notin \mathcal{L}$，那么对于所有的 α，只有少部分的 r 会使 $\mathcal{V}(x, \alpha, r)= 1$。此外，如果 $x \in \mathcal{L}$，那么由零知识的定义可知，必然存在一个模拟器 $\mathcal{S}$，以较大的概率成功输出脚本(x, α, r)（即不是特殊符号⊥）。然而，零知识证明并没有限制 $x \notin \mathcal{L}$ 时输出脚本的能力。事实上，$x \notin \mathcal{L}$ 时，$\mathcal{S}$ 成功输出脚本的概率应与 $x \in \mathcal{L}$ 时是接近的，否则可利用 $\mathcal{S}$ 判定 x 的成员归属。尽管如此，由于只有 1 轮交互，也就是 $\mathcal{V}$ 的视图仅包含(x, α, r)而不包含挑战及 $\mathcal{P}$ 的响应，因此可将 $\mathcal{S}$ 成功输出的脚本(x, α, r)中的 r 随机替换为 r'交予验证者判断，由交互式证明系统的可靠性，如果 $x \notin \mathcal{L}$，那么 $\mathcal{V}$ 会以较大概率拒绝。至此，可仅根据模拟器和验证者判断 x 的成员归属，因此 $\mathcal{L} \in$BPP。

2. 验证者随机性的必要性。如果针对语言 $\mathcal{L}$ 可以构造验证者是确定性的零知识证明系统，那么语言 $\mathcal{L} \in$BPP。事实上，如果验证者是确定的，那么在陈述 x 确定的情况下，验证者的消息仅由证明者的消息决定。因此，该系统可以等价转换为证明者在第一轮将所有的消息发送给验证者的系统，相当于轮数为 1 的零知识证明系统。

3. 证明者随机性的必要性。如果针对语言 $\mathcal{L}$ 可以构造证明者是确定性的（辅助输入）零知识证明系统，那么语言 $\mathcal{L} \in$BPP。由于证明者是确定性的，证明者的消息可由公共输入、验证者随机输入和验证者辅助输入唯一确定，而在给定公共输入、随机输入和前 i 轮的验证者消息后，模拟器必然能够输出第 $i+1$ 轮的证明者消息。由此可完成交互，而 x 的成员归属只需交予验证者。

4. 协议 2.2 是计算零知识证明系统，一个自然的问题是能否针对任意 NP 问题构造完美零知识证明系统。答案是否定的，事实上，针对任意 NP 问题甚至无法构造计算零知识证明系统。

针对上述能力局限性，有如下注释。

（1）上述前三点限制对第 3 章中的零知识论证也成立。

（2）零知识证明系统中交互的必要性和非交互零知识证明并不矛盾，事实上，在所有的非交互零知识证明中，证明者和验证者需要额外拥有一个随机比特串，如在基于公共参考串（Common Reference String，CRS）模型的非交互零知识证明中，证明者和验证者共享一个由可信第三方生成的服从某个特定分布的随机串；在基于随机谕言模型（Random Oracle Model，ROM）的非交互零知识证明中，证明者和验证者拥有一个随机谕言机，用于生成均匀随机的验证者挑战。

第 3 章 简洁非交互零知识证明：概念与发展

主要内容

- 非交互零知识证明的实现方式
- 如何构造简洁非交互零知识证明
- 简洁非交互零知识证明概述
- 简洁非交互零知识证明的性能评价

本章介绍非交互零知识证明，第 3.1 节介绍非交互零知识证明的定义，第 3.2 节概述简洁非交互零知识证明，第 3.3 节介绍简洁非交互零知识证明的通用构造方法，第 3.4 节介绍简洁非交互零知识证明的性能评价标准。

3.1 非交互零知识证明的定义

交互式证明系统及论证需要证明者和验证者时刻保持在线状态，这会因网络时延、拒绝服务等难以保障。在非交互零知识证明（论证）中，证明者仅需发送一轮消息即可完成证明。然而，在标准假设下已证明无法构造针对非平凡语言的非交互零知识证明系统[74]，因此必须引入新的假设。目前主流的非交互零知识证明（论证）的构造方法有两种：一是基于公共参考串模型实现，二是基于随机谕言模型并利用 Fiat-Shamir 启发式实现。

3.1.1 基于公共参考串模型的非交互零知识证明

公共参考串模型由 Blum、Feldman 和 Micali[53]提出，假设存在一个证明者和验证者可获得的由可信第三方生成的公共参考串。在实际应用中，公共参考串可由安全多方计算生成[81-82]。定义 3.1 给出了基于公共参考串模型的非交互零知识证明系统的形式化定义。

定义 3.1（基于公共参考串模型的非交互零知识证明系统）给定一个多项式时间内可判定的二元关系 $\mathcal{R}$ 及其对应的 NP 语言 $\mathcal{L}_{\mathcal{R}}$，针对该语言的非交互零知识证明系统包括 3 个算法

（启动算法 Setup、证明算法 Prove 和验证算法 Verify），其中 Setup 和 Verify 是概率多项式时间算法。启动算法 Setup 以安全参数 λ、二元关系 $\mathcal{R}$ 为输入，生成公共参考串 σ 和模拟陷门 τ。证明算法 Prove 以($\mathcal{R}$, σ, x, w)为输入，输出证明 π。验证算法 Verify 以($\mathcal{R}$, σ, x, z, π)为输入，输出比特 b，b=1 表示接受，b=0 表示拒绝。

如果以下 3 个条件成立，则称（Setup, Prove, Verify）为针对 NP 语言 $\mathcal{L}_{\mathcal{R}}$ 的、基于公共参考串模型的非交互零知识证明系统。

- 完备性：对于任意的 $x \in \mathcal{L}_{\mathcal{R}}$，任意的 $z \in \{0, 1\}^*$，任意敌手 $\mathcal{A}$，如果有$(x, w) \in \mathcal{R}$，则有

$$\begin{gathered}\Pr[(\sigma, \tau) \leftarrow \mathrm{Setup}(1^\lambda, \mathcal{R}); (x,w) \leftarrow \mathcal{A}(\sigma);\\ \pi \leftarrow \mathcal{P}(\mathcal{R}, \sigma, x,w): \mathcal{V}(\mathcal{R}, \sigma, x, z, \pi) = 1] = 1\end{gathered}$$

- 可靠性：对于任意的 $x \notin \mathcal{L}_{\mathcal{R}}$，任意的 $\mathcal{P}^*$，任意的 $z \in \{0, 1\}^*$，有

$$\Pr[(\sigma, \tau) \leftarrow \mathrm{Setup}(1^\lambda, \mathcal{R}); \pi \leftarrow \mathcal{P}^*(\mathcal{R}, \sigma, x, w): \mathcal{V}(\mathcal{R}, \sigma, x, z, \pi) = 1] \leqslant \mathrm{negl}(|x|)$$

- 完美零知识性：对于任意的 $x \in \mathcal{L}_{\mathcal{R}}$，任意的概率多项式时间敌手 $\mathcal{A} = (\mathcal{A}_1, \mathcal{A}_2)$，都存在模拟器 $\mathcal{S} = (\mathcal{S}_1, \mathcal{S}_2)$，使得如下等式成立。

$$\begin{gathered}\Pr[(\sigma, \tau) \leftarrow \mathrm{Setup}(1^\lambda, \mathcal{R}); (x, w) \leftarrow \mathcal{A}_1(\mathcal{R}, \sigma, z);\\ \pi \leftarrow \mathcal{P}(\sigma, x, w): \mathcal{A}_2(\mathcal{R}, \sigma, \tau, x, \pi, z)=1] = \Pr[(\sigma, \tau) \leftarrow \mathcal{S}_1(1^\lambda, \mathcal{R});\\ (x, w) \leftarrow \mathcal{A}_1(\mathcal{R}, \sigma, z); \pi \leftarrow S_2(\sigma, \tau, x): \mathcal{A}_2(\mathcal{R}, \sigma, \tau, x, \pi, z)=1]\end{gathered}$$

将定义 3.1 中的证明者 $\mathcal{P}$ 和恶意证明者 $\mathcal{P}^*$ 修改为概率多项式时间的，即可得到基于公共参考串模型的非交互零知识论证。

在公共参考串模型下，可以构造简洁非交互零知识论证，这也是零知识证明能够落地实现的理论基础之一，定义 3.2 给出了简洁性的形式化定义。

定义 3.2（简洁性[83]）给定一个多项式时间内可判定的二元关系 $\mathcal{R}$ 及其对应的 NP 语言 $\mathcal{L}_{\mathcal{R}}$，如果 $\mathcal{P}$ 和 $\mathcal{V}$ 之间的通信复杂度不超过 $\mathrm{poly}(\lambda)(|x| + |w|)^{o(1)}$，称针对该语言的论证 $\langle \mathcal{P},\mathcal{V} \rangle$ 为简洁（Succinct）的；如果通信复杂度不超过 $\mathrm{poly}(\lambda)(|x|+ |w|)^c + o(|x|+ |w|)$，称论证为略显简洁（Slightly Succinct）的。本书将简洁和略显简洁的零知识证明统称为简洁零知识证明。

事实上，只有论证才能实现简洁性，即推论 3.1。

推论 3.1 基于标准假设[84]（敌手仅受可用时间和算力限制）无法实现简洁且具有统计级别可靠性的证明系统[85]。

定义 3.3（zk-SNARG 与 zk-SNARK[41,83,86]）当满足下述额外条件时，称基于公共参考串模型的零知识论证（Setup, Prove, Verify）为针对语言 $\mathcal{L}_{\mathcal{R}}$ 的公开可信预处理 zk-SNARG（Zero-Knowledge Succinct Non-Interactive Argument）。

- 高效性：Setup 的运行时间为 $\mathrm{poly}(\lambda + |x|)$，Prove 的运行时间为 $\mathrm{poly}(\lambda + |x|)$，Verify 的运行时间为 $\mathrm{poly}(\lambda + |x|)$。
- 简洁性：$\mathcal{P}$ 和 $\mathcal{V}$ 之间的通信复杂度不超过 $\mathrm{poly}(\lambda)|w|^{o(1)}$。

如果 Setup 的运行时间为 $\mathrm{poly}(\lambda + \log|x|)$，则称 zk-SNARG 为完全简洁的（Fully Succinct）[87]。zk-SNARK（Zero-Knowledge Succinct Non-Interactive Argument of Knowledge）是指具有（计算

意义的）知识可靠性的 zk-SNARG。其中，（计算意义的）知识可靠性是指如果敌手能够生成一个针对语言 $\mathcal{L}_{\mathcal{R}}$ 的有效证据，那么存在一个多项式的提取器可将这个有效证据提取出来，且该提取器能够访问敌手的任意状态。具体而言，知识可靠性是指对于任意的多项式敌手 $\mathcal{A}$，都存在一个多项式时间的提取器 $\mathcal{X}_{\mathcal{A}}$，使得下式成立。

$$\Pr[(\sigma,\tau)\leftarrow \mathrm{Setup}(1^{\lambda},\mathcal{R});(x,\pi)\leftarrow\mathcal{A}(\mathcal{R},\sigma);w\leftarrow\mathcal{X}_{\mathcal{A}}(\mathcal{R},\sigma,x,\pi):(x,w)\notin\mathcal{R}\wedge \mathrm{Verify}(\mathcal{R},\sigma,x,\pi)=1]\leqslant \mathrm{negl}(\lambda)$$

基于公共参考串模型的非交互零知识证明，有如下推论。

推论 3.2 如果单向置换存在，那么针对任意 NP 语言都可构造非交互零知识证明系统；如果陷门置换族存在，那么针对任意 NP 语言都可以构造证明者为概率多项式时间的、以 NP 语言的证据为证明者辅助输入的非交互零知识论证。

本书中基于二次算术程序的零知识证明就是 zk-SNARK，其通信量为常数个群元素，验证复杂度可通过预处理达到常数次配对运算。然而，zk-SNARK 存在两个较为严重的问题：一是需要可信初始化用以预处理，二是需要基于非可证伪假设构造。对于问题一，虽然 Feige、Lapidot 和 Shamir[68]基于单向函数存在的假设构造了同一个公共参考串可用于证明多个陈述的非交互零知识证明，但为实现更低的通信量和验证计算开销，在绝大多数 zk-SNARK 中公共参考串是与陈述相关的。也就是说，在给定待证明陈述后，需先由可信第三方进行相应预处理。预处理虽然使得亚线性甚至常数级别的验证复杂度成为可能（在无预处理情况下验证者读取陈述会导致线性级别的验证复杂度），但对于每个陈述都进行预处理会带来较大的计算开销。对于问题二，Gentry 和 Wichs[83]从理论上证明了基于可证伪假设无法构造 zk-SNARK。可证伪假设是指可用敌手和挑战者模型描述的假设，常见的标准假设，如单向函数存在、离散对数假设等都属于可证伪假设。

3.1.2 基于随机谕言模型的非交互零知识证明

在介绍随机谕言模型之前，引入公开抛币（Public Coin）和 Σ 协议的概念。

定义 3.4（公开抛币）如果验证者在一个证明（论证）的交互过程中发送的信息是公开抛币的直接结果，则称该证明（论证）$\langle\mathcal{P},\mathcal{V}\rangle$ 是公开抛币的。

定义 3.5（Σ 协议[88]）针对语言 $\mathcal{L}_{\mathcal{R}}$ 的 Σ 协议是公开抛币的诚实验证者零知识论证，有以下 3 步。

- 承诺阶段：证明者 $\mathcal{P}$ 向验证者 $\mathcal{V}$ 发送承诺 a。
- 挑战阶段：$\mathcal{V}$ 向 $\mathcal{P}$ 发送随机挑战 e。
- 响应阶段：$\mathcal{P}$ 向 $\mathcal{V}$ 发送响应函数 $f(w,r,e)$，其中 f 是某公开函数，w 是证据，r 是随机数。

Σ 协议具有完备性、特殊知识可靠性（s-Special Soundness）和诚实验证者零知识性。其中，特殊知识可靠性是指给定任意的陈述 x 及 s 个接受副本$\{(a,e_i,z_i)\}_{i\in[s]}$，$x$ 所对应的证据 w 可被高效提取。

在随机谕言模型[54-55]下，验证者的随机挑战可由哈希函数的输出替代，由此任何公开抛币的交互式零知识论证（如 Σ 协议）可转换为非交互零知识论证[40]。在针对语言 $\mathcal{L}_{\mathcal{R}}$ 的 Σ 协议中，证明者计算 $e \leftarrow RO(x, a)$并用该 e 替代验证者的随机挑战，其中 RO 代表随机谕言函数。随机谕言模型是一种理想的密码学模型，其假设协议的所有参与方都有访问请求一个理想随机谕示的权限，该谕示在实际应用中通常用哈希函数替代。在随机谕言模型下，该类非交互零知识证明可基于标准假设实现。本书中基于概率可验证证明、交互式概率可验证证明、交互式谕示证明、双向高效交互式证明、IPA 和 MPC-in-the-Head 的零知识证明均是通过随机谕言模型下的 Fiat-Shamir 启发式实现非交互的。

Fiat-Shamir 启发式[89]在提出之时，其作者并没有给出严谨的安全性证明，而只给出了一个启发式证明。Bellare 和 Rogaway[90]在随机谕言模型下证明了 Fiat-Shamir 启发式的安全性。对于常数轮的公开抛币交互式证明系统或论证，如果其具有可忽略的可靠性误差，则在随机谕言模型下利用 Fiat-Shamir 启发式可以得到可靠性误差可忽略的交互式论证。对于多轮的公开抛币交互式证明系统或论证，如果其具备多轮可靠性（Round-by-Round Soundness），那么在随机谕言模型下其对应的非交互式协议也是可靠的[91-92]。Canetti 等[92]证明了基于求和验证协议的双向高效交互式证明具备多轮可靠性，因此所涉及的零知识证明在随机谕言模型下均是可靠的。除了可靠性，随机谕言模型下的 Fiat-Shamir 启发式也能保持知识可靠性，Valiant[93]证明了对于基于概率可验证证明、交互式概率可验证证明和交互式谕示证明的简洁论证，利用随机谕言模型下的 Fiat-Shamir 启发式将其转换为非交互时能保持知识可靠性。Pointcheval 和 Stern 则证明了在随机谕言模型下，利用 Fiat-Shamir 启发式将 Σ 协议转换为非交互时也可保持知识可靠性。

在朴素模型下，Canetti、Goldreich 和 Halevi[94]提出了关联难解性（Correlation Intractability）的概念，并指出如果关联难解性哈希函数存在，那么很多交互式协议应用 Fiat-Shamir 启发式后仍能保持可靠性。近年来的一系列研究[95-99]基于标准假设构造了若干关联难解性哈希函数。

3.2　简洁非交互零知识证明概述

零知识证明是运行在证明者和验证者之间的一种两方密码协议，可用于进行成员归属命题证明或知识证明。零知识证明具有如下 3 个性质：完备性、可靠性、零知识性。

零知识证明的 3 个性质使其具备了建立信任和保护隐私的功能，具有良好的应用前景。它不仅可以用于公钥加密[4]、签名[5]、身份认证[6]等经典密码学领域，也与区块链[100]、隐私计算[101]等技术的信任与隐私需求高度契合。例如，在区块链匿名“密码货币”（如 Zcash）中，零知识证明可在不泄露用户地址及金额的同时证明某笔未支付资金的拥有权[21]；在区块链扩容系列 zk rollup 方案（如 zk sync）中，链上的复杂计算需要转移到链下，而零知识证明可保障该过程的数据有效性；在匿名密码认证[102-104]中，零知识证明可在不泄露用户私钥的同时证明拥有私钥，从而实现匿名身份认证。

虽然针对通用 NP 语言均可构造零知识证明[75]，但其落地应用仍存在若干问题。以区块链为例，由于区块链具有低存储的需求且建立网络实时通信的开销较高，适配于区块链的零知识证明通常需要具有简洁性和非交互的特点，其中，简洁性指证明的通信复杂度与陈述规模呈亚线性关系，非交互指证明者只需向验证者发送一轮消息即可完成证明。非交互可分别通过公共参考串模型[53]和随机谕言模型[54-55]实现。对于简洁性，尽管在 1992 年 Kilian[58]基于概率可验证证明[42-43]构造了简洁的交互式零知识证明，而且 Micali[23]基于随机谕言模型将上述交互式证明转化为非交互证明，但仅限于理论研究且难以实现。

直至基于二次算术程序/线性概率可验证证明的系列证明出现，零知识证明才得以落地实现。该类零知识证明由 Gennaro 等[36]首先提出，其中二次算术程序用于实现对待证明陈述的高效归约，线性概率可验证证明用于构造高效信息论安全证明（对于无穷算力的恶意敌手仍具有可靠性的证明）。该类零知识证明的通信复杂度为常数个群元素，且验证复杂度仅与陈述的公共输入输出规模呈线性关系。特别地，Groth[14]提出的零知识证明的实际通信量为 3 个群元素。除了理论上的研究和优化，该类零知识证明在实际隐私保护应用中也大放异彩，如基于 Pinocchio[13]的“密码货币”Pinocchio coin[19]，基于 Ben-Sasson 等协议[20]的“密码货币”Zcash[21]，基于 Plonk[22]用于解决以太坊扩容问题的系列 zk rollup 方案（如 zk sync）等。

然而，即使是最高效的基于二次算术程序/线性概率可验证证明的简洁非交互零知识证明也存在若干问题。在性能层面，对于每个待证明陈述都需进行较长时间的预处理，同时协议的实际证明开销较大。在安全性方面，协议所基于的假设是不可证伪（Non-Falsifiable）假设[83,105]，假设的安全性难以完全保障；并且为实现非交互和保障可靠性，协议需要安全生成的公共参考串，这意味着启动阶段的系统参数需要私密生成，也就是说，协议需要可信初始化（Trusted Setup），而这在去中心化的区块链中难以实现。

近年来的研究致力于从不同角度解决上述问题。为解决证明生成慢的问题，出现了实际证明速率较快的基于双向高效交互式证明的零知识证明[17,33-35]；为解决底层假设通用性不足的问题，出现了基于离散对数假设的零知识证明[16,32,38]和仅需单向函数存在的基于 MPC-in-the-Head 的零知识证明[18, 24-25, 27]；为解决初始化阶段可信需求高的问题，出现了以削弱公共参考串模型下的可信初始化设置为目标的抗颠覆的零知识证明[106-108]和公共参考串可更新的零知识证明[22, 37, 109-110]，也出现了一系列不需预处理和可信初始化，即启动阶段系统参数可独立公开生成的零知识证明（如 STARK[15]、Bulletproofs[16]、Spartan[34]、Ligero[18]等）。

简洁非交互零知识证明虽然在多个领域具有热门和广泛的应用前景，但一方面零知识证明种类繁多，各类协议基于的原理驳杂，性能侧重点各不相同，在一定程度上存在技术壁垒；另一方面国内外简洁非交互零知识证明的相关综述较少，缺乏系统的总结梳理，因此有必要对目前的简洁非交互零知识证明从通用构造方法、底层关键技术、协议性能表现、典型协议分析等角度进行介绍，为该领域的理论研究和应用实现提供一定的参考。

简洁非交互零知识证明是实现区块链、隐私计算等场景下隐私保护的重要技术，近几年对零知识证明尤其是简洁非交互零知识证明的综述研究主要如下。

Goldreich[111]梳理了零知识证明 20 余年的发展情况，介绍了交互式证明系统与论证、计算不可区分、单向函数等零知识证明涉及的核心概念，探讨了零知识证明的标准定义及变种，如全局与黑盒模拟、诚实验证者零知识、计算与统计零知识、概率多项式时间与期望多项式时间的模拟器等，研究了零知识证明的证明能力，并讨论了组合零知识证明、知识证明、非交互零知识证明等变种。Li 和 McMillin[112]介绍了零知识证明的背景、重要概念及组合零知识证明等，并详细给出了针对若干具体 NP 问题的零知识证明，包括三染色问题、图同构问题、哈密顿回路问题、背包问题、可满足性问题等。Mohr[113]研究了非交互零知识证明在密码学中的应用，并重点探讨了 Fiat-Shamir 认证协议是如何应用于零知识认证协议的。上述工作侧重于（非交互）零知识证明理论层面的研究，本书同时着力于区块链等应用背景下简洁非交互零知识证明及典型协议的总结和研究。

Nitulescu[114]详细定义了 zk-SNARK，并探讨了 zk-SNARK 的通用构造方法，将 zk-SNARK 分类为基于概率可验证证明、二次算术程序、线性交互式证明和多项式交互式谕示证明（Polynomial Interactive Oracle Proof）的零知识证明，系统整理了各类证明的构造思路，并总结了典型方案。Nitulescu 详细描述了基于二次算术程序的零知识证明的协议流程、底层难题假设及安全性等细节，包括如何将电路可满足问题归约为二次算术程序可满足问题，如何针对二次算术程序可满足问题构建线性概率性可验证证明等。该工作着重于对 zk-SNARK 的研究，而本书除探讨 zk-SNARK 外，还详细对比研究了其他类别的简洁非交互零知识证明，尤其是系统参数可公开生成的系列零知识证明。Morais 等[115]对比了构造零知识范围证明的不同方法，详细说明了 Bulletproofs 中范围证明的实现细节，但仅涉及对（零知识）范围证明的研究。Sun 等[116]研究并总结了在区块链背景下零知识证明的框架、模型及应用，指出了目前区块链中零知识证明的应用现状、面临的挑战及未来发展方向。然而，该工作不涉及对具体零知识证明方案的研究。

3.3 简洁非交互零知识证明的通用构造方法

简洁非交互零知识证明的通用构造方法如图 3.1 所示，简要介绍如下。

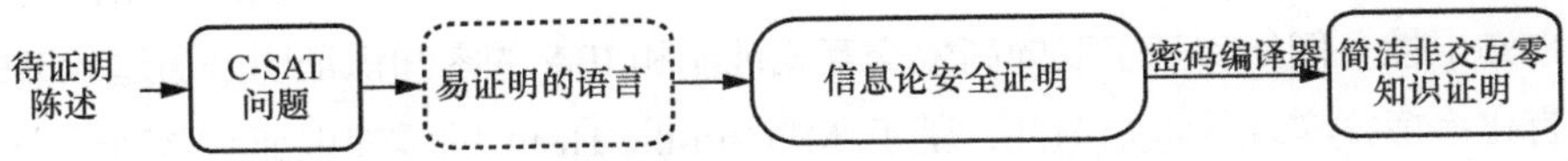

图 3.1　简洁非交互零知识证明的通用构造方法

（1）将待证明陈述归约为电路可满足问题。一方面电路可满足问题是 NP 完全问题，也就是说任意 NP 问题都可以在多项式时间内归约为电路可满足问题；另一方面大多数实际问题可用电路形式表达，故现有的简洁非交互零知识证明的待证明陈述表示形式大多为电路可满足问题。事实上，存在一系列的算术电路生成器，可将格式化计算程序转化为算术电路，如 Meiklejohn 等[117]提出的 ZKPDL 和 Ben-Sasson 等[86]提出的 TinyRAM。然而，这些库的实际归约效果可能并不好，例如，针对 SHA 256 采用 Pinocchio 中的电路生成器所生成的算术电路门数为 58 160，而根据 SHA 256 的算法可手动生成门数仅为 27 904 的相应算术电路[118]。

（2）将电路可满足问题转换为易证明的语言。针对电路可满足问题直接构造零知识证明往往无法实现简洁性，一个构造零知识证明的思路是在掩藏电路中每个导线值的同时完成验证计算，而这会导致 $\Theta(|C|)$ 级别的通信复杂度。因此，通常需将电路可满足问题转换为易证明的语言（此步可能没有），而易证明的语言在不同具体场景下是不尽相同的。例如，在基于线性概率可验证证明的零知识证明中，需将电路可满足问题转化为二次算术程序可满足问题，即判断是否存在一个多项式能够被某个公开多项式整除；在基于 IPA 的零知识证明中，需将电路可满足问题中所有的线性约束和乘法门约束归约为判断一个多项式是否为零多项式的问题；在基于双向高效交互式证明的零知识证明中，需将电路可满足问题转换为多元多项式的求和验证问题。

（3）针对易证明的语言构造信息论安全证明。许多简洁零知识证明是基于信息论安全证明构造的。例如，第一个简洁零知识论证[58]就是基于概率可验证证明构造的；基于 MPC-in-the-Head 的零知识证明则是首先利用 MPC-in-the-Head 构造零知识的概率可验证证明（或交互式概率可验证证明、交互式谕示证明），然后调用合适的 MPC 协议构造的；Bitansky 等[41]和 Setty 等[47]分别指出，基于二次算术程序的零知识证明本质上是基于线性概率可验证证明构造的。具体地，本书中出现的信息论安全证明包括概率可验证证明[42-44]、交互式概率可验证证明[49]、IOP[52,91]和线性概率可验证证明[41,47]。

（4）利用密码编译器将信息论安全证明转换为简洁非交互零知识证明。密码编译器的作用如下。

- 实现谕示。信息论安全证明需要理想谕示（Ideal Oracle），而在实际的交互式证明中理想谕示是不存在的，因此需借助承诺、哈希等密码工具实现。这些密码工具大多是基于计算意义的假设（如 Pedersen 承诺的绑定性是基于 DLOG 假设的），因此证明往往削弱为论证。
- 实现非交互。根据实现非交互所基于的模型，分为基于公共参考串模型和基于随机谕言模型的零知识证明。
- 实现零知识。信息论安全证明本身可能不具备零知识性，因此可能需利用密码编译器实现零知识性。例如，基于双向高效交互式证明和 IPA 的零知识证明是通过承诺的隐藏性及盲化多项式实现的零知识性，基于 MPC-in-the-Head 的零知识证明是通过安全多方计算协议的隐私性实现的零知识性。
- 降低通信复杂度。部分密码编译器有助于降低通信复杂度，如基于双向高效的交互式证明的零知识证明可通过多项式承诺降低通信复杂度，基于 MPC-in-the-Head 的零知识证明可通过选取合适的底层 MPC 协议降低通信复杂度。

3.4 简洁非交互零知识证明的性能评价标准

性能评价标准是衡量一个简洁非交互零知识证明优劣的准绳，本节从效率和安全性角度简要介绍简洁非交互零知识证明的性能评价标准，见表 3.1。

表 3.1　简洁非交互零知识证明的性能评价标准

效率	证明复杂度	线性级别	Groth16[14]、Bulletproofs[16]等
		准线性级别	Ligero[18]、Aurora[30]、Virgo[17]
	通信复杂度	根号级别	Ligero[18]、BooLigero[28]
		对数级别	Ligero++[27]、Aurora[30]、Bulletproofs[16]等
		常数级别	Pinocchio[13]、Groth16[14]等
	验证复杂度	线性级别	Ligero[18]、Bulletproofs[16]等
		亚线性级别（需要预处理或 CRS）	DRZ20[40]、Pinocchio[13]等
	是否需要公钥密码操作	需要公钥密码操作（尤其是群幂运算）	Pinocchio[13]、Bulletproofs[16]等
		仅需对称密码操作	Aurora[30]、Ligero[18]等
安全性	底层难题假设	标准假设	Aurora[30]、Ligero[18]、Bulletproofs[16]等
		非标准假设（主要指不可证伪假设）	Pinocchio[13]、Groth16[14]等
	系统参数生成方式	系统参数私密生成	Pinocchio[13]、Libra[33]、DRZ20[40]等
		系统参数公开生成	Ligero[18]、Aurora[30]、Virgo[17]等
	是否抗量子	仅包含对称密钥操作，基于单向函数存在，被认为是抗量子的	Aurora[30]、Ligero[18]、Virgo[17]等
		非抗量子	Bulletproofs[16]、Pinocchio[13]等

在效率层面，主要分为证明复杂度、通信复杂度、验证复杂度和是否需要公钥密码操作。需要特别注意的是，本书中的证明、通信和验证复杂度均为协议一轮的开销，协议实际运行轮数及实际证明、验证计算开销和通信量与可靠性误差及安全级别有关。

（1）证明复杂度：证明复杂度是指在一轮协议中证明者生成证明所需计算步数的渐近复杂度。在其他条件不变的情况下，一个协议的证明复杂度越低，协议的性能越好。然而，几乎所有的简洁非交互零知识证明具有线性或准线性级别的证明复杂度，仅从证明复杂度来看，这些协议的差距并不大。

（2）通信复杂度：通信复杂度是指一轮协议证明规模的渐近复杂度。在其他条件不变的情况下，一个协议的通信复杂度越低，协议的性能越好。常见的亚线性通信复杂度为常数级别（zk-SNARK）、根号级别（包括 Ligero[18]、BooLigero[28]）、对数级别（包括 Aurora[30]等基于交互式谕示证明的零知识证明、Bulletproofs[16]等基于 IPA 的零知识证明和 Ligero++[27]等基于 MPC-in-the-Head 的零知识证明）。特别地，基于双向高效交互式证明的零知识证明只有满足电路深度与电路规模呈对数关系时，通信复杂度才是对数级别的。

（3）验证复杂度：验证复杂度是指一轮协议验证者验证证明有效性所需计算步数的渐近复杂度。在其他条件不变的情况下，一个协议的验证复杂度越低，协议的性能越好。一般而言，验证者起码要读取整个陈述，因此验证复杂度起码为线性。但是，可通过公共参考串和预处理降低验证者参与协议后的计算开销，如 DRZ20[40]就是利用公共参考串中的结构化承诺密钥实现了对数级别的验证复杂度，Pinocchio 也可利用预处理实现常数级别配对操作的验证复杂度。

（4）是否需要公钥密码操作：对称密码操作是指移位、异或、域上多项式运算等对称密码中常出现的运算操作，而公钥密码操作包括椭圆曲线上运算等公钥密码中常出现的运算操作。一般而言，公钥密码操作尤其是群幂运算的实际开销较高，因此是否需要公钥密码操作会影响零知识证明的实际效率。基于二次算术程序的零知识证明、基于双向高效交互式证明的零知识证明和基于 IPA 的零知识证明均需要一定的公钥密码操作。

特别指出的是，上述复杂度均与协议的安全参数呈多项式关系。因此，即使是通信复杂度仅为常数个群元素的协议，如 Pinocchio[13]，其实际通信量也会随协议安全参数的改变而改变。

在安全性层面，主要分为底层难题假设、系统参数生成方式和是否抗量子。

（1）底层难题假设：不同简洁非交互零知识证明的底层难题假设通用性有一定的差距。例如，MPC-in-the-Head 基于的假设是单向函数存在，这是一种密码学中较为常见的假设。基于内积论证的零知识证明基于的难题假设是离散对数假设，其相比单向函数存在的假设通用性较低，但也属于标准假设[105]。而基于二次算术程序的零知识证明基于的假设是不可证伪假设，其不属于标准假设。底层难题假设的通用性是零知识证明落地应用的重要考量因素之一。

（2）系统参数生成方式：基于公共参考串的简洁非交互零知识证明（如 Pinocchio[13]、Libra[33]和 DRZ20[40]）的系统参数必须由可信第三方生成，这在去中心化的区块链应用中会带来安全性问题。一些在随机谕言模型下实现的简洁非交互零知识证明，可利用某些哈希函数由证明者自行生成随机挑战，在某种程度上具有更高的安全性，但是也存在假设过强的缺陷。

（3）是否抗量子：现有高效的零知识证明技术主要使用基于二次算术程序与离散对数问题的密码学原语，导致其难以抵抗量子攻击，无法在抗量子安全模型下同时保证完备性、可靠性以及零知识性。基于 MPC-in-the-Head 的零知识证明和部分基于交互式谕示证明的零知识证明只需假设单向函数存在，且仅有对称密钥操作，通常被认为是抗量子的。

第 4 章 基于不同信息论安全证明的零知识证明

主要内容

- 基于概率可验证证明的零知识证明
- 基于线性概率可验证证明的零知识证明
- 基于交互式概率可验证证明的零知识证明
- 基于交互式谕示证明的零知识证明

1992 年，Kilian[58]基于概率可验证证明利用默克尔树和抗碰撞哈希函数构造了第一个简洁的交互式零知识论证，后续的零知识证明大多是基于概率可验证证明及其变种实现的。值得一提的是，虽然部分基于二次算术程序的简洁非交互零知识证明[36,119]似乎“摆脱了”概率可验证证明，但这些协议本质是基于一种特殊的概率可验证证明（即线性概率可验证证明）实现的[41,47]。除线性概率可验证证明外，基于其他对概率可验证证明的扩展，即交互式概率可验证证明和交互式谕示证明，也可构造零知识证明。本章第 4.1 节介绍相关定义及概念，第 4.2 节分别介绍基于概率可验证证明（Probabilistically Checkable Proof，PCP）、线性概率可验证证明、交互式概率可验证证明和交互式谕示证明（Interactive Oracle Proof，IOP）的零知识证明，第 4.3 节进行总结。

4.1 定义及概念

定义 4.1（概率可验证证明[42-44]）概率可验证证明指在证明者针对语言 $\mathcal{L}_\mathcal{R}$ 生成证明谕示 $\boldsymbol{\pi}$ 后，给定验证者访问请求谕示 $\boldsymbol{\pi}$ 任意位置的值的权限，则验证者可通过生成最多 $r(\lambda)$长度的随机数进而访问请求谕示 $\boldsymbol{\pi}$ 的 $q(\lambda)$个值进而选择是否接受 $x\in \mathcal{L}_\mathcal{R}$。该证明具有完美完备性和可靠性（可靠性误差不多于 1/2）。

Arora 等[44]指出，NP= PCP(log n,1)，即陈述长度为 n 的 NP 问题平凡证明与允许使用随机数长度为 $O(\log n)$、允许访问谕示数为 $O(1)$的概率可验证证明等价。

定义 4.2（线性概率可验证证明与线性交互式证明[41]）相比概率可验证证明，在线性概率可验证证明中验证者$\mathcal{V}$ 的访问请求 $\boldsymbol{q}_i\in \mathbb{F}^m$ 为向量，而证明者$\mathcal{P}$ 的回答 $a_i\leftarrow\boldsymbol{\pi}_o\cdot\boldsymbol{q}_i$ 为谕示和访问请

求的内积。

线性交互式证明（Linear Interactive Proof，LIP）是指证明中证明者$\mathcal{P}$仅能利用验证者$\mathcal{V}$的消息进行线性/仿射运算的一类证明，由于$\mathcal{V}$的消息蕴含在公共参考串中，故线性交互式证明中证明$\boldsymbol{\pi}_o$与公共参考串呈线性/仿射关系。

利用线性概率可验证证明可自然构造两轮线性交互式证明。在线性交互式证明中，记线性概率可验证证明中的证明谕示为$\boldsymbol{\pi}_o$，$\mathcal{V}$的访问请求为$(\boldsymbol{q}_1,\cdots,\boldsymbol{q}_k,\boldsymbol{q}_{k+1})$，且$\boldsymbol{q}_{k+1}=\alpha_1\boldsymbol{q}_1+\cdots+\alpha_k\boldsymbol{q}_k$。证明者返回$\{a_i=\boldsymbol{\pi}_o\cdot\boldsymbol{q}_i\}_{i\in[k+1]}$。由于限制了证明者只能计算$\boldsymbol{q}_i$的线性组合，若$\mathcal{V}$验证$a_{k+1}\stackrel{?}{=}\alpha_1a_1+\cdots+\alpha_ka_k$通过，其会以较大概率相信$\mathcal{P}$使用了一致的$\boldsymbol{\pi}_o$（可靠性误差不多于$1/|\mathbb{F}|$）。

定义 4.3（交互式谕示证明[52,91]）对于一个$k(\lambda)$轮公开抛币的交互式谕示证明，在第i轮，验证者$\mathcal{V}$发送随机消息m_i给证明者$\mathcal{P}$，随后$\mathcal{P}$返回消息π_i，$k(\lambda)$轮交互结束后，$\mathcal{P}$可构造证明谕示$\boldsymbol{\pi}=(\pi_1,\cdots,\pi_k)$。随后$\mathcal{V}$向$\boldsymbol{\pi}$发起$q(\lambda)$个访问请求并决定接受或拒绝。

在某种程度上，交互式谕示证明是交互式证明与概率可验证证明的结合。与交互式证明类似，针对语言$\mathcal{L}_\mathcal{R}$的$k(\lambda)$轮交互式谕示证明也具有完备性和可靠性；与概率可验证证明类似，交互式谕示证明中也有描述谕示规模的参数和描述验证者访问请求次数的参数。具体地，记r_i和r_q分别为交互和访问请求的随机比特带，则对于$x\notin\mathcal{L}_\mathcal{R}$和恶意敌手$\mathcal{P}^*$，有

$$\Pr\left[\begin{array}{l}(m_1,\cdots,m_k)\stackrel{\$}{\leftarrow}\{0,1\}^{r_i};\\(\pi_1,\cdots,\pi_k)\leftarrow\left\langle\mathcal{P}^*,\mathcal{V}(r_i)\right\rangle(x)\end{array}:\Pr_{r\stackrel{\$}{\leftarrow}\{0,1\}^{r_q}}[\mathcal{V}^{\pi_1,\cdots,\pi_k}(x,(m_1,\cdots,m_k);r)=1]\geqslant\epsilon_q(\lambda)\right]\leqslant\epsilon_i(\lambda)\quad(4.1)$$

不等式（4.1）的含义为随机性使得$\mathcal{P}^*$以至少$\epsilon_q(\lambda)$大小概率欺骗成功的概率不超过$\epsilon_i(\lambda)$。记交互式谕示证明的可靠性误差为$\epsilon_q(\lambda)+\epsilon_i(\lambda)$，则概率可验证证明是$\epsilon_q(\lambda)=0$的特殊交互式谕示证明，交互式证明是$\epsilon_i(\lambda)=0$的特殊交互式谕示证明，对NP问题的平凡证明中$\epsilon_q(\lambda)=\epsilon_i(\lambda)=0$。此外，交互式概率可验证证明是$k(\lambda)=1$的特殊交互式谕示证明。

定义 4.4（默克尔树[120]）默克尔树（Merkle Tree）是一个二叉树，其任意父节点的值等于左右子节点值连接后的哈希值。记默克尔树根Root为无父节点的节点，叶子节点为无子节点的节点。给定一组叶子节点值，称该组叶子节点的节点路径为计算Root所需的最少节点所对应的哈希值。容易证明，任意一组叶子节点的节点路径规模为$O(\log n)$，其中n为叶子节点的个数。

4.2 典型协议分析

4.2.1 基于概率可验证证明的零知识证明

4.2.1.1 Kilian92、Micali94

1992 年，Kilian[58]基于概率可验证证明，利用默克尔树和抗碰撞哈希函数构造了简洁的交

互式论证，其思路如下。首先验证者$\mathcal{V}$和证明者$\mathcal{P}$约定抗碰撞哈希函数H；其次$\mathcal{P}$生成概率可验证证明的证明谕示$\boldsymbol{\pi}$，并利用默克尔树对$\boldsymbol{\pi}$承诺（哈希函数选用H），将默克尔树根 Root 发送给$\mathcal{V}$；然后$\mathcal{V}$生成$r(n)$个随机数发给$\mathcal{P}$，$\mathcal{P}$和$\mathcal{V}$根据随机数、公共输入和 Root 共同确定访问请求$\boldsymbol{\pi}$的位置；最后$\mathcal{P}$揭示访问请求的位置值并将对应的节点路径哈希值发送给$\mathcal{V}$，$\mathcal{V}$计算 Root 的值验证一致性并根据访问请求的位置值验证概率可验证证明的正确性。

由于默克尔树的结构特点，上述协议的通信复杂度可达到对数级别，此外，协议的可靠性来自哈希函数H的抗碰撞性。值得一提的是，上述协议本身不具备零知识性，其零知识性是通过一种在不揭示承诺值的同时证明承诺值具有某种性质的方法实现的。

1994 年，Micali[23]利用随机谕言模型下的 Fiat-Shamir 启发式将上述协议修改为非交互的。Valiant[93]进一步指出 Micali 提出的方案是知识论证。后续的工作通过引入 PIR（Private Information Retrieval）将 Kilian92 中的 4 轮协议改进为两轮[121]，并利用抗碰撞可提取哈希函数（Extractable CRHF）替代 Micali94 中的随机谕言模型[59]。然而，这些论证的实际性能均较差，难以落地应用。例如，针对 25×25 的矩阵乘法问题，如果利用基于概率可验证证明的经典零知识证明方案[122]构造协议，那么该协议的实际证明和验证时间超过亿年[13]。

4.2.1.2 ZKBoo、ZKB++、KKW18

ZKBoo[24]、ZKB++[25]和 KKW18[26]均是基于 MPC-in-the-Head[123]的思想直接构造高效零知识概率可验证证明，随后将该零知识概率可验证证明转换为 NIZKAoK。其核心思路是证明者模拟一个安全多方计算协议的运行并生成安全多方计算参与方数目的视图，然后验证者随机挑选若干视图进行正确性和一致性检查，协议的零知识性由安全多方计算协议的隐私性保障。从概率可验证证明的角度，证明者生成的视图就是谕示，验证者挑选的视图就是访问请求。

4.2.2 基于线性概率可验证证明的零知识证明

Bitansky 等[41]指出，zk-SNARK（包括 GGPR13[36]、Pinocchio[13]、Groth16[14]、GK-MMM18[37]等）均是基于线性概率可验证证明实现的，其步骤为首先将线性概率可验证证明转换为线性交互式证明，再将线性交互式证明转换为 SNARK，最后将 SNARK 转换为 zk-SNARK。首先，将线性概率可验证证明转换为线性交互式证明是自然的，见定义 4.2。其次，利用一种特殊的密码编码方法（可基于指数知识假设实现，其需具有单向性、允许公开验证二次等式、保障证明者只能进行线性运算），任意线性交互式证明都可转换为特定验证者的 SNARK，具有低度验证者（Low-Degree Verifier）的线性交互式证明可转换为公开可验证的 SNARK。然后，通过随机处理，SNARK 可转换为 zk-SNARK。此外，Bitansky 等给出了将若干具体概率可验证证明[124-126]转换为线性概率可验证证明的方法。

基于 Bitansky 等构造 zk-SNARK 的思路，Ben-Sasson 等[86]及 Groth[14]通过构造高效的线性概

率可验证证明和线性交互式证明优化了 zk-SNARK 的理论和实际性能。

4.2.3 基于交互式概率可验证证明的零知识证明

Ligero 系列协议[18,27-28]是基于交互式概率可验证证明的零知识证明，也是利用 MPC-in-the-Head 的思想直接构造零知识的交互式概率可验证证明。与基于概率可验证证明的零知识证明不同，基于交互式概率可验证证明的零知识证明允许证明者生成谕示后根据验证者的随机挑战构造新谕示并进一步完成证明。具体地，在 Ligero 系列协议中，证明者首先利用里德–所罗门码将证据编码为一个 $m\times n$ 的矩阵，然后根据验证者的随机挑战 $\boldsymbol{r}\in\mathbb{F}^n$ 计算矩阵行与 $\boldsymbol{r}$ 的线性组合并返回给验证者，验证者通过该线性组合验证协议的正确性，协议的可靠性由里德–所罗门码保障，零知识性由里德–所罗门码和随机掩藏多项式保障。

4.2.4 基于交互式谕示证明的零知识证明

Ben-Sasson、Chiesa 和 Spooner[91]指出在随机谕言模型下，交互式谕示证明可以被转换为非交互论证，并可利用已有的零知识编译方法构造系统参数可公开生成的简洁 NIZKAoK。与基于概率可验证证明的零知识证明类似，基于交互式谕示证明的零知识证明也具有仅需对称密钥操作、可抗量子的优点；不同的是，基于交互式谕示证明的零知识证明具有更好的性能[51,127]。基于不同底层关键技术构造交互式谕示证明，如求和验证协议、里德–所罗门码、MPC-in-the-Head 等可构造性能不同的简洁 NIZKAoK，分列如下。

4.2.4.1 基于交互式证明的零知识证明

Sum-check 协议[48]可实现证明者 $\mathcal{P}$ 在避免验证者 $\mathcal{V}$ 直接计算的同时向 $\mathcal{V}$ 证明某函数的遍历求和值等于公开值。求和验证协议本质上属于交互式谕示证明，其中 $\mathcal{P}$ 的证明谕示为 $g(x_1, x_2,\cdots, x_\ell)$，$\mathcal{V}$ 的访问请求次数为 1，其访问值为 $g(r_1, r_2,\cdots, r_\ell)$，其中 $r_1, r_2,\cdots, r_\ell$ 为随机数。基于求和验证协议，Goldwasser、Kalai 和 Rothblum[46]提出了一个针对分层算术电路求值问题的交互式证明，该协议由于证明和验证复杂度均较低，故被称为双向高效交互式证明。后续的研究[17,31-35]利用 Cramer、Damgård 的转换方法[128]将双向高效交互式证明转换为简洁零知识知识论证，并利用 Fiat-Shamir 启发式转换为简洁 NIZKAoK。

4.2.4.2 Aurora

Aurora 由 Ben-Sasson 等[30]提出，他们构造了针对一阶约束系统可满足问题的交互式谕示证明，并利用已有的零知识编译方法[127]，实现了证明复杂度为 $O(n\log n)$、通信复杂度为 $O(\log n)$、验证复杂度为 $O(n)$的简洁 NIZKAoK，其中 n 为一阶约束系统可满足问题的规模。Aurora 的主要思路如下。

首先将一阶约束系统可满足问题转换为两种检查，即列检查和行检查。其中，列检查

为给定向量 $\boldsymbol{a}, \boldsymbol{b}, \boldsymbol{c} \in \mathbb{F}^{m\times1}$，检查 $\boldsymbol{a}\odot\boldsymbol{b}\stackrel{?}{=}\boldsymbol{c}$；行检查为给定向量 $\boldsymbol{a}, \boldsymbol{b}\in\mathbb{F}^{m\times1}$ 及矩阵 $\boldsymbol{M}\in\mathbb{F}^{m\times m}$，检查 $\boldsymbol{Ma}\stackrel{?}{=}\boldsymbol{b}$。显然，一阶约束系统可满足问题是可满足的当且仅当对 $\boldsymbol{y}_A=\boldsymbol{Az}, \boldsymbol{y}_B=\boldsymbol{Bz}, \boldsymbol{y}_C=\boldsymbol{Cz}$ 的行检查成立和对 $\boldsymbol{y}_A\odot\boldsymbol{y}_B=\boldsymbol{y}_C$ 的列检查成立。

然而，平凡的列检查和行检查均需要 $O(n)$级别的通信量。为实现亚线性级别的通信复杂度，Aurora 随后将向量 $\boldsymbol{x}, \boldsymbol{y}, \boldsymbol{z}$ 利用里德–所罗门码进行编码。这是因为里德–所罗门码具有纠错性质，即使距离很小的消息向量在经过里德–所罗门码编码后其码距也会显著增大，只需访问请求编码的一部分即可保障可靠性。记里德–所罗门码 $f, g, h\in\mathrm{RS}[L,\rho]$，其对应的唯一码多项式（度小于 $\rho|L|$）分别为 $\hat{f}(\cdot), \hat{g}(\cdot), \hat{h}(\cdot)$，则列检查可改记为给定集合 $H\subset\mathbb{F}$，检查对于任意的 $a\in H, \hat{f}(a)\hat{g}(a)-\hat{h}(a)\stackrel{?}{=}0$；行检查可改记为给定里德–所罗门码 $f, g\in\mathrm{RS}[L,\rho]$，其对应的唯一码多项式分别为 $\hat{f}(\cdot)$, $\hat{g}(\cdot)$，给定集合 $H\subset\mathbb{F}$ 和矩阵 $\boldsymbol{M}\in\mathbb{F}^{|H|\times|H|}$，检查对于任意的 $b\in H$，$\hat{g}(b)\stackrel{?}{=}\sum_{a\in H}\boldsymbol{M}_{b,a}\cdot\hat{f}(a)$。

接着，对于列检查，Aurora 援引 Ben-Sasson 和 Sudan 的标准概率检查方法[129]构造对应的交互式谕示证明，其主要思路如下。对于任意的 $a\in H$，$\hat{f}(a)\hat{g}(a)-\hat{h}(a)=0$ 等价于存在 $p(x)$，使得 $\hat{f}(x)\hat{g}(x)-\hat{h}(x)=p(x)Z_H(x)$，其中 $Z_H(x)$是度为$|H|$且在集合 H 上均为 0 的唯一多项式，则列检查可等价转换为对多项式 $p(x)$的低度检查问题，即检查码 $p\in\mathrm{RS}[L,2\rho-|H|/|L|]$。对于行检查，注意到其问题形式为求和，故可利用求和验证协议；与一般求和验证协议不同的是，行检查的求和函数不是多变量而是单变量，求和验证协议的核心思路是每轮将多变量求和函数转换为单变量函数，针对单变量求和函数直接调用求和验证协议是困难的。基于此，Aurora 指出当集合 H 是 $\mathbb{F}$ 的陪集（Coset）时，可构造单变量求和验证协议，并利用该协议构造通信复杂度为 $O(\log d)$的交互式谕示证明，其中 d 为求和函数的度。最后，Aurora 利用 Ben-Sasson 等的零知识编译方法[127]实现了上述交互式谕示证明的零知识并最终构造了简洁 NIZKAoK。

4.2.4.3　Stark

Stark 由 Ben-Sasson 等[15]提出，其所针对的陈述是对数空间可计算电路，如随机存取机（Random Access Machine）上的有界停机问题（Bounded Halting Problem）。给定一个程序 P 和时间上界 $T(n)$，若其可用空间大小为 $O(\log T(n))$的电路表示，则 Stark 可以证明“P 可在 T 步内接受”，且生成证明的时间为 $O(T\log T)$，证明的长度为 $O(\log T)$，验证时间为 $O(|P|+\mathrm{poly}(\log T))$，这相比平凡验证时间 $\Omega(|P|+T)$有显著优化。

同 Aurora 相比，Stark 仅支持均匀计算（Uniform Computation）问题，而 Aurora 可支持非均匀计算问题（如非均匀电路）。事实上，$O(|C|)$规模的电路可满足问题也可转换为$\{|P|, T=\Omega(|C|)\}$的有界停机问题。此时，Stark 的证明复杂度为 $O(|C|\log^2|C|)$，通信复杂度为 $O(\log^2|C|)$，验证复杂度为 $O(|C|)$。由于 Stark 不能直接针对电路可满足问题，本书不再详述。

4.2.4.4　Limbo

Limbo 由 Guilhem、Orsini 和 Tanguy[29]提出，其拓展了 Ligero 中的安全多方计算模型并基

于交互式谕示证明实现，是一种虽然通信复杂度与电路规模呈线性关系，但是实际性能良好的 NIZKAoK。对于算术电路，相比文献[18,24-25,27]，Limbo 实现了针对乘法门少于 500 000 个的电路可满足问题的最优实际性能。具体地，Limbo 给出了一个较为适合 MPC-in-the-Head 的安全多方计算模型，即客户–服务器模型（Client-Server Model），然后基于该模型和交互式谕示证明实现了乘法门约束的高效验证，进而构造了简洁 NIZKAoK。

4.3 本章小结

本章简要介绍了基于概率可验证证明的零知识证明，给出了若干典型协议的主要思路和底层关键技术，并指出了这些简洁非交互零知识证明的构造方法——首先构建信息论安全证明，然后利用密码编译器，如二次算术程序、求和验证协议、MPC-in-the-Head 等关键技术将信息论安全证明转换为简洁非交互零知识证明。本书第 5～8 章将以底层关键技术为线索，详细地介绍目前较为主流的几种简洁非交互零知识证明。

第 5 章 基于二次算术程序的零知识证明

主要内容

- 二次算术程序
- zk-SNARK
- 双线性配对
- 全局可更新的 zk-SNARK

本章介绍基于二次算术程序（Quadratic Arithmetic Program，QAP）的零知识证明。该类零知识证明又被称为 zk-SNARK，其基于公共参考串模型实现非交互。从信息论安全证明的角度，zk-SNARK 是基于线性概率可验证证明[41,47]及线性交互式证明[41]实现的；从密码编译器应用的底层关键技术角度，其大多利用二次算术程序[36]将电路可满足问题归约为一组多项式的约束并利用双线性配对验证上述约束进而实现。虽然早期的 zk-SNARK[119,130]并不是基于二次算术程序实现的，并且 Bitansky 等[59]指出利用知识可提取假设足以构造 zk-SNARK，但不论是理论还是实际应用层面，大部分 zk-SNARK 是基于二次算术程序及其变种[13,20,36,131-136]实现的，故本书将该类零知识证明称为基于二次算术程序的零知识证明。

zk-SNARK 协议较多，且 Nitulescu[114]对 zk-SNARK 已有较为详细的介绍，本书仅介绍若干典型协议，其性能表现、底层假设、关键技术等见表 5.1，该类零知识证明的其他协议及具体细节可参考文献[114]。此外，Plonk 协议是一种可更新的 zk-SNARK，不基于二次算术程序。

5.1 定义及概念

定义 5.1（二次算术程序[36]）二次算术程序是二次张成程序（Quadratic Span Program，QSP）[36]在算术电路上的自然扩展，二次张成程序是对张成程序（Span Program）[137]的扩展。域 $\mathbb{F}$ 上的二次算术程序 $\mathcal{Q}=(t(z),\mathcal{U},\mathcal{W},\mathcal{Y})$ 包含 3 组多项式 $\mathcal{U}=\{u_k(z)\}$，$\mathcal{W}=\{w_k(z)\}$，$\mathcal{Y}=\{y_k(z)\}(k\in 0\cup[m])$ 和目标多项式 $t(z)$。记公共输入为 $(c_1,\cdots,c_N)$，则称 $\mathcal{Q}$ 是可满足的，当且

仅当存在系数$(c_{N+1},\cdots,c_m)$使得 $t(z)$整除 $p(z)$，其中 $p(z)=\left(u_0(z)+\sum_{k=1}^{m}c_k\cdot u_k(z)\right)\cdot\left(w_0(z)+\sum_{k=1}^{m}c_k\cdot w_k(z)\right)-\left(y_0(z)+\sum_{k=1}^{m}c_k\cdot y_k(z)\right)$，即存在多项式$h(z)$使得$p(z)-h(z)t(z)=0$，称$Q$的规模为$m$，$Q$的度为$t(z)$的度，即$d$。

强二次算术程序（Strong QAP）[36]是指对于任意一组$(a_1,\cdots,a_m,b_1,\cdots,b_m,c_1,\cdots,c_m)$，如果其构成的$p(z)$可被$t(z)$整除，则有$(a_1,\cdots,a_m)=(b_1,\cdots,b_m)=(c_1,\cdots,c_m)$，其中

$$p(z)=\left(u_0(z)+\sum_{k=1}^{m}c_k\cdot u_k(z)\right)\cdot\left(w_0(z)+\sum_{k=1}^{m}b_k\cdot w_k(z)\right)-\left(y_0(z)+\sum_{k=1}^{m}c_k\cdot y_k(z)\right)$$

二次算术程序可视为3组线性概率可验证证明，每组访问请求次数为1。

定义5.2（q阶指数知识假设[119]）指数知识假设（Knowledge of Exponent Assumption，KEA）[138]是指给定p阶群$\mathbb{G}$和群$\mathbb{G}_T$、双线性映射关系e: $\mathbb{G}\times\mathbb{G}\to\mathbb{G}_T$、$\mathbb{G}$上生成元$g$及$g^\alpha$，在不知道$a$的情况下难以构造$\hat{c}$、$c$且$\hat{c}=c^\alpha$，其中$c=g^a$，$\hat{c}=(g^\alpha)^a$。$q$阶指数知识（$q$-Power Knowledge of Exponent，q-PKE）假设是指给定$(g,g^x,\cdots,g^{x^q},g^\alpha,g^{\alpha x},\cdots,g^{\alpha x^q})$，在不知道$a_0,\cdots,a_q$的情况下难以构造$\hat{c}$、$c$且$\hat{c}=c^\alpha$，其中$c=\prod_{i=0}^{q}(g^{x^i})^{a_i}$，$\hat{c}=\prod_{i=0}^{q}(g^{\alpha x^i})^{a_i}$。

表5.1　部分zk-SNARK总结

对比项	Groth10[119]	GGPR13[36]	Pinocchio[13]	Groth16[14]	GKMMM18[37]
参考串规模	$\Theta(\lvert C\rvert^2)\ \mathbb{G}$	$O(\lvert C\rvert)\ \mathbb{G}$	$O(\lvert C\rvert)\ \mathbb{G}$	$O(\lvert C\rvert)\ \mathbb{G}$	通用：$O(\lvert C_{\mathrm{mul}}\rvert^2)\ \mathbb{G}$ 具体关系：$O(\lvert C\rvert)\ \mathbb{G}$
待证明陈述表示形式	算术电路	算术电路	算术电路	算术电路	算术电路
证明复杂度	$\Theta(\lvert C\rvert^2)E$	$O(\lvert C\rvert\log\lvert C\rvert)\ \mathbb{F}_o$ $O(\lvert C\rvert)E$	$O(\lvert C\rvert\log\lvert C\rvert)\ \mathbb{F}_o$ $O(\lvert C\rvert)E$	$O(\lvert C\rvert)E$	$O(\lvert C\rvert)E$
验证复杂度	$\Theta(\lvert C\rvert)M$ $\Theta(1)P$	$O(\lvert \boldsymbol{io}\rvert)E$ $14P$	$O(\lvert \boldsymbol{io}\rvert)E$ $11P$	$O(\lvert \boldsymbol{io}\rvert)E$ $4P$	$O(\lvert \boldsymbol{io}\rvert)E$ $5P$
通信复杂度	$42\ \mathbb{G}$	$9\ \mathbb{G}$	$8\ \mathbb{G}$	$2\ \mathbb{G}_1$,$1\ \mathbb{G}_2$	$2\ \mathbb{G}_1$,$1\ \mathbb{G}_2$
基于假设	q-PKE, q-PDH	q-PKE, q-PDH	q-PKE, q-PDH q-SDH	GGM, LO	q-MK, q-MC
关键技术	向量承诺 双线性配对	QAP 双线性配对	QAP 双线性配对	QAP, LIP 双线性配对	QAP 双线性配对

注：1. $\mathbb{G}$表示群元素，$\mathbb{F}$表示域元素，$\mathbb{F}_o$表示域上运算，E表示群幂运算，P表示双线性群上的配对运算。$\lvert C\rvert$表示电路规模，$\lvert C_{\mathrm{mul}}\rvert$表示电路中乘法门的数目，$\boldsymbol{io}$指公共输入输出，且有$\lvert\boldsymbol{io}\rvert=\lvert\boldsymbol{x}\rvert+\lvert\boldsymbol{y}\rvert$。$\mathbb{G}_1$和$\mathbb{G}_2$分别指双线性映射群上的元素。各类假设及QAP、LIP的定义见正文。GGM指通用群模型（Generic Group Model），LO指假设敌手只能利用验证者的消息进行线性/仿射运算。q-MK假设指q阶单项式知识假设（q-Monomial Knowledge Assumption），是对q-PKE假设的拓展。q-MC假设指q阶单项式计算假设（q-Monomial Computational Assumption）。

2. GKMMM18的公共参考串在调用时分为两步，首先生成一个通用公共参考串，其与待证明陈述独立；然后针对具体关系生成对应的公共参考串。

3. 基于二次算术程序的zk-SNARK可将验证者的群幂运算移至预处理中，此时验证者计算开销可为常数个配对运算。此外，与公共输入输出呈线性关系的验证复杂度为理论最低，因为验证者起码要读取公共输入输出，而这一步的开销起码为$O(\lvert\boldsymbol{io}\rvert)$。

4. 证明、通信和验证复杂度均为协议一轮的主要开销，协议运行轮数及实际证明、验证计算开销和通信量与可靠性误差和安全级别有关。

形式化地，给定一个参数生成算法 $\mathcal{K}$，q 阶指数知识假设是指对于任意的概率多项式时间敌手 $\mathcal{A}$，都存在概率多项式时间的提取器 $\mathcal{X}_{\mathcal{A}}$，使得下式成立。

$$\Pr\left[\begin{array}{l}(p,\mathbb{G},\mathbb{G}_T,e)\leftarrow\mathcal{K}(1^{\lambda});g\leftarrow\mathbb{G}\backslash\{1\};s,\alpha\xleftarrow{\$}\mathbb{Z}_p^*;\sigma\leftarrow\\(p,\mathbb{G},\mathbb{G}_T,e,g,g^s,\cdots,g^{s^q},g^{\alpha},g^{\alpha s},\cdots,g^{\alpha s^q});(c,\hat{c};a_0,\cdots a_q)\leftarrow\\(\mathcal{A}\|\mathcal{X}_{\mathcal{A}})(\sigma,z):\hat{c}=c^{\alpha}\wedge c\neq\prod_{i=0}^{q}g^{a_i s^i}\end{array}\right]\leqslant\text{negl}(\lambda)$$

其中，$z\in\{0,1\}^{\text{poly}(\lambda)}$是与 σ 独立的辅助输入。$(y;z)\leftarrow(\mathcal{A}\|\mathcal{X}_{\mathcal{A}})(x)$的含义是给定输入 x，如果 $\mathcal{A}$ 输出 y，那么给定相同的输入 x 和 $\mathcal{A}$ 的随机输入带，$\mathcal{X}_{\mathcal{A}}$ 会输出 z。

值得注意的是，q 阶指数知识假设是一类不可判断一种攻击方法是否能攻击成功的假设，也就是不可证伪（Non-Falsifiable）的假设[105]，即无法用敌手和高效挑战者之间的游戏模型描述的假设。相比可证伪假设，在游戏结束时，挑战者无法高效判断敌手是否攻击成功。

定义 5.3（q 阶 Diffie-Hellman 假设[119]）q 阶 Diffie-Hellman 假设（q-Power Diffie-Hellman Assumption，q-PDH 假设）是指给定 p 阶群 $\mathbb{G}$ 和群 $\mathbb{G}_T$、双线性映射关系 $e:\mathbb{G}\times\mathbb{G}\rightarrow\mathbb{G}_T$、$\mathbb{G}$ 上生成元 g、$x\xleftarrow{\$}\mathbb{Z}_p^*$ 及$\left(g,g^x,\cdots,g^{x^q},g^{x^{q+2}},\cdots,g^{x^{2q}}\right)$，难以计算 $g^{x^{q+1}}$。

定义 5.4（q 阶强 Diffie-Hellman 假设[139]）q 阶强 Diffie-Hellman 假设（q-Strong Diffie-Hellman Assumption）是指给定 p 阶群 $\mathbb{G}$ 和群 $\mathbb{G}_T$、双线性映射关系 $e:\mathbb{G}\times\mathbb{G}\rightarrow\mathbb{G}_T$、$\mathbb{G}$ 上生成元 g、$x\xleftarrow{\$}\mathbb{Z}_p^*$ 及$(g,g^x,\cdots,g^{x^q})$，难以计算得到(y,c)，其中 $y=e(g,g)^{1/(x+c)},c\in\mathbb{Z}_p^*$。

5.2 背景及主要思路

5.2.1 背景

2006 年，Groth、Ostrovsky 和 Sahai[140]利用双线性配对构造了第一个基于标准假设且通信复杂度为线性级别的非交互零知识证明。2010 年，Groth[119]基于公共参考串模型、q 阶指数知识假设和 q 阶 Diffie-Hellman 假设，利用双线性配对实现了第一个无须依赖随机谕言模型且通信量为 42 个群元素的 zk-SNARK。Groth 的核心思路是将电路可满足问题归约为一组等式并利用双线性配对验证等式成立，然而该协议的公共参考串规模和证明复杂度均为 $O(|C|^2)$。Lipmaa[130]将上述协议的公共参考串规模降低到 $O(|C|\log|C|)$，但证明复杂度仍为 $O(|C|^2)$。

2013 年，Gennaro 等[36]提出了二次算术程序，其是一种新的 NP 语言且可利用二次算术程序将算术电路可满足问题快速归约为二次算术程序可满足问题，即判断是否存在一个多项式能够被某个公开确定多项式整除的问题。Gennaro 等利用强二次算术程序构造了公

共参考串规模为 $O(|C|)$、证明复杂度为 $O(|C| \log |C|)$、通信量为 9 个群元素的 zk-SNARK（记作 GGPR13）。同年，Parno 等[13]提出了 Pinocchio，在将通信量进一步降低到 8 个群元素的同时弱化了 GGPR13 对二次算术程序的限制，即利用一般二次算术程序构造了 zk-SNARK，这将 GGPR13 中的公共参考串规模降低了约 2/3，同时降低了预处理时间和证明者计算开销。Pinocchio 具有良好的实际性能，在一定程度上促使了零知识证明的落地应用。Zcash[21]就是基于该类零知识证明[20]所构造的一种隐私“密码货币”，能够在防止双花的同时实现交易的匿名性。

在 Pinocchio 之后，一系列研究着力于优化该类零知识证明的实际性能[20,133-135]并应用于不同场景，如对认证数据的隐私保护证明[134]、大数据计算[141-142]和可验证计算。对于可验证计算，其思路大多是先将 C 语言程序转换为某种编程语言，如具有固定内存访问和控制流的 C 语言程序[13]、精简指令集计算机（Reduced Instruction Set Computer, RISC）程序[20,86]、随机存取机（Random Access Machine, RAM）程序[50,141]等，再将中间语言转换为电路并调用针对电路可满足问题的零知识证明完成计算；也有直接针对算术电路变种（如集合电路[133]）构造零知识证明从而完成可验证计算的。

除了对 zk-SNARK 的性能改进之外，还有系列研究探讨了 zk-SNARK 的特征和性质。Gentry 和 Wichs[83]指出基于黑盒归约和可证伪假设无法构造 SNARG。Bitansky 等[59]指出构造 zk-SNARK 必须依赖于可提取抗碰撞哈希函数，而且基于 PCD 系统（Proof-Carrying Data System），任何 zk-SNARK 都可高效转换为完全简洁的 zk-SNARK[87]。Groth[14]基于非对称双线性映射构造了通信量仅为 3 个群元素、验证者计算开销为 3 个配对运算的 zk-SNARK。此外，Groth 指出基于通用非对称双线性群模型（General Asymmetric Bilinear Group Model）[143]无法构造通信复杂度为 1 个群元素的 zk-SNARK。

5.2.1.1 线性概率性验证证明

Bitansky 等[41]指出，zk-SNARK 均是基于线性概率可验证证明实现的，其步骤如下。首先将线性概率可验证证明转换为线性交互式证明，该转换是自然的，见定义 4.2；然后将线性交互式证明转换为 SNARK，利用一种特殊的密码编码方法（可基于指数知识假设实现，其需具有单向性、允许公开验证二次等式、保障证明者只能进行线性运算），任意线性交互式证明都可转换为特定验证者的 SNARK，具有低度验证者（Low-Degree Verifier）的线性交互式证明可转换为公开可验证的 SNARK；最后通过随机化处理，可将 SNARK 转换为 zk-SNARK。基于上述构造 zk-SNARK 的新思路，Ben-Sasson 等[86]及 Groth[14]通过构造高效的线性概率可验证证明和线性交互式证明优化了 zk-SNARK 的理论和实际性能。

5.2.1.2 可更新的零知识证明

上述 zk-SNARK 存在两个问题。第一个问题是协议需要安全生成的公共参考串（Common Reference String，CRS），若公共参考串中含有的秘密信息被攻击者获知，则整个协议不再具备可靠性。启动阶段的私密性和区块链的去中心化产生了较为严重的矛盾，在一定程度上影响了 zk-SNARK 的进一步应用。为解决该问题，Ben-Sasson 等[81]和 Bowe、Gabizon 及 Green[82]指出可以利用安全多方计算生成公共参考串，但如何选择参与方及如何保障安全性是一个新的难题。第二个问题是公共参考串与陈述密切相关，此类协议需要为每一个新陈述生成 CRS，带来较大的初始化开销。

针对上述问题，Groth 等[37]提出可更新（Updatable）且通用（Universal）的 CRS。可更新指在任意时间都可以由一个新的参与方更新 CRS，只要有一个更新的参与方是诚实的，那最终的 CRS 就是可信的。通用指同一个 CRS 适用于所有具有有界规模的陈述。Groth 等基于此 CRS 构造了可更新且通用的 zk-SNARK（记作 GKMMM18）。GKMMM18 可根据 $O(|C_{\text{mul}}|^2)$级别的通用公共参考串生成 $O(|C_{\text{mul}}|)$级别的陈述相关公共参考串。此外，Groth 等指出公共参考串中仅含单项式的 zk-SNARK 易实现可更新，而公共参考串中含有非单项式的 zk-SNARK 难以实现，还证明了 Pinocchio 无法实现可更新。

GKMMM18 虽然实现了通用可更新的公共参考串，但一方面根据通用公共参考串构造陈述相关公共参考串需进行额外预处理，另一方面更新公共参考串需要平方级别的群幂运算。在此基础上，Maller 等[109]提出的 Sonic 通过置换论证（Permutation Argument）、大积论证 （Grand-Product Argument）等技术在代数群模型（Algebraic Group Model）[144]下实现了公共参考串通用可更新的、规模为 $O(|C|)$、不需要额外预处理的简洁 NIZKAoK。后续的工作，如 Plonk[22]、Marlin[110]和 AuroraLight[145]，改进了 Sonic 的实际性能，但也是基于代数群模型或知识假设实现的。2020 年，Daza、Ràfols 和 Zacharakis[40]基于离散对数假设通过结构化承诺密钥改进了内积论证，从而实现了公共参考串可更新的简洁 NIZKAoK（记作 DRZ20）。值得注意的是，在这些可更新的零知识证明中，只有 GKMMM18 是基于二次算术程序的。

5.2.2 主要思路

本小节以 Pinocchio[13]为例，介绍 zk-SNARK 的构造思路：首先介绍如何将电路可满足问题归约为二次算术程序可满足问题；然后介绍如何利用“掩藏”编码和双线性配对针对二次算术程序可满足问题构造 zk-SNARK。

5.2.2.1 将电路可满足问题归约为二次算术程序可满足问题

考虑一个算术电路 C。记电路中的乘法门数为 d=$|C_{\text{mul}}|$，且为每个乘法门取随机根$(r_1,\cdots,r_d) \in \mathbb{F}^d$，则目标多项式为 $t(z)=\prod_{g=1}^{d}(z-r_g)$。记电路中导线的数目为 m（不计加法门的输出导线），记每条导线值为$(c_1,\cdots,c_m)$，记$(c_1,\cdots,c_N)$为公共输入输出，$(c_{N+1},\cdots,c_m)$为秘密输入，记集合 $I_{\text{mid}}=\{N+1,\cdots,m\}$。定义贡献函数$\{u_i(\cdot)\},\{w_i(\cdot)\},\{y_i(\cdot)\}$，对于乘法门 $g\in[d]$，若导线 $i(i\in[m])$对该门的左输入“有贡献”，则 $u_i(r_g)=1$，否则 $u_i(r_g)=0$。同理，$w_i(\cdot)$和 $y_i(\cdot)$分别描述了导线对门的右

输入和输出是否“有贡献”。其中，对于左输入，“有贡献”是指导线 i 本身或仅经过若干加法门后为门 g 的左输入。经此法构造 $p(z)$，则 $p(z)$在 r_g 的取值即门 g 所满足的约束。因此，电路是可满足的当且仅当对于所有的 $r_g, g\in[m]$都有 $p(r_g)=0$，即多项式 $p(z)$可被 $t(z)=\prod_{g=1}^{d}(z-r_g)$ 整除，而这就是二次算术程序可满足问题的形式。同时，二次算术程序串的规模为电路中的非加法门输出导线数 m，度为乘法门的数目 d。

为了更好地理解“有贡献”的概念，本小节给出图 5.1 所示的例子。对门 r_6 的左输入“有贡献”的是导线 c_1 和 c_2，故 $u_1(r_6)=u_2(r_6)=1$；对门 r_5 的左输入“有贡献”的是导线 c_3，故 $u_3(r_5)=1$。$w_i(r_g)$和 $y_i(r_g)$同理，其分别考虑的是对门的右输入和输出的贡献，且度至少为 $d-1$。

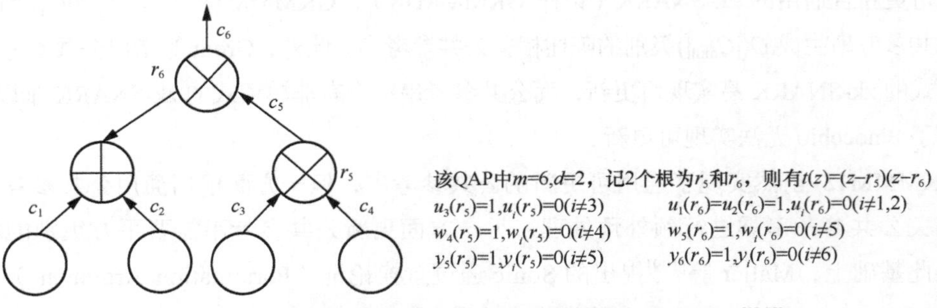
c_6
r_6
c_5
r_5
c_1
c_2
c_3
c_4
该QAP中$m=6,d=2$，记2个根为r_5和r_6，则有$t(z)=(z-r_5)(z-r_6)$
$u_3(r_5)=1,u_i(r_5)=0(i\neq3)$
$u_1(r_6)=u_2(r_6)=1,u_i(r_6)=0(i\neq1,2)$
$w_4(r_5)=1,w_i(r_5)=0(i\neq4)$
$w_5(r_6)=1,w_i(r_6)=0(i\neq5)$
$y_5(r_5)=1,y_i(r_5)=0(i\neq5)$
$y_6(r_6)=1,y_i(r_6)=0(i\neq6)$

图 5.1　算术电路可满足问题与二次算术程序可满足问题的归约[13,36]

除二次算术程序外，还可将电路可满足问题归约为其他形式的可满足问题，其归约过程更高效。典型的问题形式包括针对布尔电路的二次张成程序[36]、利用纠错码构造的高效二次张成程序[131]及平方张成程序（Square Span Programs）[132]和针对算术电路的平方算术程序（Square Arithmetic Programs）[136]。这些可满足问题的形式与二次算术程序可满足问题的形式类似，且基于其构造 zk-SNARK 的思路也是类似的，本书只详细介绍二次算术程序。

5.2.2.2　针对二次算术程序可满足问题构造 zk-SNARK

针对二次算术程序可满足问题构造 zk-SNARK 的主要思路如图 5.2 所示。直接证明多项式 $p(z)$可被 $t(z)$整除可能是困难的，但可等价转换为证明者证明其拥有 $p(z)$和 $h(z)$，且 $p(z)=h(z)t(z)$。由于 $u(z)$、$w(z)$、$y(z)$和 $t(z)$可由验证者根据电路结构自行计算，因此证明者可发送$(c_{N+1},\cdots,c_m)$及 $h(z)$。考虑到 $h(z)$的度约为 d，直接发送 $h(z)$将导致 $O(|C_{\mathrm{mul}}|)$级别的通信复杂度。利用 Schwartz-Zippel 引理可将传输多项式简化为传输多项式在某点的取值进而降低通信复杂度，即验证者 $\mathcal{V}$ 挑选随机挑战 $s\xleftarrow{\$}\mathbb{F}$，随后 $\mathcal{P}$ 返回 $p(s)$和 $h(s)$，$\mathcal{V}$ 验证 $p(s)-h(s)t(s)\stackrel{?}{=}0$。

然而，上述方法既需要交互，又不能保障恶意证明者在获知 s 后无法伪造 $p(s)$和 $h(s)$。前者可通过公共参考串模型实现非交互，但在公共参考串中直接存储 s 仍无法解决后者问题，因此需引入某种编码方式“掩藏” s。若记该“掩藏”方式为 Enc，则 Enc 至少需具备 4 个特点：一是 Enc(s)具有一定的单向性，获取 Enc(s)难以推知 s；二是为了实现公开可验证的 zk-SNARK，公共参考串中不能存储秘密而只能存储公共信息，如 Enc(1), ⋯, Enc(s^{d-1})；三是利用 Enc(1), ⋯, Enc(s^{d-1})可构造多项式 Enc($h(s)$), Enc($p(s)$), Enc($t(s)$)，即 Enc 支持线性运算；四是 Enc 需支持二次等式的验证，该运算用于验证 Enc($p(s)-h(s)t(s)$) $\stackrel{?}{=}$ Enc(0)。事实上，给定素数阶 p 的循环群 $\mathbb{G}, \mathbb{G}_T$，若有双线性映射 $e: \mathbb{G}\times\mathbb{G}\to\mathbb{G}_T$ 且对于任意的 $a,b\in\mathbb{Z}_p$ 有 $e(g^a, g^b) = e(g, g)^{ab}$，则 Enc($a$)=$g^a$ 可满足上述要求。

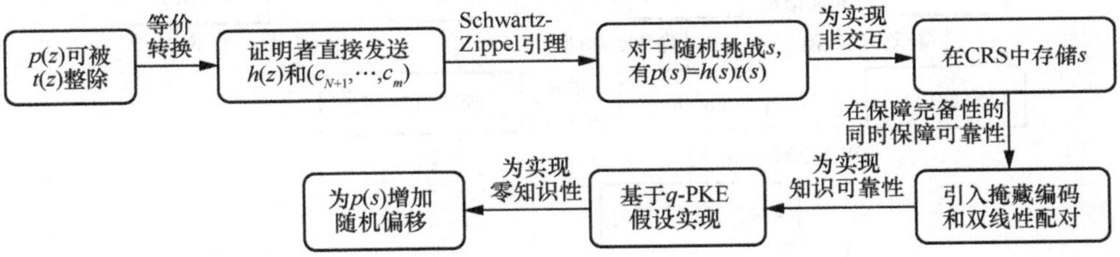

图 5.2　针对二次算术程序可满足问题构造 zk-SNARK 的主要思路[13,36]

上述方法仍存在几个问题：一是无法保障知识可靠性，即无法保障证明者确实利用了$(c_{N+1},\cdots,c_m)$构造 Enc($p(s)$)，而知识可靠性可基于 q-PKE 假设得以保障；二是无法保障零知识性，验证者虽难以通过 Enc($p(s)$)和 Enc($h(s)$)直接推知私密信息，但仍可能获知某些隐私信息，这可通过随机化处理 $p(s)$实现统计意义的零知识性。

基于以上思路可构造通信复杂度为常数个群元素的零知识证明，具体见第 5.3 节。

5.3 典型协议分析

本节介绍基于二次算术程序的零知识证明典型协议（如图 5.3 所示）及 Plonk 协议，分析各协议的构造思路、协议流程、复杂度及安全性。其中，Groth10[119]基于 q-PKE 假设首先给出了第一个不需要随机谕言模型的 zk-SNARK，但其通信复杂度为 42 个群元素，且公共参考串规模与电路规模成平方关系。Lipmaa12[130]将 Groth10 的公共参考串规模从平方级别降低到准线性级别。GGPR13[36]引入了 QAP，通过将 C-SAT 问题归约为 QAP 问题，Gennaro 等实现了证明复杂度为准线性、公共参考串规模为线性、通信复杂度为 9 个群元素的 zk-SNARK。Pinocchio[13]及后续的工作[50,131-132,134-136,146]拓宽了实际应用场景，优化了实际性能。在 Pinocchio 的基础上，Groth16[14]基于线性交互式证明进一步降低了实际通信量，并给出了 zk-SNARK 通信复杂度的下界。GKMMM18[37]给出了第一个公共参考串通用可更新的 zk-SNARK。Plonk 协议虽然不基于二次算术程序，但也是一种公共参考串通用可更新的 zk-SNRAK，且在工业界得到了广泛应用。

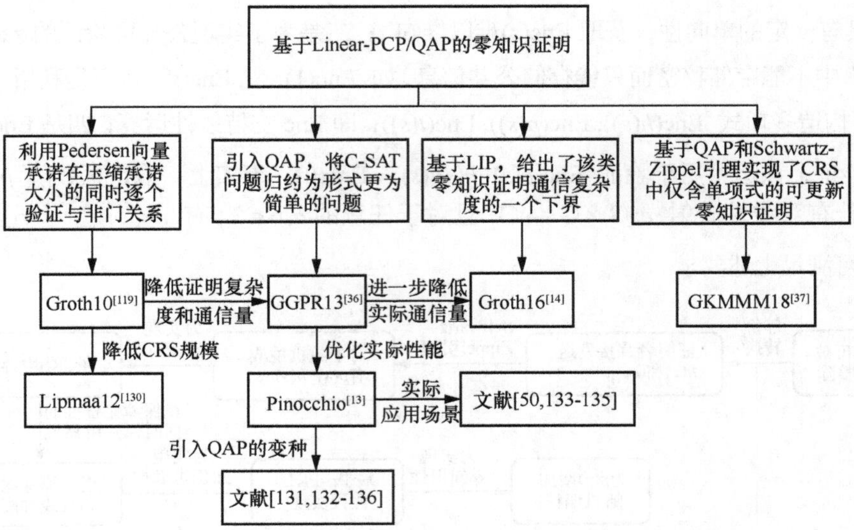

图 5.3　基于二次算术程序的零知识证明典型协议

5.3.1　Pinocchio

Pinocchio 由 Parno 等[13]提出，其通信复杂度为 8 个群元素，且验证复杂度仅与输入输出呈线性关系。本小节简要介绍 Pinocchio 的主要思路、协议流程、复杂度和安全性。

5.3.1.1　主要思路

Pinocchio 的主要思路与第 5.2.2 小节是类似的。为实现非交互，在公共参考串中存储随机挑战 s。为保障可靠性，需要"掩藏" s，即在公共参考串中存储 g^s。为保障完备性，应使证明者可根据公共参考串计算 $h(s)$，由于 $h(s)$的度为 $d-2$，因此在公共参考串中需存储$\{g^{s^i}\}$，其中 $i\in 0\cup[d-2]$。为保障证明者构造了正确形式的 $p(s)$，即 $p(s)$中证明者提供的$(c_{N+1},\cdots,c_m)$和$\{u_k(s)\}$、$\{w_k(s)\}$和$\{y_k(s)\}$是形式正确的，其中 $k\in I_{\text{mid}}$，$I_{\text{mid}}=\{N+1,\cdots,m\}$：第一，需在公共参考串中存储$\{g_u^{u_k(s)}\}$，$\{g_w^{w_k(s)}\}$和$\{g_y^{y_k(s)}\}$；第二，验证者需通过公共输入输出构造完整的 $p(s)$和 $h(s)$进行检查从而保障可靠性；第三，需基于 q 阶指数知识假设证明拥有$(c_{N+1},\cdots,c_m)$。为保证证明者在 $p(s)$中使用的系数是一致的，还需引入一致性检查；为实现零知识性，需引入随机化处理。

5.3.1.2　协议流程

Pinocchio 的协议流程如协议 5.1 所示。在可信初始化阶段，由可信第三方将电路可满足问题归约为二次算术程序可满足问题，并生成证明者和验证者的公共参考串。在生成证明阶段，证明者利用证据 $\boldsymbol{w}$ 生成证明 π，其规模为 8 个群元素。在验证证明阶段，验证者共需验证 5 个配对等式，其中基于 q 阶指数知识假设等式（5.1）用于验证证明者确实拥有 $U_{\text{mid}}(s)$、$W_{\text{mid}}(s)$和 $Y_{\text{mid}}(s)$的系数；等式（5.2）用于验证 $t(s)$可以整除 $p(s)$；等式（5.3）用于验证 U_{mid}、W_{mid} 和 Y_{mid} 是由同一组系数生成的。

5.3.1.3 讨论总结

本节简要分析 Pinocchio 可被视为基于线性概率可验证证明构造的原因。

首先，可以认为谕示证明是 $\left(g_u^{u'_{\text{mid}}(z)}, g_w^{w'_{\text{mid}}(z)}, g_y^{y'_{\text{mid}}(z)}, g_u^{\alpha_u u'_{\text{mid}}(z)}, g_w^{\alpha_w w'_{\text{mid}}(z)}, g_y^{\alpha_y y'_{\text{mid}}(z)}, g^{h'(z)}, g_u^{\beta u'_{\text{mid}}(z)} g_w^{\beta w'_{\text{mid}}(z)} g_y^{\beta y'_{\text{mid}}(z)}\right)$，其中 $u'_{\text{mid}}(z)$、$w'_{\text{mid}}(z)$、$y'_{\text{mid}}(z)$、$h'(z)$ 均是以 z 为自变量的多项式。而验证者仅访问了一组多项式上的某个点，即 $\left(g_u^{u'_{\text{mid}}(s)}, g_w^{w'_{\text{mid}}(s)}, g_y^{y'_{\text{mid}}(s)}, g_u^{\alpha_u u'_{\text{mid}}(s)}, g_w^{\alpha_w w'_{\text{mid}}(s)}, g_y^{\alpha_y y'_{\text{mid}}(s)}, g^{h'(s)}, g_u^{\beta u'_{\text{mid}}(s)} g_w^{\beta w'_{\text{mid}}(s)} g_y^{\beta y'_{\text{mid}}(s)}\right)$，可被视为一种概率可验证证明。另外，证明 π 与证明者的参考串存在线性关系，因此 Pinocchio 可被视为基于线性概率可验证证明构造。

接着，分析 Pinocchio 的复杂度和安全性。

① 分析复杂度。预处理阶段主要将算术电路可满足问题归约为二次算术程序可满足问题，其主要开销是根据点值构造 $3m$ 个度为 d 的多项式，若利用快速傅里叶变换计算拉格朗日插值[147]，该阶段的计算开销为 $O(md\log^2 d)<O(|C|^2\log^2|C_{\text{mul}}|)$次域上运算。由于公共参考串中至少包含 d 个值且与 m 有关，故其长度为 $O(|C|)$个群元素。证明者的主要计算开销为 $O(|C|\log|C|)$次域上运算和 $O(m+d)$次群幂运算，前者用于计算 $h'(x)$，后者用于生成证明 π。通信复杂度为 8 个群元素。验证者的计算开销为 $O(|\boldsymbol{x}|+|\boldsymbol{y}|)$次群幂运算和 11 次配对运算。若将计算 $u_{io}(s)$、$w_{io}(s)$和 $y_{io}(s)$的任务交给预处理阶段，则验证复杂度为 $O(1)$次配对运算。

② 分析安全性。基于 d 阶指数知识假设、q 阶 Diffie-Hellman 假设和 $2q$-SDH 假设，Pinocchio 可被证明是知识可靠的[13]。对于零知识性，Pinocchio 通过将 $u_{\text{mid}}(z)$随机化处理为 $u'_{\text{mid}}(z)$（$w_{\text{mid}}(z)$, $y_{\text{mid}}(z)$同理）实现了统计意义的零知识性。

协议 5.1 Pinocchio[13]

公共输入： 域 $\mathbb{F}$，算术电路 $C:\mathbb{F}^{|x|+|w|}\to\mathbb{F}^{|y|}$，其中$(\boldsymbol{x},\boldsymbol{y})=(c_1,\cdots,c_N)$，$|\boldsymbol{x}|+|\boldsymbol{y}|=N$

证明者秘密输入： $\boldsymbol{w}=(c_{N+1},\cdots,c_m)$，记集合 $I_{\text{mid}}=\{N+1,\cdots,m\}$

1. **可信初始化阶段**

（1）由可信第三方将算术电路 C 的可满足问题归约为二次算术程序可满足问题，构造对应二次算术程序串$(t(z), \mathcal{U}, \mathcal{W}, \mathcal{Y})$，其规模为 m，度为 d。

（2）由可信第三方生成相应参数。生成生成元为 g 的群$\mathbb{G}$ 及双线性映射群$\mathbb{G}_T$。选取随机数 $r_u,r_w,r_y,s,\alpha_u,\alpha_w,\alpha_y,\beta,\gamma \xleftarrow{\$} \mathbb{F}$ 并令 $r_y\leftarrow r_u r_w, g_u\leftarrow g^{r_u}, g_w\leftarrow g^{r_w}, g_y\leftarrow g^{r_y}$。

（3）由可信第三方生成公共参考字符串。证明者 $\mathcal{P}$ 的参考串为

$$\left\{g_u^{u_k(s)}\right\}_{k\in I_{\text{mid}}}, \left\{g_w^{w_k(s)}\right\}_{k\in I_{\text{mid}}}, \left\{g_y^{y_k(s)}\right\}_{k\in I_{\text{mid}}}, \left\{g_u^{\alpha_u u_k(s)}\right\}_{k\in I_{\text{mid}}}, \left\{g_w^{\alpha_w w_k(s)}\right\}_{k\in I_{\text{mid}}}, \left\{g_y^{\alpha_y y_k(s)}\right\}_{k\in I_{\text{mid}}},$$
$$\left\{g^{s^i}\right\}_{i\in 0\cup[d-2]}, \left\{g_u^{\beta u_k(s)} g_w^{\beta w_k(s)} g_y^{\beta y_k(s)}\right\}_{k\in I_{\text{mid}}}, g_u^{\alpha_u t(s)}, g_w^{\alpha_w t(s)}, g_y^{\alpha_y t(s)}, g_u^{\beta t(s)}, g_w^{\beta t(s)}, g_y^{\beta t(s)}$$

验证者 $\mathcal{V}$ 的参考串为

$$\left\{g, g^{\alpha_u}, g^{\alpha_w}, g^{\alpha_y}, g^{\gamma}, g^{\beta\gamma}, g_y^{t(s)}, \left\{g_u^{u_k(s)}, g_w^{w_k(s)}, g_y^{y_k(s)}\right\}_{k\in 0\cup[N]}\right\}$$

2. **证明者 $\mathcal{P}$ 生成证明**

$\mathcal{P}$ 首先选取 $\delta_u,\delta_w,\delta_y \xleftarrow{\$} \mathbb{F}$，然后利用证据 $\boldsymbol{w}$ 构造 $p(z)$ 并计算

$$p'(z) \leftarrow (u_0(z)+u_{io}(z)+u_{\text{mid}}(z)+\delta_u t(z))\cdot(w_0(z)+ \\ w_{io}(z)+w_{\text{mid}}(z)+\delta_w t(z))-(y_0(z)+y_{io}(z)+y_{\text{mid}}(z)+\delta_y t(z)),$$

$$h'(z) \leftarrow \frac{p'(z)}{t(z)}$$

其中，$u_{\text{mid}}(z)=\sum_{k\in I_{\text{mid}}} c_k u_k(z)$，$w_{\text{mid}}(z)$ 和 $y_{\text{mid}}(z)$ 同理。$\mathcal{P}$ 利用参考串生成证明 $\boldsymbol{\pi}=\left(g_u^{u'_{\text{mid}}(s)},g_w^{w'_{\text{mid}}(s)},g_y^{y'_{\text{mid}}(s)},g_u^{\alpha_u u'_{\text{mid}}(s)},g_w^{\alpha_w w'_{\text{mid}}(s)},g_y^{\alpha_y y'_{\text{mid}}(s)},g^{h'(s)},g_u^{\beta u'_{\text{mid}}(s)}g_w^{\beta w'_{\text{mid}}(s)}g_y^{\beta y'_{\text{mid}}(s)}\right)$，其中，$u'_{\text{mid}}(s)=u_{\text{mid}}(s)+\delta_u t(s)$，可根据 $\{g_u^{u_k(s)}\}_{k\in I_{\text{mid}}}$ 计算得出，$w'_{\text{mid}}(s),y'_{\text{mid}}(s)$ 同理。记 $h'(z)=\sum_{i=0}^{d-2} h'_i z^i$，则 $g^{h'(s)}$ 可由 $\prod_{i=1}^{d}(g^{s^i})^{h'_i}$ 计算得出。

3. **验证者 $\mathcal{V}$ 验证证明**

记 $\mathcal{V}$ 收到的证明为 $\boldsymbol{\pi}=(g^{U_{\text{mid}}},g^{W_{\text{mid}}},g^{Y_{\text{mid}}},g^{\hat{U}_{\text{mid}}},g^{\hat{W}_{\text{mid}}},g^{\hat{Y}_{\text{mid}}},g^{H},g^{Z})$，则 $\mathcal{V}$ 进行如下 3 项检查。

（1）$\mathcal{V}$ 检查 $\mathcal{P}$ 可以构造 U_{mid}，即 $\mathcal{P}$ 拥有 U_{mid} 的系数。W_{mid}、Y_{mid} 同理。具体地，$\mathcal{V}$ 检查

$$e\left(g_u^{\hat{U}_{\text{mid}}},g\right)\overset{?}{=}e\left(g_u^{U_{\text{mid}}},g^{\alpha_u}\right),e\left(g_w^{\hat{W}_{\text{mid}}},g\right)\overset{?}{=}e\left(g_w^{W_{\text{mid}}},g^{\alpha_w}\right),e\left(g_u^{\hat{Y}_{\text{mid}}},g\right)\overset{?}{=}e\left(g_y^{Y_{\text{mid}}},g^{\alpha_y}\right) \tag{5.1}$$

（2）$\mathcal{V}$ 检查 $t(s)$ 可以整除 $p(s)$。具体地，$\mathcal{V}$ 先计算 $g_u^{u_{io}(s)} \leftarrow \prod_{k\in[N]}\left(g_u^{u_k(s)}\right)^{c_k}$，$g_w^{w_{io}(s)}$，$g_y^{y_{io}(s)}$ 同理。$\mathcal{V}$ 随后验证

$$e\left(g_u^{u_0(s)}g_u^{u_{io}(s)}g_u^{U_{\text{mid}}},g_w^{w_0(s)}g_w^{w_{io}(s)}g_w^{W_{\text{mid}}}\right)\overset{?}{=}e\left(g_y^{t(s)},g^{H}\right)e\left(g_y^{y_0(s)}g_y^{y_{io}(s)}g_y^{Y_{\text{mid}}},g\right) \tag{5.2}$$

（3）$\mathcal{V}$ 检查 $U_{\text{mid}}, W_{\text{mid}}, Y_{\text{mid}}$ 是由同一组系数生成的。具体地，$\mathcal{V}$ 检查

$$e(g^{Z},g^{\gamma})\overset{?}{=}e\left(g_u^{U_{\text{mid}}},g_w^{W_{\text{mid}}},g_y^{Y_{\text{mid}}},g^{\beta\gamma}\right) \tag{5.3}$$

输出：比特 b，当且仅当上述 3 项检查均通过，输出 $b=1$；否则输出 $b=0$

Pinocchio 的知识可靠性证明思路

为表述方便，这里给出非零知识性版本的 Pinocchio 的知识可靠性证明思路，即协议 5.1 不包含 $\delta_u,\delta_v,\delta_y$ 及其相关线性项。假设存在敌手 $\mathcal{A}$ 能够以合法的证明者和验证者的参考串为输入，输出一个错误但可通过验证的证明，那么存在敌手 $\mathcal{B}$，其利用 $\mathcal{A}$ 和 d-PKE 假设的提取器 $\mathcal{X}_A$，可成功解决 q-PDH 假设或 $2q$-SDH 假设中的困难问题，其中 d 是二次算术程序可满足问题的度，$q=4d+4$。

具体地，给定敌手 $\mathcal{B}$ 挑战值 $\left(g,g^{s},\cdots,g^{s^q},g^{s^{q+2}},\cdots,g^{s^{2q}}\right)$，这符合 q-PDH 假设和 $2q$-SDH 假设的输入条件。对于某个二次算术程序可满足问题 $\mathcal{Q}=(t(z), \mathcal{U}, \mathcal{W}, \mathcal{Y})$，敌手 $\mathcal{B}$ 为敌手 $\mathcal{A}$ 提供形式如下的证明者参考串和验证者参考串。

证明者参考串为

$$\left\{g_u^{u_k(s)}\right\}_{k\in I_{\text{mid}}},\left\{g_w^{w_k(s)}\right\}_{k\in I_{\text{mid}}},\left\{g_y^{y_k(s)}\right\}_{k\in I_{\text{mid}}},\left\{g_u^{\alpha_u u_k(s)}\right\}_{k\in I_{\text{mid}}},\left\{g_w^{\alpha_w w_k(s)}\right\}_{k\in I_{\text{mid}}}, \\ \left\{g_y^{\alpha_y y_k(s)}\right\}_{k\in I_{\text{mid}}},\{g^{s^i}\}_{i\in 0\cup[d-2]},\left\{g_u^{\beta u_k(s)}g_w^{\beta w_k(s)}g_y^{\beta y_k(s)}\right\}_{k\in I_{\text{mid}}}$$

验证者参考串为

$$\left(g, g^{\alpha_u}, g^{\alpha_w}, g^{\alpha_y}, g^{\gamma}, g^{\beta\gamma}, g_y^{t(s)}, \left\{g_u^{u_k(s)}, g_w^{w_k(s)}, g_y^{y_k(s)}\right\}_{k\in 0\cup[N]}\right)$$

参考串的具体生成过程如下。与协议 5.1 类似，均匀选取随机数 $r'_u, r'_w, \alpha_u, \alpha_w, \alpha_y$，然后计算 $r'_y \leftarrow r'_u r'_w, g_u \leftarrow g^{r'_u s^{d+1}}, g_w \leftarrow g^{r'_w s^{2(d+1)}}, g_y \leftarrow g^{r'_y s^{3(d+1)}}$。对于 β 和 γ，敌手 $\mathcal{B}$ 精心选取从而使得参考串的幂多项式不含 s^{q+1} 项。例如，对于证明者参考串中的 $\left\{g_u^{\beta u_k(s)} g_w^{\beta w_k(s)} g_y^{\beta y_k(s)}\right\}_{k\in I_{\text{mid}}}$，敌手 $\mathcal{B}$ 精心选取 β 使得 $\left\{g_u^{\beta u_k(s)} g_w^{\beta w_k(s)} g_y^{\beta y_k(s)}\right\}_{k\in I_{\text{mid}}}$ 中不含 $g^{s^{d+1}}$ 项。对于 $g^{\beta\gamma}$，敌手 $\mathcal{B}$ 精心选取 γ 使得 $g^{\beta\gamma}$ 也不含 $g^{s^{d+1}}$ 项。对于参考串中的其他项，由于 $u_k(s)$, $w_k(s)$, $y_k(s)$, $t(s)$ 的度均不超过 d，因此 $\left\{g_u^{u_k(s)}\right\}_{k\in I_{\text{mid}}}, \left\{g_w^{w_k(s)}\right\}_{k\in I_{\text{mid}}}, \left\{g_y^{y_k(s)}\right\}_{k\in I_{\text{mid}}}, g_y^{t(s)}$ 也不包含 $g^{s^{d+1}}$ 项。

由于参考串中均不包含 $g^{s^{d+1}}$ 项，敌手 $\mathcal{B}$ 可以根据挑战值 $(g, g^{s}, \cdots, g^{s^q}, g^{s^{q+2}}, \cdots, g^{s^{2q}})$ 高效计算得出证明者和验证者的参考串。不仅如此，虽然 β, γ 是特别选取的，但其仍然是随机数，并且可以证明由 $\mathcal{B}$ 生成的证明者参考串与真实情况下的证明者参考串是统计不可区分的。因此，对于一个概率多项式时间的敌手 $\mathcal{A}$，在收到敌手 $\mathcal{B}$ 生成的参考串后，会如实返回错误证明。

由于敌手 $\mathcal{A}$ 生成的错误证明能够通过验证，必然有 $g_u^{\hat{U}_{\text{mid}}} = (g_u^{U_{\text{mid}}})^{\alpha_u}$。考虑到 U_{mid} 可由 $u_k(s)_{k\in I_{\text{mid}}}$ 的线性组合高效得出，而 $u_k(s)_{k\in I_{\text{mid}}}$ 又可由 $g, g^{s}, \cdots, g^{s^d}$ 高效得出，因此设置 $\sigma = \left(p, \mathbb{G}, \mathbb{G}_T, e, g, g^{s}, \cdots g^{s^d}, g^{\alpha}, g^{\alpha s}, \cdots g^{\alpha s^d}\right)$，敌手 $\mathcal{B}$ 利用 q-PKE 的提取器 $\mathcal{X}_A$ 即可得到多项式 $U_{\text{mid}}(z)$ 且 $U_{\text{mid}} = U_{\text{mid}}(s)$。类似地，敌手 $\mathcal{B}$ 还可获得 W_{mid} 和 Y_{mid}。然后，令 $H(z) \leftarrow \dfrac{(u_0(z)+u_{io}(z)+u_{\text{mid}}(z))(w_0(z)+w_{io}(z)+w_{\text{mid}}(z))-(y_0(z)+y_{io}(z)+y_{\text{mid}}(z))}{t(z)}$，用 $g^{H(s)}$ 代替真实证明 π 中的 $g^{h(s)}$ 也可通过验证者的验证。

由于生成的证明是错误证明，有且仅有两种情况：① $H(z)$ 有非平凡的分母，即 $H(z)$ 无法整除 $t(z)$；② $g_u^{u_{\text{mid}}(s)} g_w^{w_{\text{mid}}(s)} g_y^{y_{\text{mid}}(s)}$ 对于 g 的幂多项式不是由相同的系数得到的线性组合。

对于第一种情况，可以证明敌手 $\mathcal{B}$ 利用 $H(z)$ 和扩展欧几里得除法，可以高效得到多项式 $A(z)$, $B(z)$，其满足 $A(z)+B(z)H(z)=1/(z-r)$，其中 $(z-r)$ 是 $t(z)$ 而非 $p(z)$ 的某个因子。这样，敌手 $\mathcal{B}$ 可以计算 $e(g^{A(s)}, g)e(g^{B(s)}, g^{H(s)}) = e(g, g)^{1/(s-r)}$，从而解决 $2q$-SDH 难题。

对于第二种情况，如果不存在系数 $\{c_k\}_{k\in I_{\text{mid}}}$，使得 $U_{\text{mid}}(s) = \sum_{k\in I_{\text{mid}}} c_k u_k(s), W_{\text{mid}}(s) = \sum_{k\in I_{\text{mid}}} c_k w_k(s), Y_{\text{mid}}(s) = \sum_{k\in I_{\text{mid}}} c_k y_k(s)$，那么会有较高概率得到一个 z^{q+1} 项系数非零且度小于 $2q$ 的多项式。利用该多项式，敌手 $\mathcal{B}$ 可以构造 $g^{s^{q+1}}$ 项，从而解决 q-PDH 难题。

Pinocchio 的统计零知识性证明思路

在给出模拟器 $\mathcal{S} = (\mathcal{S}_1, \mathcal{S}_2)$ 的具体构造之前，首先描述两点事实。第一，在给定具体二次算术程序串和参考串参数 $r_u, r_w, r_y, s, \alpha_u, \alpha_w, \alpha_y, \beta, \gamma$ 后，只要确定

$$u(z) \leftarrow u_0(z) + u_{io}(z) + u_{\text{mid}}(z),$$

$$w(z) \leftarrow w_0(z) + w_{io}(z) + w_{\text{mid}}(z),$$

$$y(z) \leftarrow y_0(z) + y_{io}(z) + y_{\text{mid}}(z)$$

就可高效得出

$$u_{\text{mid}}(s),w_{\text{mid}}(s),y_{\text{mid}}(s),$$
$$\alpha_u u_{\text{mid}}(s),\alpha_w w_{\text{mid}}(s),\alpha_y y_{\text{mid}}(s),$$
$$h(s),\beta(r_u u_{\text{mid}}(s)+r_w w_{\text{mid}}(s)+r_y y_{\text{mid}}(s))$$

从而高效计算得出证明 $\boldsymbol{\pi}$。第二，由于 $\delta_u, \delta_w, \delta_y$ 是均匀随机选取的，因此协议 5.1 中证明 $\boldsymbol{\pi}$ 中的 $u'_{\text{mid}}(s), w'_{\text{mid}}(s), y'_{\text{mid}}(s)$ 也是统计意义均匀的。

现给出模拟器 $\mathcal{S}=(\mathcal{S}_1, \mathcal{S}_2)$的具体构造。$\mathcal{S}_1$ 生成证明者和验证者参考串 σ，设置模拟陷门 $\tau\leftarrow(r_u, r_w, r_y, s, \alpha_u, \alpha_w, \alpha_y, \beta, \gamma)$。在给定 τ 后，$\mathcal{S}_2$ 随机选取 $u(z), w_z, y_z$ 使得 $t(z)$整除 $u(z)w(z)-y(z)$，并令 $h(z)\leftarrow u(z)w(z)-y(z)/t(z)$。随后，$\mathcal{S}_2$ 设置

$$u_{\text{mid}}(z)\leftarrow u(z)-u_0(z)-u_{io}(z),$$
$$w_{\text{mid}}(z)\leftarrow w(z)-w_0(z)-w_{io}(z),$$
$$y_{\text{mid}}(z)\leftarrow y(z)-y_0(z)-y_{io}(z)$$

由于 $\mathcal{S}_2$ 拥有 τ，因此其可以高效得出 $u'_{\text{mid}}(s)\leftarrow u_{\text{mid}}(s)+\delta_u t(s)$，且 $w'_{\text{mid}}(s), y'_{\text{mid}}(s)$ 同理。不仅如此，$u'_{\text{mid}}(s), w'_{\text{mid}}(s), y'_{\text{mid}}(s)$ 是统计意义均匀的，因此 $\mathcal{S}_2$ 生成的脚本与真实脚本是统计不可区分的。

5.3.2 Groth16

在限定敌手只能进行线性/仿射运算的情况下，Groth[14]基于二次算术程序构造了通信量仅为 3 个元素的线性交互式证明并基于该线性交互式证明构造了通信量为 3 个群元素、验证者计算开销仅为 4 个配对运算的 zk-SNARK（记为 Groth16）。现介绍 Groth16 的主要思路、协议流程并分析复杂度和安全性。

5.3.2.1 主要思路

Bitansky 等[41]指出 zk-SNARK 均可视为基于线性概率可验证证明和线性交互式证明实现，在此基础上 Groth[14]给出了一个更为详细的线性交互式证明定义。

给定形式如下的算法三元组(Setup, Prove, Verify)，如果其具有完美完备性和统计意义的知识可靠性（对于只能进行线性/仿射运算的敌手），则称该算法组是线性交互式证明。

- $(\sigma,\tau)\leftarrow\text{Setup}(1^\lambda, \mathcal{R})$。参数生成算法以安全参数 λ 的一元表示和多项式时间内可判定的二元关系 $\mathcal{R}$ 为输入，生成参考串 σ 和模拟陷门 τ。
- $\pi\leftarrow\text{Prove}(\mathcal{R}, \sigma, x, w)$。证明生成算法分为两步，首先运行 $\mathbf{\Pi}\leftarrow\text{ProofMatrix}(\mathcal{R}, x, w)$生成矩阵 $\mathbf{\Pi}$，其中 ProofMatrix 为概率多项式时间的矩阵生成算法，然后计算证明 $\pi\leftarrow\mathbf{\Pi}\sigma$。
- $0/1\leftarrow\text{Verify}(\mathcal{R}, \sigma, x, \pi)$。验证算法分为两步，首先运行确定性多项式算法 $\text{Test}(\mathcal{R}, x)$生成函数 $t(\cdot)\leftarrow\text{Test}(\mathcal{R}, x)$，然后验证者检查 $t(\sigma, \pi)\overset{?}{=}0$，当且仅当其为 0 时接受，否则拒绝。

在此基础上，如果线性交互式证明具有完美零知识性，则可利用其构造 zk-SNARK。其中，完美零知识性是指存在概率多项式时间算法 Sim，使得对于任意的 $\mathcal{R}$ 及$(x, w)\in\mathcal{R}$，对于任意

的敌手 $\mathcal{A}$，都有

$$\Pr[(\sigma,\tau)\leftarrow \mathrm{Setup}(1^\lambda,\mathcal{R});\pi\leftarrow \mathrm{Prove}(\mathcal{R},\sigma,x,w):\ \mathcal{A}(\mathcal{R},\sigma,\tau,\pi)=1]=$$
$$\Pr[(\sigma,\tau)\leftarrow \mathrm{Setup}(1^\lambda,\mathcal{R});\pi\leftarrow \mathrm{Sim}(\mathcal{R},\tau,x):\ \mathcal{A}(\mathcal{R},\sigma,\tau,\pi)=1]$$

现简单介绍利用零知识线性交互式证明构造针对二次算术程序可满足问题的思路。考虑形如定义 5.1 的二次算术程序串 $\mathcal{Q}=(t(z),\mathcal{U},\mathcal{W},\mathcal{Y})$，一个最直观的想法是在参考串 σ 中存储 $\{s^i\}_{i=0}^{d-1}$ 和 $\left\{s^i t(s)/\delta\right\}_{i=0}^{d-2}$，这样，可生成证明 $\boldsymbol{\pi}=\boldsymbol{\Pi}\sigma=(A,B,C)$，其中

$$A=\sum_{i=0}^{m}c_i u_i(s),\ B=\sum_{i=0}^{m}c_i w_i(s),\ C=\sum_{i=0}^{m}c_i y_i(s)+h(s)t(s)$$

验证者只需验证 $t(\boldsymbol{\pi})=AB-C\overset{?}{=}0$。注意到 A 中 $u_i(s)$ 可表示为 $\sum_{j=0}^{d-1}u_{i,j}s^j$，$C$ 中的 $h(s)t(s)$ 可根据 $\{s^i t(s)/\delta\}_{i=0}^{d-2}$ 计算，则显然有证明 $\boldsymbol{\pi}$ 与公共参考串 σ 呈线性关系。然而，上述直观想法无法保障可靠性和零知识性。在 Groth16 中，实际的 σ 中引入了 α、β、δ 和 γ 这 4 个新参数，证明 $\boldsymbol{\pi}=(A, B, C)$ 中还引入了 r_1 和 r_2 两个新参数，其中 α 和 β 用于保障 A 和 B 使用了相同的系数 c_i，γ 和 δ 有助于证明知识可靠性，r_1 和 r_2 用于保障零知识性，具体见协议流程。

5.3.2.2　协议流程

Groth16 的协议流程如协议 5.2 所示，其本质上是一种零知识线性交互式证明，并引入了双线性配对用于验证 $t(\sigma,\pi)\overset{?}{=}0$。

协议 5.2　Groth16[14]

公共输入：域 $\mathbb{F}$，算术电路 C: $\mathbb{F}^{|x|+|w|}\to\mathbb{F}^{|y|}$，其中 $(\boldsymbol{x},\boldsymbol{y})=(c_1,\cdots,c_N)$，$|\boldsymbol{x}|+|\boldsymbol{y}|=N$

证明者秘密输入：$\boldsymbol{w}=(c_{N+1},\cdots,c_m)$，记集合 $I_{\mathrm{mid}}=\{N+1,\cdots,m\}$，显然有 $|\boldsymbol{w}|=|I_{\mathrm{mid}}|$

1. 可信初始化阶段

（1）由可信第三方将算术电路 C 的可满足问题归约为二次算术程序可满足问题。根据电路 C 构造对应的二次算术程序串 $(t(z),\mathcal{U},\mathcal{W},\mathcal{Y})$，其规模为 m，度为 d。

（2）由可信第三方生成相应参数。生成生成元为 g、h 的群 $\mathbb{G}_1$、$\mathbb{G}_2$ 及双线性映射群 $\mathbb{G}_T$。映射 e 定义为 e: $\mathbb{G}_1\times\mathbb{G}_2\to\mathbb{G}_T$。记 $[a]_1$ 为 g^a，$[b]_2$ 为 h^b，$[c]_T$ 为 $e(g,h)^c$。选取随机数 $\alpha,\beta,\gamma,\delta,s\xleftarrow{\$}\mathbb{F}$。

（3）由可信第三方生成公共参考字符串 $\sigma=([\sigma_1]_1,[\sigma_2]_2)$ 和模拟陷门 $\tau=(\alpha,\beta,\delta,\gamma,s)$。其中

$$\sigma_1=\left(\begin{array}{c} a,\beta,\sigma,\{s^i\}_{i=0}^{d-1},\left\{\dfrac{\beta u_i(s)+\alpha w_i(s)+y_i(s)}{\gamma}\right\}_{i=0}^{N} \\ \left\{\dfrac{\beta u_i(s)+\alpha w_i(s)+y_i(s)}{\delta}\right\}_{i=N+1}^{m},\left\{\dfrac{s^i t(s)}{\delta}\right\}_{i=0}^{d-2}\end{array}\right),\sigma_2=\left(\beta,\gamma,\delta,\left\{s^i\right\}_{i=0}^{d-1}\right)$$

2. 证明者 $\mathcal{P}$ 生成证明

$\mathcal{P}$ 随机挑选 $r_1,r_2\xleftarrow{\$}\mathbb{F}$ 并计算证明 $\pi=([A]_1,[C]_2,[B]_2)$，其中

$$A=\alpha+\sum_{i=0}^{m}c_iu_i(s)+r_1\delta,\quad B=\beta+\sum_{i=0}^{m}c_iw_i(s)+r_2\delta,$$

$$C=\frac{\sum_{i=N+1}^{m}c_i(\beta u_i(s)+\alpha w_i(s)+y_i(s))+h(s)t(s)}{\delta}+Ar_2+Br_1-r_1r_2\delta$$

3. **验证者 $\mathcal{V}$ 验证证明**

$\mathcal{V}$ 检查

$$e([A]_1,[B]_2)\overset{?}{=}e([\alpha]_1,[\beta]_2)e\left(\sum_{i=0}^{N}c_i\left[\frac{\beta u_i(s)+\alpha w_i(s)+y_i(s)}{\gamma}\right]_1,[\gamma]_2\right)e([C]_1,[\delta]_2)\tag{5.4}$$

输出：比特 b，当且仅当上述检查通过，输出 $b=1$；否则输出 $b=0$

5.3.2.3 讨论总结

安全性分析

可以证明，上述论证具有完美完备性和完美零知识性，在敌手只能进行线性/仿射运算的情况下，该论证是统计意义知识可靠的。完美完备性来源于双线性配对运算的正确性。由于 r_1,r_2 的随机性，真实证明中的 A、B 和模拟器生成的 A、B 是分布一致的，而且 C 由 A、B 确定，因此完美零知识性得以保障。现简要分析知识可靠性。

考虑不加随机数 r_1, r_2 的版本，对于只能进行线性/仿射运算的敌手，其伪造证据 A' 的形式为

$$A'=A_\alpha\alpha+A_\beta\beta+A_\delta\delta+A_\gamma\gamma+A(s)+\sum_{i=0}^{N}A_i\frac{\beta u_i(s)+\alpha w_i(s)+y_i(s)}{\gamma}+$$
$$\sum_{i=N+1}^{m}A_i\frac{\beta u_i(s)+\alpha w_i(s)+y_i(s)}{\delta}+A_h(s)\frac{t(s)}{\delta}\tag{5.5}$$

且 B'、C' 是类似的形式。由 Schwartz-Zippel 引理可知，若将 A'、B' 和 C' 视为以 $\alpha, \beta, \delta, \gamma, s$ 为变量的多变量函数，则由 $C'\leftarrow A'B'$ 缺失 α^2 项可以较大概率推知 $A_\alpha B_\alpha=0$，不失一般性，可设 $B_\alpha=0$。同理，考虑缺失 $\alpha\beta$ 和 β^2 项，可知等式（5.5）中敌手构造的 A', B' 前 5 项实际为

$$A'=\alpha+A_\delta\delta+A_\gamma\gamma+A(s)+\cdots,\quad B'=\beta+B_\delta\delta+B_\gamma\gamma+B(s)+\cdots$$

考虑包含 $1/\delta^2$ 的项，应满足

$$\left(\sum_{i=N+1}^{m}A_i(\beta u_i(s)+\alpha w_i(s)+y_i(s))+A_h(s)t(s)\right)$$
$$\left(\sum_{i=N+1}^{m}B_i(\beta u_i(s)+\alpha w_i(s)+y_i(s))+B_h(s)t(s)\right)=0\tag{5.6}$$

不失一般性，可假设等式（5.6）左边的左半部分表达式值为 0。进一步地，考虑到 C' 中没有 α 项，则等式（5.6）左边的右半部分表达式值也为 0。依此法消去其他项，最终可提取出证据 $(c_{N+1},\cdots,c_m)$。事实上，等式（5.6）也体现了引入参数 δ,γ 的作用，即使得项

$$\left\{\frac{\beta u_i(s)+\alpha w_i(s)+y_i(s)}{\gamma}\right\}_{i=0}^{N}\text{和}\left\{\frac{\beta u_i(s)+\alpha w_i(s)+y_i(s)}{\delta}\right\}_{i=N+1}^{m}$$

是相互独立的，从而提出特定项并实现知识可靠性。此外，α、β 用于保障 A、B 使用了相同的系数，r_1、r_2 通过随机化处理来保障零知识性，不过在证明知识可靠性时需要引入更多的副本。

复杂度分析

Groth16 的参考串包含$(m+2d+2)$个 $\mathbb{G}_1$ 群中的元素和$(d+3)$个 $\mathbb{G}_2$ 群中的元素。证明者计算开销主要为计算证明 π，具体为 $O(|C|)$次群上运算。通信复杂度为 2 个 $\mathbb{G}_1$ 群中的元素和 1 个 $\mathbb{G}_2$ 群中的元素。验证者计算开销为 4 次配对运算。

5.3.3　GKMMM18

GKMMM18 由 Groth 等[37]提出，本小节简要介绍 GKMMM18 的主要思路、协议流程并分析复杂度和安全性。

5.3.3.1　主要思路

考虑一个仅包含单项式的公共参考串如 g^x，当参与方 P_1 更新公共参考串时只需随机选取 x_1 将公共参考串更新为 g^{xx_1} 并给出对 x_1 的知识证明 $(g^{x_1}, g^{\alpha x_1})$，而该知识证明可基于 q 阶指数知识假设利用配对完成验证，即验证 $e(g^{x_1}, g^{\alpha}) \stackrel{?}{=} e(g^{\alpha x_1}, g)$。事实上，GKMMM18 中的通用公共参考串就是$\left\{g^{s^i \cdot r^j \cdot q^k}\right\}$的形式，其中 i、k 均与二次算术程序串的度 d 呈线性关系，j 为常数，因此 GKMMM18 中通用公共参考串的规模为 $O(|C_{\text{mul}}|^2)$级别。而为更新该公共参考串，只需随机选取 α、β、γ，并将公共参考串更新为$\left\{g^{s^{\alpha i} \cdot r^{\beta j} \cdot q^{\gamma k}}\right\}$。

然而，针对包含多项式的公共参考串实现可更新性是困难的。考虑对 $g^{f(s)}$ 的更新，随机选取 δ 并将旧公共参考串更新为 $g^{f(s)\delta}$，Groth 等证明了任意可完成上述更新的敌手都可提取出单项式$(g, g^{s\delta}, \cdots, g^{s^n\delta})$，依据这些单项式，敌手可破坏 Pinocchio 等 zk-SNARK 的知识可靠性。

针对上述问题，Groth 等采用了一种与 Pinocchio 及 Groth16 不同的证明方法。考虑一个二次算术程序 $Q=(t(z), \mathcal{U}, \mathcal{W}, \mathcal{Y})$，由于公共参考串中不能包含多项式，因此无法继续使用之前基于二次算术程序的方法，即通过随机挑选 s 构造与二次算术程序对应的多项式编码进而验证正确性。GKMMM18 采用了与 BCCGP16[38]、Bulletproofs[16]等基于 IPA 的零知识证明相似的方法，即将二次算术程序中等式的每一项分别乘以变量 n 的某次幂，从而将二次算术程序可满足问题转换为另外一个多项式是否为零多项式的问题。具体地，考虑多项式

$$f(z,n) = h(z)n + \sum_{i=0}^{m} c_i \left(y_i(z)n^2 + u_i(z)n^3 + w_i(z)n^4 \right) - n^5 - t(z)n^6 \tag{5.7}$$

随机选取 s、r，计算等式（5.7）中 $f(s,r)\cdot f(s,r)$，可知 r^7 项的系数为

$$t(s)h(s) - \sum_{i=0}^{m} c_i y_i(s) + \left(\sum_{i=0}^{m} c_i u_i(s) \right) \left(\sum_{i=0}^{m} c_i w_i(s) \right) \tag{5.8}$$

其中 $c_0=0$，而这恰为二次算术程序可满足问题的形式。可以证明，基于 q 阶单项式知识假设

（q-Monomial Knowledge Assumption）和 q 阶单项式计算假设（q-Monomial Computational Assumption）[37]，给定不含 r^7 项的公共参考串，若证明者可生成证明 g^A 且有 $e(g^{f(s,r)}, h^{f(s,r)})=e(g^A, h)$，则说明其拥有$(c_{N+1},\cdots, c_m)$。类似地，为说明 $g^{f(s,r)}$是正确构造的，可引入另一个新变量 w 构造一个多项式 $f_2(z, n, w)$使得当且仅当 $f(s, r)$正确构造时该多项式的某一特定项系数为 0，然后给定不含该特定项单项式的公共参考串，利用双线性配对验证该多项式特定项系数确实为 0。在通用公共参考串中，s、r、q 分别对应于变量 z、n、w。

在针对具体关系构造 zk-SNARK 时，需要对通用公共参考串进行处理从而生成新的针对具体关系的公共参考串。与 Pinocchio 等协议类似，其生成方式也是构造用于验证二次算术程序的系列多项式，其规模也是 $O(|C|)$级别的群元素。

5.3.3.2 协议流程

在生成针对具体关系的公共参考串后，GKMMM18 的协议流程简述如下。

（1）在给定二次算术程序四元组$(t(z), \mathcal{U}, \mathcal{W}, \mathcal{Y})$及群上生成元 g_1, g_2 后，证明者 $\mathcal{P}$ 计算

$$h(z) \leftarrow \frac{\left(u_0(z)+\sum_{k=1}^{m} c_k \cdot u_k(z)\right)\cdot\left(w_0(z)+\sum_{k=1}^{m} c_k \cdot w_k(z)\right)-\left(y_0(z)+\sum_{k=1}^{m} c_k \cdot y_k(z)\right)}{t(z)} \tag{5.9}$$

随后证明者随机选取 $\delta \xleftarrow{\$} \mathbb{F}$，并计算证明 $\boldsymbol{\pi} = (A \leftarrow {g_1}^{f(s,r)}, B \leftarrow {g_2}^{f(s,r)}, C \leftarrow {g_1}^{f_2(s,r,q)})$，其中

$$f(s,r) = h(s)r + \sum_{i=0}^{m} c_i(y_i(s)r^2 + u_i(s)r^3 + w_i(s)r^4) - r^5 - t(s)r^6 \tag{5.10}$$

$$\begin{aligned} f_2(s,r,q) \leftarrow\ & f^2(s,r) + (h(s)r + \delta(r - t(s)r^2) + \\ & \sum_{i=\ell+1}^{m} c_i(y_i(s)r^2 + u_i(s)r^3 + w_i(s)r^4)) \cdot f_3(s,r,q) \end{aligned} \tag{5.11}$$

其中，多项式 $f_3(s, r, q)$用于辅助验证 $f_2(s, r, q)$ 中某一特定项系数为 0。

（2）在收到证明 $\boldsymbol{\pi}=(A, B, C)$后，验证者验证

- $e(A, g_2) \stackrel{?}{=} e(g_1, B)$
- $e(A,B)\cdot e(A{g_1}^{r^5+t(s)r^6} - \sum_{i=0}^{\ell} c_i y_i(s)r^2 + u_i(s)r^3 + w_i(s)r^4, g_2^{f_3(r,s,q)}) \stackrel{?}{=} e(C, g_2)$

5.3.3.3 讨论总结

首先分析安全性。基于 q 阶单项式知识假设和 q 阶单项式计算假设[37]，如果验证者所验证的第二个等式成立，那么证明者拥有形式正确的 $f(s,r, q)$且拥有二次算术程序可满足问题的解，即 GKMMM18 可被证明具有知识可靠性。另外，由于 δ 的均匀随机性，可以证明 GKMMM18 具有完美零知识性。

其次分析复杂度。如前文所述，GKMMM18 的通用公共参考串规模为 $O(|C_{\text{mul}}|^2)$级别的群元素，针对具体关系的公共参考串规模为 $O(|C|)$级别的群元素。与 Groth16 类似，GKMMM18 的

通信复杂度也为 3 个群元素，证明复杂度也为 $O(|C|)$级别的群幂运算，但验证复杂度比 Groth16 多了 1 个配对运算。

5.3.4　Plonk

Maller 等 [109]使用可更新且通用的 CRS 设计了 Sonic——第一个针对通用算术电路且完全简洁的 zk-SNARK，CRS 的规模仅与电路规模呈线性关系，但该协议具有较高的证明生成开销。Gabizon、Williamson 和 Ciobotaru[22]基于乘法子群上的置换校验协议设计了一个可更新且通用的 zk-SNARK——Plonk，该协议不仅是完全简洁的，还具有较低的证明生成开销。

5.3.4.1　主要思路

对于一个包含 n 个 2 进 1 出门的算术电路，令变量 $\boldsymbol{w}\in\mathbb{F}^{3n}$ 表示电路中所有门的输入和输出，其中 $\{w_i\}_{i=1}^{2n}$ 表示所有门的左输入，$\{w_i\}_{i=n+1}^{2n}$ 表示所有门的右输入，$\{w_i\}_{i=2n+1}^{3n}$ 表示所有门的输出，假设 $\boldsymbol{w}$ 中前 ℓ 个元素为公开值，剩余元素为证明者的秘密值，给定一个算术电路和一组公开值，证明者向验证者证明其知道其余值，使得电路是可满足的。

上述电路可满足约束可以等价表示为门约束和复制约束。对于门约束，电路中每一个门都可以用一个变量方程表示，方程形式为

$$q_{L_i}w_i+q_{R_i}w_{n+i}+q_{O_i}w_{2n+i}+q_{M_i}w_iw_{n+i}+q_{C_i}=0 \tag{5.12}$$

其中 $i\in[n]$，q_{L_i}、q_{R_i}、q_{O_i}、q_{M_i}、q_{C_i}由电路结构决定。例如，若 $q_{L_i}=q_{R_i}=q_{C_i}=0$，$q_{O_i}=-1$，$q_{M_i}=1$，则该方程表示一个乘法门约束。若 $q_{L_i}=q_{R_i}=1$，$q_{O_i}=-1$，$q_{M_i}=q_{C_i}=0$，则该方程表示一个加法门约束。对于复制约束，需要使用变量方程对同一导线上变量的取值进行约束，方程形式为 $w_j=w_{\sigma(j)}$，其中 $j\in[3n]$，$\sigma:[3n]\to[3n]$表示一个置换。电路可满足当且仅当所有的变量方程成立。

电路中的 n 个门对应了 n 个形式为（5.12）的变量方程，为了简化此部分的验证，Plonk 使用多项式表达这些变量方程。例如，设第 i 个门关联一个值 i，对于 $i\in[n]$，定义多项式 $q_L(X)$、$q_R(X)$、$q_O(X)$、$q_M(X)$、$q_C(X)$、$w(X)$、$w'(X)$、$w''(X)$，满足

$$q_L(i)=q_{L_i},\quad q_R(i)=q_{R_i},\quad q_O(i)=q_{o_i},\quad q_M(i)=q_{M_i},$$
$$q_C(i)=q_{C_i},\quad w(i)=w_i,\quad w'(i)=w_{n+i},\quad w''(i)=w_{2n+i}$$

则 n 个变量方程成立当且仅当多项式 $q_L(X)\cdot w(X)+q_R(X)\cdot w'(X)+q_O(X)\cdot w''(X)+q_M(X)\cdot w(X)\cdot w'(X)+q_C(X)$ 包含因式 $\prod_{i=1}^{n}(X-i)$。接着，Plonk 使用 KZG 多项式承诺方案[61]生成对多项式的承诺并在随机点处打开，以证明多项式关系成立。为了优化复杂度，Plonk 对承诺方案进行了批处理，以同时验证多个多项式在多个点的估值。对于复制约束，Plonk 主要使用置换校验协议进行证明，协议在编译时同样使用了批处理的 KZG 多项式承诺方案。接下来分别介绍该承诺方案和置换校验协议。

5.3.4.2 批处理的 KZG 多项式承诺方案

KZG 多项式承诺方案由参数生成算法 Setup、多项式承诺算法 Com、多项式求值算法 PolyEval 和求值验证算法 VrfyEval 组成，具体定义如下。

- pp←Setup(1^λ, d)：参数生成算法。输入安全参数 λ 的一元表示和多项式的最高阶 d，输出公共参数 pp。具体地，生成配对群 $\mathcal{G}=\langle e, \mathbb{G}_1, \mathbb{G}_2, \mathbb{G}_T\rangle$，此处 $\mathbb{G}_1$、$\mathbb{G}_2$ 均表示加法群。选择 $\mathbb{G}_1$ 的生成元 g、$\mathbb{G}_2$ 的生成元 h，从域 $\mathbb{Z}_p^*$ 中随机选择 x，计算 $xg, x^2g,\cdots, x^dg, xh$，记为$[x]_1, [x^2]_1,\cdots, [x^d]_1, [x]_2$。令 pp= ($\mathcal{G}$, $[1]_1, [x]_1, [x^2]_1,\cdots, [x^d]_1, [1]_2, [x]_2$)。
- cm← Com(pp, $f(X)$)：多项式承诺算法。输入公共参数 pp 和多项式 $f(X)$，输出多项式承诺 cm。具体地，令 cm= $[f(x)]_1$。
- (s, w)←PolyEval(pp, $f(X)$, z)：多项式求值算法。输入公共参数 pp、多项式 $f(X)$和求值点 z，输出多项式在求值点的值 s 和证明 w。具体地，计算 $h(X)=\dfrac{f(X)-f(z)}{X-z}$，令 $s=f(z), w=[h(x)]_1$。
- 0/1←VrfyEval(pp, cm, z, s, w)：求值验证算法。输入公共参数 pp、多项式承诺 cm、求值点 z、多项式估值 s 和证明 w，输出 0 表示拒绝，输出 1 表示接受。具体地，验证 $e(\text{cm}-[s]_1, [1]_2) = e(w, [x]_2-[z]_2)$，若等式成立则输出 1，否则输出 0。

多项式求值算法 PolyEval 和求值验证算法 VrfyEval 构成了交互式公开抛币的打开协议 Open。一般由验证者选择求值点 z 并发送给证明者，证明者执行 PolyEval 算法输出 s、w 并发送给验证者。验证者执行 VrfyEval 算法验证多项式估值 s 的正确性。

批处理的 KZG 多项式承诺方案主要用来同时验证多个多项式在多个点的估值。具体地，令 $\text{cm}_1, \text{cm}_2,\cdots, \text{cm}_t$ 分别表示对多项式 $f_1(X), f_2(X),\cdots, f_t(X)$的 KZG 承诺，验证者选择 t 个求值点 $z_1, z_2,\cdots, z_t$ 并发送给证明者，证明者计算 $s_1=f_1(z_1), s_2=f_2(z_2), \cdots, s_t=f_t(z_t)$ 并让验证者一次性验证计算的正确性。在 Plonk 中，只出现两种不同求值点的情况，设这两种求值点的取值分别为 z、z'，$\{f_i(X)\}_{i\in[t_1]}$ 表示在 z 点求值的多项式集合，$\{f'_j(X)\}_{j\in[t_2]}$ 表示在 z'点求值的多项式集合。令 $\{\text{cm}_i\}_{i\in[t_1]},\{\text{cm}'_j\}_{j\in[t_2]}$ 分别表示对 $\{f_i(X)\}_{i\in[t_1]},\{f'_j(X)\}_{j\in[t_2]}$ 中多项式的 KZG 承诺集合。对于 $i\in[t_1]$，$j\in[t_2]$，证明者计算 $s_i=f_i(z)$，$s'_j=f'_j(z')$，并让验证者一次性验证计算的正确性。为此，证明者和验证者执行下述协议。

1. 验证者选择并发送随机值 $y, y' \xleftarrow{\$} \mathbb{Z}_p^*$。
2. 证明者计算多项式

$$h(X)=\sum_{i=1}^{t_1} y^{i-1}\cdot\frac{f_i(X)-f_i(z)}{X-z},\quad h'(X)=\sum_{j=1}^{t_2} y'^{j-1}\cdot\frac{f'_j(X)-f'_j(z')}{X-z'}$$

利用公共参数 pp 计算 $W=[h(x)]_1$，$W'=[h'(x)]_1$，把 W, W' 发送给验证者。

3. 验证者选择随机值 $r'\in\mathbb{Z}_p^*$，计算

$$F=\left(\sum_{i=1}^{t_1}\gamma^{i-1}\cdot\text{cm}_i-\left[\sum_{i=1}^{t_1}\gamma^{i-1}\cdot s_i\right]_1\right)+r'\cdot\left(\sum_{j=1}^{t_2}\gamma'^{j-1}\cdot\text{cm}'_j-\left[\sum_{j=1}^{t_2}\gamma'^{j-1}\cdot s'_j\right]_1\right)$$

验证等式

$$e(F+z\cdot W+r'z'\cdot W',[1]_2)\cdot e(-W-r'\cdot W',[x]_2)=1$$

若等式成立，则接受，否则拒绝。

5.3.4.3 置换校验协议

Plonk 主要使用置换校验协议来证明电路中的复制约束成立。令 H 表示域 $\mathbb{F}$ 的 n 阶乘法子群，g 为其生成元。对于 $i\in[n]$，定义多项式 $L_i(X)\in\mathbb{F}_{<n}[X]$ 为 $L_i(g^i)=1, L_i(a)=0$，其中 a 为群 H 中不同于 g^i 的元素。假设 $2k$ 个阶小于 n 的多项式 $f_1(X),\cdots,f_k(X), g_1(X),\cdots,g_k(X)\in\mathbb{F}_{<n}[X]$，置换 σ: $[kn]\rightarrow[kn]$。对于 $j\in[k], i\in[n]$，定义值 $f_{(1)},\cdots,f_{(kn)}, g_{(1)},\cdots,g_{(kn)}\in\mathbb{F}$ 为 $f_{((j-1)\cdot n+i)}=f_j(g^i), g_{((j-1)\cdot n+i)}=g_j(g^i)$。置换校验协议用来证明多项式之间的置换关系 $(g_1(X),\cdots, g_k(X))=\sigma(f_1(X),\cdots, f_k(X))$，即对于 $\ell\in[kn]$，$g_{(\ell)}=f_{(\sigma(\ell))}$。下面给出这个协议的简要流程。

定义预处理多项式 $S_{\mathrm{ID}_1}(X),\cdots,S_{\mathrm{ID}_k}(X)S_{\sigma_1}(X),\cdots,S_{\sigma_k}(X)\in\mathbb{F}_{<n}[X]$，其中，对于 $j\in[k]$，$i\in[n]$，$S_{\mathrm{ID}_j}(g^i)=(j-1)\cdot n+i, S_{\sigma_1}(g^i)=\sigma((j-1)\cdot n+i)$。

1. 验证者选择并发送随机值 $\beta,\gamma\xleftarrow{\$}\mathbb{F}$ 给证明者。
2. 令 $f_j'(X)=f_j(X)+\beta\cdot S_{\mathrm{ID}_j}(X)+\gamma, g_j'(X)=g_j(X)+\beta\cdot S_{\sigma j}(X)+\gamma$，则对于 $j\in[k], i\in[n]$，$f_j'(g^i)=f_j(g^i)+\beta\cdot((j-1)\cdot n+i)+\gamma, g_j'(g^i)=g_j(g^i)+\beta\cdot\sigma((j-1)\cdot n+i)+\gamma$。
3. 定义 $f'(X),g'(X)\in\mathbb{F}_{<kn}[X]$ 为

$$f'(X)=\prod_{j=1}^{k}f_j'(X),\quad g'(X)=\prod_{j=1}^{k}g_j'(X)$$

4. 证明者计算 $Z(X)\in\mathbb{F}_{<n}[X]$，满足 $Z(g)=1$，对于 $i\in\{2,\cdots,n\}$

$$Z(g^i)=\prod_{1\leqslant\ell<i}\frac{f'(g^\ell)}{g'(g^\ell)}$$

5. 验证者验证对于所有的 $a\in H$，

$$L_1(a)(Z(a)-1)=0,\quad Z(a)f'(a)=g'(a)Z(a\cdot g)$$

若所有的方程都成立，则接受，否则拒绝。

由于多项式 $L_1(X)$ 只在 g 处取 1，在群 H 中其他元素处均取 0，故第一个验证方程说明 $Z(g)=1$。由多项式 $Z(X)$ 的计算方式可得，第二个验证方程说明 $\frac{Z(g^{n+1})}{Z(g)}=\frac{\prod_{i=1}^{n}f'(g^i)}{\prod_{i=1}^{n}g'(g^i)}$。由于 H 是一个循环群，故 $Z(g^{n+1})=Z(g)=1$，进而可得 $\prod_{i=1}^{n}f'(g^i)=\prod_{i=1}^{n}g'(g^i)$，对于随机选择的域元素 β、γ，若 $(g_1(X),\cdots,g_k(X))\neq\sigma(f_1(X),\cdots,f_k(X))$，这个式子成立的概率是可忽略的[22]。所以，若两个验证方程均成立，则多项式之间的置换关系成立。

在 Plonk 协议中，k 取 3，$f_1(X)=g_1(X)$、$f_2(X)=g_2(X)$、$f_3(X)=g_3(X)$ 分别表示电路的左输入多项式、右输入多项式和输出多项式，这些多项式在特定点的值分别对应电路中所有门的左输入、右输入和输出。

5.3.4.4 协议流程

接下来给出 Plonk 协议的完整描述[22]。协议使用 Fiat-Shamir 启发式实现了非交互，在以下描述中，$\mathcal{H}:\{0,1\}^* \to \mathbb{F}$ 表示把任意长度的输入映射为域元素的哈希函数。H 表示域 $\mathbb{F}$ 的 n 阶乘法子群，具体定义为 $H=\{1,\omega,\cdots,\omega^{n-1}\}$，其中 ω 为 $\mathbb{F}$ 的 n 次单位根、H 的生成元。定义置换校验协议中使用的预处理多项式 $S_{\mathrm{ID}_1}(X)$，$S_{\mathrm{ID}_2}(X)$，$S_{\mathrm{ID}_3}(X)$ 为 $S_{\mathrm{ID}_1}(X)=X$，$S_{\mathrm{ID}_2}(X)=k_1X$，$S_{\mathrm{ID}_3}(X)=k_2X$，其中 k_1,k_2 满足 H,k_1H,k_2H 是 H 在域 $\mathbb{F}$ 中不同的陪集。令 $H'=H\cup k_1H\cup k_2H$，定义 $\sigma:[3n]\to[3n]$ 为一个置换，$\sigma^*:[3n]\to H'$ 为一个映射。对于 $i\in[n]$，$\sigma^*(i)=\omega^i$，$\sigma^*(n+i)=k_1\cdot\omega^i$，$\sigma^*(2n+i)=k_2\cdot\omega^i$。

公共预处理输入： $n,(x[1]_1,\cdots,x^{n+5}[1]_1)$，$\{q_M,q_L,q_R,q_O,q_C\}_{i=1}^n,\sigma^*$，

$$q_M(X)=\sum_{i=1}^n q_{M_i}L_i(X),\quad q_L(X)=\sum_{i=1}^n q_{L_i}L_i(X),$$

$$q_R(X)=\sum_{i=1}^n q_{R_i}L_i(X),\quad q_O(X)=\sum_{i=1}^n q_{O_i}L_i(X),$$

$$q_C(X)=\sum_{i=1}^n q_{C_i}L_i(X),\quad S_{\sigma_1}(X)=\sum_{i=1}^n \sigma^*(i)L_i(X),$$

$$S_{\sigma_2}(X)=\sum_{i=1}^n \sigma^*(n+i)L_i(X),\quad S_{\sigma_3}(X)=\sum_{i=1}^n \sigma^*(2n+i)L_i(X)$$

公开输入： $\ell,\{w_i\}_{i\in[\ell]}$

证明者算法

证明者输入 $\{w_i\}_{i\in[3n]}$。证明者每向验证者发送一次消息就称为一步，证明者算法共包含 5 步。由于协议使用 Fiat-Shamir 启发式实现了非交互，证明者把所有步要发送的消息组合成一个完整的证明，作为算法的输出。

（1）生成随机盲化标量 $b_1,\cdots,b_9\in\mathbb{F}$。计算导线多项式 $a(X),b(X),c(X)$。

$$a(X)=(b_1X+b_2)Z_H(X)+\sum_{i=1}^n w_iL_i(X),$$

$$b(X)=(b_3X+b_4)Z_H(X)+\sum_{i=1}^n w_{n+i}L_i(X),$$

$$c(X)=(b_5X+b_6)Z_H(X)+\sum_{i=1}^n w_{2n+i}L_i(X)$$

其中，$Z_H(X)=X^n-1$。计算对这 3 个多项式的 KZG 承诺 $[a]_1=[a(x)]_1$，$[b]_1=[b(x)]_1$，$[c]_1=[c(x)]_1$。证明者在本步的输出为 $[a]_1,[b]_1,[c]_1$。

（2）计算置换挑战 $\beta=\mathcal{H}(\text{transcript1},0)\in\mathbb{F}$，$\gamma=\mathcal{H}(\text{transcript1},1)\in\mathbb{F}$，其中 transcript1 是公共预处理输入、公开输入和此前所有证明元素的串联。计算置换多项式 $z(X)$。

$$z(X)=(b_7X^2+b_8X+b_9)Z_H(X)+L_1(X)+$$
$$\sum_{i=1}^{n-1}\left(L_{i+1}(X)\prod_{j=1}^{i}\frac{(w_j+\beta w^j+\gamma)(w_{n+j}+\beta k_1w^j+\gamma)(w_{2n+j}+\beta k_2w^j+\gamma)}{(w_j+\sigma^*(j)\beta+\gamma)(w_{n+j}+\sigma^*(n+j)\beta+\gamma)(w_{2n+j}+\sigma^*(2n+j)\beta+\gamma)}\right)$$

计算对 $z(X)$ 的 KZG 承诺 $[z]_1=[z(x)]_1$。证明者在本步的输出为 $[z]_1$。

（3）计算商挑战 $\alpha=\mathcal{H}(\text{transcript2})\in\mathbb{F}$，其中 transcript2 是公共预处理输入、公开输入和此前所有证明元素的串联。计算商多项式 $t(X)$。

$$t(X)=(a(X)b(X)q_M(X)+a(X)q_L(X)+b(X)q_R(X)+c(X)q_O(X)+\mathrm{PI}(X)+q_C(X))\frac{1}{Z_H(X)}+$$

$$((a(X)+\beta X+\gamma)(b(X)+\beta k_1X+\gamma)(c(X)+\beta k_2X+\gamma)z(X))\frac{\alpha}{Z_H(X)}-$$

$$((a(X)+\beta S_{\sigma1}(X)+\gamma)(b(X)+\beta S_{\sigma2}(X)+\gamma)(c(X)+\beta S_{\sigma3}(X)+\gamma)z(X_w))\frac{\alpha}{Z_H(X)}+$$

$$(z(X)-1)L_1(X)\frac{\alpha^2}{Z_H(X)}$$

其中，公共输入多项式 $\mathrm{PI}(X)=\sum_{i\in[\ell]}w_iL_i(X)$，把 $t(X)$ 划分成 $t(X)=t'_{\mathrm{lo}}(X)+X^nt'_{\mathrm{mid}}(X)+X^{2n}t'_{\mathrm{hi}}(X)$，其中 $t'_{\mathrm{lo}}(X)$，$t'_{\mathrm{mid}}(X)$ 的度小于 n，$t'_{\mathrm{hi}}(X)$ 的度不大于 $n+5$。生成随机盲化标量 $b_{10},b_{11}\in\mathbb{F}$，定义多项式 $t_{\mathrm{lo}}(X)=t'_{\mathrm{lo}}(X)+b_{10}X^n$，$t_{\mathrm{mid}}(X)=t'_{\mathrm{mid}}(X)-b_{10}+b_{11}X^n$，$t_{\mathrm{hi}}(X)=t'_{\mathrm{hi}}(X)-b_{11}$，则此时 $t(X)=t_{\mathrm{lo}}(X)+X^nt_{\mathrm{mid}}(X)+X^{2n}t_{\mathrm{hi}}(X)$。计算对 $t_{\mathrm{lo}}(X)$, $t_{\mathrm{mid}}(X)$, $t_{\mathrm{hi}}(X)$ 的 KZG 承诺 $[t_{\mathrm{lo}}]_1=[t_{\mathrm{lo}}(x)]_1$, $[t_{\mathrm{mid}}]_1=[t_{\mathrm{mid}}(x)]_1$, $[t_{\mathrm{hi}}]_1=[t_{\mathrm{hi}}(x)]_1$。证明者在本步的输出为 $[t_{\mathrm{lo}}]_1$, $[t_{\mathrm{mid}}]_1$, $[t_{\mathrm{hi}}]_1$。

（4）计算估值挑战 $\mathfrak{z}=\mathcal{H}(\text{transcript3})\in\mathbb{F}$，其中 transcript3 是公共预处理输入、公开输入和此前所有证明元素的串联。计算打开值 $\bar{a}=a(\mathfrak{z}),\bar{b}=b(\mathfrak{z}),\bar{c}=c(\mathfrak{z}),\bar{s}_{\sigma_1}=\bar{S}_{\sigma_1}(\mathfrak{z}),\bar{s}_{\sigma_2}=\bar{S}_{\sigma_2}(\mathfrak{z}),\bar{z}_w=z(\mathfrak{z}w)$。证明者在本步的输出为 $\bar{a},\bar{b},\bar{c},\bar{s}_{\sigma_1},\bar{s}_{\sigma_2}\bar{z}_w$。

（5）计算打开挑战 $v=\mathcal{H}(\text{transcript4})\in\mathbb{F}$，其中 transcript4 是公共预处理输入、公开输入和此前所有证明元素的串联。计算线性化多项式 $r(X)$。

$$\begin{aligned}r(X)=&[\bar{a}\bar{b}\cdot q_M(X)+\bar{a}\cdot q_L(X)+\bar{b}\cdot q_R(X)+\bar{c}\cdot q_O(X)+\mathrm{PI}(\mathfrak{z})+q_C(X)]+\\&\alpha[(\bar{a}+\beta_{\mathfrak{z}}+\gamma)(\bar{b}+\beta k_{1\mathfrak{z}}+\gamma)(\bar{c}+\beta k_{2\mathfrak{z}}+\gamma)\cdot z(X)-(\bar{z}+\beta\bar{s}_{\sigma_1}+\gamma)\\&(\bar{b}+\beta\bar{s}_{\sigma_2}+\gamma)(\bar{c}+\beta\cdot S_{\sigma_3}(X)+\gamma)\bar{z}_w]+\alpha^2[(z(X)-1)L_l(\mathfrak{z})]-\\&Z_H(\mathfrak{z})\cdot(t_{\mathrm{lo}}(X)+\mathfrak{z}^nt_{\mathrm{mid}}(X)+\mathfrak{z}^{2n}t_{\mathrm{hi}}(X))\end{aligned}$$

计算打开的一个证明多项式 $W_{\mathfrak{z}}(X)$。

$$W_{\mathfrak{z}}(X)=\frac{1}{X-\mathfrak{z}}\left(r(X)+v(a(X)-\bar{a})+v^2(b(X)-\bar{b})+v^3(c(X)-\bar{c})+v^4(S_{\sigma_1}(X)-\bar{s}_{\sigma_1})+v^5(S_{\sigma_2}(X)-\bar{s}_{\sigma_2})\right)$$

计算打开的另一个证明多项式 $W_{\mathfrak{z}w}(X)=\dfrac{z(X)-\bar{z}w}{X-\mathfrak{z}w}$。分别计算对两个证明多项式的 KZG 承诺 $[W_{\mathfrak{z}}]_1=[W_{\mathfrak{z}}(x)]_1,[W_{\mathfrak{z}\omega}]_1=[W_{\mathfrak{z}\omega}(x)]_1$。证明者在本步的输出为 $[W_{\mathfrak{z}}]_1$，$[W_{\mathfrak{z}\omega}]_1$。

证明者算法最终输出证明 π_{SNARK}。

$$\pi_{\mathrm{SNARK}}=\left([a]_1,[b]_1,[c]_1,[z]_1,[t_{\mathrm{lo}}]_1,[t_{\mathrm{mid}}]_1,[t_{\mathrm{hi}}]_1,\bar{a},\bar{b},\bar{c},\bar{s}_{\sigma1},\bar{s}_{\sigma2},\bar{z}_\omega,[W_{\mathfrak{z}}]_1,[W_{\mathfrak{z}\omega}]_1\right)$$

验证者算法

验证者的预处理输入为

$$[q_M]_1=[q_M(x)]_1,\quad [q_L]_1=[q_L(x)]_1,\quad [q_R]_1=[q_R(x)]_1,\quad [q_O]_1=[q_O(x)]_1,$$
$$[q_C]_1=[q_C(x)]_1,\quad [s_{\sigma_1}]_1=[S_{\sigma_1}(x)]_1,\quad [s_{\sigma_2}]_1=[S_{\sigma_2}(x)]_1,\quad [s_{\sigma_3}]_1=[S_{\sigma_3}(x)]_1,\quad x[1]_2$$

验证者输入$\{w_i\}_{i\in[\ell]}$, π_{SNARK}。验证者通过以下 11 个步骤来验证证明 π_{SNARK} 的有效性。

（1）验证$[a]_1, [b]_1, [c]_1, [z]_1, [t_{\text{lo}}]_1, [t_{\text{mid}}]_1, [t_{\text{hi}}]_1, [W_{\mathfrak{z}}]_1, [W_{\mathfrak{z}w}]_1\in\mathbb{G}_1$。

（2）验证 $\bar{a},\bar{b},\bar{c},\bar{s}_{\sigma_1},\bar{s}_{\sigma_2},\bar{z}_\omega\in\mathbb{F},\{w_i\}_{i\in[\ell]}\in\mathbb{F}^\ell$。

（3）利用公共预处理输入、公开输入和证明 π_{SNARK} 中的元素，计算证明者算法中生成的挑战 β,γ,α，$\mathfrak{z}$，$v\in\mathbb{F}$。计算多点估值挑战 $u=\mathcal{H}(\text{transcript})\in\mathbb{F}$，此处 transcript 指公共预处理输入、公开输入和 π_{SNARK} 中所有元素的串联。

（4）计算零多项式估值 $Z_H(\mathfrak{z})=\mathfrak{z}^n-1$。

（5）计算拉格朗日多项式估值 $L_1(\mathfrak{z})=\dfrac{w(\mathfrak{z}^n-1)}{n(\mathfrak{z}-w)}$。

（6）计算公开输入多项式估值 $\text{PI}(\mathfrak{z})=\sum_{i\in[\ell]}w_iL_i(\mathfrak{z})$。

（7）把多项式 $r(X)$ 分为常数项和非常数项，计算其常数项 $r_0=\text{PI}(\mathfrak{z})-\alpha(\bar{a}+\beta\bar{s}_{\sigma_1}+\gamma)(\bar{b}+\beta\bar{s}_{\sigma_2}+\gamma)(\bar{c}+\gamma)\bar{z}_w-\alpha^2L_1(\mathfrak{z})$，则其非常数项 $r'(X)=r(X)-r_0$。

（8）计算批处理多项式承诺的第一部分$[D]_1$。

$$\begin{aligned}[D]_1=[r'(x)]_1+u\cdot[z]_1&=\bar{a}\bar{b}\cdot[q_M]_1+\bar{a}\cdot[q_L]_1+\bar{b}\cdot[q_R]_1+\bar{c}\cdot[q_O]_1+\\&[q_C]_1+(\alpha(\bar{a}+\beta_{\mathfrak{z}}+\gamma)(\bar{b}+\beta k_{1\mathfrak{z}}+\gamma)(\bar{c}+\beta k_{2\mathfrak{z}}+\gamma)+\alpha^2L_1(\mathfrak{z})+u)\cdot[z]_1-\\&\alpha\beta\bar{z}_w(\bar{a}+\beta\bar{s}_{\sigma_1}+\gamma)(\bar{b}+\beta\bar{s}_{\sigma_2}+\gamma)\cdot[s_{\sigma_3}]_1-Z_H(\mathfrak{z})([t_{\text{lo}}]_1+\mathfrak{z}^n\cdot[t_{\text{mid}}]_1+\mathfrak{z}^{2n}\cdot[t_{\text{hi}}]_1)\end{aligned}$$

（9）计算完整的批处理多项式承诺$[F]_1$。

$$[F]_1=[D]_1+v\cdot[a]_1+v^2\cdot[b]_1+v^3\cdot[c]_1+v^4\cdot\left[s_{\sigma_1}\right]_1+v^5\cdot\left[s_{\sigma_2}\right]_1$$

（10）计算群编码的批处理估值$[E]_1$。

$$[E]_1=(-r_0+v\bar{a}+v^2\bar{b}+v^3\bar{c}+v^4\bar{s}_{\sigma_1}+v^5\bar{s}_{\sigma_1}+u\bar{z}_w)[1]_1$$

（11）批处理验证所有的估值。

$$e\left([W_{\mathfrak{z}}]_1+u\cdot[W_{\mathfrak{z}w}]_1,[x]_2\right)\stackrel{?}{=}e\left(\mathfrak{z}\cdot[W_{\mathfrak{z}}]_1+u\mathfrak{z}w\cdot[W_{\mathfrak{z}w}]_1+[F]_1-[E]_1,[1]_2\right)$$

若等式成立，则接收证明，否则拒绝证明。

5.3.4.5 讨论总结

复杂度分析

证明者的主要开销为在每轮计算多项式的 KZG 承诺及在随机点的打开值，共有群 $\mathbb{G}_1$ 中的 $(9n+9a)$个群幂运算和域 $\mathbb{F}$ 中的 $54(n+a)\log_2(n+a)$个域乘运算，其中 n,a 分别表示电路中乘法门的数量和加法门的数量。验证者的主要开销为验证 KZG 承诺的打开，共有 2 个配对运算和群 $\mathbb{G}_1$ 中的 18 个群幂运算。对于通信开销，证明者算法最终输出的证明 π_{SNARK} 共包含群 $\mathbb{G}_1$ 中的 9 个元

素和域 $\mathbb{F}$ 中的 6 个元素。

安全性分析

在代数群模型下，Plonk 协议具有完备性、知识可靠性和零知识性。对于完备性，若证明者知道算术电路可满足的赋值，则能正确构造出商多项式 $t(X)$，且构造的线性化多项式 $r(X)$满足 $r(\mathfrak{z})=0$，故验证者最终批处理验证的等式成立，进而会接受证明。对于知识可靠性，可构造出一个提取器 ε，利用 KZG 承诺方案的提取器提取出证明者的秘密多项式，进而提取出证明者拥有的秘密导线值，但 Plonk 没有给出具体的提取器构造。对于零知识性，在证明者算法中，证明者的秘密多项式 $a(X),b(X),c(X),z(X),t(X)$使用随机盲化标量进行了随机化，可构造出一个模拟器 $\mathcal{S}$，在不知道秘密导线值的情况下模拟出证明者的多项式，进而模拟出正确的证明，但 Plonk 没有给出具体的模拟器构造和零知识性的形式化证明。

后续工作

在 Plonk 之后，研究者基于不同的技术相继提出了若干简洁高效的可更新且通用的 zk-SNARK 协议。Chiesa 等[110]基于单变量校验和论证提出了针对稀疏 R1CS 的代数全息证明（Algebraic Holographic Proof, AHP），并使用多项式承诺方案把该证明编译成了可更新且通用的 zk-SNARK 协议——Marlin。协议中的证明包含 13 个群 $\mathbb{G}_1$ 中的元素和 8 个域 $\mathbb{F}$ 中的元素。Campanelli 等[148]在若干方面进一步改进了 Marlin，定义了多项式全息交互式谕示证明（Polynomial Holographic Interactive Oracle Proof, PHP），一个 AHP 的广义版本，并注意到协议可以直接操作多项式承诺，而无须把它们全部打开，这将进一步提升协议的效率。他们基于此设计了协议 Lunar，其中的证明包含 10 个群 $\mathbb{G}_1$ 中的元素和 2 个域 $\mathbb{F}$ 中的元素。Ràfols 和 Zapico[149]提出了可检查的子空间采样（Checkable Subspace Sampling，CSS）论证，一个新的信息论交互式证明系统。该论证提供了一个统一的视角来解释可更新且通用的 zk-SNARK 协议的技术核心。Sonic、Plonk、Marlin、Lunar 等协议均可看作 CSS 论证的实例。Lipmaa、Siim 和 Zajac[150]使用内积承诺构造了证明仅含 1 个群元素的单变量校验和论证，并基于此论证构造了迄今证明规模最小的可更新且通用的 zk-SNARK 协议。协议中的证明仅包含 5 个群 $\mathbb{G}_1$ 中的元素和 2 个域 $\mathbb{F}$ 中的元素。

5.4 本章小结

zk-SNARK 的通信复杂度为常数个群元素，验证复杂度也可降低到常数个配对运算，与区块链低存储、高吞吐的需求相契合，大部分隐私保护应用如 Zcash、以太坊扩容方案等也是基于 zk-SNARK 实现的。然而，zk-SNARK 需基于不可证伪的非标准假设，并且启动阶段的系统参数必须依赖可信第三方生成。为解决这些问题，出现了公共参考串可更新的零知识证明，还出现了系列底层假设更通用、启动阶段系统参数可公开生成的零知识证明，这也被称为透明的 zk-SNARK（Transparent zk-SNARK），本书将在第 6～8 章分别介绍 3 种启动阶段系统参数可公开生成的零知识证明。

第 6 章 基于双向高效交互式证明的零知识证明

主要内容

- 求和验证协议
- 多项式承诺
- 双向高效交互式证明
- 典型协议分析

本章介绍基于双向高效交互式证明（Doubly Efficient Interactive Proof, DEIP）的零知识证明。该类协议的核心思路是利用同态承诺、多项式承诺、随机掩藏多项式等技术将已有的针对电路求值问题的双向高效交互式证明转换为简洁 NIZKAoK。本章第 6.1 节介绍相关定义及概念，第 6.2 节介绍背景及主要思路，第 6.3 节分析典型协议，第 6.4 节进行总结。

6.1 定义及概念

多项式承诺[61]是对多项式的承诺。除具有隐藏性和绑定性外，发送者还可向接收者证明多项式 $f(\cdot)$在某个由接收者随机选取的点 t 上的取值为 y，即 $f(t)=y$。本章涉及的多项式承诺均是针对多变量多项式的，且允许交互（是 Bünz 等[62]对文献[61]中多项式承诺的扩展）。

如果一个多项式承诺的求值计算协议是知识可提取的，则称该多项式承诺是可提取的。如果一个可提取多项式承诺的求值计算协议是零知识知识论证，且具有统计意义的证据扩展可仿真性，则称该多项式承诺是零知识的，记为零知识多项式承诺。

多项式承诺的主要作用是实现传输多项式的简洁性，与多项式承诺相同作用的另一个概念是可验证多项式委托（Verifiable Polynomial Delegation, VPD）[151]，其允许用户将多项式 $f(\cdot)$在若干点的求值计算外包给服务者，同时服务者提供一个证明用以证明求值计算的正确性。

定义 6.1（可验证多项式委托[17,31,152]）一个针对多变量多项式 $f(\cdot)$的可验证多项式委托

VPD=(Setup, Com, Eval, Verify)由以下 4 个算法组成。

- $(\mathrm{pp}, \mathrm{vp}) \leftarrow \mathrm{Setup}(1^\lambda, \ell, d)$：参数生成算法。以多项式变量参数 λ 的一元表示、多项式变量参数 ℓ 和度参数 d 为输入，输出公共参数 pp 和验证陷门 vp。
- $c \leftarrow \mathrm{Com}(\mathrm{pp}, f(\cdot))$：多项式承诺算法。以公共参数 pp 和多项式 $f(\cdot)$为输入，输出承诺 c。
- $(y,\pi) \leftarrow \mathrm{Eval}(\mathrm{pp}, f(\cdot),t,r)$：求值计算算法。以公共参数 pp、多项式 $f(\cdot)$、多项式上的点 t 和随机挑战 r 为输入，计算 $y=f(t)$，输出求值 y 及证明 π。
- $b \leftarrow \mathrm{Verify}(\mathrm{vp},c,y,t,\pi,r)$：验证算法。以验证陷门 vp、承诺 c、求值 y、多项式上的点 t、求值证明 π 和随机挑战 r 为输入，验证求值计算的正确性，并输出接受(b=1)或拒绝(b=0)。

定义 6.1 中的可验证多项式委托需要验证陷门 vp，因此启动阶段系统参数的生成需保持私密，具体方案见文献[31,33]；也有不需要验证陷门的可验证多项式委托，其系统参数可公开生成，具体方案见文献[17,35]。

定义 6.2（多变量线性扩展）给定多项式 $f(\cdot):\{0, 1\}^\ell \rightarrow \mathbb{F}$，$f(\cdot)$的多变量线性扩展（Multilinear Extension）是域 $\mathbb{F}$ 上的 ℓ 元多项式 $\tilde{f}(\cdot): \mathbb{F}^\ell \rightarrow \mathbb{F}$，其满足对于任意的 $\boldsymbol{x} \in \{0, 1\}^\ell$，$\tilde{f}(\boldsymbol{x})=f(\boldsymbol{x})$。其中，线性的含义是 $\tilde{f}(\cdot)$中的每个变量的度最多为 1。

对多项式 $f(\cdot)$的多变量线性扩展与纠错码内涵一致，其相当于将$\{0, 1\}^\ell$ 上的消息映射到了$\mathbb{F}^\ell$ 上。并且，任意两个不同的多项式 $f(\cdot)$和 $f'(\cdot)$在多变量线性扩展后，在 $\mathbb{F}^\ell$ 上至多仅有比例为 $1/|\mathbb{F}|$ 的点是相等的。

推论 6.1　任何多项式 $f(\cdot)$: $\{0, 1\}^\ell \rightarrow \mathbb{F}$ 有唯一的多变量线性扩展 $\tilde{f}(\cdot): \mathbb{F}^\ell \rightarrow \mathbb{F}$。

证明　事实上，$f(\cdot)$的多变量线性扩展 $\tilde{f}(\cdot)$就是

$$\begin{aligned}
&\tilde{f}(\boldsymbol{x}) = f(x_1,\cdots,x_\ell) = \\
&\sum_{\boldsymbol{e}\in\{0,1\}^\ell}\left(f(\boldsymbol{e})\cdot\prod_{i=1}^{\ell}(x_i\cdot e_i+(1-x_i)\cdot(1-e_i))\right) = \\
&\sum_{\boldsymbol{e}\in\{0,1\}^\ell}\left(f(\boldsymbol{e})\cdot\tilde{e}q(\boldsymbol{x},\boldsymbol{e})\right)
\end{aligned} \tag{6.1}$$

首先证明等式（6.1）中的 $\tilde{f}(\cdot)$是 $f(\cdot)$的多变量线性扩展。可以看到，对于任意的 $\boldsymbol{e} \in \{0, 1\}^\ell$，有 $\tilde{e}q(\boldsymbol{e},\boldsymbol{e})=1$，而对于任何其他不等于 $\boldsymbol{e}$ 的向量 $\boldsymbol{y} \in \{0, 1\}^\ell$，有 $\tilde{e}q(\boldsymbol{y},\boldsymbol{e})=0$。因此，对于任意的 $\boldsymbol{y} \in \{0, 1\}^\ell$，有

$$\sum_{\boldsymbol{e}\in\{0,1\}^\ell}\left(f(\boldsymbol{e})\cdot\tilde{e}q(\boldsymbol{y},\boldsymbol{e})\right) = f(\boldsymbol{y}) \tag{6.2}$$

又 $\tilde{f}(\cdot)$显然是针对变量$(x_1,\cdots,x_\ell)$的多变量线性多项式，因此等式（6.1）中的 $\tilde{f}(\cdot)$是 $f(\cdot)$的多变量线性扩展。

然后证明等式（6.1）是唯一的。为证明 $\tilde{f}(\cdot)$是唯一的，可通过反证法。即假设 $p(\cdot)$和 $q(\cdot)$是两个对 $f(\cdot)$的不同多变量线性扩展，其满足对于任意的 $\boldsymbol{x} \in \{0, 1\}^\ell$，$p(\boldsymbol{x})=q(\boldsymbol{x})$，可以证明对于任意的 $\boldsymbol{x} \in \mathbb{F}^\ell$，$h(\boldsymbol{x})=p(\boldsymbol{x})-q(\boldsymbol{x})=0$，从而得出矛盾。

具体地，考虑一个多项式 $h(\cdot):\mathbb{F}^{\ell}\to\mathbb{F}$，其满足对于任意的 $\boldsymbol{x}\in\{0,1\}^{\ell}$，有 $h(\boldsymbol{x})=0$。显然，$h(\cdot)$不会包含常数项 1，因为如果包含，则 $h(0,0,\cdots,0)=1$；$h(\cdot)$也不会仅包含项 $x_1x_2\cdots x_{\ell}$，因为如果这样，则 $h(1,1,\cdots,1)=1$。因此，如果 $h(\cdot)$不是零多项式，其中必有某些项的度严格大于 0 且小于 ℓ。记其中度最低的项为 t。例如，如果 $h(x_1,x_2,x_3)=x_1x_2x_3+x_1x_2+x_2x_3$，那么 x_1x_2 和 x_2x_3 均是度最低的项。接着，令项 t 中包含的变量全为 1，令项 t 中不包含的变量全为 0，由于 t 是度最低的项，所有其他项均会包含 t 中不包含的变量（否则该其他项就是度最低的了），则此时有 $h(\cdot)=1$，这违背了假设“对于任意的 $\boldsymbol{x}\in\{0,1\}^{\ell}$，有 $h(\boldsymbol{x})=0$”。

在实际协议构造中，如双向高效交互式证明中，常常需要在已知 $f(\cdot)$在$\{0,1\}^{\ell}$的情况下，求解 $\tilde{f}(\boldsymbol{r})$的值，其中 $\boldsymbol{r}\in\mathbb{F}^{\ell}$。

定义 6.3（求和验证协议[48]）给定域 $\mathbb{F}$ 上的多元多项式 $g(\cdot)$，不失一般性，记 $g(\cdot)$中所有变量的度为 m。求和验证协议是一个如图 6.1 所示的交互式证明，其中证明者 $\mathcal{P}$ 可向验证者 $\mathcal{V}$ 证明某公开函数 $g(\cdot)$的遍历求和值 $\sum_{x_1,x_2,\cdots,x_{\ell}\in\{0,1\}} g(x_1,x_2,\cdots,x_{\ell})$ 为某公开值 T。该证明的思路是循环地将对 $\sum_{x_1,x_2,\cdots,x_{\ell}\in\{0,1\}} g(x_1,x_2,\cdots,x_{\ell})$ 的声明归约为对 $g_i(X_i)$的声明，其中

$$g_i(X_i)=\sum_{x_{i+1},\cdots,x_{\ell}\in\{0,1\}} g(r_1,\cdots,r_{i-1},X_i,x_{i+1},\cdots,x_{\ell})$$

$r_1,\cdots,r_{i-1}$ 由 $\mathcal{V}$ 在前 $i-1$ 轮分别随机选取，且可最终归约为对 $g(\boldsymbol{r})=g(r_1,r_2,\cdots,r_{\ell})$ 的声明，其中 $\boldsymbol{r}\in\mathbb{F}^{\ell}$。当 $\mathcal{V}$ 拥有 $g(\cdot)$时，可自行计算 $g(\boldsymbol{r})$；当 $g(\cdot)$是秘密时，$\mathcal{V}$ 可通过对谕示 $g(\cdot)$的访问请求得到 $g(\boldsymbol{r})$。该证明共有 ℓ 轮，可靠性误差为 $O(m\ell/|\mathbb{F}|)$（由 Schwartz-Zippel 引理保障），通信量为 $O(m\ell)$个域元素，验证者计算开销为 $O(m\ell)$级别的域上运算，证明者计算开销为 $O(2^{\ell})$级别的域上运算[153]。相比平凡计算求和函数的复杂度 $O(2^{\ell})$，求和验证协议的验证复杂度显著降低。

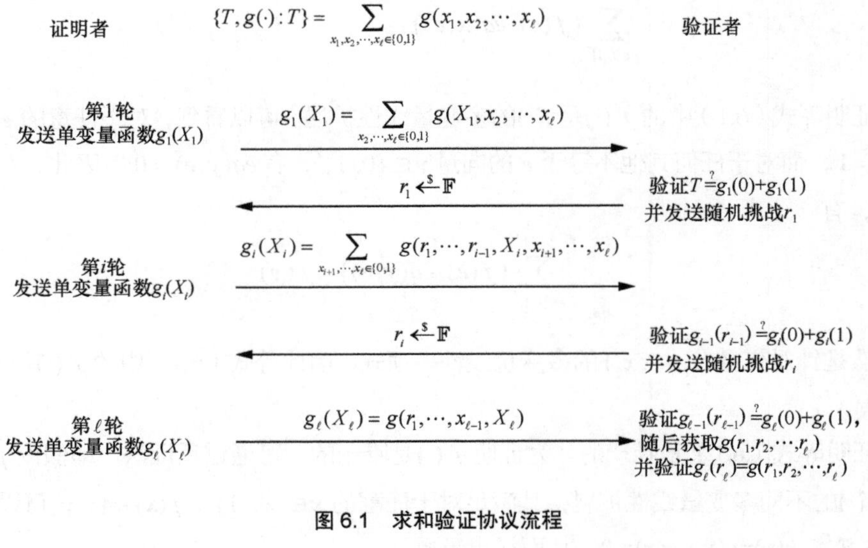

图 6.1 求和验证协议流程

6.2 背景及主要思路

6.2.1 背景

6.2.1.1 针对分层算术电路求值问题的双向高效交互式证明

Goldwasser、Kalai 和 Rothblum[46]将求和验证协议作为核心组件，提出了一个针对分层算术电路求值问题的交互式证明。由于证明和验证复杂度均较低，该类协议又被称为双向高效交互式证明。之后，Cormode、Mitzenmacher 和 Thaler[45]利用多变量线性扩展代替了上述协议中的低度扩展（Low-Degree Extension），将上述协议的证明复杂度从 $O(\text{poly}|C|)$ 降低为 $O(|C|\log|C|)$。后续对证明复杂度的一系列改进大多是在具有特殊结构的分层电路基础上实现的。对于常规电路（Regular Circuit）[45]，即电路谓词（Wiring Predicate）在任意点的取值都可在 $O(\text{poly}\log|C|)$级别时间、$O(\log|C|)$级别空间内可计算的电路（对数空间均匀电路就是一种常规电路），证明复杂度可以降低到 $O(|C|)$；对于有着许多不直接连接且互不相同的子电路的电路，Zhang 等[152]提出了一种证明复杂度为 $O(|C|\log|C'|)$的双向高效交互式证明；对于有着许多规模为$|C'|$的相同子电路的数据并行电路（Data Parallel Circuit），Thaler[153]指出证明复杂度可以降低到 $O(|C|\log|C'|)$，在此基础上，Wahby 等[154]将证明复杂度继续降低到了 $O(|C|+|C'|\log|C'|)$。对于任意的分层算术电路，Xie 等[33]提出了一种证明复杂度为 $O(|C|)$的变种双向高效交互式证明。需要注意的是，上述协议所基于的电路均是分层算术电路。

6.2.1.2 交互式证明与零知识证明的转换

Cramer 和 Damgård[128]及 Ben-Or 等[155]给出了利用同态承诺将交互式证明转换为计算零知识证明或完美零知识论证的通用方法。其核心思路是将交互式证明中证明者发送的信息用同态承诺掩藏。该方案的安全性支撑有以下 3 个方面：（1）由于承诺的隐藏性，验证者无法推知与被承诺信息相关的其他信息，进而保障零知识性；（2）由于承诺的绑定性，证明者无法欺骗，进而保障可靠性；（3）由于承诺的同态性，协议可以在保障零知识性的同时完成正确性验证。

6.2.2 主要思路

本小节首先介绍双向高效交互式证明，其次介绍基于 Pedersen 承诺的零知识求和验证协议，最后介绍利用双向高效交互式证明和零知识求和验证协议如何构造基于双向高效交互式证明的平凡零知识证明。

6.2.2.1 双向高效交互式证明

一种双向高效交互式证明的主要流程如协议 6.1 所示。令 C 是域 $\mathbb{F}$ 上深度为 d 的分层算术电路，记第 0 层是电路输出线所在层，第 d 层是电路输入线所在层。双向高效交互式证明逐层按轮运行。在协议第 1 轮，当验证者 $\mathcal{V}$ 收到证明者 $\mathcal{P}$ 发送的输出 $\boldsymbol{y}$ 后，$\mathcal{P}$ 和 $\mathcal{V}$ 调用求和验证协议将对电路第 0 层的声明转换为对电路第 1 层的声明；在协议第 i 轮，$\mathcal{P}$ 和 $\mathcal{V}$ 调用求和验证协议将对电路第 i–1 层的声明转换为对电路第 i 层的声明；最终，$\mathcal{P}$ 和 $\mathcal{V}$ 将电路求值转换为对电路第 d 层（即输入层）的声明，由于 $\mathcal{V}$ 拥有电路输入 $\boldsymbol{x}$，故可直接自行计算验证。

协议 6.1 一种双向高效交互式证明的主要流程[33]

公共输入： 域 $\mathbb{F}$，深度为 d 的分层算术电路 $C:\mathbb{F}^{|x|}\to\mathbb{F}^{|y|}$

1. $\mathcal{P}$ 向 $\mathcal{V}$ 发送电路输出 $\boldsymbol{y}$。
2. $\mathcal{V}$ 计算多项式 $\tilde{V}_0(\cdot)$ 并返回随机挑战 $\boldsymbol{r}_0 \xleftarrow{\$} \mathbb{F}^{s_0}$。
3. $\mathcal{P}$ 和 $\mathcal{V}$ 调用对 $\tilde{V}_0(\boldsymbol{r}_0)$ 的求和验证协议。在求和验证协议的最后一轮，$\mathcal{V}$ 会收到 $\tilde{V}_1(\boldsymbol{u}^{(1)})$ 和 $\tilde{V}_1(\boldsymbol{v}^{(1)})$。
4. for $i=1,2,\cdots,d-1$ do

   $\mathcal{V}$ 选择随机挑战 $\alpha^{(i)},\beta^{(i)} \xleftarrow{\$} \mathbb{F}$ 并发送给 $\mathcal{P}$；

   $\mathcal{P}$ 和 $\mathcal{V}$ 调用对 $\alpha^{(i)}\tilde{V}_i(\boldsymbol{u}^{(i)})+\beta^{(i)}\tilde{V}_i(\boldsymbol{v}^{(i)})$ 的求和验证协议；

   在求和验证协议的最后一轮，$\mathcal{P}$ 发送 $\tilde{V}_{i+1}(\boldsymbol{u}^{(i+1)})$ 和 $\tilde{V}_{i+1}(\boldsymbol{v}^{(i+1)})$ 给 $\mathcal{V}$；

   $\mathcal{V}$ 利用 $\tilde{V}_{i+1}(\boldsymbol{u}^{(i+1)})$ 和 $\tilde{V}_{i+1}(\boldsymbol{v}^{(i+1)})$ 参与到第 i+1 轮循环。

   end for
5. $\mathcal{V}$ 根据第 d 层的输入 $\boldsymbol{x}$ 自行计算 $\tilde{V}_d(\boldsymbol{u}^{(d)})$ 和 $\tilde{V}_d(\boldsymbol{v}^{(d)})$，进而检查第 d–1 轮的求和验证协议的正确性。

输出： 比特 b，b=1 表示 $\mathcal{V}$ 检查通过，b=0 表示拒绝。

具体地，记电路 C 第 i 层的电路门数为 S_i 且 $s_i=\lceil\log_2 S_i\rceil$（假设 S_i 是 2 的某次幂，若不是，则可对电路做必要填充）。记 $V_i(\cdot):\{0,1\}^{s_i}\to\mathbb{F}$ 是以第 i 层的某个任意电路门的二进制顺序表示字符串 $\{0,1\}^{s_i}$ 为输入、该门的门值为输出的函数。记 $\mathrm{add}_i(\cdot),\mathrm{mult}_i(\cdot):\{0,1\}^{2s_i+s_{i-1}}\to\{0,1\}$ 为电路谓词，其以第 i–1 层某个电路门（记为 α_c）的二进制顺序表示字符串 $\{0,1\}^{s_{i-1}}$、第 i 层的某两个电路门（记作 α_a,α_b）的二进制顺序表示字符串 $\{0,1\}^{s_i}$ 为输入，当且仅当电路中存在以 α_a、α_b 为输入，α_c 为输出的加法门（乘法门）时输出为 1。基于以上定义，对于任意的 $\boldsymbol{c}\in\{0,1\}^{s_i}$，$\boldsymbol{a}$、$\boldsymbol{b}\in\{0,1\}^{s_{i+1}}$，$V_i(\boldsymbol{c})$ 可写为

$$V_i(\boldsymbol{c})=\sum_{\boldsymbol{a},\boldsymbol{b}\in\{0,1\}^{s_{i+1}}} f_i(\boldsymbol{a},\boldsymbol{b})=$$

$$\sum_{\boldsymbol{a},\boldsymbol{b}\in\{0,1\}^{s_{i+1}}}(\mathrm{add}_{i+1}(\boldsymbol{a},\boldsymbol{b},\boldsymbol{c})(V_{i+1}(\boldsymbol{a})+V_{i+1}(\boldsymbol{b}))+\mathrm{mult}_{i+1}(\boldsymbol{a},\boldsymbol{b},\boldsymbol{c})(V_{i+1}(\boldsymbol{a})V_{i+1}(\boldsymbol{b})))$$

这样，可将对第 i 层的声明归约为对第 i+1 层的声明。由于 $V_i(\cdot)$是求和形式，故可调用求和验证协议进行验证。然而，$V_i(\cdot)$的定义域大小为 2，所以 Schwartz-Zippel 引理难以保障可靠

性。为调用求和验证协议，需将 $V_i(\cdot)$转换为对应的多变量线性扩展多项式 $\tilde{V}_i(\cdot)$。

值得注意的是，$\mathcal{P}$ 和 $\mathcal{V}$ 在调用求和验证协议验证对电路第 i 层的声明时，$\mathcal{V}$ 需要计算 $\tilde{V}_i\left(\boldsymbol{u}^{(i)},\boldsymbol{v}^{(i)}\right)$（$\boldsymbol{u}^{(i)},\boldsymbol{v}^{(i)}$ 由 $\mathcal{V}$ 随机选取）才能验证求和验证协议的正确性。由于，$\mathrm{add}_{i+1}(\cdot)$和 $\mathrm{mult}_{i+1}(\cdot)$可根据电路结构直接得出，为计算 $\tilde{V}_i\left(\boldsymbol{u}^{(i)},\boldsymbol{v}^{(i)}\right)$，$\mathcal{V}$ 只需获知 $\tilde{V}_{i+1}\left(\boldsymbol{u}^{(i+1)}\right)$ 和 $\tilde{V}_{i+1}\left(\boldsymbol{v}^{(i+1)}\right)$，故在求和验证协议的最后一轮，$\mathcal{P}$ 不需发送整个多项式而只需发送这两个值。虽然 $\tilde{V}_{i+1}\left(\boldsymbol{u}^{(i+1)}\right)$ 和 $\tilde{V}_{i+1}\left(\boldsymbol{v}^{(i+1)}\right)$ 仍是求和形式，但若采用平凡方法分别对 $\tilde{V}_{i+1}\left(\boldsymbol{u}^{(i+1)}\right)$ 和 $\tilde{V}_{i+1}\left(\boldsymbol{v}^{(i+1)}\right)$ 再次调用求和验证协议，则验证复杂度至少为 $O(2^d)$。为减少验证者的计算开销，Goldwasser、Kalai 和 Rothblum[46]将对 $\tilde{V}_{i+1}\left(\boldsymbol{u}^{(i+1)}\right)$ 和 $\tilde{V}_{i+1}\left(\boldsymbol{v}^{(i+1)}\right)$ 的 2 个声明转换为 1 个对 $\tilde{V}_{i+1}\left(\boldsymbol{w}^{(i+1)}\right)$ 的声明，其中 $\boldsymbol{w}^{(i+1)}$是与 $\boldsymbol{u}^{(i+1)}$、$\boldsymbol{v}^{(i+1)}$相关的随机取值；Chiesa、Forbes 和 Spooner[156]则直接调用 $\tilde{V}_{i+1}\left(\boldsymbol{u}^{(i+1)}\right)$ 和 $\tilde{V}_{i+1}\left(\boldsymbol{v}^{(i+1)}\right)$ 的随机线性组合参与到下轮求和验证协议中，协议 6.1 采用的就是第二种方法。

基于文献[33,45-46,153-154]可以证明，针对分层算术电路的系列双向高效交互式证明的可靠性误差根据协议的不同从 $O\left(\dfrac{d\log g}{|\mathbb{F}|}\right)$ 到 $O\left(\dfrac{d\log|C|}{|\mathbb{F}|}\right)$ 不等，证明者计算开销为 $O(|C|)$到 $O(|C|\log|C|)$级别的域上运算，实际通信量为 $O(d\log g)$到 $O(d\log|C|)$级别的域元素。对于常规电路，验证者计算开销为 $O(|\boldsymbol{x}|+|\boldsymbol{y}|+d\log g)$到 $O(|\boldsymbol{x}|+|\boldsymbol{y}|+d\log|C|)$级别的域上运算。当电路深度 $d=\mathrm{poly}(\log|C|)$时，双向高效交互式证明系列协议的通信复杂度和验证复杂度均与电路规模呈亚线性关系。

6.2.2.2　基于 Pedersen 承诺的零知识求和验证协议

在求和验证协议中，验证者会获得多项式 $g_i(X_i)$，当 $g(\cdot)$是秘密时，会泄露 $g(\cdot)$的相关信息，故不是零知识的。事实上，基于 Cramer 和 Damgård[128]的方法，利用 Pedersen 承诺容易构造零知识的求和验证协议。

在介绍零知识求和验证协议之前，首先给出利用 Pedersen 承诺可实现的两个模块。给定形如定义 2.8 的 Pedersen 承诺方案，则存在以下两个零知识论证。

（1）给定公共承诺 $c_1\leftarrow\mathrm{Com}(x_1;r_1)$, $c_2\leftarrow\mathrm{Com}(x_2;r_2)$且 $x_1=x_2$，证明者可向验证者证明 c_1 和 c_2 是对相同消息的承诺，即 $x_1=x_2$，记该论证为 $\mathcal{ZK}_{eq}(c_1,c_2)$。具体协议及安全性证明见文献[157]。

（2）给定公共承诺 $c_1\leftarrow\mathrm{Com}(x_1;r_1)$, $c_2\leftarrow\mathrm{Com}(x_2;r_2)$, $c_3\leftarrow\mathrm{Com}(x_3;r_3)$且 $x_3=x_1x_2$，证明者可向验证者证明 c_1 和 c_2 的承诺消息乘积与 c_3 的承诺消息乘积相等，即 $x_3=x_1x_2$，记该论证为 $\mathcal{ZK}_{\mathrm{prod}}(c_1,c_2,c_3)$。具体协议及安全性证明见文献[32,158]。

基于上述两个模块，容易将图 6.1 中的协议修改为零知识的，主要思路见协议 6.2。需要指出的是，协议 6.2 不考虑 Pedersen 承诺中随机数的简化版本，详细版本见文献[31]。协议 6.2 与图 6.1 的主要不同如下。①在每一轮，证明者 $\mathcal{P}$ 不再直接发送 $g_i(X_i)$ 的系数$(a_{i,0},\cdots,a_{i,m})$（记 $g_i(X_i)=\sum_{j=0}^{m}a_{i,j}X^j$）而改为发送对系数$(a_{i,0},\cdots,a_{i,m})$的承诺$\mathrm{Com}(a_{i,0}),\cdots,\mathrm{Com}(a_{i,m})$。②验证者 $\mathcal{V}$ 验证时不再直接计算 $g_i(0)+g_i(1)$，而是计算 $\mathrm{Com}(a_{i,0})\prod_{j=0}^{m}\mathrm{Com}(a_{i,j})$ 即可得到对 $g_i(0)+g_i(1)$ 的承诺。③$\mathcal{V}$ 在第 i 轮不用直接验证 $g_{i-1}(r_{i-1})\stackrel{?}{=}g_i(0)+g_i(1)$，而需调用 $\mathcal{ZK}_{eq}$ 验证承

诺消息相同。

相比求和验证协议，零知识求和验证协议的证明和验证复杂度虽然不变，但实际证明和验证开销却因引入了大量群上运算尤其是群幂运算而显著增加。

6.2.2.3 基于双向高效交互式证明的平凡零知识证明

利用基于 Pedersen 承诺的零知识的求和验证协议可构造基于双向高效交互式证明的平凡零知识证明（简要流程如图 6.2 所示），其与协议 6.1 的主要不同如下。（1）在基于双向高效交互式证明的平凡零知识证明中，证明者$\mathcal{P}$ 发送的消息均为承诺形式。（2）在协议开始前，$\mathcal{P}$ 需分别发送对证据$(\alpha_1,\cdots,\alpha_{|w|})$及电路输出 $\boldsymbol{y}$ 的承诺（对于第 d 层左右输入分别为 α_j、α_k 的乘法门还需发送$\mathrm{Com}(\alpha_j\alpha_k)$）。（3）在第 i 层电路求和验证协议的最后一轮，为将对第 i 层的声明归约为对第 i+1 层的声明，$\mathcal{V}$ 需要获知$\tilde{V}_{i+1}(\boldsymbol{u}^{(i+1)})$、$\tilde{V}_{i+1}(\boldsymbol{v}^{(i+1)})$和$\tilde{V}_{i+1}(\boldsymbol{u}^{(i+1)})\cdot\tilde{V}_{i+1}(\boldsymbol{v}^{(i+1)})$，由于$\mathcal{V}$ 根据$\mathrm{Com}\left(\tilde{V}_{i+1}(\boldsymbol{u}^{(i+1)})\right)$和$\mathrm{Com}\left(\tilde{V}_{i+1}(\boldsymbol{v}^{(i+1)})\right)$无法自行计算对消息乘积的承诺，故$\mathcal{P}$ 需额外发送$\mathrm{Com}\left(\tilde{V}_{i+1}(\boldsymbol{u}^{(i+1)})\cdot\tilde{V}_{i+1}(\boldsymbol{v}^{(i+1)})\right)$，然后和$\mathcal{V}$ 调用 $\mathcal{ZK}_{\mathrm{prod}}$ 验证承诺消息乘积是否相等。（4）在第 i 轮，$\mathcal{V}$ 在随机挑选$\alpha^{(i+1)},\beta^{(i+1)}\xleftarrow{\$}\mathbb{F}$后，需自行计算$\mathrm{Com}\left(\alpha^{(i+1)}\tilde{V}_{i+1}(\boldsymbol{u}^{(i+1)})+\beta^{(i+1)}\tilde{V}_{i+1}(\boldsymbol{v}^{(i+1)})\right)$并进行第 i+1 轮的求和验证协议。（5）在第 d 轮，$\mathcal{V}$ 根据公共导线值$(\boldsymbol{io}_1,\cdots,\boldsymbol{io}_{|x|})$和第（2）步收到的承诺验证最后一轮求和验证协议的正确性。

协议 6.2 基于 Pedersen 承诺的零知识求和验证协议的主要思路[31]

公共输入： 域$\mathbb{F}$, $\mathrm{Com}(T)$, m, ℓ

证明者秘密输入： $g(x_1,\cdots,x_\ell)$，且有 $T=\sum_{x_1,\cdots,x_\ell\in\{0,1\}}g(x_1,\cdots,x_\ell)$

1.i=1 时，证明者$\mathcal{P}$ 构造函数$g_1(X_1)$并将对其系数$(a_{1,0},\cdots,a_{1,m})$的承诺$\mathrm{Com}(a_{1,0}),\cdots,\mathrm{Com}(a_{1,m})$（省略了 Com 中的随机数）发给验证者$\mathcal{V}$。

2.$\mathcal{V}$ 计算$\mathrm{Com}_1^*\leftarrow\mathrm{Com}(a_{1,0})\prod_{j=0}^{m}\mathrm{Com}(a_{1,j})$并调用$\mathcal{ZK}_{eq}(\mathrm{Com}_1^*,\mathrm{Com}(T))$。若$\mathcal{ZK}_{eq}$验证失败，输出 b=0；若验证通过，$\mathcal{V}$ 选取$r_1\xleftarrow{\$}\mathbb{F}$发送给$\mathcal{P}$。

3.$\mathcal{P}$ 和$\mathcal{V}$ 共同计算$\mathrm{Com}_2\leftarrow\prod_{j=0}^{m}\mathrm{Com}^{r_1^j}(a_{1,j})$。

4.for $i=2,3,\cdots,\ell-1$ do

$\mathcal{P}$ 构造函数$g_i(X_i)$并将对其系数$(a_{i,0},\cdots,a_{i,m})$的承诺$\mathrm{Com}(a_{i,0}),\cdots,\mathrm{Com}(a_{i,m})$发给验证者$\mathcal{V}$；

$\mathcal{V}$ 计算$\mathrm{Com}_i^*\leftarrow\mathrm{Com}(a_{i,0})\prod_{j=0}^{m}\mathrm{Com}(a_{i,j})$并调用$\mathcal{ZK}_{eq}(\mathrm{Com}_i^*,\mathrm{Com}_i)$。若$\mathcal{ZK}_{eq}$验证失败，输出 b= 0；若验证通过，$\mathcal{V}$ 选取$r_i\xleftarrow{\$}\mathbb{F}$发送给$\mathcal{P}$；

$\mathcal{P}$ 和$\mathcal{V}$ 共同计算$\mathrm{Com}_{i+1}\leftarrow\prod_{j=0}^{m}\mathrm{Com}^{r_i^j}(a_{i,j})$。

end for

5.$\mathcal{P}$ 构造函数$g_\ell(X_\ell)$并将对其系数$(a_{\ell,0},\cdots,a_{\ell,m})$的承诺$\mathrm{Com}(a_{\ell,0}),\cdots,\mathrm{Com}(a_{\ell,m})$发给验证者$\mathcal{V}$。

6.$\mathcal{V}$ 计算$\mathrm{Com}_\ell^*\leftarrow\mathrm{Com}(a_{\ell,0})\prod_{j=0}^{m}\mathrm{Com}(a_{\ell,j})$并调用$\mathcal{ZK}_{eq}(\mathrm{Com}_\ell^*,\mathrm{Com}_\ell)$。若$\mathcal{ZK}_{eq}$验证失败，输出 b=0；若验证通过，$\mathcal{V}$ 选取$r_\ell\xleftarrow{\$}\mathbb{F}$。

7. $\mathcal{V}$ 计算 $\mathrm{Com}_{\ell+1} \leftarrow \prod_{j=0}^{m} \mathrm{Com}^{r_\ell^j}(a_{\ell,j})$。$\mathcal{V}$ 获知 $\mathrm{Com}(g(r_1,r_2,\cdots,r_\ell))$（可通过谕示）并调用 $\mathcal{ZK}_{eq}(\mathrm{Com}_{\ell+1}^{*},\mathrm{Com}(g(r_1,r_2,\cdots,r_\ell)))$。若 $\mathcal{ZK}_{eq}$ 验证失败，输出 b=0。

输出： 比特 b，若上述验证均通过，输出 b=1；否则输出 b=0。

基于双向高效交互式证明的平凡零知识证明可分为两部分。①在协议第一步，证明者需对证据 $(\alpha_1,\cdots,\alpha_{|w|})$ 及 $\{\alpha_j\alpha_k\}$ 做承诺，其中 $\{\alpha_j\alpha_k\}$ 指所有存在乘法门关系的门值乘积集合；在协议最后一步，验证者需根据收到的承诺计算对 $\tilde{V}_d(\boldsymbol{u}^{(d)})$ 和 $\tilde{V}_d(\boldsymbol{v}^{(d)})$ 的承诺并验证求和验证协议的正确性。②调用 d 次零知识的求和验证协议。对于②，由于其只是将域上操作替换为承诺操作及同态运算，且在普通双向高效交互式证明中不需要第①部分，故其渐近复杂度与普通双向高效交互式证明是一致的，但实际证明和验证开销显著增加。

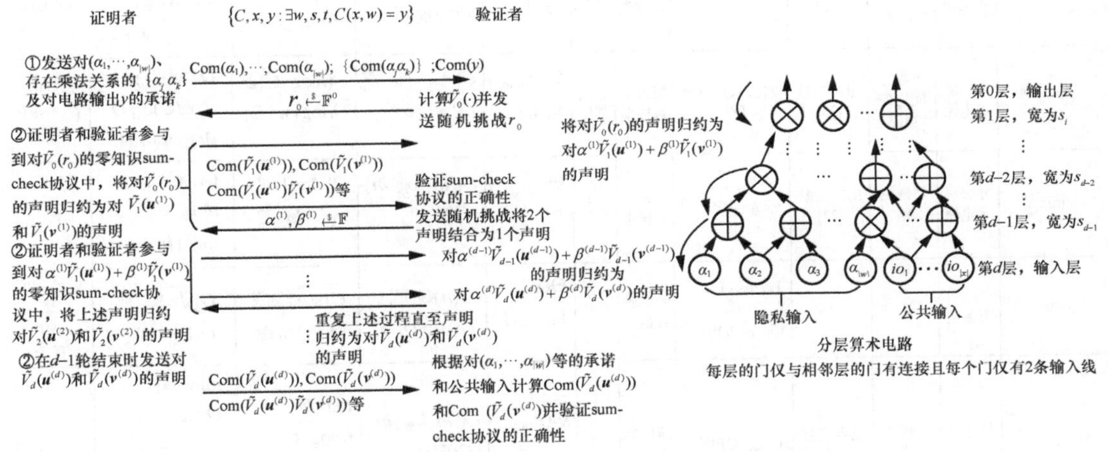

图 6.2　基于双向高效交互式证明的平凡零知识证明[32]

6.2.2.4　改进上述零知识证明

基于双向高效交互式证明的平凡零知识证明主要存在如下问题。（1）不是简洁的。通信复杂度为$(\Theta(|\boldsymbol{w}|)+O(d\log g))$级别的群元素，其中 $\Theta(|\boldsymbol{w}|)$来自直接传输证据，$O(d\log g)$来自 d 次零知识求和验证协议。（2）实际计算开销大。由于加性同态承诺中加法运算会转换为乘法运算，乘法运算会转换成幂运算，利用加性同态承诺保障零知识性会显著增加实际证明和验证开销。（3）待证明陈述表示形式（分层算术电路）不够通用且需要预处理。虽然通过增加电路深度级别的电路门，任意算术电路都可转换为分层算术电路[32]，但是仍需对具体计算问题进行预处理。近年来的研究在不同程度上解决了上述问题，构造了若干基于双向高效交互式证明的简洁 NIZKAoK，其总结如表 6.1 所示。表 6.1 中实现简洁性所采取方案指零知识多项式承诺及零知识可验证多项式委托，其用于解决问题（1）。根据多项式承诺或可验证多项式委托方案的不同，各协议的底层假设和可信初始化情况也各不相同。随机掩藏多项式解决了问题（2），由于基于的双向高效交互式证明不同，各协议支持的电路问题形式也不尽相同。Spartan（针对一阶约束系

统可满足问题）和 Virgo++（针对任意算术电路）解决了问题（3）。

表 6.1 基于双向高效交互式证明的简洁 NIZKAoK 总结

协议方案	待证明陈述表示形式	电路结构	双向高效交互式证明	实现简洁性所调用的方案	实现非交互基于的模型	启动阶段	可靠性误差 ε	证明复杂度	通信复杂度	验证复杂度	底层假设
ZKvSQL[31]	分层算术电路	对数空间均匀电路	出自文献[45]	ZKvSQL-VPD[31]	随机谕言模型	私密	$\Theta(\varepsilon_{\mathrm{DEIP}}+\varepsilon_{\mathrm{VPD}})$	$O(\lvert C\rvert\log g)\mathbb{G}_o$	$O(d\log g+\log\lvert \boldsymbol{w}\rvert)\mathbb{G}$	$O(\lvert \boldsymbol{x}\rvert+\lvert \boldsymbol{y}\rvert+d\,\mathrm{poly}\log\lvert C\rvert)\mathbb{G}_o, O(\log\lvert \boldsymbol{w}\rvert)P$	q-SDH, (d,ℓ)-EPKE
Hyrax[32]	分层算术电路	数据并行电路	Gir++[32,154]	Hyrax-PC[32]	随机谕言模型	公开	$\Theta(\varepsilon_{\mathrm{DEIP}}+\varepsilon_{\mathrm{PC}})$	$O(\lvert C\rvert+dg\log g)\mathbb{G}_o$	$O(\sqrt{\lvert \boldsymbol{w}\rvert}+d\log Ng)\mathbb{G}$	$O(\lvert \boldsymbol{x}\rvert+\lvert \boldsymbol{y}\rvert+d\log(Ng)+dg+\sqrt{\lvert \boldsymbol{w}\rvert})\mathbb{G}_o$	DLOG
Libra[33]	分层算术电路	对数空间均匀电路	出自文献[33]	ZKvSQL-VPD[31]	随机谕言模型	私密	$\Theta(\varepsilon_{\mathrm{DEIP}}+\varepsilon_{\mathrm{VPD}})$	$O(\lvert C\rvert+\lvert \boldsymbol{in}\rvert)\mathbb{F}_o$ $O(\lvert \boldsymbol{w}\rvert+d)\mathbb{G}_o$	$O(d\log\lvert C\rvert)\mathbb{F}$ $O(\log\lvert \boldsymbol{w}\rvert\mathbb{G})$	$O(\lvert \boldsymbol{x}\rvert+\lvert \boldsymbol{y}\rvert+d\log(C)\mathbb{F}_o, O(\log\lvert \boldsymbol{w}\rvert+d)P$	q-SDH, (d,ℓ)-EPKE
Virgo[17]	分层算术电路	常规电路	出自文献[33]	Virgo-VPD[17]	随机谕言模型	公开	$\Theta(\varepsilon_{\mathrm{DEIP}}+\varepsilon_{\mathrm{VPD}})$	$O(\lvert \boldsymbol{in}\rvert\log\lvert \boldsymbol{in}\rvert+\lvert C\rvert)\mathbb{F}_o$	$O(d\log\lvert C\rvert+\log^2\lvert \boldsymbol{in}\rvert)\mathbb{F}$	$O(\lvert \boldsymbol{x}\rvert+\lvert \boldsymbol{y}\rvert+d\log\lvert C\rvert+\log^2\lvert \boldsymbol{in}\rvert)\mathbb{F}_o$	CRHF
Spartan[34]	一阶约束系统	/	/	Hyrax-PC[32] 或 Virgo-VPD[17]	随机谕言模型	公开	$\Theta(\varepsilon_{\mathrm{RICS}}+\varepsilon_{\mathrm{PC/VPD}})$	$O(n)\mathbb{G}_o$或 $O(n\log n)\mathbb{F}_o$	$O(\sqrt{n})\mathbb{G}$或 $O(\log^2 n)\mathbb{F}$	$O(\sqrt{n})\mathbb{G}_o$或 $O(\log^2 n)\mathbb{F}_o$	与 zk-PC 及 zk-VPD 有关
Virgo++[35]	任意算术电路	常规电路	出自文献[35]	Virgo-VPD[17]	随机谕言模型	公开	$\Theta(\varepsilon_{\mathrm{DEIP}}+\varepsilon_{\mathrm{VPD}})$	$O(\lvert \boldsymbol{in}\rvert\log\lvert \boldsymbol{in}\rvert+\lvert C\rvert)\mathbb{F}_o$	$\min(O(d\log\lvert C\rvert+d^2),O(\lvert C\rvert))\mathbb{F}$	$\min(O(\lvert C\rvert), O(\lvert \boldsymbol{x}\rvert+\lvert \boldsymbol{y}\rvert+\log^2\lvert \boldsymbol{in}\rvert+d\log\lvert C\rvert+d^2))\mathbb{F}_o$	CRHF

注：1. 由于该类协议由双向高效交互式证明修改而来，且双向高效交互式证明与电路每层宽度有关，故需特意考虑电路输入输出层的宽度。

2. $\mathbb{G}_o$ 表示群上操作，$\mathbb{G}$ 表示群元素。$\mathbb{F}_o$ 表示域上操作，$\mathbb{F}$ 表示群元素。$\lvert C\rvert$ 表示电路规模，g 表示电路宽度，d 表示电路深度，$\lvert \boldsymbol{x}\rvert$ 表示电路可满足问题的公共输入长度，$\lvert \boldsymbol{y}\rvert$ 表示输出长度，$\lvert \boldsymbol{in}\rvert$ 表示所有输入长度且满足 $\lvert \boldsymbol{in}\rvert=\lvert \boldsymbol{x}\rvert+\lvert \boldsymbol{w}\rvert$。$n$ 表示一阶约束系统可满足问题的规模。数据并行电路（Data-Parallel Circuit）是指可以分为 N 份宽度为 g、深度为 d 的子电路的电路，且有 $\lvert C\rvert=Ngd$。对于可靠性误差 ε，$\varepsilon_{\mathrm{DEIP}}$ 指双向高效交互式证明的可靠性误差，$\varepsilon_{\mathrm{RICS}}$ 指针对一阶约束系统可满足问题的交互式论证的可靠性误差且有 $\varepsilon_{\mathrm{RICS}}=O(\log n)/\lvert \mathbb{F}\rvert$，其中 n 指一阶约束系统可满足问题的规模，$\varepsilon_{\mathrm{VPD}}$ 和 $\varepsilon_{\mathrm{PC}}$ 分别指零知识可验证多项式委托和零知识多项式承诺的可靠性误差。对于底层假设，q 阶强 Diffie-Hellman 假设见定义 5.4，(d,ℓ)-EPKE 假设指 (d,ℓ)-Extended Power Knowledge of Exponent 假设（是对 q 阶指数知识假设的修改）。“/” 指当前协议没有该特性值。

3. xxx-PC 是指在对应文献中调用的零知识多项式承诺。ZKvSQL 和 Libra 中的零知识多项式承诺需要一次性可信初始化，建立时间为 $O(\lvert \boldsymbol{in}\rvert)$。

4. 对于 Spartan，根据其调用的零知识多项式承诺或零知识可验证多项式委托的不同，协议的复杂度也不一样。具体地，若使用 Hyrax-PC，则证明、通信和验证复杂度分别为 $O(n)$、$O(\sqrt{n})$ 和 $O(\sqrt{n})$；若使用 Virgo-VPD，则证明、通信和验证复杂度分别为 $O(n\log n)$、$O(\log^2 n)$ 和 $O(\log^2 n)$。

5. 证明、通信和验证复杂度均为协议一轮的主要开销，协议运行轮数及实际证明、验证计算开销和通信量与可靠性误差和安全级别有关。

6.3 典型协议分析

本节介绍基于双向高效交互式证明（DEIP）的零知识证明典型协议（优化思路如图 6.3 所示），分析各协议的主要思路、协议流程、复杂度及安全性。根据对基于双向高效交互式证明的平凡零知识证明的改进思路及方法的不同，第 6.3.1 小节介绍 ZKvSQL 和 Hyrax，其主要改进是利用零知识多项式承诺和零知识可验证多项式委托传输证据多项式，从而实现简洁性。第 6.3.2 小节介绍 Libra 和 Virgo，其主要改进是在 ZKvSQL 和 Hyrax 的基础上改用掩藏多项式而不是加性同态承诺实现零知识求和验证协议，这减少了大量的群幂运算从而降低了实际证明与验证开销。第 6.3.3 小节介绍 Spartan，其待证明陈述形式是一阶约束系统可满足问题，严格来说，Spartan 并不是基于双向高效交互式证明构造的，但其与基于双向高效交互式证明的零知识证明思路极为类似，故在本节介绍。第 6.3.4 小节介绍 Virgo++，其在 Libra 和 Virgo 的基础上改进了双向高效交互式证明，从而将待证明陈述形式扩展为任意算术电路。

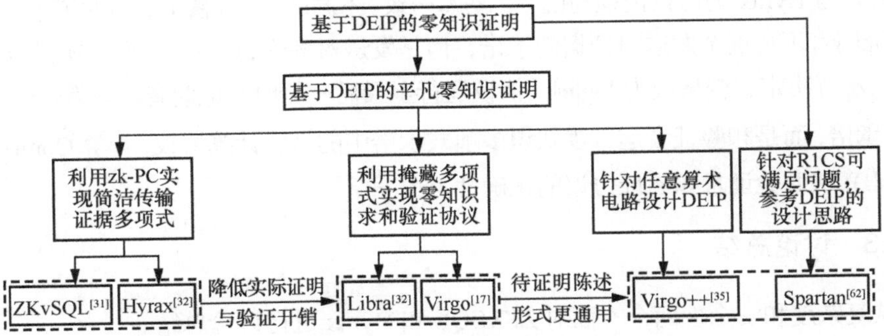

图 6.3　基于 DEIP 的零知识证明典型协议优化思路

6.3.1 ZKvSQL/Hyrax

6.3.1.1 主要思路

ZKvSQL 由 Zhang 等[31]提出，Hyrax 由 Wahby 等[32]提出。相比第 6.2.2 小节中的基于双向高效交互式证明的平凡零知识证明，ZKvSQL 和 Hyrax 的主要思路是利用零知识可验证多项式委托和零知识多项式承诺改进图 6.2 中的步骤①从而实现简洁性，其使用的零知识可验证多项式委托及零知识多项式承诺方案如表 6.2 所示。考虑到表 6.2 中的方案承诺大小$|c|$和通信复杂度均为亚线性级别，且 d 次零知识求和验证协议的通信复杂度为 $O(d\ \log\ g)$，当 $d=O(\text{poly}\ \log|C|)$ 时，可实现通信复杂度为亚线性级别的零知识证明。

表 6.2 零知识可验证多项式委托及零知识多项式承诺方案对比

协议方案	启动阶段	$\mathcal{P}_{\text{Com}}$	$\mathcal{P}_{\text{Eval}}$	$\lvert c\rvert$	通信复杂度	$\mathcal{V}_{\text{Eval}}$	底层假设
ZKvSQL-VPD[31,152]	私密	$O(n)\mathbb{G}_o$	$O(2^{\mu})\mathbb{G}_o$	$O(1)\mathbb{G}$	$O(\mu)\mathbb{G}$	$O(\mu)P$	q-SDH,(d,ℓ)-EPKE
Hyrax-PC[32]	公开	$O(\sqrt{2^{\mu}})\mathbb{G}_o$	$O(2^{\mu})\mathbb{G}_o$	$O(\sqrt{2^{\mu}})\mathbb{G}$	$O(\mu)\mathbb{G}$	$O(\sqrt{2^{\mu}})\mathbb{G}_o$	DLOG
Virgo- VPD[17]	公开	$O(2^{\mu}\log(2^{\mu}))\mathbb{F}_o$	$O(2^{\mu}\log(2^{\mu}))\mathbb{F}_o$	$O(1)\mathbb{F}$	$O(\mu^2)\mathbb{F}$	$O(\mu^2)\mathbb{F}_o$	CRHF

注：1. 由于多项式承诺与可验证多项式委托在基于双向高效交互式证明的简洁 NIZKAoK 中的作用是一致的，为表述方便，本章在下文统一使用多项式承诺的记法。事实上，在分析复杂度时，多项式承诺中的 Com 与可验证多项式委托中的 Com 相对应，多项式承诺中的 $\mathcal{P}_{\text{Eval}}$ 与可验证多项式委托中的 Eval 相对应，多项式承诺中的 c 与可验证多项式委托中的 c 相对应，多项式承诺中的通信复杂度与可验证多项式委托中的 $|\pi|$ 相对应，多项式承诺中的 $\mathcal{V}_{\text{Eval}}$ 与可验证多项式委托中的 Verify 相对应。

2. 其中多项式为 μ 元，共有 n 个单项式。n 与 μ 有关系 $n \leqslant 2^{\mu}$。$\mathcal{P}_A$ 指在多项式承诺的 A 阶段 $\mathcal{P}$ 的计算开销（有 $\mathcal{P}_{\text{Com}}$ 和 $\mathcal{P}_{\text{Eval}}$ 两部分）。$\mathcal{V}_{\text{Eval}}$ 同理。$|c|$ 指承诺大小。通信复杂度指 $\mathcal{P}$ 与 $\mathcal{V}$ 在 PC.Eval 协议中的通信开销。

6.3.1.2 协议流程

ZKvSQL 与 Hyrax 的协议流程与图 6.2 基本一致。不同的是，在图 6.2 中的第①步，ZKvSQL 和 Hyrax 证明者不再逐个发送对证据的承诺，而是发送对多变量线性多项式 $\tilde{w}(\cdot)$ 的承诺，其由证据 $(\alpha_1,\cdots,\alpha_{|\boldsymbol{w}|})$ 决定，变量数为 $\log|\boldsymbol{w}|$。协议运行至最后一轮时，证明者不再发送对 $\tilde{V}_d(\boldsymbol{u}^{(d)})$ 和 $\tilde{V}_d(\boldsymbol{v}^{(d)})$ 的承诺，而是和验证者运行零知识多项式承诺中的求值计算协议，计算 $\text{Com}(\tilde{V}_d(\boldsymbol{u}^{(d)}))$ 和 $\text{Com}(\tilde{V}_d(\boldsymbol{v}^{(d)}))$ 从而验证求和验证协议的正确性。

6.3.1.3 讨论总结

下面从复杂度和安全性两个方面对 ZKvSQL 和 Hyrax 进行讨论总结。

（1）复杂度分析

利用零知识多项式承诺实现简洁 NIZKAoK 的开销主要分为 d 次零知识求和验证协议的开销和参与多项式承诺的开销，各项开销具体如下。

- 证明复杂度。证明者需要参与 d 次零知识求和验证协议，其与普通双向高效交互式证明的证明复杂度是同级别的，记该部分计算复杂度为 $\mathcal{P}_{\text{DEIP}}$；对多项式 $\tilde{w}(\cdot)$ 做承诺及参与求值计算协议，记该部分计算复杂度为 $\mathcal{P}_{\text{PC}}$。
- 通信复杂度。通信开销包括：d 次零知识求和验证协议所需传输的信息，其与双向高效交互式证明本身的通信复杂度相同，记该部分通信复杂度为 π_{DEIP}；传输对 $\tilde{w}(\cdot)$ 的承诺带来的通信开销和求值计算的通信开销，记该部分通信复杂度为 π_{PC}。
- 验证复杂度。验证者需要：参与 d 次零知识求和验证协议，其与普通双向高效交互式证明的验证复杂度是同级别的，记该部分计算复杂度为 $\mathcal{V}_{\text{DEIP}}$；参与对多项式 $\tilde{w}(\cdot)$ 的求值计算，记该部分计算复杂度为 $\mathcal{V}_{\text{PC}}$。

根据不同零知识证明所采取的不同双向高效交互式证明和零知识多项式承诺，基于各参数的关系，协议的证明、通信和验证复杂度详见表 6.3。

表 6.3 利用不同双向高效交互式证明和零知识多项式承诺实现零知识知识论证的复杂度分析

协议方案	$\mathcal{P}_{\mathrm{DEIP}}$	$\mathcal{P}_{\mathrm{PC}}$	$\mathcal{V}_{\mathrm{DEIP}}$	$\mathcal{V}_{\mathrm{PC}}$	π_{DEIP}	π_{PC}
ZKvSQL[31]	$O(\|C\|\log g)\ \mathbb{G}_o$	$(O(n)+O(\|\boldsymbol{w}\|))\ \mathbb{G}_o$	$O(\|\boldsymbol{x}\|+\|\boldsymbol{y}\|+d\ \mathrm{poly}\log g)\ \mathbb{G}_o$	$O(\log\|\boldsymbol{w}\|)P$	$O(d\log g)\ \mathbb{G}$	$O(\log\|\boldsymbol{w}\|)\ \mathbb{G}$
Hyrax[32]	$O(\|C\|+dg\log g)\ \mathbb{G}_o$	$O(\|\boldsymbol{w}\|)\ \mathbb{G}_o$	$O(\|\boldsymbol{x}\|+\|\boldsymbol{y}\|+dg+d\log(Ng))\ \mathbb{G}_o$	$O\sqrt{\|\boldsymbol{w}\|}\mathbb{G}_o$	$O(d\log Ng)\ \mathbb{G}$	$O\sqrt{\|\boldsymbol{w}\|}\mathbb{G}_o$
Libra[33]	$O(\|C\|+\|\boldsymbol{in}\|)\ \mathbb{F}_o$	$(O(n)+O(\|\boldsymbol{w}\|)+O(d))\ \mathbb{G}_o$	$O(\|\boldsymbol{x}\|+\|\boldsymbol{y}\|+d\log\|C\|)\ \mathbb{F}_o$	$(O(\log\|\boldsymbol{w}\|)+O(d))P$	$O(d\log\|C\|)\ \mathbb{F}$	$O(\log\|\boldsymbol{w}\|)\ \mathbb{G}$
Virgo[17]	$O(\|C\|)\ \mathbb{F}_o$	$O(\|\boldsymbol{in}\|\log\|\boldsymbol{in}\|)\ \mathbb{F}_o$	$O(\|\boldsymbol{x}\|+\|\boldsymbol{y}\|+d\log\|C\|)\ \mathbb{F}_o$	$O(\log^2\|\boldsymbol{in}\|)\ \mathbb{F}_o$	$O(d\log\|C\|+\log^2\|\boldsymbol{in}\|)\ \mathbb{F}$	$O(1)\ \mathbb{F}$

注：1. 各参数关系有 $\mu=\log|\boldsymbol{w}|$ 和 $n\leqslant|\boldsymbol{w}|\leqslant g$。

2. 计算 $\mathcal{P}_{\mathrm{DEIP}}+\mathcal{P}_{\mathrm{C}}$ 即可得各协议的证明复杂度，其中 $\mathcal{P}_{\mathrm{DEIP}}$ 详见对应文献。验证复杂度和通信复杂度同理可得。

（2）安全性分析

ZKvSQL 和 Hyrax 的底层假设主要来自其调用的零知识多项式承诺，也就是说，ZKvSQL 基于的假设是 q 阶强 Diffie-Hellman 假设和(d,ℓ)-EPKE 假设，Hyrax 基于的假设是 DLOG 假设。协议的可靠性来自零知识多项式承诺的绑定性、双向高效交互式证明本身的可靠性和求和验证协议中加性同态承诺的绑定性。协议的知识可靠性来自零知识多项式承诺的可提取性。协议的零知识性来自零知识多项式承诺的隐藏性、零知识多项式承诺中求值计算协议的零知识性和加性同态承诺的隐藏性。

6.3.2 Libra/Virgo

6.3.2.1 主要思路

Libra 由 Xie 等[33]提出，相比第 6.2.2 小节中的平凡双向高效交互式证明，在利用零知识多项式承诺实现简洁性的基础上，Libra 利用随机掩藏多项式降低了零知识求和验证协议的证明和验证计算开销。在此基础上，Zhang 等[17]提出了一种新的多项式承诺（表 6.2 中的 Virgo-VPD）并将其应用于 Libra，实现了一种启动阶段参数可公开生成的 NIZKAoK，即 Virgo。本小节主要介绍 Libra 的主要思路。

在求和验证协议中，证明者发送给验证者的消息是与电路相关的多项式 $g_i(X_i)$，这可能会破坏零知识性。基于 Pedersen 承诺的零知识求和验证协议虽可解决这一问题，但大量的群幂运算会显著增加证明和验证计算开销。在此背景下，Chiesa、Forbes 和 Spooner[156]指出为求和验证协议中的多项式 $g(\cdot)$增加随机多项式 $\rho f(\cdot)$即可实现零知识性，其中 ρ 是由验证者选择的随机挑战。此时证明者和验证者是对多项式 $g(\cdot)+\rho f(\cdot)$调用求和验证协议。假设零知识多项式承诺存在，Libra 中的零知识求和验证协议具体见协议 6.3，其省略了公共参数 pp、验证陷门 vp 和随机数。

然而，利用上述零知识求和验证协议难以直接构造基于双向高效交互式证明的零知识证明，这是因为在双向高效交互式证明中第 i 轮求和验证协议的最后一轮，$\mathcal{V}$ 会获得 $\tilde{V}_i(\boldsymbol{u}^{(i)})$ 和 $\tilde{V}_i(\boldsymbol{v}^{(i)})$（对应于协议 6.3 中的 $g(\boldsymbol{r})$），这会泄露一定的隐私信息。为了解决这一问题，Chiesa、Forbes 和 Spooner 进一步指出为 $\tilde{V}_i(\cdot)$ 增加一个随机掩藏低度多项式 $R_i(\cdot)$ 可实现零知识性。具体来说，定义多项式

$$\dot{V}_i(\boldsymbol{c}) = \tilde{V}_i(\boldsymbol{c}) + Z_i(\boldsymbol{c}) \sum_{\boldsymbol{e}\in\{0,1\}^\lambda} R_i(\boldsymbol{c},\boldsymbol{e}) \tag{6.3}$$

其中，λ 是安全参数，$Z_i(\boldsymbol{c}) = \prod_{j=1}^{s_i} c_j(1-c_j)$，即对于所有的 $\boldsymbol{c} \in \{0,1\}^{s^i}$，$Z_i(\boldsymbol{c})=0$。基于此，等式（6.3）可展开为

$$\begin{aligned}\dot{V}_i(\boldsymbol{c}) = &\sum_{\boldsymbol{a},\boldsymbol{b}\in\{0,1\}^{s_{i+1}}} \Big(\widetilde{\text{mult}}_{i+1}(\boldsymbol{a},\boldsymbol{b},\boldsymbol{c})\big(\dot{V}_{i+1}(\boldsymbol{a}) + \dot{V}_{i+1}(\boldsymbol{b})\big) + \\ &\widetilde{\text{add}}_{i+1}(\boldsymbol{a},\boldsymbol{b},\boldsymbol{c})\big(\dot{V}_{i+1}(\boldsymbol{a}) + \dot{V}_{i+1}(\boldsymbol{b})\big) + Z_i(\boldsymbol{c}) \sum_{\boldsymbol{e}\in\{0,1\}^\lambda} R_i(\boldsymbol{c},\boldsymbol{e})\Big) = \\ &\sum_{\boldsymbol{a},\boldsymbol{b}\in\{0,1\}^{s_{i+1}},\boldsymbol{e}\in\{0,1\}^\lambda} \Big(I(\boldsymbol{0},\boldsymbol{e})\cdot\widetilde{\text{mult}}_{i+1}(\boldsymbol{a},\boldsymbol{b},\boldsymbol{c})\big(\dot{V}_{i+1}(\boldsymbol{a}) + \dot{V}_{i+1}(\boldsymbol{b})\big) + \\ &I(\boldsymbol{0},\boldsymbol{e})\cdot\widetilde{\text{add}}_{i+1}(\boldsymbol{a},\boldsymbol{b},\boldsymbol{c})\big(\dot{V}_{i+1}(\boldsymbol{a}) + \dot{V}_{i+1}(\boldsymbol{b})\big) + I((\boldsymbol{a},\boldsymbol{b}),\boldsymbol{0})\cdot Z_i(\boldsymbol{c})R_i(\boldsymbol{c},\boldsymbol{e})\Big)\end{aligned} \tag{6.4}$$

其中当且仅当 $\boldsymbol{x}=\boldsymbol{y}$ 时 $I(\boldsymbol{x},\boldsymbol{y})=1$，否则 $I(\boldsymbol{x},\boldsymbol{y})=0$。

协议 6.3 Libra 中的零知识求和验证协议[33]

公共输入： 域 $\mathbb{F}$, T, m, ℓ

证明者秘密输入： $g(x)$，且有 $T = \sum_{x\in\{0,1\}^\ell} g(\boldsymbol{x})$

1. 证明者 $\mathcal{P}$ 随机选取多项式 $f(\boldsymbol{x})$，其中每个变量的度也为 m。$\mathcal{P}$ 将 $F = \sum_{x\in\{0,1\}^\ell} f(\boldsymbol{x})$ 和对 $f(\cdot)$ 的承诺 $\text{com}_f=\text{Com}(f(\cdot))$ 发给验证者 $\mathcal{V}$。
2. 验证者 $\mathcal{V}$ 选取 $\rho \xleftarrow{\$} \mathbb{F}$ 发送给 $\mathcal{P}$ 并计算 $T+\rho F$。
3. $\mathcal{P}$ 和 $\mathcal{V}$ 调用对 $T+\rho F$ 的求和验证协议。
4. 在求和验证协议的最后一轮，$\mathcal{V}$ 收到 $h_\ell(\boldsymbol{r})=g(\boldsymbol{r})+\rho f(\boldsymbol{r})$，然后打开多项式承诺 com_f 获取 $f(\cdot)$ 在点 $\boldsymbol{r} = (r_1,r_2,\cdots,r_\ell)$ 处的值。
5. $\mathcal{V}$ 计算 $h_\ell(\boldsymbol{r}) - \rho f(\boldsymbol{r})$ 并验证其与从多项式承诺获得的 $g(\boldsymbol{r})$ 是否相等。

输出： 比特 b，若上述验证均通过，输出 b=1；否则输出 b=0。

协议 6.3 的模拟器构造如下。

1. $\mathcal{S}$ 选取随机多项式 $f'(\boldsymbol{x})$，并将 $F' \leftarrow \sum_{x\in\{0,1\}^\ell} f'(\boldsymbol{x})$ 及对 $f(\cdot)$ 的承诺 $\text{com}_{f'} = \text{Com}(f'(\cdot))$ 发送给验证者 $\mathcal{V}^*$。
2. $\mathcal{S}$ 从验证者 $\mathcal{V}^*$ 处收到随机数 ρ。
3. $\mathcal{S}$ 选取多项式 $g'(\cdot): \mathbb{F}^\ell \to \mathbb{F}$，其每个变量的度均为 d，且满足

$$\sum_{x\in\{0,1\}^{\ell}} g'(x) = T \tag{6.5}$$

$\mathcal{S}$ 随后与 $\mathcal{V}^*$ 参与到对 $T+\rho F' = \sum_{x\in\{0,1\}^{\ell}}\left(g'(x)+\rho f'(x)\right)$ 的求和验证协议中。

4. 记 $r \in \mathbb{F}^{\ell}$ 为 $\mathcal{V}^*$ 在求和验证协议最后一轮随机挑选的点。$\mathcal{S}$ 运行 $(f'(r),\pi) \leftarrow \mathrm{Open}(f'(\cdot),r)$ 并将 $(f'(r),\pi)$ 发送给 $\mathcal{V}$。

如果使用的多项式承诺是零知识的，由于 $f(\cdot)$ 和 $f'(\cdot)$ 本身都是随机选取的，显然步骤 1 和步骤 4 中 $\mathcal{S}$ 发送的信息与协议 6.3 中对应步骤证明者 $\mathcal{P}$ 发送的信息是不可区分的。只需证明对于步骤 3，模拟器 $\mathcal{S}$ 和证明者 $\mathcal{P}$ 的交互副本也是不可区分的。

在求和验证协议的过程中，在第 i 轮 $\mathcal{P}$ 会发送 d+1 个值用以确定 $h_i(\cdot)$，而在第 i+1 轮，由于 $h_{i+1}(0)+h_{i+1}(1)=h_i(r_i)$，因此前 $\ell-1$ 轮 $\mathcal{P}$ 发送的消息只有 d 个值是独立的。而在最后一轮，有 d+1 个值是独立的。在此基础上，由于掩藏多项式 $f'(\cdot)$, $f(\cdot)$和被掩藏多项式 $g(\cdot)$都具有 ℓd+1 个独立的系数，因此步骤 3 中 $\mathcal{S}$ 发送的消息与真实协议中 $\mathcal{V}$ 收到的消息也是不可区分的。

当在求和验证协议中调用等式（6.4）时，由于多项式 $\dot{V}_i(\cdot)$被随机多项式掩藏，验证者在第 i 层求和验证协议的最后一轮收到的信息 $\dot{V}_{i+1}(\boldsymbol{u}^{(i+1)})$ 和 $\dot{V}_{i+1}(\boldsymbol{v}^{(i+1)})$ 就不再泄露隐私信息，其中 $\boldsymbol{u}^{(i+1)},\boldsymbol{v}^{(i+1)} \xleftarrow{\$} \mathbb{F}^{s_{i+1}}$。

此外，为保障证明者不利用 $R_i(\cdot)$作恶，其需事先发送对多项式 $R_i(\cdot)$的多项式承诺。然而，由于 $R_i(\cdot)$是低度多项式而不是多变量线性多项式，而且有 $s_i+\lambda$ 个变量，调用表 6.2 中适配于多变量低度多项式的 ZKvSQL-VPD 会导致指数级别复杂度的开销。

为解决该问题，Xie 等[33]指出将 $R_i(\cdot)$替换为一个变量数为 2、每个变量度为 2 的多项式即可保障零知识性。在第 i 轮求和验证协议的最后一轮，证明者只需向验证者发送 $\dot{V}_{i+1}(\cdot)$ 的两个值 $\dot{V}_{i+1}(\boldsymbol{u}^{(i+1)})$ 和 $\dot{V}_{i+1}(\boldsymbol{v}^{(i+1)})$；此外，验证者需打开承诺获取 $R_i(\boldsymbol{u}^{(i+1)},\boldsymbol{t}^{(i+1)})$ 和 $R_i(\boldsymbol{v}^{(i+1)},\boldsymbol{t}^{(i+1)})$，其中 $\boldsymbol{u}^{(i+1)},\boldsymbol{v}^{(i+1)} \xleftarrow{\$} \mathbb{F}^{s_{i+1}},\boldsymbol{t}^{(i+1)} \xleftarrow{\$} \mathbb{F}^{\lambda}$。也就是说，验证者仅获得了 4 个值。Xie 等进一步指出只需保障这 4 个值是线性独立的即可保障零知识性，因此可将等式（6.3）中的 $Z_i(\boldsymbol{c})\sum_{\boldsymbol{e}\in\{0,1\}^{\lambda}} R_i(\boldsymbol{c},\boldsymbol{e})$ 替换为 $Z_i(\boldsymbol{c})\sum_{\boldsymbol{e}\in\{0,1\}^{\lambda}} R_i(c_1,\boldsymbol{e})$，其中 c_1 是向量 $\boldsymbol{c}$ 的第一个值。利用该零知识求和验证协议，结合 ZKvSQL-VPD，Xie 等构造了 Libra。在此基础上，Zhang 等[17]基于里德–所罗门码提出了一种新的多项式承诺，实现了求值计算协议具有对数级别通信复杂度、启动阶段系统参数可公开生成的零知识多项式承诺（如表 6.2 所示），从而构造了 Virgo。

6.3.2.2　协议流程

Libra 与 Virgo 的协议流程与 ZKvSQL 和 Hyrax 基本一致。不同的是，Libra 和 Virgo 不再需要使用加性同态承诺，而是采用随机掩藏多项式（$\rho f(\cdot)$和 $R(\cdot)$）实现零知识性，其中 $\rho f(\cdot)$用于保障求和验证协议中证明者发送给验证者的信息是不泄露隐私的，$R(\cdot)$用于保障求和验证协议最后的谕示也是不泄露隐私的。为了防止证明者利用 $R(\cdot)$作恶，证明者需在协议开始时发送对 $R(\cdot)$的多项式承诺。

6.3.2.3 讨论总结

现分别从复杂度和安全性两个方面对 Libra 和 Virgo 进行讨论总结。

（1）Libra 的复杂度。Libra 的复杂度开销分为两部分，即 d 次零知识求和验证协议的开销和多项式承诺的开销。Libra 中的零知识求和验证协议不再需要使用加性同态承诺，而是调用零知识多项式承诺对电路每一层的掩藏多项式进行承诺，因此不再需要大量的群幂运算。然而，为实现整个协议的零知识性，需额外对 d 个变量数为 2、每个变量度为 2 的多项式调用零知识多项式承诺。因此，Libra 中的 $\mathcal{P}_{\mathrm{PC}}$ 和 $\mathcal{V}_{\mathrm{PC}}$ 需分别对应增加 $O(d)$，其具体复杂度如表 6.3 所示。

（2）Virgo 的复杂度。Zhang 等指出在分析 Virgo 的复杂度时可将调用零知识多项式承诺的开销分为对电路输入层（变量数为 $\log|\boldsymbol{in}|=\log(|\boldsymbol{x}|+|\boldsymbol{w}|)$）调用承诺和对电路中间层调用承诺，Zhang 等分别优化了这两者的渐近性质，并指出相比 d 次求和验证协议的开销，后者的渐近性质可以忽略。因此 Virgo 的复杂度开销包括 d 次求和验证协议的开销和对电路输入层调用零知识多项式承诺两部分，其具体复杂度如表 6.3 所示。

（3）安全性分析。同 ZKvSQL 和 Hyrax 类似，Libra 和 Virgo 的底层假设主要来自其调用的零知识多项式承诺，也就是说，Libra 基于的假设是 q 阶强 Diffie-Hellman 假设和 (d,ℓ)-EPKE 假设，Virgo 基于的假设是抗碰撞哈希函数存在。协议的可靠性来自零知识多项式承诺的绑定性、双向高效交互式证明本身的可靠性。协议的知识可靠性来自零知识多项式承诺的可提取性。协议的零知识性来自零知识多项式承诺的隐藏性、零知识多项式承诺中求值计算协议的零知识性和求和验证协议的零知识性。

现简单给出 Libra 中的模拟器构造思路。考虑一个模拟器 $\mathcal{S}$，其调用双向高效交互式证明的模拟器 $\mathcal{S}_{\mathrm{DEIP}}$，后者能够模拟整个协议的部分视图直至电路输入层。在电路输入层，模拟的最大困难是 $\mathcal{S}$ 在协议的开始已对随机选取的 $\dot{V}_d(\cdot)$ 进行了承诺，而此时 $\mathcal{S}$ 还不知道恶意验证者 $\mathcal{V}^*$ 在第 d 轮挑选的随机点 $\boldsymbol{u}^{(d)}$ 和 $\boldsymbol{v}^{(d)}$。如果此时模拟器 $\mathcal{S}$ 诚实地打开承诺，那么由求和验证协议的可靠性可知，打开的承诺与双向高效交互式证明最后一轮的消息大概率是不一致的，因此 $\mathcal{V}^*$ 会发现真实交互副本与模拟副本的不同，从而拒绝。为此，Libra 引入了零知识可验证多项式委托用以解决该问题。给定定义 6.1 中的验证陷门 vp，零知识可验证多项式委托的 $\mathcal{S}_{\mathrm{VPD}}$ 能够零知识地将承诺打开为任意值，从而使得打开的承诺与双向高效交互式证明最后一轮的消息保持一致，进而完成模拟器 $\mathcal{S}$ 的构造。

6.3.3 Spartan

上述协议所针对的待证明陈述表示形式均是分层算术电路，为实现简洁性和亚线性的验证复杂度，需要对电路有更多的要求，如电路深度 d 不能太大，电路是常规电路、数据并行电路等。一个改进方向就是设计待证明陈述表示形式更为通用的零知识证明。其中，Setty[34] 提出了 Spartan，一种针对一阶约束系统可满足问题的简洁 NIZKAoK，由于一阶约束系统可满足问题是高级语言编译器的常见目标程序[47,50]且任意电路可满足问题都可用一阶约束系统可满足问题表示[34]，因此相比针对分层算术电路可满足问题的零知识证明，Spartan 的待证明陈述更为通用。事实上，严格来说 Spartan 并不是基于双向高效交互式证明构造的，但其与基于双向高效交互式证明的零知识证明思路极为类似，故在这里介绍。此外，Zhang 等[35]提出了 Virgo++，其是直接针对任意算术电路可满足问题的简洁 NIZKAoK。本小节介绍 Spartan，第 6.3.4 小节介绍 Virgo++。

6.3.3.1　主要思路

Spartan 的主要思路如图 6.4 所示。首先介绍编码一阶约束系统可满足问题的思路。为借鉴之前利用求和验证协议构造零知识证明的思路，需将一阶约束系统可满足问题编码为低度多项式。考虑形如定义 2.3 的一阶约束系统组，令 $s=\lceil\log_2 m\rceil$，则矩阵 $\boldsymbol{A}$ 可视为函数 $A(\cdot,\cdot):\{0,1\}^s\times\{0,1\}^s\to\mathbb{F}$，$\boldsymbol{B}$、$\boldsymbol{C}$ 同理。类似地，令 $\boldsymbol{z}=(\boldsymbol{io},1,\boldsymbol{w})^{\mathrm{T}}$，则 $\boldsymbol{z}$ 可以视为函数 $Z(\cdot):\{0,1\}^s\to\mathbb{F}$。

定义函数 $F(\boldsymbol{x}):\{0,1\}^s\to\mathbb{F}$，具体为

$$F(\boldsymbol{x})=\left(\sum_{\boldsymbol{y}\in\{0,1\}^s}A(\boldsymbol{x},\boldsymbol{y})\cdot Z(\boldsymbol{y})\right)\cdot\left(\sum_{\boldsymbol{y}\in\{0,1\}^s}B(\boldsymbol{x},\boldsymbol{y})\cdot Z(\boldsymbol{y})-\sum_{\boldsymbol{y}\in\{0,1\}^s}C(\boldsymbol{x},\boldsymbol{y})\cdot Z(\boldsymbol{y})\right)$$

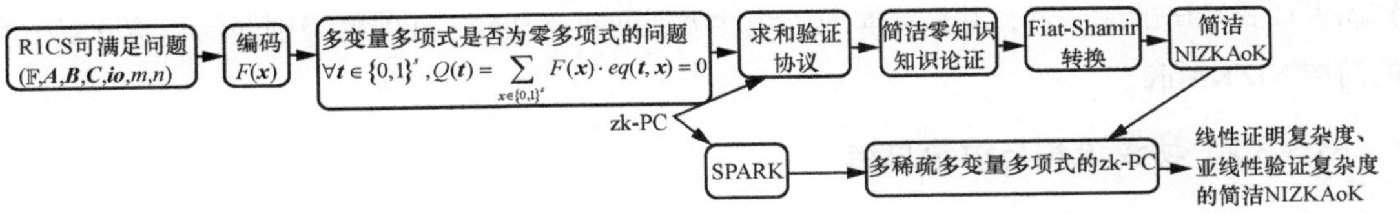

图 6.4　Spartan 的主要思路[34]

当 $\boldsymbol{x}=\boldsymbol{0}^s$ 时，$\sum_{\boldsymbol{y}\in\{0,1\}^s}A(\boldsymbol{x},\boldsymbol{y})\cdot Z(\boldsymbol{y})$ 就是 $\boldsymbol{Az}$ 的第一个元素，以此类推，可推知上述一阶约束系统组是可满足的当且仅当对于任意的 $\boldsymbol{x}\in\{0,1\}^s$，$F(\boldsymbol{x})=0$。与双向高效交互式证明类似，可将 $F(\boldsymbol{x})$ 转换为多变量扩展形式 $\tilde{F}(\boldsymbol{x}):\mathbb{F}^s\to\mathbb{F}$，其具体为

$$\tilde{F}(\boldsymbol{x})=\left(\sum_{\boldsymbol{y}\in\{0,1\}^s}\tilde{A}(\boldsymbol{x},\boldsymbol{y})\cdot\tilde{Z}(\boldsymbol{y})\right)\cdot\left(\sum_{\boldsymbol{y}\in\{0,1\}^s}\tilde{B}(\boldsymbol{x},\boldsymbol{y})\cdot\tilde{Z}(\boldsymbol{y})-\sum_{\boldsymbol{y}\in\{0,1\}^s}\tilde{C}(\boldsymbol{x},\boldsymbol{y})\cdot\tilde{Z}(\boldsymbol{y})\right)$$

则上述一阶约束系统组是可满足的当且仅当对于任意的 $\boldsymbol{x}\in\{0,1\}^s$，$\tilde{F}(\boldsymbol{x})=0$。

其次介绍如何将 $\tilde{F}(\boldsymbol{x})$ 在 $\boldsymbol{x}\in\{0,1\}^s$ 上求和为 0 归约为某个多项式是零多项式，且该多项式是求和形式，可调用求和验证协议验证。由于 $\tilde{F}(\cdot)$ 是低度多项式，证明者和验证者可通过求和验证协议验证 $\sum_{\boldsymbol{x}\in\{0,1\}^s}\tilde{F}(\boldsymbol{x})\stackrel{?}{=}0$。然而，上式成立并不足以说明对于任意的 $\boldsymbol{x}\in\{0,1\}^s,\tilde{F}(\boldsymbol{x})=0$。利用之前工作的类似方法[159-161]，Spartan 构造了多项式 $Q(\boldsymbol{t}):\mathbb{F}^s\to\mathbb{F}$，具体为

$$Q(\boldsymbol{t})=\sum_{\boldsymbol{x}\in\{0,1\}^s}\tilde{F}(\boldsymbol{x})\cdot\tilde{eq}(\boldsymbol{t},\boldsymbol{x})$$

其中 $\tilde{eq}(\boldsymbol{t},\boldsymbol{x})=\prod_{i=1}^{s}(t_i\cdot x_i+(1-t_i)\cdot(1-x_i))$，$t_i$和 x_i分别表示向量 $\boldsymbol{t}$ 和 $\boldsymbol{x}$ 的第 i 位。由于对于任意的 $\boldsymbol{t}\in\{0,1\}^s$，有 $Q(\boldsymbol{t})=\tilde{F}(\boldsymbol{t})$，因此上述一阶约束系统组是可满足的当且仅当对于任意的 $\boldsymbol{t}\in\mathbb{F}^s$，有 $Q(\boldsymbol{t})=0$，即 $Q(\cdot)$是零多项式。由 Schwartz-Zippel 引理，对于随机挑战 $\boldsymbol{\tau}\xleftarrow{\$}\mathbb{F}^s$，若 $Q(\boldsymbol{\tau})=0$，则有较大的概率说明 $Q(\cdot)$是零多项式，且有 $s=O(\log m)=O(\log n)$。又因为 $Q(\boldsymbol{\tau})$为求和形式，故可调用求和验证协议验证 $Q(\boldsymbol{\tau})\stackrel{?}{=}0$ 。

至此，一阶约束系统组可编码为对应的多变量多项式，且一阶约束系统问题是可满足的当该多变量多项式是零多项式时。借鉴之前基于双向高效交互式证明构造零知识证明的思路，利用表 6.2 中的 Hyrax-PC 和 Virgo-VPD，构造针对一阶约束系统可满足问题的简洁零知识知识论证。其中，分别需要对证据多项式 $\tilde{w}(\cdot)$ 和 $\tilde{A}(\cdot,\cdot),\tilde{B}(\cdot,\cdot),\tilde{C}(\cdot,\cdot)$ 做多项式承诺。随后利用随机谕言模型下的 Fiat-Shamir 启发式，即可将上述论证转换为简洁 NIZKAoK。

然而，平凡调用零知识多项式承诺会导致平方级别的证明复杂度。这是因为多项式 $\tilde{A}(\cdot,\cdot),\tilde{B}(\cdot,\cdot),\tilde{C}(\cdot,\cdot)$ 的变量个数为 $2\log m$，代入表 6.2 可得证明复杂度至少为 $O(m^2)$，为平方级别。为优化证明复杂度，Setty 指出一阶约束系统可满足问题编码后的多项式是稀疏的，其变量个数实际上远达不到 $2\log m$，故仍有可能实现线性级别的证明复杂度。Setty 基于此设计了 SPARK，一种将针对多变量线性多项式的零知识多项式承诺高效转化为针对稀疏多变量线性多项式的零知识多项式承诺的编译器，并最终实现了线性级别证明复杂度、亚线性级别通信和验证复杂度的简洁 NIZKAoK。

6.3.3.2 协议流程与讨论总结

Spartan 的协议流程与基于双向高效交互式证明的零知识证明是类似的，现简要介绍 Spartan 中的简洁交互式知识论证。首先证明者 $\mathcal{P}$ 将对多项式 $\tilde{A}(\cdot,\cdot),\tilde{B}(\cdot,\cdot),\tilde{C}(\cdot,\cdot)$ 及 $\tilde{w}(\cdot)$ 的承诺发送给验证者 $\mathcal{V}$ 。随后 $\mathcal{V}$ 选取随机挑战 $\boldsymbol{t}\xleftarrow{\$}\mathbb{F}^s$，然后 $\mathcal{P}$ 和 $\mathcal{V}$ 调用对 $Q(\boldsymbol{t})$的求和验证协议，并将验证 $Q(\boldsymbol{t})\stackrel{?}{=}0$ 归约为验证 $\tilde{F}(\boldsymbol{r}_x)\stackrel{?}{=}0$，其中 $\boldsymbol{r}_x\xleftarrow{\$}\mathbb{F}^s$ 是 $\mathcal{V}$ 在求和验证协议中选取的随机挑战。为计算 $\tilde{F}(\boldsymbol{r}_x)$，记

$$\dot{A}(\boldsymbol{r}_x)=\sum_{\boldsymbol{y}\in\{0,1\}^s}\tilde{A}(\boldsymbol{r}_x,\boldsymbol{y})\cdot Z(\boldsymbol{y}),\ \dot{B}(\boldsymbol{r}_x)=\sum_{\boldsymbol{y}\in\{0,1\}^s}\tilde{B}(\boldsymbol{r}_x,\boldsymbol{y})\cdot Z(\boldsymbol{y}),\ \dot{C}(\boldsymbol{r}_x)=\sum_{\boldsymbol{y}\in\{0,1\}^s}\tilde{C}(\boldsymbol{r}_x,\boldsymbol{y})\cdot Z(\boldsymbol{y}),$$

$$v_A=\dot{A}(\boldsymbol{r}_x),\ v_B=\dot{B}(\boldsymbol{r}_x),\ v_C=\dot{C}(\boldsymbol{r}_x) \tag{6.6}$$

$\mathcal{P}$ 将 v_A, v_B, v_C 发送给 $\mathcal{V}$，随后 $\mathcal{P}$ 和 $\mathcal{V}$ 还需再次调用求和验证协议验证等式（6.6）是否成立，并将验证这 3 个等式归约为验证

$$\tilde{A}(\boldsymbol{r}_x,\boldsymbol{r}_y)\tilde{Z}(\boldsymbol{r}_y)\stackrel{?}{=}v_A,\quad \tilde{B}(\boldsymbol{r}_x,\boldsymbol{r}_y)\tilde{Z}(\boldsymbol{r}_y)\stackrel{?}{=}v_B,\quad \tilde{C}(\boldsymbol{r}_x,\boldsymbol{r}_y)\tilde{Z}(\boldsymbol{r}_y)\stackrel{?}{=}v_C$$

其中，$\boldsymbol{r}_y\xleftarrow{\$}\mathbb{F}^s$ 是 $\mathcal{V}$ 在此轮求和验证协议中选取的随机挑战。最后，为计算 $\tilde{A}(\boldsymbol{r}_x,\boldsymbol{r}_y)\tilde{Z}(\boldsymbol{r}_y)$、$\tilde{B}(\boldsymbol{r}_x,\boldsymbol{r}_y)\tilde{Z}(\boldsymbol{r}_y)$ 和 $\tilde{C}(\boldsymbol{r}_x,\boldsymbol{r}_y)\tilde{Z}(\boldsymbol{r}_y)$，$\mathcal{V}$ 需打开对多项式 $\tilde{A}(\cdot,\cdot),\tilde{B}(\cdot,\cdot),\tilde{C}(\cdot,\cdot)$ 及 $\tilde{w}(\cdot)$ 的承诺。

与基于双向高效交互式证明的零知识证明类似，利用基于 Pedersen 的零知识求和验证协议，

可将上述论证转换为简洁零知识知识论证。

下面简要分析 Spartan 的复杂度和安全性。在复杂度方面，根据调用零知识多项式承诺的不同，Spartan 的各项性能也不一样。若调用 Hyrax-PC，Spartan 的证明复杂度为 $O(n)$，验证复杂度和通信复杂度均为 $O(\sqrt{n})$；若调用 Virgo-VPD，证明复杂度为 $O(n\log n)$，验证复杂度和通信复杂度均为 $O(\log^2 n)$。在安全性方面，Spartan 的（知识）可靠性来自针对一阶约束系统可满足问题的交互式论证的可靠性、零知识多项式承诺的绑定性和零知识多项式承诺中求值计算协议的（知识）可靠性。Spartan 的零知识性来自零知识多项式承诺的隐藏性和求值计算协议的零知识性。

6.3.4 Virgo++

Virgo++由 Zhang 等[35]提出，他们的主要贡献是提出一种针对任意算术电路的双向高效交互式证明并将其应用于 Virgo，进而得到一种针对任意算术电路可满足问题的简洁 NIZKAoK。Virgo++的协议流程和安全性分析均与 Virgo 类似，本小节仅简要介绍 Virgo++中的双向高效交互式证明，并给出简单的复杂度分析。

6.3.4.1 主要思路

Zhang 等指出制约系列双向高效交互式证明效率的主要因素之一是双向高效交互式证明只能应用于分层算术电路。在渐近级别上，将任意电路转化为分层算术电路会将电路规模从 $O(|C|)$ 增加到 $O(d|C|)$；在实际工程应用中，将任意电路转化为分层算术电路会增加证明者 1～2 个数量级的计算开销[35]。此外，将任意电路转换为一阶约束系统大多不高效。基于以上背景，Zhang 等提出了一种针对通用算术电路且不额外增加证明者计算开销的双向高效交互式证明，并采用 Virgo 中的方法将双向高效交互式证明转换为简洁 NIZKAoK。

回顾分层算术电路是如何调用求和验证协议实现递归的。记电路 C 第 i 层的电路门数为 S_i 且 $s_i=\lceil\log_2 S_i\rceil$（假设 S_i 是 2 的某次幂，若不是，则可对电路做必要填充）。记 $V_i(\cdot):\{0,1\}^{s_i}\to\mathbb{F}$ 是以第 i 层的某个任意电路门的二进制顺序表示字符串 $\{0,1\}^{s_i}$ 为输入、该门的门值为输出的函数。记 $\mathrm{add}_i(\cdot),\ \mathrm{mult}_i(\cdot):\{0,1\}^{2s_i+s_{i-1}}\to\{0,1\}$ 为电路谓词，其以第 i−1 层某个电路门（记为 α_c）的二进制顺序表示字符串 $\{0,1\}^{s_{i-1}}$、第 i 层的某两个电路门（记作 α_a,α_b）的二进制顺序表示字符串 $\{0,1\}^{s_i}$ 为输入，当且仅当电路中存在以 α_a、α_b 为输入，α_c 为输出的加法门（乘法门）时输出为 1。基于以上定义，对于任意的 $\boldsymbol{c}\in\{0,1\}^{s_i}$，$\boldsymbol{a}$、$\boldsymbol{b}\in\{0,1\}^{s_{i-1}}$，$V_i(\boldsymbol{c})$可写为

$$V_i(\boldsymbol{c})=\sum_{\boldsymbol{a},\boldsymbol{b}\in\{0,1\}^{s_{i+1}}} f_i(\boldsymbol{a},\boldsymbol{b})=$$

$$\sum_{\boldsymbol{a},\boldsymbol{b}\in\{0,1\}^{s_{i+1}}}(\mathrm{add}_{i+1}(\boldsymbol{a},\boldsymbol{b},\boldsymbol{c})(V_{i+1}(\boldsymbol{a})+V_{i+1}(\boldsymbol{b}))+\mathrm{mult}_{i+1}(\boldsymbol{a},\boldsymbol{b},\boldsymbol{c})(V_{i+1}(\boldsymbol{a})V_{i+1}(\boldsymbol{b})))$$

利用上述等式，可将 $V_i(\cdot)$在第 i 层随机点 $\boldsymbol{g}\in\mathbb{F}^{s_i}$ 上的值正确性归约为 $V_{i+1}(\cdot)$在第 i+1 层随机点 $\boldsymbol{u},\boldsymbol{v}\in\mathbb{F}^{s_{i+1}}$ 上的值正确性。而 $V_{i+1}(\boldsymbol{u})$和 $V_{i+1}(\boldsymbol{v})$的值正确性又可结合为 $V_{i+1}(\cdot)$在第 i+1 层随机点

$w \in \mathbb{F}^{s_{i+1}}$ 上的值正确性。基于此，可继续将第 i+1 层的陈述归约至第 i+2 层。证明者和验证者逐层归约，直至归约为对电路输入层的陈述，此时验证者可直接验证。证明者在第 i 层的计算时间为 $O(s_i)$ [33]，第 i 层的证明规模为 $O(\log s_i)$，因此证明者总时间为 $O\left(\sum_i^d s_i\right) = O(|C|)$，总证明规模为 $O(d\log|C|)$。

上述归约转换方法成立的前提之一是第 i 层电路门的输入全部来自第 i+1 层。对于任意算术电路，第 i 层的门的输入可来自第 j 层，只需满足 $j>i$。虽然任意算术电路没有严格的分层结构，但仍可以进行逻辑意义上的分层，即一个电路门的输入门的层级一定比该电路门高。考虑到第 i 层的任意电路门 α 至少有一条输入导线位于第 i+1 层（否则该门就不可能位于第 i 层），而另一条输入导线可能位于第$(i+1)$~d 的任意一层，因此电路层 i 的多项式规模为 $O((d-i)g)$。在此背景下，$V_i(\boldsymbol{c})$可表示为

$$\begin{aligned}V_i(\boldsymbol{c}) = \sum_{\boldsymbol{a},\boldsymbol{b}\in\{0,1\}^{s_{i+1}}} &(\mathrm{add}_{i+1,i+1}(\boldsymbol{a},\boldsymbol{b},\boldsymbol{c})(V_{i+1}(\boldsymbol{a})+V_{i+1}(\boldsymbol{b}))+\mathrm{mult}_{i+1,i+1}(\boldsymbol{a},\boldsymbol{b},\boldsymbol{c})(V_{i+1}(\boldsymbol{a})V_{i+1}(\boldsymbol{b}))+\\ &\mathrm{add}_{i+1,i+2}(\boldsymbol{a},\boldsymbol{b},\boldsymbol{c})(V_{i+1}(\boldsymbol{a})+V_{i+2}(\boldsymbol{b}))+\mathrm{mult}_{i+1,i+2}(\boldsymbol{a},\boldsymbol{b},\boldsymbol{c})(V_{i+1}(\boldsymbol{a})V_{i+2}(\boldsymbol{b}))+\cdots+\\ &\mathrm{add}_{i+1,d}(\boldsymbol{a},\boldsymbol{b},\boldsymbol{c})(V_{i+1}(\boldsymbol{a})+V_d(\boldsymbol{b}))+\mathrm{mult}_{i+1,d}(\boldsymbol{a},\boldsymbol{b},\boldsymbol{c})(V_{i+1}(\boldsymbol{a})V_d(\boldsymbol{b})))\end{aligned} \tag{6.7}$$

基于等式（6.7）可知，对于任意算术电路，$V_i(\boldsymbol{c})$可表示为 $d-i$ 项之和，且基于此可将 V_i 在随机点 $\boldsymbol{g}\in\mathbb{F}^{s_i}$ 的取值证明归约为对 $V_{i+1}(\boldsymbol{u}),V_{i+1}(\boldsymbol{v}),V_{i+2}(\boldsymbol{u}),V_{i+2}(\boldsymbol{v}),\cdots,V_d(\boldsymbol{u}),V_d(\boldsymbol{v})$ 的正确性证明，其中 $\boldsymbol{u},\boldsymbol{v}\in\mathbb{F}^{s_{i+1}}$。基于上述结论仍可利用类似的方法构造双向高效交互式证明，但是由于电路第 i 层的表达式（等式（6.7））的规模为 $O((d-i)s_i)<O((d-i)g)$，因此证明者调用求和验证协议的复杂度为 $O(dg+(d-1)g+\cdots+g)=O(d^2g)=O(d|C|)$。此外，在电路层 i，$\mathcal{P}$ 还需在调用求和验证协议完毕后将对 $O((d-i)g)$级别多项式取值的声明转换为 1 个声明，该阶段的复杂度也起码为 $O(d|C|)$。上述平凡方法与将任意电路转换为分层算术电路的渐近复杂度是至少一样的，也就没有实际意义。

针对上述两个问题，Zhang 等分别提出了两个解决方案。对于前一个问题，他们指出每一层证明者时间增加为 $O((d-i)g)$的原因是等式（6.7）中包含了所有 $V_j(\cdot)$，其中 $j>i$。由于第 j 层的门数为 g，因此写出所有的 $V_j(\cdot)$就会花费 $O((d-i)g)$级别的时间。如果按照等式（6.7）的方式定义 $V_i(\cdot)$，很难降低证明者时间的渐近级别。然而，由于每层电路门的输入门最多为 $2g$，因此可以考虑采用一个新的方式表达 $V_i(\cdot)$。具体地，Zhang 等采用了如下方式表示 $V_i(\boldsymbol{c})$。

$$\begin{aligned}V_i(\boldsymbol{c}) = \sum_{\boldsymbol{a},\boldsymbol{b}\in\{0,1\}^{s_{i+1}}} &(\mathrm{add}_{i+1,i+1}(\boldsymbol{a},\boldsymbol{b},\boldsymbol{c})(V_{i,i+1}(\boldsymbol{a})+V_{i,i+1}(\boldsymbol{b}))+\mathrm{mult}_{i+1,i+1}(\boldsymbol{a},\boldsymbol{b},\boldsymbol{c})(V_{i,i+1}(\boldsymbol{a})+V_{i,i+1}(\boldsymbol{b}))+\\ &\mathrm{add}_{i+1,i+2}(\boldsymbol{a},\boldsymbol{b},\boldsymbol{c})(V_{i,i+1}(\boldsymbol{a})+V_{i,i+2}(\boldsymbol{b}))+\mathrm{mult}_{i+1,i+2}(\boldsymbol{a},\boldsymbol{b},\boldsymbol{c})(V_{i,i+1}(\boldsymbol{a})V_{i,i+2}(\boldsymbol{b}))+\cdots+\\ &\mathrm{add}_{i+1,d}(\boldsymbol{a},\boldsymbol{b},\boldsymbol{c})(V_{i,i+1}(\boldsymbol{a})+V_{i,d}(\boldsymbol{b}))+\mathrm{mult}_{i+1,d}(\boldsymbol{a},\boldsymbol{b},\boldsymbol{c})(V_{i,i+1}(\boldsymbol{a})V_{i,d}(\boldsymbol{b})))\end{aligned} \tag{6.8}$$

其中，$V_{i,j}(\cdot)$表示第 j 层对第 i 层所有有贡献的值所表示的多项式。值得注意的是，此时 $V_i(\boldsymbol{c})$的规模最多为 $2g$。利用该修改后的表达式，Zhang 等构造了每层证明复杂度为 $O(g)$的求和验证协议，因此整个求和验证协议的证明复杂度为 $O(dg)=O(|C|)$。

对于后一个问题，基于等式（6.8），证明者需要将 $d-i$ 个不同的多项式结合为一个多项式取值证明。然而，由于此时多项式是不同的，不能采用之前的方法将多个取值归约为一个多项式取

值证明。为此，Zhang 等提出可将转换声明的计算归约为运行一个针对特定分层算术电路的普通双向高效交互式证明，由于归约后协议轮数为 $O(|C|)$，该阶段的证明复杂度也为 $O(|C|)$。基于以上两点改进，Zhang 等实现了针对通用算术电路且证明复杂度为 $O(|C|)$的双向高效交互式证明，并将其转换为简洁 NIZKAoK。

6.3.4.2　协议流程与讨论总结

Virgo++的协议流程与 Virgo 的协议流程基本一致，即在双向高效交互式证明的基础上，利用多项式承诺实现简洁性，利用随机掩藏多项式和零知识多项式承诺保障零知识性。不同的是，Virgo++中双向高效交互式证明所针对的电路可以是任意的算术电路。

接下来分析 Zhang 等提出的双向高效交互式证明性能表现。对于规模为$|C|$、输入长度为$|x|$、深度为 d 的通用电路，该协议可靠性误差为 $O(d\log|C|/\mathbb{F})$，证明复杂度为 $O(|C|)$，通信复杂度为 $\min\{O(d\log|C|+d^2), O(|C|)\}$。当电路为常规电路时，验证复杂度为 $\min\{O(|x|+|y|+d\log|C|+d^2), O(|C|)\}$。基于该双向高效交互式证明，结合 Virgo 的复杂度分析方法，可以得出 Virgo++的各项复杂度，如表 6.1 所示。

6.4　本章小结

基于双向高效交互式证明的零知识证明是本书涉及的唯一可实现证明复杂度与电路规模呈线性关系、通信和验证复杂度与电路规模呈亚线性关系的系统参数可公开生成的零知识证明，但也存在若干限制。第一，由于双向高效交互式证明按层计算的特性，只有针对深度较低的电路该类零知识证明的通信复杂度才与电路规模呈亚线性关系。因此，能否及如何削弱电路深度的线性因子影响是未来的一个研究方向。第二，由于双向高效交互式证明对特殊结构的电路，如对数空间均匀电路或者数据并行电路才能快速验证的特性，只有针对特殊结构的电路，验证复杂度才与电路规模呈亚线性关系。

第 7 章 基于内积论证的零知识证明

主要内容

- 离散对数假设
- 内积论证
- 范围证明
- 典型协议分析

本章介绍基于内积论证（Inner Product Argument，IPA）的零知识证明，具体分为范围证明（Range Proof）和针对电路可满足问题的零知识证明。该类零知识证明的底层假设均基于离散对数假设或相关变种，故也被称为基于离散对数假设的零知识证明。为便于与其他基于离散对数假设的零知识证明（如 Hyrax）加以区分，且由于内积论证是实现该类协议对数级别通信复杂度的关键技术，本书将该类协议称为基于内积论证的零知识证明。该类协议的核心思路是将范围证明的原始约束或电路中的所有约束归约转化为内积形式的陈述，然后调用内积论证实现对数级别通信复杂度的简洁 NIZKAoK。本章第 7.1 节介绍相关定义及概念，第 7.2 节介绍该类协议的背景及主要思路，第 7.3 节介绍典型的范围证明协议，第 7.4 节介绍针对电路可满足问题的典型零知识证明协议，第 7.5 节进行总结。

7.1 定义及概念

给定群$\mathbb{G}$，记其生成元为 g。记双线性配对群的生成元为 $g_1, g_2, g_T = e(g_1, g_2)$。为表述方便，固定群的生成元 g 后，记 g^r 为$[r]$，令 $n \in \mathbb{N}$，记$(g^{r_1}, \cdots, g^{r_n})$为$[\boldsymbol{r}]$，对于配对运算，记 $e([r]_1, [s]_2) = [rs]_T$，记$[\boldsymbol{a} \cdot \boldsymbol{r}] = \prod_{i=1}^{n} g^{a_i r_i} = g^{\sum_{i=1}^{n} a_i r_i}$。特别地，对于 n 为偶数的向量 $\boldsymbol{r} = (r_1, \cdots, r_n)$（不是偶数可适量填充），记 $\boldsymbol{r}_{1/2} = (r_1, \cdots, r_{n/2})$，$\boldsymbol{r}_{2/2} = (r_{n/2+1}, \cdots, r_n)$。对于 $y \in \mathbb{Z}_q, n \in \mathbb{N}$，令 $\boldsymbol{y}^n = (1, y, y^2, \cdots, y^{n-1})$表示 y 的前 $n-1$ 次幂。

定义 7.1（向量分布[40]）向量分布（Vector Distribution）$\mathcal{D}_n$ 用于描述一个长度为 n 的向量的分布

情况。记向量分布$\mathcal{U}_n$为 $\boldsymbol{x}=(x_1,x_2,\cdots,x_n)$，向量分布$\mathcal{ML}_{2^v}$为 $\overline{\boldsymbol{x}}=(1,x_1,x_2,x_2x_1,\cdots,x_vx_{v-1},\cdots,x_1)$，其生成方式可首先设 $\overline{\boldsymbol{x}}$ 为1，然后由递归$\{\overline{\boldsymbol{x}}\leftarrow(\overline{\boldsymbol{x}},x_i\overline{\boldsymbol{x}})\}_{i\in[v]}$生成。

定义 7.2（离散对数假设）令$\mathrm{Gen}(\cdot)$为参数生成算法，λ为安全参数。离散对数假设（Discrete Logarithm Assumption，DLOG 假设）是指对于任意的概率多项式时间敌手$\mathcal{A}$，都有

$$\Pr[(q,\mathbb{G},g)\leftarrow\mathrm{Gen}(1^\lambda);r\overset{\$}{\leftarrow}\mathbb{Z}_q;r'\leftarrow\mathcal{A}(q,\mathbb{G},[r]):r=r']\leqslant\mathrm{negl}(\lambda)$$

DLOG 假设有若干自然扩展[40]。在 n-DLOG 假设中敌手$\mathcal{A}$的输入为$([1],[r],\cdots,[r^n])$，在非对称 DLOG 假设（Asymmetric DLOG Assumption，A-DLOG 假设）中敌手$\mathcal{A}$的输入为$([r]_1,[r]_2)$，在非对称 n-DLOG 假设（n-A-DLOG 假设）中敌手$\mathcal{A}$的输入为$([1]_1,[r]_1,\cdots,[r^n]_1,[1]_2,[r]_2,\cdots,[r^n]_2)$。在以上情形中，$\mathcal{A}$的目标均为获取 r。

对于定义 7.1 中的向量分布，DLOG 假设有变种$\mathcal{D}_n$-Find-Rep 假设[40]，即对于任意的概率多项式时间敌手$\mathcal{A}$，都有

$$\Pr\left[(q,\mathbb{G},g)\leftarrow\mathrm{Gen}(1^\lambda);\boldsymbol{r}\overset{\$}{\leftarrow}D_n;\boldsymbol{a}\leftarrow\mathcal{A}(q,\mathbb{G},[\boldsymbol{r}]):[\boldsymbol{a}\cdot\boldsymbol{r}]=[0]\wedge\boldsymbol{a}\neq\boldsymbol{0}\right]\leqslant\mathrm{negl}(\lambda)$$

其中，$\mathcal{U}_n$-Find-Rep 假设可归约为 DLOG 假设，离散对数关系假设[38]与$\mathcal{U}_n$-Find-Rep 假设等价。此外，可以证明$\mathcal{ML}_{2^v}$-Find-Rep 假设可归约为 A-DLOG 假设[40]。

7.2 背景及主要思路

7.2.1 内积论证提出之前的相关工作

1998 年，Cramer 和 Damgård[128]利用 Pedersen 承诺实现了一种针对电路可满足问题的零知识论证，其证明、通信和验证复杂度均为 $O(|C|)$。该协议的零知识性由承诺隐藏性保障，协议的正确性由 Pedersen 承诺的同态性质保障。基于 Pedersen 承诺，Groth[162]和 Seo[163]在保持证明和验证复杂度不变的同时，将协议的通信复杂度降低为$O\left(\sqrt{|C_{\mathrm{mul}}|}\right)$，其中$|C_{\mathrm{mul}}|$为电路中乘法门的个数。

Groth 和Seo 提出的协议虽然仅基于离散对数假设并具有更高的安全性，但通信复杂度仍较高。在此基础上，Bootle 等[38]提出了内积论证并利用其构造了对数级别通信复杂度的 NIZKAoK（记为 BCCGP16）。证明者可利用循环递归的方式证明其拥有两个公开向量承诺的消息，且这两个消息的内积等于某个公开值。对于长度为 n 的消息向量，内积论证的通信复杂度为 $O(\log n)$。

范围证明是一种特殊的零知识证明，允许证明者向验证者证明某个被承诺的值属于一个公开的范围。该证明是集合成员关系证明[164]的一个特例，在集合成员关系证明中，证明者可以向验证者证明某个被承诺的值属于一个公开的集合，这个集合可以是数值集合、地址集合、国家集合等，而范围证明中的范围一般为一个连续的数值区间。由于范围证明中范围的特殊性，可以应用一些

特定的技术来实现更好的性能，本书仅关注范围证明而非集合成员关系证明。迄今已有众多技术来构造范围证明，其中通信复杂度较低的一类方案均基于内积论证这一关键技术。

7.2.2 内积论证

Bootle 等[38]最早提出了内积论证的概念，在内积论证中，给定两个向量承诺和一个标量，证明者可以向验证者证明其知道两个被承诺的向量，并且这两个向量的内积等于给定的标量。Bootle 等首先设计了一个基础的内积论证协议，在该协议中，验证者需要验证的关系和内积论证所要证明的关系具有同样的形式，只是向量维数是初始维数的一半，利用这个特性，让证明者和验证者递归地执行基础协议，直到向量维数降为 1，再让验证者验证只包含标量的关系。通过这种递归构造，Bootle 等提出了具有对数通信复杂度的内积论证协议。之后，Bünz 等[16]对内积论证所证明的关系做了修改，两个向量被一起承诺。Bünz 等采用了类似的递归构造，设计了具有对数通信复杂度的内积论证协议，只是由于关系的更改，在每轮递归中需发送更少的元素个数，因此通信复杂度有所降低。

上述两个内积论证被广泛应用在多项式承诺方案[32,165-166]、范围证明[16,40]和算术电路可满足性论证[16,38]中。同时，后续研究逐步地改进这两个内积论证的性能，其中最主要的是优化验证复杂度。虽然这两个内积论证具有简洁的对数通信复杂度，但其验证复杂度均是线性级别，当向量维数较大时，验证证明会带来较大的计算开销。Kim 等[167]借助双线性映射，把 Bünz 等[16]的内积论证的验证复杂度降至亚线性级别。Daza 等[40]利用结构化的承诺密钥，把 Bootle 等的内积论证的验证复杂度降至对数级别。Bünz 等[166]提出了一个广义内积论证框架，可以同时蕴含上述两种内积论证，并且通过应用结构化的承诺密钥和 KZG 承诺[61]，使得这个框架下的所有内积论证都具有对数级别的验证复杂度。此外，有研究优化内积论证的渐近或具体复杂度，扩展内积论证所证明的关系，如 Chung 等[168]提出零知识的加权内积论证，在其所证明的关系中，内积运算的每一项都附带一个权重值。内积论证总结如表 7.1 所示。

表 7.1 内积论证总结

方案	启动阶段	配对群	证明复杂度	验证复杂度	通信复杂度	主要底层假设
BCCGP16-IPA[38]	公开	无	$O(n)E$ $O(n)M$	$O(n)E$ $O(\log n)M$	$O(\log n)\mathbb{G}$ $O(\log n)\mathbb{F}$	DLOG 假设
Bulletproofs-IPA[16]	公开	无	$O(n)E$ $O(n)M$	$O(n)E$	$O(\log n)\mathbb{G}$	DLOG 假设
CHJKS20-IPA[168]	公开	无	$O(n)E$ $O(n)M$	$O(n)E$	$O(\log n)\mathbb{G}$	DLOG 假设
DRZ20-IPA[40]	私密	有	$O(n)E_1$ $O(n)M$	$O(\log n)E_1$ $O(\log n)M$ $O(\log n)P$	$O(\log n)\mathbb{G}_1$ $O(\log n)\mathbb{F}$	DLOG 假设
BMMTV21[166]	私密	有	$O(n)E_1$ $O(n)M$	$O(\log n)E_1$ $O(\log n)M$	$O(\log n)\mathbb{G}_1$	DLOG 假设 q-SDH 假设

续表

方案		启动阶段	配对群	证明复杂度	验证复杂度	通信复杂度	主要底层假设
KLS22[167]	方案一	公开	有	$O\left(n2^{\sqrt{\log n}}\right)\tau_1$	$O(n)\tau_1$	$O\left(\sqrt{\log n}\right)\mathbb{G}_T$	DLOG 假设 DPair 假设
	方案二	公开	有	$O(n)\tau_1$	$O\left(\sqrt{n}\right)\tau_2$	$O(\log n)\mathbb{G}_T$	DLOG 假设
	方案三	公开	无	$O(n)\tau_p$	$O\left(\sqrt{n}\log n\right)\tau_q$	$O(\log n)\mathbb{G}_q$	DLOG 假设

注：1. n 表示内积论证中向量的维数。$\mathbb{G}$、$\mathbb{F}$ 分别指椭圆曲线群和有限域，$(\mathbb{G}_1,\mathbb{G}_2,\mathbb{G}_T)$ 指配对群，$\mathbb{G}_p$、$\mathbb{G}_q$ 分别指阶为 p 和 q 的椭圆曲线群，在通信复杂度中均表示相应群或域中的元素。E、τ、M、P 分别表示群幂运算、群运算、域乘运算和配对运算，下标指出相应的群。q-SDH 假设指 q 强 Diffie-Hellman 假设（q-Strong Diffie-Hellman Assumption），DPair 假设指双配对假设（Double Pairing Assumption）。

7.2.2.1 BCCGP16-IPA

在 BCCGP16 的内积论证中，证明者 $\mathcal{P}$ 可向验证者 $\mathcal{V}$ 证明对于公共输入 $A,B\in\mathbb{G}$，$\boldsymbol{g},\boldsymbol{h}\in\mathbb{G}^n$ 和公开标量 $z\in\mathbb{Z}_q$，$\mathcal{P}$ 拥有向量 $\boldsymbol{a}$ 和 $\boldsymbol{b}$，满足 $A=\boldsymbol{g}^{\boldsymbol{a}}$、$B=\boldsymbol{h}^{\boldsymbol{b}}$ 和 $\boldsymbol{a}\cdot\boldsymbol{b}=z$。该陈述可记为

$$\left\{(\boldsymbol{g},\boldsymbol{h},A,B,z;\boldsymbol{a},\boldsymbol{b}):A=\boldsymbol{g}^{\boldsymbol{a}}\wedge B=\boldsymbol{h}^{\boldsymbol{b}}\wedge\boldsymbol{a}\cdot\boldsymbol{b}=z\right\} \tag{7.1}$$

其中分号前后分别表示公共输入和证据。若 $\boldsymbol{g},\boldsymbol{h}$ 的生成方式为 $\boldsymbol{g}\leftarrow[\boldsymbol{r}]$，$\boldsymbol{h}\leftarrow[\boldsymbol{s}]$ 注1，则式（7.1）可改记为

$$\left\{([\boldsymbol{r}],[\boldsymbol{s}],A,B,z;\boldsymbol{a},\boldsymbol{b}):A=[\boldsymbol{a}\cdot\boldsymbol{r}]\wedge B=[\boldsymbol{b}\cdot\boldsymbol{s}]\wedge\boldsymbol{a}\cdot\boldsymbol{b}=z\right\} \tag{7.2}$$

内积论证的核心思想是根据 $\mathcal{V}$ 的随机挑战将针对长度为 n 的向量的陈述归约为对长度为 $n/2$ 的向量的等价陈述，在向量不断缩减至标量后，$\mathcal{P}$ 只需要直接发送标量。首先，基于 $\mathcal{V}$ 的随机挑战 c 构造长度一半于原密钥长度的承诺密钥，即 $[\boldsymbol{r}']\leftarrow\left[c^{-1}\boldsymbol{r}_{\frac{1}{2}}+c^{-2}\boldsymbol{r}_{\frac{2}{2}}\right]$。其次，为防止 $\mathcal{P}$ 利用新的承诺密钥 $[\boldsymbol{r}']$ 行骗，$\mathcal{P}$ 需在挑战阶段之前发送部分承诺值 $A_{-1}=\left[\boldsymbol{a}_{\frac{1}{2}}\cdot\boldsymbol{r}_{\frac{2}{2}}\right]$ 和 $A_1=\left[\boldsymbol{a}_{\frac{2}{2}}\cdot\boldsymbol{r}_{\frac{1}{2}}\right]$。此时新证据为 $\boldsymbol{a}'=c\boldsymbol{a}_{\frac{1}{2}}+c^2\boldsymbol{a}_{\frac{2}{2}}$。最后，$\mathcal{P}$ 和 $\mathcal{V}$ 计算新承诺

$$A'\leftarrow[\boldsymbol{a}'\cdot\boldsymbol{r}']=\left[\left(c\boldsymbol{a}_{\frac{1}{2}}+c^2\boldsymbol{a}_{\frac{2}{2}}\right)\cdot\left(c^{-1}\boldsymbol{r}_{\frac{1}{2}}+c^{-2}\boldsymbol{r}_{\frac{2}{2}}\right)\right]=AA_{-1}^{c^{-1}}-A_1^{c}$$

对于承诺密钥 $[\boldsymbol{s}]$、承诺 B 和秘密输入 $\boldsymbol{b}$，利用挑战的逆 c^{-1} 构造对应的承诺密钥 $[\boldsymbol{s}']$、新证据 $\boldsymbol{b}'$ 和承诺值 B'，具体地

$$[\boldsymbol{s}']\leftarrow[c\boldsymbol{s}_{\frac{1}{2}}+c^2\boldsymbol{s}_{\frac{2}{2}}],\ \boldsymbol{b}'\leftarrow c^{-1}\boldsymbol{b}_{\frac{1}{2}}+c^{-2}\boldsymbol{b}_{\frac{2}{2}},$$

$$B'\leftarrow[\boldsymbol{b}'\cdot\boldsymbol{s}']=B_{-1}^{c}BB_1^{c-1}$$

对于 z，$\mathcal{P}$ 需在挑战阶段前构造 $z_{-1}\leftarrow\boldsymbol{a}_{\frac{2}{2}}\cdot\boldsymbol{b}_{\frac{1}{2}}$ 和 $z_1\leftarrow\boldsymbol{a}_{\frac{1}{2}}\cdot\boldsymbol{b}_{\frac{2}{2}}$，此时更新后的 $z'\leftarrow\boldsymbol{a}'\cdot\boldsymbol{b}'=z_{-1}c+z+z_1c^{-1}$。至此，归约后的新陈述如式（7.3）所示。

$$\left\{([\boldsymbol{r}'],[\boldsymbol{s}'],A',B',z';\boldsymbol{a}',\boldsymbol{b}'):A'=[\boldsymbol{a}'\cdot\boldsymbol{r}']\wedge B'=[\boldsymbol{b}'\cdot\boldsymbol{s}']\wedge\boldsymbol{a}'\cdot\boldsymbol{b}'=z'\right\} \tag{7.3}$$

注1：这种表示方式只是为了与后续协议的表示保持一致，并不代表承诺密钥的生成是不透明的。

BCCGP16 中的内积论证如协议 7.1 所示，协议共有 $\log_2 n$ 轮，每轮需发送 4 个 $\mathbb{G}$ 上的群元素、2 个 $\mathbb{Z}_q$ 上的域元素；最后一轮还需额外发送 a 和 b 共 2 个域元素，故总通信量为$(6\log_2 n+2)$个元素（包括群元素和域元素）。证明者的主要计算开销为每轮计算 $\{A_i, B_i, z_i\}_{i\in\{1,-1\}}, \boldsymbol{a}', \boldsymbol{b}'$ 和新承诺密钥$[\boldsymbol{r}']$、$[\boldsymbol{s}']$，而这需要 $O(n)$级别的群上运算和域上运算。验证者的主要计算开销为每轮计算 A'、B'、$[\boldsymbol{r}']$、$[\boldsymbol{s}']$及 z'，这需要 $O(n)$级别的群上运算和 $O(\log n)$级别的域上运算。对于安全性，可以证明，基于$\mathcal{U}_n$-Find-Rep 假设，该内积论证具有完美完备性和统计意义的证据扩展可仿真性，若有 $O(n^2)$个对于不同随机挑战 c 的接受副本，则会以$1-\mathrm{negl}(\lambda)$ 的概率提取出证据 $\boldsymbol{a}$ 和$\boldsymbol{b}$。

协议 7.1　BCCGP16 中的内积论证[38]

公共输入： $(\mathbb{G}, q, g, [\boldsymbol{r}], [\boldsymbol{s}], A, B, z)$

证明者秘密输入： $\boldsymbol{a}, \boldsymbol{b}$

1.$\mathcal{P}$ 向$\mathcal{V}$ 发送 $A_{-1}, B_{-1}, z_{-1}, \cdots, A_1, B_1, z_1$，具体有

$$A_{-1} \leftarrow \left[\boldsymbol{a}_{\frac{1}{2}} \cdot \boldsymbol{r}_{\frac{2}{2}}\right], \quad B_{-1} \leftarrow \left[\boldsymbol{b}_{\frac{1}{2}} \cdot \boldsymbol{s}_{\frac{2}{2}}\right], \quad z_{-1} \leftarrow \boldsymbol{a}_{\frac{2}{2}} \cdot \boldsymbol{b}_{\frac{1}{2}},$$

$$A_1 \leftarrow \left[\boldsymbol{a}_{\frac{2}{2}} \cdot \boldsymbol{r}_{\frac{1}{2}}\right], B_1 \leftarrow \left[\boldsymbol{b}_{\frac{2}{2}} \cdot \boldsymbol{s}_{\frac{1}{2}}\right], \quad z_1 \leftarrow \boldsymbol{a}_{\frac{1}{2}} \cdot \boldsymbol{b}_{\frac{2}{2}}$$

2.$\mathcal{V}$ 向$\mathcal{P}$ 发送随机挑战$c \xleftarrow{\$} \mathbb{Z}_q^*$ 。

3.$\mathcal{P}$ 和$\mathcal{V}$ 共同计算新的承诺密钥$[\boldsymbol{r}']$，$[\boldsymbol{s}']$和新承诺 A', B'及z'。

$$[\boldsymbol{r}'] \leftarrow \left[c^{-1}\boldsymbol{r}_{\frac{1}{2}} + c^{-2}\boldsymbol{r}_{\frac{2}{2}}\right], \quad A' \leftarrow AA_{-1}^{c^{-1}}A_1^{c},$$

$$[\boldsymbol{s}'] \leftarrow \left[c\boldsymbol{s}_{\frac{1}{2}} + c^2\boldsymbol{s}_{\frac{2}{2}}\right], \quad B' \leftarrow B_{-1}^{c}BB_1^{c^{-1}}, \quad z' \leftarrow z_{-1}c + z + z_1c^{-1}$$

4.$\mathcal{P}$ 计算下一轮的新证据$\boldsymbol{a}' \leftarrow c\boldsymbol{a}_{\frac{1}{2}} + c^2\boldsymbol{a}_{\frac{2}{2}}$ 和$\boldsymbol{b}' \leftarrow c^{-1}\boldsymbol{b}_{\frac{1}{2}} + c^{-2}\boldsymbol{b}_{\frac{2}{2}}$ 并参与到下一轮循环中，此时待证明陈述被归约为$\{([\boldsymbol{r}'],[\boldsymbol{s}'],A',B',z';\boldsymbol{a}',\boldsymbol{b}'): A'=[\boldsymbol{a}'\cdot\boldsymbol{r}'] \wedge B'=[\boldsymbol{b}'\cdot\boldsymbol{s}'] \wedge \boldsymbol{a}'\cdot\boldsymbol{b}'=z'\}$ 。

5.上述循环归约过程共重复 $t=\log_2 n$ 次，直至 $\boldsymbol{a}$ 和$\boldsymbol{b}$ 缩减为标量，此时$\mathcal{P}$ 直接将 a 和 b 发给$\mathcal{V}$，然后$\mathcal{V}$ 自行验证如下等式是否成立。

$$A_t \stackrel{?}{=} [a \cdot r_t], \quad B_t \stackrel{?}{=} [b \cdot s_t], \quad z_t \stackrel{?}{=} a \cdot b$$

其中，A_t, B_t表示第 t 轮中的承诺，$[r_t]$和$[s_t]$表示第 t 轮的承诺密钥。

7.2.2.2　Bulletproofs-IPA

Bünz 等[16]指出将式（7.1）中的承诺 A 和 B 结合为一个承诺 $P = \boldsymbol{g}^{\boldsymbol{a}}\boldsymbol{h}^{\boldsymbol{b}}$ 足以证明很多问题，如范围证明、电路可满足性问题等。具体地，修改后的陈述可记为注2

$$\{([\boldsymbol{r}],[\boldsymbol{s}],z,P;\boldsymbol{a},\boldsymbol{b}): P=[\boldsymbol{a}\cdot\boldsymbol{r}][\boldsymbol{b}\cdot\boldsymbol{s}] \wedge z=\boldsymbol{a}\cdot\boldsymbol{b}\} \tag{7.4}$$

为证明式（7.4），Bulletproofs 首先证明了如下形式的陈述。

注 2：此处承诺密钥的表示$[\boldsymbol{r}]$和$[\boldsymbol{s}]$只是为了和后续协议保持一致，并不代表其生成是不透明的。

$$\{([\boldsymbol{r}],[\boldsymbol{s}],u,P;\boldsymbol{a},\boldsymbol{b}):P=[\boldsymbol{a}\cdot\boldsymbol{r}][\boldsymbol{b}\cdot\boldsymbol{s}]u^{\boldsymbol{a}\cdot\boldsymbol{b}}\} \tag{7.5}$$

证明式（7.5）的主要思路也是在每一轮将对长度为 n 的向量的陈述递归为对长度为 $n/2$ 的向量的陈述，具体见协议 7.2。在该内积论证中，每轮需要传输的群元素仅为 2 个（L 和 R），且最后一轮需额外发送 a 和 b 共 2 个域元素，故总通信量为 $2\log_2 n+2$ 个元素。证明者计算开销与 BCCGP16 类似，为 $O(n)$次群上运算；验证者的主要计算开销为每轮计算$[\boldsymbol{r}']$、$[\boldsymbol{s}']$、P'，这需要 $O(n)$级别的群上运算。对于安全性，与 BCCGP16 类似，Bulletproofs 中的内积论证具有完美完备性和统计意义的证据扩展可仿真性。

7.2.2.3　DRZ20-IPA

虽然内积论证均具有简洁的对数通信复杂度，但是其验证复杂度都是线性级别，随着向量维数的不断增大，具体验证开销会显著增加。Daza 等[40]指出通过把上述内积论证中使用的非结构化承诺密钥替换成结构化承诺密钥，可以将验证复杂度降到对数级别。但由于承诺密钥是结构化的，为保障协议的可靠性，需要有可信第三方执行建立步骤，因此协议的启动阶段是私密的。

协议 7.2　Bulletproofs 中的内积论证[16]

公共输入： $(\mathbb{G},q,[\boldsymbol{r}],[\boldsymbol{s}],P,u)$，其中 $P,u\in\mathbb{G}$

证明者秘密输入： $\boldsymbol{a},\boldsymbol{b}$，其满足 $P=[\boldsymbol{a}\cdot\boldsymbol{r}][\boldsymbol{b}\cdot\boldsymbol{s}]u^{\boldsymbol{a}\cdot\boldsymbol{b}}$

1. $\mathcal{P}$ 计算 $L,R\in\mathbb{G}$ 并向 $\mathcal{V}$ 发送 L,R，其中

$$L\leftarrow\left[\boldsymbol{a}_{\frac{1}{2}}\cdot\boldsymbol{r}_{\frac{2}{2}}\right]\left[\boldsymbol{b}_{\frac{2}{2}}\cdot\boldsymbol{s}_{\frac{1}{2}}\right]u^{\boldsymbol{a}_{\frac{1}{2}}\cdot\boldsymbol{b}_{\frac{2}{2}}},\ R\leftarrow\left[\boldsymbol{a}_{\frac{2}{2}}\cdot\boldsymbol{r}_{\frac{1}{2}}\right]\left[\boldsymbol{b}_{\frac{1}{2}}\cdot\boldsymbol{s}_{\frac{2}{2}}\right]u^{\boldsymbol{a}_{\frac{2}{2}}\cdot\boldsymbol{b}_{\frac{1}{2}}}$$

2. $\mathcal{V}$ 向$\mathcal{P}$ 发送随机挑战$c\overset{\$}{\leftarrow}\mathbb{Z}_q^*$。

3. $\mathcal{P}$ 和$\mathcal{V}$ 共同计算新的承诺密钥$[\boldsymbol{r}'],[\boldsymbol{s}']$和新承诺 P'，其中

$$[\boldsymbol{r}']\leftarrow\left[c^{-1}\boldsymbol{r}_{\frac{1}{2}}+c\boldsymbol{r}_{\frac{2}{2}}\right],\ [\boldsymbol{s}']\leftarrow\left[c\boldsymbol{s}_{\frac{1}{2}}+c^{-1}\boldsymbol{s}_{\frac{2}{2}}\right],P'\leftarrow L^{c^2}\cdot P\cdot R^{c^{-2}}$$

4. $\mathcal{P}$ 计算下一轮的证据$\boldsymbol{a}'\leftarrow c\boldsymbol{a}_{\frac{1}{2}}+c^{-1}\boldsymbol{a}_{\frac{2}{2}}$和$\boldsymbol{b}'\leftarrow c^{-1}\boldsymbol{b}_{\frac{1}{2}}+c\boldsymbol{b}_{\frac{2}{2}}$并参与到下一轮循环中。此新承诺密钥为$[\boldsymbol{r}']$和$[\boldsymbol{s}']$，归纳后的陈述为$\{(\mathbb{G},q,[\boldsymbol{r}'],[\boldsymbol{s}'],P,u;\boldsymbol{a}',\boldsymbol{b}'):P'=[\boldsymbol{a}'\cdot\boldsymbol{r}'][\boldsymbol{b}'\cdot\boldsymbol{s}'][u^{\boldsymbol{a}'\cdot\boldsymbol{b}'}]\}$。

5. 协议共重复 $t=\log_2 n$ 轮直至 $\boldsymbol{a}$ 和$\boldsymbol{b}$ 缩减为标量，此时$\mathcal{P}$ 直接将 a 和b 发给$\mathcal{V}$，然后$\mathcal{V}$ 自行验证本轮的P_t是否满足 $P_t=[a\cdot r_t][b\cdot s_t]u^{ab}$。

具体地，上述内积论证中验证者每轮都需要计算新的承诺密钥$[\boldsymbol{r}']$、$[\boldsymbol{s}']$，该过程共需要 $2n+n+\cdots+4=O(n)$ 次群幂操作。Daza 等指出，如果承诺密钥具有特殊的结构，那么这个计算过程满足一些特殊的性质。以 BCCGP16 的内积论证为例，$[\boldsymbol{r}']\leftarrow\left[c^{-1}\boldsymbol{r}_{\frac{1}{2}}+c^{-2}\boldsymbol{r}_{\frac{2}{2}}\right]$，若承诺密钥$[\boldsymbol{r}]$的分布为 $\mathcal{ML}_{n=2^v}$，则$\left[\boldsymbol{r}_{\frac{2}{2}}\right]=\left[x_v\boldsymbol{r}_{\frac{1}{2}}\right]$。故新的承诺密钥满足$[\boldsymbol{r}']=\left[(c^{-1}+x_vc^{-2})\boldsymbol{r}_{\frac{1}{2}}\right]$。同理，由于分布

$\mathcal{ML}_{n=2^v}$ 的特殊结构，每轮递归中承诺密钥的计算都满足此性质，可推出最后的承诺密钥$[r']$满足

$$[r'] = \left[\prod_{i=1}^{v}\left(c_i^{-1} + x_{v-i+1}c_i^{-2}\right)\right] \tag{7.6}$$

为了降低验证复杂度，验证者不用每轮计算$[r']$，而是验证$[r']$是否按照等式（7.6）正确计算。由于$\{x_i\}_{i\in[v]}$是需要由可信第三方生成的，所以验证者不能直接验证等式（7.6）。为此，Daza 等让验证者每轮使用配对方程做一次中间验证，最终验证者可以确信得到的$[r']$是正确计算的。具体地，证明者在第 i 轮计算$[\boldsymbol{r}']_1 \leftarrow \left[c_i^{-2}\boldsymbol{r}_{\frac{1}{2}} + c_i^{-2}\boldsymbol{r}_{\frac{2}{2}}\right]_1$，然后把$[\boldsymbol{r}']_1$的第一个值$[r_1']_1$发给验证者，验证者验证下式是否成立。

$$e\left([r_1' - c_i^{-1}r],[1]_2\right) \overset{?}{=} e\left([c_i^{-2}r]_1,[x_{v-i+1}]_2\right)$$

其中$[r]_1$是上一轮的$[r_1']_1$，在第一轮中其初始值为$[1]_1$。

上述对承诺密钥$[\boldsymbol{r}]$的分析同样适用于承诺密钥$[\boldsymbol{s}]$。Daza 等将上述对验证过程的优化融入了协议，具体流程见协议 7.3。

复杂度与安全性分析

证明者每轮需发送 $A_{-1}, B_{-1}, z_{-1}, A_1, B_1, z_1, [r']_1, [s']_1$ 这 8 个元素，且最后一轮需额外发送 a 和 b 这两个域元素，故总通信量为 $8\log_2 n+2$ 个元素。证明者的主要计算开销在每轮计算$\{A_i, B_i, z_i\}_{i\in\{1,-1\}}$、$\boldsymbol{a}'$、$\boldsymbol{b}'$ 和新承诺密钥$[\boldsymbol{r}']$、$[\boldsymbol{s}']$，而这需要 $O(n)$级别的群上运算和域上运算。验证者的主要计算开销为每轮计算 A'、B'、z'，验证新承诺密钥计算的正确性，这需要 $O(\log n)$级别的群上运算、$O(\log n)$级别的域上运算和 $O(\log n)$级别的配对运算。在安全性方面，与 BCCGP16 和 Bulletproofs 中的内积论证类似，DRZ20 中的内积论证也具有完美完备性和统计意义的证据扩展可仿真性。

协议 7.3 DRZ20 中的内积论证[40]

公共输入：$\mathbb{G}_1,\mathbb{G}_2,\mathbb{G}_T,e:\mathbb{G}_1\times\mathbb{G}_2\rightarrow\mathbb{G}_T,q,g_1,g_2,g_T,[r]_1,[s]_1\in\mathbb{G}_1,[\boldsymbol{x}]_2,[\boldsymbol{y}]_2\in\mathbb{G}_2^v$，$[\boldsymbol{r}]_1,[\boldsymbol{s}]_1\in\mathbb{G}_1^n$，$A,B\in\mathbb{G}_1,z\in\mathbb{Z}_q$

证明者秘密输入：$\boldsymbol{a},\boldsymbol{b}\in\mathbb{Z}_q^n$，满足 $A=[\boldsymbol{a}\cdot\boldsymbol{r}]_1\wedge B=[\boldsymbol{b}\cdot\boldsymbol{s}]_1\wedge z=\boldsymbol{a}\cdot\boldsymbol{b}$

1. $\mathcal{P}$ 向 $\mathcal{V}$ 发送 $A_{-1},B_{-1},z_{-1},,A_1,B_1,z_1$，具体如下。

$$A_{-1}\leftarrow\left[\boldsymbol{a}_{\frac{1}{2}}\cdot\boldsymbol{r}_{\frac{2}{2}}\right]_1,\quad B_{-1}\leftarrow\left[\boldsymbol{b}_{\frac{1}{2}}\cdot\boldsymbol{s}_{\frac{2}{2}}\right]_1,\quad z_{-1}\leftarrow\boldsymbol{a}_{\frac{2}{2}}\cdot\boldsymbol{b}_{\frac{1}{2}},$$

$$A_1\leftarrow\left[\boldsymbol{a}_{\frac{2}{2}}\cdot\boldsymbol{r}_{\frac{1}{2}}\right]_1,\quad B_1\leftarrow\left[\boldsymbol{b}_{\frac{2}{2}}\cdot\boldsymbol{s}_{\frac{1}{2}}\right]_1,\quad z_1\leftarrow\boldsymbol{a}_{\frac{1}{2}}\cdot\boldsymbol{b}_{\frac{2}{2}}$$

2. $\mathcal{V}$ 向 $\mathcal{P}$ 发送随机挑战 $c\overset{\$}{\leftarrow}\mathbb{Z}_q^*$。
3. $\mathcal{P}$ 计算新的承诺密钥$[\boldsymbol{r}']_1, [\boldsymbol{s}']_1$和下一轮的新证据 $\boldsymbol{a}', \boldsymbol{b}'$，具体如下。

$$[\boldsymbol{r}']_1\leftarrow\left[c^{-1}\boldsymbol{r}_{\frac{1}{2}}+c^{-2}\boldsymbol{r}_{\frac{2}{2}}\right]_1,\quad [\boldsymbol{s}']_1\leftarrow\left[c\boldsymbol{s}_{\frac{1}{2}}+c^2\boldsymbol{s}_{\frac{2}{2}}\right]_1,\quad [r']_1\leftarrow[r_1']_1,\quad [s']_1\leftarrow[s_1']_1,$$

$$\boldsymbol{a}'\leftarrow c\boldsymbol{a}_{\frac{1}{2}}+c^2\boldsymbol{a}_{\frac{2}{2}},\quad \boldsymbol{b}'\leftarrow c^{-1}\boldsymbol{b}_{\frac{1}{2}}+c^{-2}\boldsymbol{b}_{\frac{2}{2}}$$

4. $\mathcal{P}$ 向 $\mathcal{V}$ 发送$[r']_1,[s']_1$。

5. $\mathcal{V}$ 检查以下两个配对方程，以判断该轮中新的承诺密钥是不是正确计算的。若有一个方程不成立，则拒绝。

$$e\left([r'-c^{-1}r]_1,[1]_2\right)\stackrel{?}{=}e\left([c^{-2}r]_1,[x_v]_2\right),\ e\left([s'-cs]_1,[1]_2\right)\stackrel{?}{=}e([c^2s]_1,[y_v]_2)$$

6. $\mathcal{P}$ 和 $\mathcal{V}$ 分别计算下一轮的新陈述，具体有

$$[\boldsymbol{x}']_2\leftarrow\left([x_1]_2,\cdots,[x_{v-1}]_2\right),\quad [\boldsymbol{y}']_2\leftarrow\left([y_1]_2,\cdots,[y_{v-1}]_2\right),\quad z'\leftarrow z_{-1}c+z+z_1c^{-1},$$
$$A'\leftarrow A_{-1}^{c^{-1}}\cdot A\cdot A_1^{c},\qquad B'\leftarrow B_{-1}^{c}\cdot B\cdot B_1^{c^{-1}}$$

7. $\mathcal{P}$ 和 $\mathcal{V}$ 跳转至第 1 步，执行下一轮循环，归约后的陈述为

$$\{(\mathbb{G}_1,\mathbb{G}_2,\mathbb{G}_T,q,g_1,g_2,g_T,[r']_1,[s']_1,[\boldsymbol{x}']_2,[\boldsymbol{y}']_2,[r']_1,[s']_1,A',B',z';\boldsymbol{a}',\boldsymbol{b}'):A'=[\boldsymbol{a}'\cdot\boldsymbol{r}']_1\wedge B'=[\boldsymbol{b}'\cdot\boldsymbol{s}']_1\wedge z'=\boldsymbol{a}'\cdot\boldsymbol{b}'\}$$

8. 上述循环归约过程共重复 $\log_2 n$ 次，直至 $\boldsymbol{a}$ 和 $\boldsymbol{b}$ 缩减为标量，此时 $\mathcal{P}$ 直接将 a 和 b 发给 $\mathcal{V}$，然后 $\mathcal{V}$ 自行验证即可。

7.2.3 范围证明

范围证明最早可追溯到 Brickell 等[169]的工作，该证明允许证明者向验证者证明某个被承诺的值属于一个公开的数值范围，其是众多应用的核心组成部分，如匿名凭证[170]、电子投票[171]、电子现金[172]、电子拍卖[173-175]、“密码货币”（Monero、Beam、Grin）等。一般而言，有两种通用的方法构造范围证明，一种基于平方分解，另一种基于 n 进制分解。

Boudot[176]最早使用基于平方分解的方法构造范围证明。为证明一个秘密值 v 属于范围$[a,b]$，只需证明 $v-a$ 和 $b-v$ 均是非负数。为证明值 x 是非负数，只需证明 x 等于 4 个数的平方和，拉格朗日的四平方和定理指出每个正整数均可表示为 4 个整数的平方和。Lipmaa[177]提出了一个改进的计算正整数四平方和分解的算法，并利用此算法设计了一个更简洁的范围证明，该证明的通信复杂度略低于 Boudot 的范围证明。之后 Groth[171]观察到，为证明值 x 是非负数，只需证明 $4x+1$ 等于 3 个数的平方和，这可以用来进一步降低范围证明的通信复杂度。基于平方分解构造的范围证明只需要常数个群元素的通信开销，但这类范围证明需要使用 RSA 群或类群，每个群元素需要用较多的字节进行表示，并且群中运算的实际性能较差。Couteau 等[178]提出一个承诺转换方法，可以将对域元素的承诺转换成对有界整数的承诺，利用此方法进一步改进了基于平方分解构造的范围证明的性能，但当范围长度较大时，协议的性能便不具优势。

目前被学术界和工业界广泛认可的范围证明基于 n 进制分解进行构造，其中 n 一般取 2。为证明一个秘密值 v 属于范围$[0, 2^k-1]$，可以先把 v 分解成二进制，然后证明每个二进制位都取 0 或 1。基于这种方法，Camenisch 等[164]提出一个具有 $O\left(\frac{k}{\log k}\right)$ 通信复杂度的范围证明，Groth[179]提出一个具有 $O(\sqrt[3]{k})$ 通信复杂度的范围证明。Bünz 等[16]借助内积论证，首次

提出具有 $O(\log k)$通信复杂度的范围证明，并在工业界得到了广泛应用。Chung 等[168]借助零知识的加权内积论证，把 Bünz 等的范围证明的具体通信复杂度减少了 3 个元素。虽然上述范围证明均具有简洁的通信复杂度，但其验证复杂度均是线性级别。Daza 等[40]借助内积论证，通过将验证者的部分计算委托给证明者，提出了一个既有 $O(\log k)$通信复杂度又有 $O(\log k)$验证复杂度的范围证明。

7.3 典型范围证明协议分析

目前主流的范围证明（RP）基于内积论证这一关键技术，该类范围证明主要利用验证者的随机挑战对原始范围约束不断地进行等价转换，直到约束成为易证明的代数关系，然后利用 Σ 协议对该关系进行证明。内积论证在其中的作用主要是降低通信复杂度，通过替代 Σ 协议中对内积关系的证明和验证，使范围证明具有简洁的对数通信复杂度。基于 IPA 的范围证明的相关协议总结如表 7.2 所示，典型协议优化思路如图 7.1 所示。基于第 7.2.2 小节中涉及的内积论证，第 7.3.1 小节介绍 Bulletproofs-RP，第 7.3.2 小节介绍 DRZ20-RP。

表 7.2 基于 IPA 的范围证明的相关协议总结

协议方案	调用的内积论证	实现非交互基于的模型	启动阶段	配对群	证明复杂度	验证复杂度	通信复杂度	主要底层假设
Bulletproofs-RP[16]	Bulletproofs-IPA[16]	随机谕言模型	公开	无	$O(n)E$ $O(n)M$	$O(n)E$ $O(n)M$	$(2\log_2 n+4)\ \mathbb{G}$ $5\ \mathbb{F}$	$\mathcal{U}_n$-Find-Rep 假设
CHJKS20-RP[168]	CHJKS20-IPA[168]	随机谕言模型	公开	无	$O(n)E$ $O(n)M$	$O(n)E$ $O(n)M$	$(2\log_2 n+3)\ \mathbb{G}$ $3\ \mathbb{F}$	$\mathcal{U}_n$-Find-Rep 假设
DRZ20-RP[40]	DRZ20-IPA[40]	随机谕言模型	私密	有	$O(n)E_1$ $O(n)M$	$O(\log n)E_1$ $O(\log n)E_2$ $O(\log n)M$ $O(\log n)P$	$(7\log_2 n+12)\ \mathbb{G}_1$ $(2\log_2 n+5)\ \mathbb{F}$	$\mathcal{ML}_n$-Find-Rep 假设

注：1. xxx-IPA 表示在 xxx 协议中首次提出的内积论证。n 表示拟证明范围的比特长度。$\mathbb{G}$、$\mathbb{F}$ 分别指椭圆曲线群和有限域，($\mathbb{G}_1$, $\mathbb{G}_2$, $\mathbb{G}_T$)指配对群，在通信复杂度中均表示相应群或域中的元素。E、M、P 分别表示群幂运算、域乘运算和配对运算，下标指出相应的群。

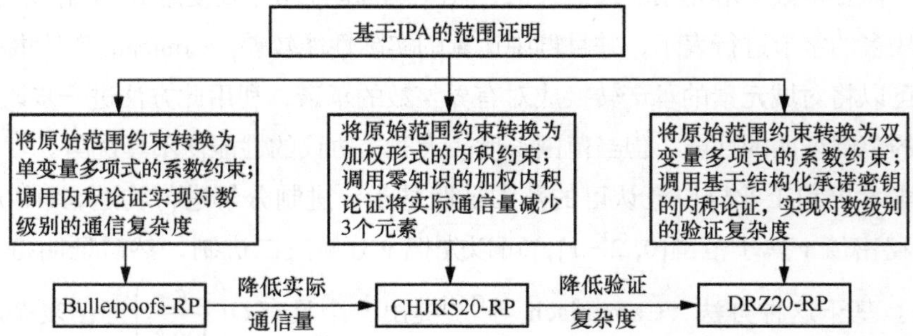

图 7.1 基于 IPA 的范围证明典型协议优化思路

7.3.1 Bulletproofs-RP

Bulletproofs 范围证明（Bulletproofs-RP）第一次基于内积论证获得了对数级别的通信复杂度，极大地降低了此前范围证明的实际通信开销，被学术界和工业界广泛采用。Bulletproofs 范围证明的主要思路与协议流程如图 7.2 所示。

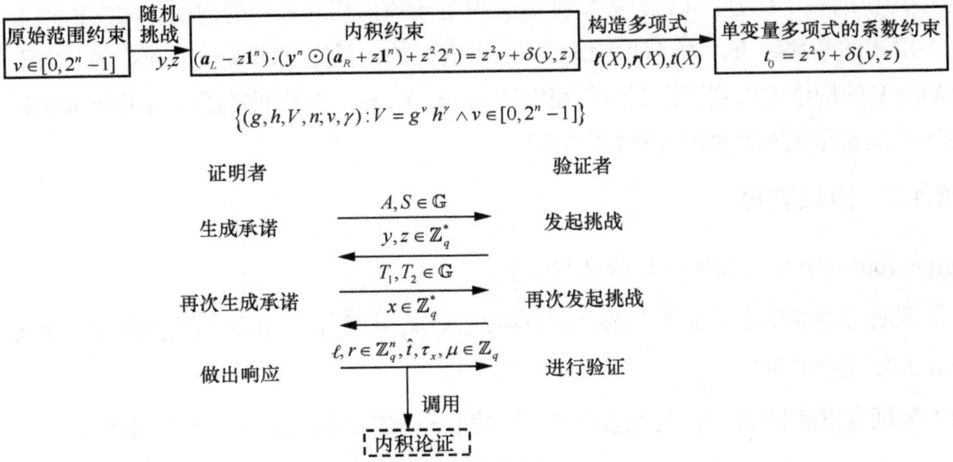

图 7.2 Bulletproofs 范围证明的主要思路与协议流程

7.3.1.1 主要思路

Bulletproofs-RP 所证明的关系为

$$\{(g,\ h,\ V \in \mathbb{G},\ n; v, \gamma \in \mathbb{Z}_q)\ : V = g^v h^\gamma \wedge v \in [0, 2^n - 1]\} \tag{7.7}$$

其中 V 可视为对 v 的 Pedersen 承诺，该关系表明一个被承诺的值 v 属于公开范围[0, 2^n−1]。对于常数 c，记 $\boldsymbol{c}^n$ 为向量$(1, c, c^2, \cdots, c^{n-1})$。令 $\boldsymbol{a}_L = (a_1, \cdots, a_n)$ 表示 v 的二进制分解，则关系（7.7）中的范围约束 $v \in [0, 2^n - 1]$可等价转换为

$$\boldsymbol{a}_L \cdot \boldsymbol{2}^n = v \wedge \boldsymbol{a}_L \odot \boldsymbol{a}_R = \boldsymbol{0} \wedge \boldsymbol{a}_R = \boldsymbol{a}_L - \boldsymbol{1}^n \tag{7.8}$$

为了证明约束（7.8）可满足，可由验证者选择随机挑战 $y \in \mathbb{Z}_q^*$，然后证明者证明这些约束的线性组合。

$$\boldsymbol{a}_L \cdot \boldsymbol{2}^n = v \wedge \boldsymbol{a}_L \cdot (\boldsymbol{a}_R \odot \boldsymbol{y}^n) = \boldsymbol{0} \wedge (\boldsymbol{a}_L - \boldsymbol{1}^n - \boldsymbol{a}_R) \cdot \boldsymbol{y}^n = 0 \tag{7.9}$$

再由验证者选择随机挑战 $z \in \mathbb{Z}_q^*$，证明者做进一步的线性组合。

$$z^2 \cdot (\boldsymbol{a}_L \cdot \boldsymbol{2}^n) + z \cdot ((\boldsymbol{a}_L - \boldsymbol{1}^n - \boldsymbol{a}_R) \cdot \boldsymbol{y}^n) + \boldsymbol{a}_L \cdot (\boldsymbol{a}_R \odot \boldsymbol{y}^n) = z^2 v \tag{7.10}$$

约束（7.10）可重写成如下的内积约束。

$$(\boldsymbol{a}_L - z\boldsymbol{1}^n) \cdot (\boldsymbol{y}^n \odot (\boldsymbol{a}_R + z\boldsymbol{1}^n) + z^2 \boldsymbol{2}^n) = z^2 v + \delta(y, z) \tag{7.11}$$

其中，$\delta(y, z)=(z-z^2)\cdot(\mathbf{1}^n\cdot\mathbf{y}^n)-z^3\cdot(\mathbf{1}^n\cdot\mathbf{2}^n)$。为了证明该内积约束是可满足的，且保证协议具有零知识性，由证明者选择两个随机向量 $\boldsymbol{s}_L, \boldsymbol{s}_R \in \mathbb{Z}_q^n$，并构造如下的向量多项式 $\boldsymbol{\ell}(X), \boldsymbol{r}(X)$ 和二次多项式 $t(X)$。

$$\boldsymbol{\ell}(X) = (\boldsymbol{a}_L - z\mathbf{1}^n) + \boldsymbol{s}_L \cdot X\ ,$$
$$\boldsymbol{r}(X) = \boldsymbol{y}^n \odot (\boldsymbol{a}_R + z\mathbf{1}^n + \boldsymbol{s}_R \cdot X) + z^2\mathbf{2}^n\ ,$$
$$t(X) = \boldsymbol{\ell}(X)\cdot\boldsymbol{r}(X) = t_0 + t_1X + t_2X^2$$

可以发现，$\boldsymbol{\ell}(X)$ 的常数项是内积约束（7.11）中内积的左半部分，$\boldsymbol{r}(X)$ 的常数项是内积约束（7.11）中内积的右半部分，$t(X)$ 的常数项 t_0 正好等于该内积约束中的内积。故内积约束可等价转换为多项式的系数约束，为证明内积约束是可满足的，只需证明 $t_0=z^2v+\delta(y, z)$。由于多项式 $\boldsymbol{\ell}(X), \boldsymbol{r}(X), t(X)$ 的构造中用到了证明者的秘密值 $\boldsymbol{a}_L, \boldsymbol{a}_R, \boldsymbol{s}_L, \boldsymbol{s}_R$，故验证者还需利用 Pedersen 承诺的同态性质验证 t_0 是正确计算的 $t(X)$ 的常数项。

7.3.1.2 协议流程

Bulletproofs-RP 的协议流程具体描述如下。

（1）证明者生成承诺。证明者选择 $\alpha, \rho \xleftarrow{\$} \mathbb{Z}_q, \boldsymbol{s}_L, \boldsymbol{s}_R \xleftarrow{\$} \mathbb{Z}_q^n$，计算 $A = h^\alpha \boldsymbol{g}^{\boldsymbol{a}_L}\boldsymbol{h}^{\boldsymbol{a}_R}, S = h^\rho \boldsymbol{g}^{\boldsymbol{s}_L}\boldsymbol{h}^{\boldsymbol{s}_R}$，把承诺 A, S 发送给验证者。

（2）验证者发起挑战。验证者选择随机挑战 $y, z \xleftarrow{\$} \mathbb{Z}_q^*$，把 y, z 发送给证明者。

（3）证明者再次生成承诺。证明者计算多项式 $\boldsymbol{\ell}(X), \boldsymbol{r}(X), t(X)$，选择 $\tau_1, \tau_2 \xleftarrow{\$} \mathbb{Z}_q$，计算 $T_1=g^{t_1}h^{\tau_1}$，$T_2=g^{t_2}h^{\tau_2}$，把承诺 T_1, T_2 发送给验证者。

（4）验证者再次发起挑战。验证者选择随机挑战 $x \xleftarrow{\$} \mathbb{Z}_q^*$，把 x 发送给证明者。

（5）证明者做出响应。证明者计算

$$\boldsymbol{\ell}=\boldsymbol{\ell}(x),\quad \boldsymbol{r}=\boldsymbol{r}(x),\quad \hat{t}=\boldsymbol{\ell}\cdot\boldsymbol{r},$$
$$\tau_x = \tau_2x^2 + \tau_1x + z^2\gamma\ , \mu=\alpha+\rho x$$

把 $\boldsymbol{\ell}, \boldsymbol{r}, \hat{t}, \tau_x, \mu$ 发送给验证者。

（6）验证者进行验证。验证者计算

$$\boldsymbol{h}' = (h_1, h_2^{y^{-1}}, h_3^{y^{-2}}, \cdots, h_n^{y^{-n+1}}),\quad P = A\cdot S^x \cdot \boldsymbol{g}^{-z\mathbf{1}^n}\cdot(\boldsymbol{h}')^{z\boldsymbol{y}^n + z^2\mathbf{2}^n}$$

验证如下的 3 个方程。

$$g^{\hat{t}}h^{\tau_x} \stackrel{?}{=} V^{z^2}\cdot g^{\delta(y,z)}\cdot T_1^x\cdot T_2^{x^2},\quad P \stackrel{?}{=} h^\mu\cdot \boldsymbol{g}^{\boldsymbol{\ell}}\cdot(\boldsymbol{h}')^{\boldsymbol{r}},\quad \hat{t}\stackrel{?}{=}\boldsymbol{\ell}\cdot\boldsymbol{r} \tag{7.12}$$

若 3 个方程都成立，则接受证明，否则拒绝证明。

（7）调用内积论证。在上述协议中，由于证明者要发送 $\boldsymbol{\ell}, \boldsymbol{r}$，故协议具有线性的通信复杂度。观察到 $\boldsymbol{\ell}, \boldsymbol{r}$ 主要用在等式（7.12）中的最后两个方程，而这两个方程正好是 Bulletproofs-IPA 所证明的关系，因此可以调用 Bulletproofs-IPA 来完成这两个方程的验证。此时证明者不再需要发送 $\boldsymbol{\ell}, \boldsymbol{r}$，同时由于 Bulletproofs-IPA 具有对数级别的通信复杂度，故 Bulletproofs-RP 的通信复杂度也是对数级别。

在该协议中，方程$P \stackrel{?}{=} h^{\mu} \cdot \boldsymbol{g}^{\boldsymbol{\ell}} \cdot (\boldsymbol{h}')^{\boldsymbol{r}}$保证验证者收到的$\boldsymbol{\ell}, \boldsymbol{r}$是按照多项式正确计算的，此处验证基于离散对数关系假设和 Pedersen 承诺的同态性质。方程$\hat{t} \stackrel{?}{=} \boldsymbol{\ell} \cdot \boldsymbol{r}$保证$\hat{t}$确实是$t(x)$，可以表示成$t_0 + t_1 x + t_2 x^2$。方程$g^{\hat{t}} h^{\tau_x} \stackrel{?}{=} V^{z^2} \cdot g^{\delta(y,z)} \cdot T_1^{x} \cdot T_2^{x^2}$保证$t_0 = z^2 v + \delta(y,z)$，此处验证基于离散对数关系假设、Pedersen 承诺的同态性质和 Schwartz-Zippel 引理。若 3 个方程都成立，则基于 7.3.1.1 小节的主要思路，能够反向推出原始范围约束是可满足的。

7.3.1.3 讨论总结

复杂度分析

证明者的主要开销是计算承诺A、S、多项式$t(X)$、响应$\boldsymbol{\ell}, \boldsymbol{r}, \hat{t}$，生成内积论证的证明，共需要$O(n)$个群幂运算和$O(n)$个域乘运算。验证者的主要开销是计算$\boldsymbol{h}', P$，验证内积论证的证明，共需要$O(n)$个群幂运算和$O(n)$个域乘运算。通信开销包含承诺$A,S, T_1, T_2$、响应$\hat{t}$，$\tau_x$, μ和内积论证中需要通信的元素，共为$(2\log_2 n+4)$个群元素和 5 个域元素。

安全性分析

协议具有完美完备性、计算意义的证据扩展可仿真性和完美特殊诚实验证者零知识性。现对这 3 个安全属性的证明做简要描述。

1. 完美完备性。若原始范围约束是可满足的，则内积约束是可满足的，进而可知单变量多项式的系数约束是可满足的，故验证者要验证的 3 个方程均成立，最终验证者会接受证明。

2. 计算意义的证据扩展可仿真性。可构造一个高效的提取器$\mathcal{X}$，根据数量多项式与安全参数的可接受副本，以不可忽略的概率提取出有效的证据。该提取器不断地利用新鲜的随机挑战y,z,x“重绕”证明者到指定位置，同时调用内积论证的提取器，得到相应的可接受副本。因为每个副本都满足验证方程，所以提取器$\mathcal{X}$可对这些方程做特定的线性组合，基于离散对数假设在概率多项式时间内算出有效的证据。由于敌手打破离散对数假设的概率是可忽略的，故提取器$\mathcal{X}$失败的概率也是可忽略的。

3. 完美特殊诚实验证者零知识性。给定一个陈述，可构造模拟器$\mathcal{S}$生成一个模拟证明，使得该证明与诚实证明者生成的证明具有完美不可区分的分布。模拟器$\mathcal{S}$的构造如下。

（1）利用验证者的随机性生成挑战y, z, x。

（2）随机生成$A, T_2 \in \mathbb{G}, \boldsymbol{\ell}, \boldsymbol{r} \in \mathbb{Z}_q^n, \tau_x, \mu \in \mathbb{Z}_q$。

（3）根据验证方程计算$S, T_1, \hat{t}$。

（4）使用模拟的证据$\boldsymbol{\ell}, \boldsymbol{r}$调用内积论证，得到内积论证中的有效证明$\mathrm{IPA}_{\mathrm{proof}}$。

（5）输出$A,S,y,z,T_1,T_2,x, \hat{t}, \tau_x, \mu, \mathrm{IPA}_{\mathrm{proof}}$。

在模拟证明和真实证明中，A,T_2都是随机的群元素，$\boldsymbol{\ell}$, $\boldsymbol{r}$都是随机的域向量，τ_x, μ都是随机的域元素，$S,T_1,\hat{t}$都是由验证方程唯一确定的，$\mathrm{IPA}_{\mathrm{proof}}$都是由内积论证的证据生成的有效证明，故模拟器$\mathcal{S}$生成的模拟证明和真实证明具有完美不可区分的分布。

7.3.2 DRZ20-RP

DRZ20 范围证明（DRZ20-RP）第一次基于内积论证同时获得了对数级别的通信和验证复杂度，在保持简洁的对数通信复杂度的基础上，极大地降低了此前范围证明在较大范围长度下的实际验证开销。DRZ20 范围证明的主要思路与协议流程如图 7.3 所示。

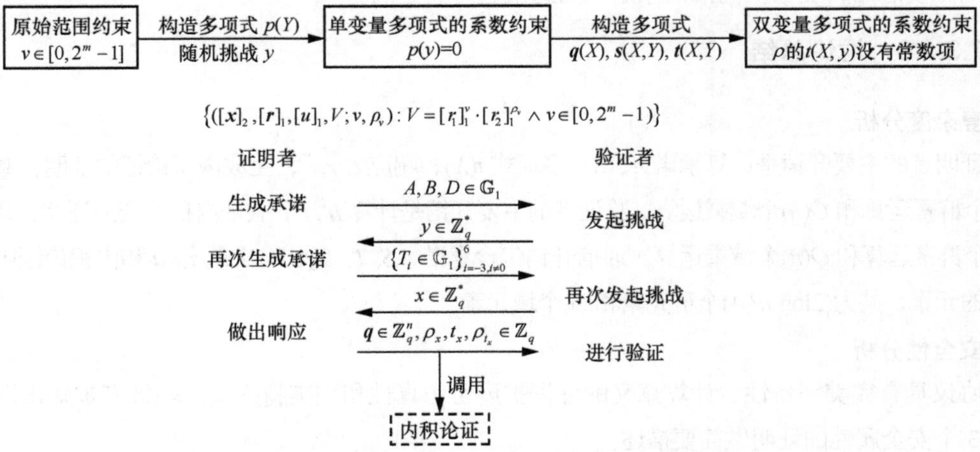

图 7.3　DRZ20 范围证明的主要思路与协议流程

7.3.2.1　主要思路

DRZ20-RP 所证明的关系为

$$\{([\boldsymbol{x}]_2 \in \mathbb{G}_2^k, [\boldsymbol{r}]_1 \in \mathbb{G}_1^n, [u]_1, V \in \mathbb{G}_1; v, \rho_v \in \mathbb{Z}_q) : V = [r_1]_1^v \cdot [r_2]_1^{\rho_v} \wedge v \in [0, 2^m - 1]\} \quad (7.13)$$

其中，$[\boldsymbol{r}]_1$ 是由 $\boldsymbol{x}$ 生成的结构化的承诺密钥，n 为满足 $n = 2^k \geqslant m$ 的最小整数，V 可视为对 v 的 Pedersen 承诺，该关系表明一个被承诺的值 v 属于公开范围$[0, 2^m - 1]$。令 $\boldsymbol{c} = (v, \rho_v, 0, \cdots, 0)$ 为一个 n 维向量，$\boldsymbol{a} = (a_1, \cdots, a_n)$ 表示 v 的二进制分解，则关系（7.13）中的范围约束可等价转换为

$$\boldsymbol{a} \cdot \boldsymbol{2}^n = \boldsymbol{c} \cdot \boldsymbol{0}^n \wedge \{b_i = a_i - 1\}_{i=1}^m \wedge \{b_i = 0\}_{i=m+1}^n \wedge \boldsymbol{a} \odot \boldsymbol{b} = \boldsymbol{0} \wedge \{a_i = 0\}_{i=m+1}^n \wedge \{c_i = 0\}_{i=3}^n$$

接下来，基于 Schwartz-Zippel 引理把这些约束转换为单变量多项式的系数约束。首先构造如下的多项式。

$$\begin{aligned} &p_1(Y) = (\boldsymbol{a} \odot \boldsymbol{b}) \cdot \boldsymbol{Y}^n, \ p_2(Y) = \sum_{i=1}^{m} (a_i - b_i - 1) Y^{i-1} + \sum_{i=m+1}^{n} a_i Y^{i-1}, \\ &p_3(Y) = \sum_{i=m+1}^{n} b_i Y^{i-1}, \ p_4(Y) = \sum_{i=3}^{n} c_i Y^{i-1} \end{aligned} \quad (7.14)$$

接着基于多项式（7.14）构造多项式 $p(Y)$。

$$p(Y) = p_1(Y) + Y^n p_2(Y) + Y^{2n} p_3(Y) + Y^{3n} p_4(Y) + Y^{4n} (\boldsymbol{a} \cdot \boldsymbol{2}^n - \boldsymbol{c} \cdot \boldsymbol{0}^n)$$

则上述约束可满足当且仅当 $p(Y)$是零多项式。为证此，可由验证者选择随机挑战 $y \in \mathbb{Z}_q$，然后证明者证明 $p(y)=0$。进一步地，把单变量多项式 $p(Y)$的系数约束转换为双变量多项式的系数约束。选择随机向量 $\boldsymbol{d} \in \mathbb{Z}_q^n$，令

$$\begin{aligned} \boldsymbol{Y}_1 &= (1, Y, Y^2, \cdots, Y^{m-1}, 0, \cdots, 0) \in \mathbb{Z}_q^n, \\ \boldsymbol{Y}_2 &= (0, \cdots, 0, Y^m, \cdots, Y^{n-1}) \in \mathbb{Z}_q^n, \\ \boldsymbol{Y}_3 &= (0, 0, Y^2, \cdots, Y^{n-1}) \in \mathbb{Z}_q^n \end{aligned}$$

构造如下多项式。

$$\boldsymbol{q}(X)=\boldsymbol{a}X+\boldsymbol{b}X^{-1}+\boldsymbol{c}X^2+\boldsymbol{d}X^3,$$

$$\boldsymbol{s}(X,Y)=(Y^n\boldsymbol{Y}^n+Y^{4n}\boldsymbol{2}^n)X^{-1}+(Y^{2n}\boldsymbol{Y}_2-y^n\boldsymbol{Y}_1)X+(Y^{3n}\boldsymbol{Y}_3-Y^{4n}\boldsymbol{0}^n)X^{-2},$$

$$t(X, Y)=\boldsymbol{q}(X)\cdot(\boldsymbol{q}(X)\odot \boldsymbol{Y}^n+2\boldsymbol{s}(X, Y))-2Y^n(\boldsymbol{1}^n\cdot \boldsymbol{Y}_1)$$

可以发现，$t(X, Y)$关于 X 的常数项正好是 $2p(Y)$。故要证明对于随机挑战 $y \in \mathbb{Z}_q$，$p(y)=0$，只需证明 $t(X, y)$没有常数项。由于多项式 $t(X, Y)$的构造中用到了证明者的秘密值 $\boldsymbol{a}, \boldsymbol{b}, \boldsymbol{c}, \boldsymbol{d}$，故验证者还需利用Pedersen 承诺的同态性质，验证$t(X, y)$是正确构造的$t(X, Y)$在y 点的计算结果。

7.3.2.2　协议流程

DRZ20-RP 的协议流程具体描述如下。

（1）证明者生成承诺。证明者选择 $\rho_a, \rho_b, \rho_d \xleftarrow{\$} \mathbb{Z}_q, \boldsymbol{d} \xleftarrow{\$} \mathbb{Z}_q^n$，计算$A=[\boldsymbol{r}]_1^{\boldsymbol{a}} \cdot [u]_1^{\rho_a}$，$B=[\boldsymbol{r}]_1^{\boldsymbol{b}} \cdot [u]_1^{\rho_b}$，$D=[\boldsymbol{r}]_1^{\boldsymbol{d}} \cdot [u]_1^{\rho_d}$，把承诺 A, B, D 发送给验证者。

（2）验证者发起挑战。验证者选择随机挑战 $y \xleftarrow{\$} \mathbb{Z}_q^*$，把 y 发送给证明者。

（3）证明者再次生成承诺。证明者计算多项式$t(X, y)=\sum_{i=-3}^{6} t_i X^i$，对于 $i=\{-3, -2, -1, 1, 2, 3, 4, 5, 6\}$，选择 $\rho_i \xleftarrow{\$} \mathbb{Z}_q$，计算 $T_i = [r_1]_1^{t_i} \cdot [u]_1^{\rho_i}$。把承诺 $\{T_i\}_{i=-3, i\neq 0}^{6}$ 发送给验证者。

（4）验证者再次发起挑战。验证者选择随机挑战 $x \xleftarrow{\$} \mathbb{Z}_q^*$，把 x 发送给证明者。

（5）证明者做出响应。证明者计算

$$\begin{aligned} \boldsymbol{q} &= \boldsymbol{q}(x), \rho_x = \rho_a x + \rho_b x^{-1} + \rho_d x^3, \\ t_x &= t(x, y), \rho_{t_x} = \sum_{i=-3, i\neq 0}^{6} \rho_i x^i \end{aligned}$$

把$\boldsymbol{q}, \rho_x, t_x, \rho_{t_x}$ 发送给验证者。

（6）验证者进行验证。验证者计算 $\boldsymbol{s}=\boldsymbol{s}(x,y)$。验证如下 3 个方程。

$$[r_1]_1^{t_x} \cdot [u]_1^{\rho_{t_x}} \stackrel{?}{=} \prod_{i=-3, i\neq 0}^{6} T_i^{x^i}, \quad t_x \stackrel{?}{=} \boldsymbol{q} \cdot (\boldsymbol{q} \odot \boldsymbol{y}^n + 2\boldsymbol{s}) - 2y^n(\boldsymbol{1}^n \cdot \boldsymbol{y}_1),$$

$$[\boldsymbol{r}]_1^{\boldsymbol{q}} \cdot [u]_1^{\rho_x} \stackrel{?}{=} A^x \cdot B^{x-1} \cdot V^{x^2} \cdot D^{x^3}$$

若 3 个方程都成立，则接受证明，否则拒绝证明。

（7）调用内积论证。在上述协议中，由于证明者要发送 $\boldsymbol{q}$，且验证者要验证 $\boldsymbol{q},t_x$、计算 $\boldsymbol{s}$，故协议具有线性级别的通信和验证复杂度。验证者所要验证的最后两个方程中，$z \leftarrow t_x+2y^n(\mathbf{1}^n \cdot \boldsymbol{y}_1)$ 可以看作 $\boldsymbol{q}$ 和 $\boldsymbol{q}\cdot(\boldsymbol{q}\odot \boldsymbol{y}^n+2\boldsymbol{s})$的内积；$A' \leftarrow A^x \cdot B^{x-1} \cdot V^{x^2} \cdot D^{x^3} \cdot [u]_1^{-\rho_x}$ 可以看作以$[\boldsymbol{r}]_1$ 为承诺密钥，对 $\boldsymbol{q}$ 的 Pedersen 承诺。相比 DRZ20-IPA 所证明的关系，目前协议的验证中缺乏对 $\boldsymbol{q}\odot \boldsymbol{y}^n+2\boldsymbol{s}$ 的承诺。为此，计算 $B' \leftarrow A' \cdot [\boldsymbol{r}\odot \boldsymbol{y}^{-n}]_1^{2\boldsymbol{s}}$，则 B'可看作以 $[\boldsymbol{r}\odot \boldsymbol{y}^{-n}]_1$ 为承诺密钥，对 $\boldsymbol{q}\odot \boldsymbol{y}^n+2\boldsymbol{s}$ 的 Pedersen 承诺，此时可调用 DRZ20-IPA。

在该协议中，方程$[\boldsymbol{r}]_1^{\boldsymbol{q}} \cdot [u]_1^{\rho_x} \stackrel{?}{=} A^x \cdot B^{x-1} \cdot V^{x^2} \cdot D^{x^3}$ 保证验证者收到的$\boldsymbol{q}$ 是按照多项式正确计算的，此处验证基于 $\mathcal{ML}_n$ -Find-Rep 假设和 Pedersen 承诺的同态性质。方程 $t_x \stackrel{?}{=} \boldsymbol{q}\cdot(\boldsymbol{q}\odot \boldsymbol{y}^n+2\boldsymbol{s})-2y^n(\mathbf{1}^n \cdot \boldsymbol{y}_1)$ 保证 t_x 是正确构造的 $t(X,Y)$ 在点(x,y)处的结果。方程 $[r_1]_1^{t_x} \cdot [u]_1^{\rho_{t_x}} \stackrel{?}{=} \prod_{i=-3,i\neq 0}^{6} T_i^{x^i}$ 保证 $t(X,y)$没有常数项，此处验证基于离散对数关系假设、Pedersen 承诺的同态性质和 Schwartz-Zippel 引理。若 3 个方程都成立，则基于 7.3.2.1 小节的主要思路，能够反向推出原始范围约束是可满足的。

7.3.2.3 讨论总结

复杂度分析

证明者的主要开销是计算承诺 A,B,D、多项式 $t(X,y)$、响应 $\boldsymbol{q}$，生成内积论证的证明，共需要 $O(n)$个群幂运算和 $O(n)$个域乘运算。对于验证者开销，由于协议中最后两个验证方程可通过内积论证进行验证，故验证者不再需要计算 $\boldsymbol{s},[\boldsymbol{r}]_1^{\boldsymbol{q}}$。为了高效地计算内积论证中的承诺 B'，需要有可信第三方生成对 $\boldsymbol{s}(X,Y)$中部分项的承诺，然后验证者利用承诺的同态属性、通过对数级别的操作得到 B'。此外，验证者需通过对数级别的操作验证内积论证的证明。最终，验证者共需执行 $O(\log n)$个群幂运算、$O(\log n)$个域乘运算和 $O(\log n)$个配对运算。通信开销主要包含承诺 $A,B,D,\{T_i\}_{i=-3,i\neq 0}^{6}$、响应 ρ_x,t_x,ρ_{t_x} 和内积论证中需要通信的元素，共为$(7\log_2 n+12)$个群元素和 $(2\log_2 n+5)$个域元素。

安全性分析

协议具有完美完备性、计算意义的证据扩展可仿真性和完美特殊诚实验证者零知识性。现对这 3 个安全属性的证明做简要描述。

1. 完美完备性。若原始范围约束是可满足的，则单变量多项式 $p(Y)$的系数约束是可满足的，进而可知双变量多项式 $t(X, Y)$的系数约束是可满足的，故验证者要验证的 3 个方程均成立，最终验证者会接受证明。

2. 计算意义的证据扩展可仿真性。可构造一个有效的提取器 $\mathcal{X}$，根据数量多项式与安全参数的可接受副本，以不可忽略的概率提取出有效的证据。该提取器不断地利用新鲜的随机挑战 y, x "重绕"证明者到指定位置，同时调用内积论证的提取器，得到相应的可接受副本。因为每个副本都满足验证方程，所以提取器 $\mathcal{X}$ 可对这些方程做特定的线性组合，基于离散对数假设在概率多项式时间内算出有效的证据。由于敌手打破离散对数假设的概率是可忽略的，故提取器 $\mathcal{X}$ 失败的概率也是可忽略的。

3. 完美特殊诚实验证者零知识性。给定一个陈述，可构造模拟器 $\mathcal{S}$ 生成一个模拟证明，使得该证明与诚实证明者生成的证明具有完美不可区分的分布。模拟器 $\mathcal{S}$ 的构造如下。

（1）利用验证者的随机性生成挑战 y, x。

（2）随机生成 $A, B, \{T_i\}_{i=-3,i\neq0}^{5} \in \mathbb{G}_1, \boldsymbol{q} \in \mathbb{Z}_q^n, \rho_x, \rho_{t_x} \in \mathbb{Z}_q$。

（3）计算 $\boldsymbol{s}$，根据验证方程计算 t_x, T_6, D。

（4）使用模拟的证据 $\boldsymbol{q}, (\boldsymbol{q}\odot\boldsymbol{y}^n+2\boldsymbol{s})$调用内积论证，得到内积论证中的有效证明 $\text{IPA}_{\text{proof}}$。

（5）输出 $A, B, D, y, \{T_i\}_{i=-3,i\neq0}^{6}, x, \rho_x, t_x, \rho_{t_x}, \text{IPA}_{\text{proof}}$。

在模拟证明和真实证明中，$A, B, \{T_i\}_{i=-3,i\neq0}^{5}$ 都是随机的群元素，$\boldsymbol{q}$ 都是随机的域向量，ρ_x, ρ_{t_x} 都是随机的域元素，$\boldsymbol{s}$ 都是根据公开多项式 $\boldsymbol{s}(X, Y)$计算的，D, T_6, t_x 都是由验证方程唯一确定的，$\text{IPA}_{\text{proof}}$ 都是由内积论证的证据生成的有效证明，故模拟器 $\mathcal{S}$ 生成的模拟证明和真实证明具有完美不可区分的分布。

7.4 针对 C-SAT 问题的典型零知识证明协议分析

该类零知识证明的主要构造思路为：首先将电路中的乘法门约束和乘法门之间的线性约束利用 Schwartz-Zippel 引理归约为一个多项式的某一特定项系数为零的问题；然后将该问题转化为内积论证的陈述表示形式；最后调用内积论证实现零知识证明。事实上，由于上述过程中前两个步骤是较为简单的，对该类零知识证明的改进大多与内积论证的改进紧密相关，基于 IPA 的简洁 NIZKAoK 总结如表 7.3 所示，基于 IPA 的零知识证明典型协议优化思路如图 7.4 所示。基于第 7.2.2 小节中涉及的内积论证，第 7.4.1 小节介绍 BCCGP16，第 7.4.2 小节介绍 Bulletproofs，第 7.4.3 小节介绍 HKR19，第 7.4.4 小节介绍 DRZ20。

表7.3　基于 IPA 的简洁 NIZKAoK 总结

协议	待证明陈述表示形式	调用的内积论证	实现非交互基于的模型	启动阶段	证明复杂度	验证复杂度	通信复杂度	可靠性误差 ε	主要底层假设
BCCGP16[38]	算术电路	BCCGP16-IPA[38]	随机谕言模型	公开	$O(\lvert C\rvert)\ \mathbb{F}_o$ $O(\lvert C_M\rvert)\ \mathbb{G}_o$	$O(\lvert C_{\text{mul}}\rvert)\ \mathbb{G}_o$	$(4\log_2\lvert C_{\text{mul}}\rvert+7)\ \mathbb{G}\ (2\log_2 6)\ \mathbb{F}$	$\Theta(\varepsilon_{\text{PR}}+\varepsilon_{\text{IPA}})$	$\mathcal{U}_{\lvert C\rvert}$-Find-Rep 假设
Bullet-proofs[16]	算术电路	Bulletproofs-IPA[16]	随机谕言模型	公开	$O(\lvert C\rvert)\ \mathbb{F}_o$ $O(\lvert C_{\text{mul}}\rvert)\ \mathbb{G}_o$	$O(\lvert C_{\text{mul}}\rvert)\ \mathbb{G}_o$	$(2\log_2\lvert C_{\text{mul}}\rvert+8)\ \mathbb{G}, 5\ \mathbb{F}$	$\Theta(\varepsilon_{\text{PR}}+\varepsilon_{\text{IPA}})$	$\mathcal{U}_{\lvert C\rvert}$-Find-Rep 假设
HKR19[39]	算术电路	Bulletproofs-IPA	随机谕言模型	公开	$O(\lvert C\rvert)\ \mathbb{F}_o$ $O(\lvert C_{\text{mul}}\rvert)\ \mathbb{G}_o$	$O(\lvert C_{\text{mul}}\rvert)\ \mathbb{G}_o$	$(2\log_2[\lvert C_{\text{mul}}\rvert+2]+3)\ \mathbb{G}, 2\ \mathbb{F}$	$\Theta(\varepsilon_{\text{PR}}+\varepsilon_{\text{IPA}})$	$\mathcal{U}_{\lvert C\rvert}$-Find-Rep 假设

续表

协议	待证明陈述表示形式	调用的内积论证	实现非交互基于的模型	启动阶段	证明复杂度	验证复杂度	通信复杂度	可靠性误差 ε	主要底层假设
DRZ20[40]	算术电路	DRZ20-IPA[40]	随机谕言模型	私密	$O(\log\|C\|)\ \mathbb{F}_o$ $O(\|C_{\text{mul}}\|)\ \mathbb{G}_o$	$O(\log\|C_{\text{mul}}\|)\ \mathbb{G}_o$ $O(\log\|C_{\text{mul}}\|)P$	$O(\log\|C_{\text{mul}}\|)\ \mathbb{G}$ $O(\log\|C_{\text{M}}\|)\ \mathbb{F}$	$\Theta(\varepsilon_{\text{PR}}+\varepsilon_{\text{IPA}})$	$\mathcal{ML}_{\|C\|}$-Find-Rep 假设

注：1. xxx-IPA 表示在 xxx 协议中首次提出的内积论证。P 指非对称群中的配对运算，$\mathbb{G}$、$\mathbb{F}$ 分别指对应群和域中的元素，$\mathbb{G}_o$、$\mathbb{F}_o$ 分别指对应群和域中的运算。DRZ20 中的可信初始化用于确保承诺密钥结构化的正确性。对于可靠性误差，$\Theta(\varepsilon_{\text{PR}})$ 指将电路中所有约束归约为一个多项式约束的可靠性误差，其具体数值可由 Schwartz-Zippel 引理计算得出，$\Theta(\varepsilon_{\text{IPA}})$ 指内积论证本身的知识可靠性误差。底层假设具体见定义 7.2，其中 $\mathcal{U}_{|C|}$-Find-Rep 假设与离散对数关系假设[38]等价。

2. 证明、通信和验证复杂度均为协议一轮开销，协议实际运行轮数及实际证明、验证计算开销和通信量与可靠性误差和安全级别有关。

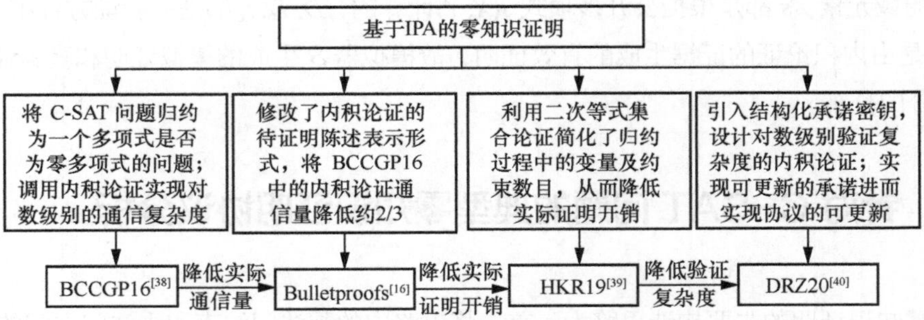

图 7.4 基于 IPA 的零知识证明典型协议优化思路

7.4.1 BCCGP16

7.4.1.1 主要思路与协议流程

BCCGP16 中交互式简洁零知识论证的主要思路与协议流程如图 7.5 所示，具体步骤如下。

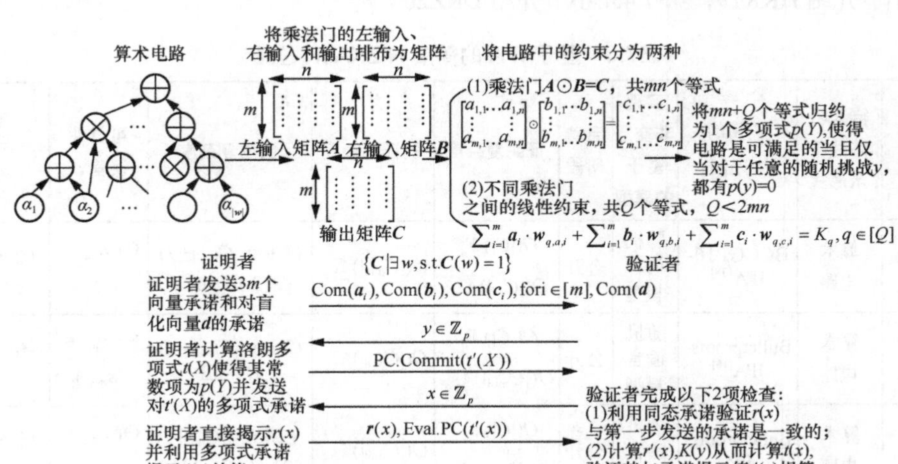

图 7.5 BCCGP16 中交互式简洁零知识论证的主要思路与协议流程[38]

协议准备阶段

1. 证明者$\mathcal{P}$将算术电路所有的门约束分为乘法门约束和不同乘法门之间的线性约束。对于乘法门约束，$\mathcal{P}$将电路中所有乘法门的左输入$\boldsymbol{a}$、右输入$\boldsymbol{b}$和输出$\boldsymbol{c}$排布为$m \times n$的矩阵$\boldsymbol{A}, \boldsymbol{B}, \boldsymbol{C}$，其中左输入矩阵$\boldsymbol{A}$的每一行分别记为$(\boldsymbol{a}_1 = (a_{1,1}, \cdots, a_{1,n}), \cdots, \boldsymbol{a}_m = (a_{m,1}, \cdots, a_{m,n}))$，矩阵$\boldsymbol{B}, \boldsymbol{C}$同理。这样，电路中的乘法门约束可记为$\boldsymbol{A} \odot \boldsymbol{B} = \boldsymbol{C}$，共有$mn = |C_{\text{mul}}|$个等式。对于不同乘法门之间的线性约束，其可记为对于$q \in [Q]$，有

$$\sum_{i=1}^{m} \boldsymbol{a}_i \cdot \boldsymbol{w}_{q,a,i} + \sum_{i=1}^{m} \boldsymbol{b}_i \cdot \boldsymbol{w}_{q,b,i} + \sum_{i=1}^{m} \boldsymbol{c}_i \cdot \boldsymbol{w}_{q,c,i} = K_q \tag{7.15}$$

其中$\boldsymbol{w}_{q,a,i}, \boldsymbol{w}_{q,b,i}, \boldsymbol{w}_{q,c,i}$为常向量，$K_q$为常标量。

例如，假设电路中仅有一个加法门且门的左输入、右输入、输出分别为$2a_{1,1}$、$a_{1,2}$、$b_{1,1}$，则此时$Q=1$，$m=1$，$\boldsymbol{w}_{1,a,1} = (2,1,0,\cdots,0)$，$\boldsymbol{w}_{1,b,1} = (-1,0,\cdots,0)$，$K_1=0$，等式（7.15）等价于$2a_{1,1}+a_{1,2}-b_{1,1}=0$。由于每个乘法门最多有两个输入，因此线性约束等式最多有$Q \leqslant 2mn$个。

2. $\mathcal{P}$将$mn+Q$个等式归约为一个多项式$p(Y)$，具体地，构造

$$p_M(Y) = \sum_{i=1}^{m}\sum_{j=1}^{n}(a_{i,j}b_{i,j} - c_{i,j})Y^{i+(j-1)m} \tag{7.16}$$

用于验证乘法门约束，构造

$$p_L(Y) = \sum_{q=1}^{Q}\left(\sum_{i=1}^{m} \boldsymbol{a}_i \cdot \boldsymbol{w}_{q,a,i} + \sum_{i=1}^{m} \boldsymbol{b}_i \cdot \boldsymbol{w}_{q,b,i} + \sum_{i=1}^{m} \boldsymbol{c}_i \cdot \boldsymbol{w}_{q,c,i}\right)Y^{mn+q} - \sum_{q=1}^{Q} K_q Y^{mn+q} \tag{7.17}$$

用于验证线性约束。此时电路可满足问题被归约为$p(Y)=p_M(Y)+p_L(Y)$是否为零多项式的问题。根据 Schwartz-Zippel 引理，验证$p(Y)=p_M(Y)+p_L(Y)$是否为零多项式可先选取随机挑战$y \xleftarrow{\$} \mathbb{Z}_p$然后验证$p(y) \stackrel{?}{=} 0$实现，其可靠性误差为$(mn+Q)/|\mathbb{F}|$。

协议交互阶段

1. $\mathcal{P}$发送对证据向量$\{\boldsymbol{a}_i, \boldsymbol{b}_i, \boldsymbol{c}_i\}_{i \in \{1,2,\cdots,m\}}$的承诺。

2. 在收到第一次随机挑战y后，$\mathcal{P}$构造洛朗多项式$t(X)$使得$t(X)$的常数项为$p(y)$，并构造对去除$t(X)$常数项的多项式$t'(X)$的多项式承诺。其中，$t(X)=\boldsymbol{r}(X)\cdot\boldsymbol{r}'(X)-2K(y)$为内积形式。具体而言，$\boldsymbol{r}(X)$可由$\{\boldsymbol{a}_i, \boldsymbol{b}_i, \boldsymbol{c}_i\}_{i\in[m]}$计算得出，$\text{Com}(\boldsymbol{r}(X))$也可由$\text{Com}(\boldsymbol{a}_i)$，$\text{Com}(\boldsymbol{b}_i)$，$\text{Com}(\boldsymbol{c}_i)$计算得出；$\boldsymbol{r}'(X) = \boldsymbol{r}(X) \odot (y^m, y^{2m}, \cdots, y^{nm}) + 2\boldsymbol{s}(X)$、$\boldsymbol{s}(X)$和$K(y)$均由电路结构和随机挑战决定。也就是说，只需给出$\boldsymbol{r}(x)$验证者即可自己构造$\boldsymbol{r}'(x)$、$K(y)$。

3. 在$\mathcal{V}$发送第二次随机挑战x后，$\mathcal{P}$将$\boldsymbol{r}(x)$发送给$\mathcal{V}$并利用多项式承诺揭示$t'(x)$的值。由于直接发送$\boldsymbol{r}(x)$可能泄露隐私信息，为保障零知识性，需引入盲化向量$\boldsymbol{d}$对$\boldsymbol{r}(X)$进行盲化，故第一轮还需发送对盲化向量$\boldsymbol{d}$的承诺。

检查阶段

1. $\mathcal{V}$利用承诺的同态属性，验证$\boldsymbol{r}'(x)$与利用第一轮收到承诺构造的$\boldsymbol{r}(x)$是一致的。

2. $\mathcal{V}$根据电路结构和y自行计算$\boldsymbol{s}(x)$, $K(y)$，然后计算$t(x) \leftarrow \boldsymbol{r}(x)\cdot\boldsymbol{r}'(x)-2K(y)$，并验证

$t'(x)\overset{?}{=}t(x)$。若验证通过，则由Schwarz-Zippel引理可知左式以极高的概率等于右式，又右式与左式之差即 $t(X)$的常数项 $p(y)$，故 $p(y)$有极高的概率为0，因此协议的可靠性得以保障。

上述协议最后需直接发送向量 $\boldsymbol{r}(x)$。BCCGP16指出可不直接发送 $\boldsymbol{r}(x)$而发送对 $\boldsymbol{r}(x), \boldsymbol{r}'(x)$的承诺并调用内积论证验证 $t'(x)\overset{?}{=}\boldsymbol{r}(x)\cdot\boldsymbol{r}'(x)-2K(y)$，进而降低通信复杂度。事实上，对 $\boldsymbol{r}(x), \boldsymbol{r}'(x)$的承诺也可由$\mathcal{V}$根据对$\{\boldsymbol{a}_i, \boldsymbol{b}_i, \boldsymbol{c}_i\}_{i\in[m]}, \boldsymbol{d}$的承诺、电路结构及随机挑战自行算出。故此时的通信开销仅包含利用多项式承诺揭示 $t'(x)$及内积论证所需要的通信量。

7.4.1.2 讨论总结

复杂度分析

对于图7.5所表示的协议，$\mathcal{P}$的计算开销包括：

1. 构造多项式 $p(Y)$，具体为 $O(|C|)$级别的域上运算；
2. 计算洛朗多项式 $t(X)$，具体为 $O(mn)=O(|C_{\text{mul}}|)$级别的域上运算；
3. 承诺向量$\{\boldsymbol{a}_i, \boldsymbol{b}_i, \boldsymbol{c}_i\}_{i\in[m]}$，$\boldsymbol{d}$和承诺多项式 $t(X)$，具体都为 $O(|C_{\text{mul}}|)$次群上运算。因此，$\mathcal{P}$的计算开销共计为 $O(|C|)$次群上运算。

$\mathcal{V}$的计算开销主要分为打开对多项式 $t'(x)$的承诺、基于承诺的同态属性验证 $\boldsymbol{r}(x)$的一致性和计算对 $\boldsymbol{r}'(x), \boldsymbol{s}(x)$的承诺，具体为 $O(mn)=O(|C_{\text{mul}}|)$次群上运算。

通信开销包括：

1. 发送 $3m$ 个对长度为 n 的向量的向量承诺，具体为 $O(m)$；
2. 打开长度为 n 的向量多项式 $\boldsymbol{r}(X)$在x的取值 $\boldsymbol{r}(x)$，具体为 $O(n)$；
3. 打开多项式承诺 $t'(x)$，具体为 $O(\sqrt{m})$。

通信开销总计为 $O(m)+O(n)$。考虑到 $mn=|C_{\text{mul}}|$，设置 $m\approx n$ 可实现 $O(\sqrt{|C_{\text{mul}}|})$级别的通信复杂度。

如果调用内积论证，协议会增加 $\log_2 n$ 轮。$\mathcal{P}$的计算开销会因为内积论证增加 $O(|C_{\text{mul}}|)$级别的群上运算。$\mathcal{V}$的计算开销主要分为打开对多项式 $t'(x)$的承诺，基于承诺的同态属性计算对 $\boldsymbol{r}(x)$、$\boldsymbol{r}'(x)$和 $\boldsymbol{s}(x)$的承诺和参与内积论证，这均需要 $O(|C_{\text{mul}}|)$级别的群上运算。对于通信复杂度，在满足 $mn=|C_{\text{mul}}|$的条件下，将 m 设置为 2、n 设置为$|C_{\text{mul}}|/2$ 时通信量可达到最低，为$(6\log|C_{\text{mul}}|+13)$个元素。

安全性分析

基于DLOG假设，BCCGP16是具有完美完备性、完美特殊诚实验证者零知识性和统计意义的证据扩展可仿真性的零知识论证。对于完美完备性，若算术电路所有的门约束都是可满足的，则多项式 $p(Y)$是零多项式，进而可得洛朗多项式 $t(X)$没有常数项，故最终验证者会接受证明。对于完美特殊诚实验证者零知识性，可构造一个模拟器$\mathcal{S}$，其输入公开陈述和验证者的挑战，随机生成证明中的部分群或域元素，并利用验证方程计算证明中的其余元素，输出模拟证明，使得该证明与诚实证明者生成的证明具有完美不可区分的分布。该属性由承诺的隐藏性和盲化向量 $\boldsymbol{d}$ 保障。对于统计意义的证据扩展可仿真性，可构造一个提取器 $\mathcal{X}$，其根据数量多项式与安全参数的可接受副本提取出有效的证据。该属性由承诺的绑定性和内积论证的证据扩展可仿真性保障。

7.4.1.3　BCCGP16 的平凡改进

事实上，BCCGP16 中将证据向量 $\boldsymbol{a}$、$\boldsymbol{b}$ 和 $\boldsymbol{c}$ 排布为矩阵是非必要的，后续研究[16,39-40]等也均是直接对 $\boldsymbol{a}\odot\boldsymbol{b}=\boldsymbol{c}$ 进行约束转化的。在这种设置下，等式（7.15）～等式（7.17）可相应消除与 m 相关的子式。此时，等式（7.15）可改记为

$$\boldsymbol{a}\cdot\boldsymbol{w}_{q,a}+\boldsymbol{b}\cdot\boldsymbol{w}_{q,b}+\boldsymbol{c}\cdot\boldsymbol{w}_{q,c}=K_q, q\in[Q] \tag{7.18}$$

等式（7.16）可改记为

$$p'_M(Y)=\sum_{i=1}^{|C_{\text{mul}}|}(a_ib_i-c_i)Y^i \tag{7.19}$$

等式（7.17）可改记为

$$p'_L(Y)=\sum_{q=1}^{Q}(\boldsymbol{a}\cdot\boldsymbol{w}_{q,a}+\boldsymbol{b}\cdot\boldsymbol{w}_{q,b}+\boldsymbol{c}\cdot\boldsymbol{w}_{q,c})Y^{|C_{\text{mul}}|+q}-\sum_{q=1}^{Q}K_qY^{|C_{\text{mul}}|+q}$$

对于 $t(X)$，有

$$\boldsymbol{r}(X)=\boldsymbol{a}X+\boldsymbol{b}X^{-1}+\boldsymbol{c}X^2+\boldsymbol{d}X^3 \tag{7.20}$$

$$\boldsymbol{s}(X)=\sum_{q=1}^{Q}\boldsymbol{w}_{q,a}y^{|C_{\text{mul}}|+q}X^{-1}+\sum_{q=1}^{Q}\boldsymbol{w}_{q,a}y^{|C_{\text{mul}}|+q}X+\left((y,y^2,\cdots,y^{|C_{\text{mul}}|})+\sum_{q=1}^{Q}\boldsymbol{w}_{q,c}y^{|C_{\text{mul}}|+q}\right)X^{-2} \tag{7.21}$$

$$t(X)=\boldsymbol{r}(X)\cdot(\boldsymbol{r}(X)\odot(y,y^2,\cdots,y^{|C_{\text{mul}}|})+2\boldsymbol{s}(X)-2\sum_{q=1}^{Q}K_qY^{|C_{\text{mul}}|+q} \tag{7.22}$$

容易验证，$t(X)$的常数项为 $2p(y)=2(p'_M(Y)+p'_L(Y))$。此外，$t(X)$的度为 6，故对其承诺不再需要使用多项式承诺而只需分别对每一项系数进行承诺，这有助于降低证明者的计算开销。

7.4.2　Bulletproofs

7.4.2.1　主要思路

Bulletproofs 的主要思路与协议流程如图 7.6 所示。与 BCCGP16 类似，Bulletproofs 的主要思路也是首先将 $n=|C_{\text{mul}}|$ 个乘法门约束和 Q 个线性约束归约为一个多项式约束，即 $p(Y,Z)$ 是否为零多项式；然后将该多项式约束转换为内积形式陈述，即 $t(X)=\sum_{i=1}^{6}t_iX^i=\boldsymbol{L}(X)\cdot\boldsymbol{R}(X)$ 中 $t_2=p(y,z)$ 是否为 0；随后构造 $\text{Com}(t(x))$ 和缺失 t_2 项的 $\text{Com}(t'(x))$，通过验证上述两个承诺相等即可说明 $p(Y,Z)$ 是零多项式，而内积论证可保障承诺是正确构造的。与 BCCGP16 不同的是，Bulletproofs 中向量多项式 $t(X)$ 的度为常数，这与对 BCCGP16 的平凡改进思路一致。

具体而言，$p(Y,Z)$ 及 $t(X)$ 的构造方法如下。对于乘法门约束，记电路中所有乘法门的左输入、右输入和输出分别为 $\boldsymbol{a}_L$、$\boldsymbol{a}_R$ 和 $\boldsymbol{a}_O$，其中 $\boldsymbol{a}_L,\boldsymbol{a}_R,\boldsymbol{a}_O\in\mathbb{Z}_p^{n\times1}$，记线性约束矩阵 $\boldsymbol{W}_L,\boldsymbol{W}_R,\boldsymbol{W}_O\in\mathbb{Z}_p^{Q\times n}$，

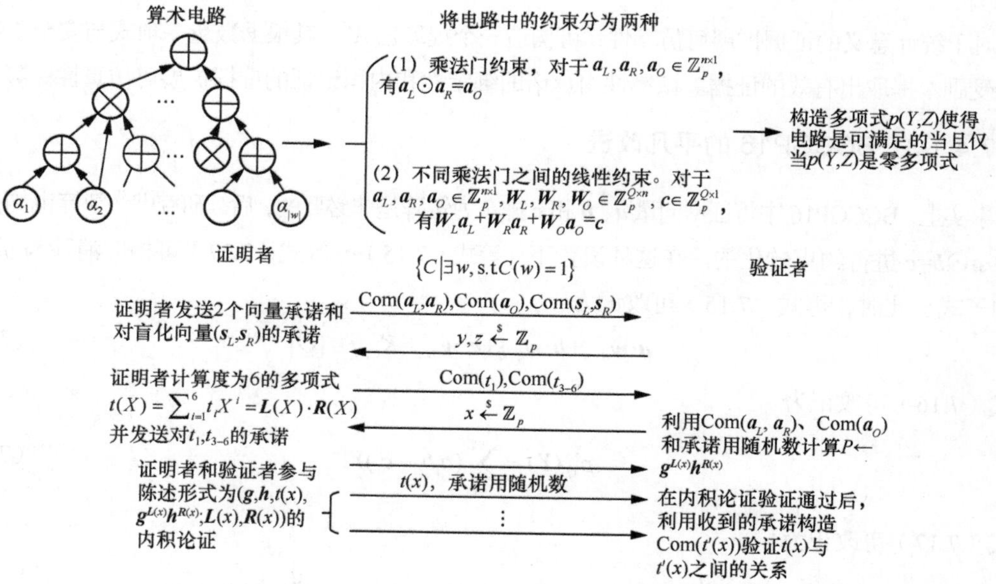

图 7.6　Bulletproofs 的主要思路与协议流程[16]

则电路中的约束可写为

$$a_L \odot a_R = a_O,\ W_L a_L + W_R a_R + W_O a_O = c$$

其中 $c \in \mathbb{Z}_p^{Q\times1}$。对于随机挑战 $y,z \xleftarrow{\$} \mathbb{Z}_p$，证明者 $\mathcal{P}$ 和验证者 $\mathcal{V}$ 可以构造

$$y^n \leftarrow (1, y, y^2, \cdots, y^{n-1}) \in \mathbb{Z}_p^{n\times1},\ z^Q \leftarrow (z, z^2, \cdots, z^Q) \in \mathbb{Z}_p^{Q\times1},$$
$$k(y,z) = (y^{-n} \odot (z^Q W_R)) \cdot (z^Q W_L)$$

在此基础上，电路是可满足的必要条件为

$$p(y,z) = a_L \cdot (a_R \odot y^n) - a_O \cdot y^n + z^Q \cdot (W_L a_L + W_R a_R + W_O a_O) - z^Q \cdot c = 0$$

拥有证据 a_L、a_R 和 a_O 的 $\mathcal{P}$ 可以构造

$$L(X) = a_L X + a_O X^2 + (y^{-n} \odot (z^Q W_R))X,\ R(X) = (y^n \odot a_R)X - y^n + z^Q(W_L X + W_O) \quad (7.23)$$

则有 $t(X) = \sum_{i=1}^{6} t_i X^i \leftarrow L(X)\cdot R(X)$ 的 X^2 项系数（即 t_2）为

$$a_L \cdot (a_R \odot y^n) - a_O \cdot y^n + z^Q \cdot (W_L a_L + W_R a_R + W_O a_O) + k(y,z) = p(y,z) + z^Q \cdot c + k(y,z) \quad (7.24)$$

等式（7.24）中 $z^Q \cdot c$ 和 $k(y, z)$ 仅与电路结构有关，可由 $\mathcal{V}$ 自行算出。也就是说，$\mathcal{V}$ 可通过验证 $t(x)$ 和缺失 x^2 项的 $t'(x)$ 之间的关系，即 $t(x) \stackrel{?}{=} t'(x) + z^Q \cdot c + k(y,z)$ 验证电路是否可满足。除验证该项外，$\mathcal{V}$ 还需验证 $t(x)$ 的结构正确性和 $L(x)$、$R(x)$ 的正确性，即 $t(x)$ 满足内积关系 $t(x) = L(x) \cdot R(x)$ 且 $L(x)$、$R(x)$ 是形如等式（7.23）的形式。若采用平凡方法验证上述约束，$\mathcal{P}$ 需将向量 $L(x)$、$R(x)$ 直接发送给 $\mathcal{V}$，这会导致线性级别的通信复杂度。由于 $\mathcal{V}$ 需验证的两个约束恰巧为内积论证所证明的陈述，结合第一步收到的 $\text{Com}(a_L, a_R)$ 和 $\text{Com}(a_O)$，依据等式（7.23）$\mathcal{V}$ 可直接自行计算 $g^{L(x)} h^{R(x)}$，因此可调用内积论证在保障完备性的同时实现对数级别的通信复杂度。

此外，上述过程并不是零知识的，这是因为在调用内积论证时 $\mathcal{V}$ 可能会获得部分秘密信息，$\mathcal{V}$ 起码会在内积论证的最后一轮获得秘密的组合。为实现零知识性，可引入随机向量 $\boldsymbol{s}_L$、$\boldsymbol{s}_R$ 并在 $\boldsymbol{L}(X)$、$\boldsymbol{R}(X)$中分别增加 $\boldsymbol{s}_L X^3$ 项和$(\boldsymbol{y}^n \odot \boldsymbol{s}_R)X^3$ 项，由于引入随机向量不会改变 t_2，因此其可在不影响完备性的同时保障零知识性。

7.4.2.2　协议流程

基于以上主要思路，Bulletproofs 协议流程简要描述如下，其中 Com$(\boldsymbol{a}, \boldsymbol{b})$表示形如 $\boldsymbol{g}^{\boldsymbol{a}}\boldsymbol{h}^{\boldsymbol{b}}h^r$ 的承诺，$r \xleftarrow{\$} \mathbb{F}$。

（1）证明者 $\mathcal{P}$ 构造对$(\boldsymbol{a}_L, \boldsymbol{a}_R)$、$\boldsymbol{a}_O$ 和盲化向量$(\boldsymbol{s}_L, \boldsymbol{s}_R)$的承诺。

（2）在验证者 $\mathcal{V}$ 发送随机挑战 y、z 后，$\mathcal{P}$ 构造多项式 $t(X)$ 并将对除 t_2 外的其他项 $t_1, t_3, \cdots, t_6$ 的承诺发送给 $\mathcal{V}$。

（3）$\mathcal{V}$ 发送随机挑战 x。

（4）$\mathcal{P}$ 将$t(x)$和承诺用随机数发给 $\mathcal{V}$，用于帮助 $\mathcal{V}$ 构造 $P \leftarrow \boldsymbol{g}^{\boldsymbol{L}(x)}\boldsymbol{h}^{\boldsymbol{R}(x)}$和对 $t(x)$的承诺。

（5）$\mathcal{V}$ 构造 $P \leftarrow \boldsymbol{g}^{\boldsymbol{L}(x)}\boldsymbol{h}^{\boldsymbol{R}(x)}$，最后 $\mathcal{P}$ 向$\mathcal{V}$ 证明如下关系。

$$\{(\boldsymbol{g}, \boldsymbol{h}, t(x), P; \boldsymbol{L}(x), \boldsymbol{R}(x)) \ : P = \boldsymbol{g}^{\boldsymbol{L}(x)}\boldsymbol{h}^{\boldsymbol{R}(x)} \wedge t(x) = \boldsymbol{L}(x) \cdot \boldsymbol{R}(x)\}$$

（6）$\mathcal{V}$ 进行验证。$\mathcal{V}$ 通过内积论证验证 $t(x) \stackrel{?}{=} \boldsymbol{L}(x) \cdot \boldsymbol{R}(x)$；随后，$\mathcal{V}$ 构造对缺失 x^2 项的多项式 $t'(x)$的承诺 Com$(t'(x))$和对多项式 $t(x)$的承诺 Com$(t(x))$，$\mathcal{V}$ 通过验证 Com$(t(x)) \stackrel{?}{=}$Com$(t'(x))$ 从而验证 $t(x) \stackrel{?}{=} t'(x)$。$\mathcal{V}$ 选择接受当且仅当内积论证和上述检查均通过。

7.4.2.3　讨论总结

复杂度分析

$\mathcal{P}$ 的计算开销包括构造多项式 $p(Y, Z)$和 $t(X)$，具体为 $O(|C|)$级别的域上运算；生成承诺向量 $\boldsymbol{a}_L$、$\boldsymbol{a}_R$ 等，具体为 $O(|C_{\text{mul}}|)$级别的群上运算。$\mathcal{V}$ 的计算开销包括利用承诺构造 P 和构造承诺 Com$(t'(x))$、Com$(t(x))$，具体为 $O(|C_{\text{mul}}|)$级别的群上运算。相比 BCCGP16，Bulletproofs 的总通信量可降低到$(2\log_2|C_{\text{mul}}|+13)$个元素[注3]。

安全性分析

与 BCCGP16 类似，Bulletproofs 具有完美完备性、完美特殊诚实验证者零知识性和计算意义的证据扩展可仿真性。对于完美完备性，若算术电路所有的门约束都是可满足的，则多项式 $p(Y,Z)$是零多项式，进而可得多项式 $t(X)$的二次项系数 t_2 为 0，故最终验证者会接受证明。对于完美特殊诚实验证者零知识性，可构造一个模拟器 $\mathcal{S}$，其输入公开陈述和验证者的挑战，随机生成证明中的部分群或域元素，并利用验证方程计算证明中的其余元素，输出模拟证明，使得该证明与诚实证明者

注3：其中，调用内积论证需传输$(2\log|C_{\text{mul}}|+5)$个元素（确定陈述需 3 个，内积论证过程需$(2\log|C_{\text{mul}}|+2)$个），协议流程的第（1）步需传输 3 个承诺值，第（2）步需传输 5 个承诺值。

生成的证明具有完美不可区分的分布。该属性由承诺的隐藏性和盲化向量$\boldsymbol{s}_L$、$\boldsymbol{s}_R$保障。对于计算意义的证据扩展可仿真性，可构造一个提取器$\mathcal{X}$，其根据数量多项式与安全参数的可接受副本，以不可忽略的概率提取出有效的证据。该属性由承诺的绑定性和内积论证的证据扩展可仿真性保障。

7.4.3 HKR19

Hoffmann、Klooß和Rupp[39]（HKR19）指出Bulletproofs中乘法门约束和线性约束为一阶约束系统可满足问题中的形式，而用二次等式（Quadratic Equation）表达约束可以降低证明者的计算开销。具体而言，二次等式集合论证（Quadratic Equation Set Argument）是：给定矩阵$\boldsymbol{\Gamma} \in \mathbb{F}^{n\times n}$及对$\boldsymbol{w}$的承诺，证明拥有$\boldsymbol{w}$使得对于任意的$i$，有$\boldsymbol{w}\cdot\boldsymbol{\Gamma w}$=0，其中$\boldsymbol{\Gamma}=\sum_i r_i\boldsymbol{\Gamma}_i, r_i \overset{\$}{\leftarrow}\mathbb{F}$。此外，为降低验证时间，可将$i$个约束转化为1个约束，即证明$\boldsymbol{w}\cdot\boldsymbol{\Gamma w}$=0。

HKR19指出一阶约束系统是二次等式约束的一种特例，并且相比用二次等式表达电路，利用一阶约束系统表达电路需要更多的中间变量和等式，因此在一定程度上会增加证明者的计算开销[39]。

基于以上发现，HKR19首先借鉴BCCGP16和Bulletproofs中的内积论证构造了零知识的内积论证，然后利用零知识内积论证构造了零知识的二次等式集合论证，并沿用Bulletproofs的主要思路构造了针对电路可满足问题的简洁NIZKAoK。实验仿真表明，HKR19中的零知识论证的实际通信量和实际验证计算开销与Bulletproofs基本相同，实际证明计算开销比Bulletproofs少约1/4。

7.4.4 DRZ20

7.4.4.1 主要思路

DRZ20[40]实现了公共参考串可更新的证明复杂度为线性级别、通信和验证复杂度均为对数级别的简洁NIZKAoK，其验证复杂度在渐近级别上的突破主要依赖于结构化承诺密钥，而公共参考串用于保障结构化承诺密钥的私密性。

对于验证复杂度，DRZ20指出BCCGP16中验证者$\mathcal{V}$的复杂度为线性级别的原因有三。

（1）在内积论证中$\mathcal{V}$需要每轮更新密钥，即计算$[\boldsymbol{r}']\leftarrow\left[c^{-1}\boldsymbol{r}_{\frac{1}{2}}+c^{-2}\boldsymbol{r}_{\frac{2}{2}}\right]$和$[\boldsymbol{s}']\leftarrow\left[c\boldsymbol{s}_{\frac{1}{2}}+c^{2}\boldsymbol{s}_{\frac{2}{2}}\right]$，这需要线性级别的群幂运算。对此，可调用对数级别验证复杂度的内积论证将群幂运算量降低到对数级别。

（2）在最后的验证阶段，$\mathcal{V}$需利用图7.5收到的$\boldsymbol{r}(x)$构造$t(x)$，而计算$\boldsymbol{r}'(x)\leftarrow\boldsymbol{r}(x)\odot\boldsymbol{y}^{|C_{\mathrm{mul}}|}$需要线性级别的域乘运算。对此，记$n=|C_{\mathrm{mul}}|$，DRZ20指出给定以服从$\mathcal{ML}_n$分布的$[\boldsymbol{r}^n]$为承诺密钥的对向量$\boldsymbol{x}$的承诺，可在对数时间内计算出以$[\boldsymbol{r}^n\odot\boldsymbol{y}^{-n}]$为承诺密钥的对向量$\boldsymbol{x}\odot\boldsymbol{y}^n$的承诺[40]，若

令更新前后的密钥恰巧是协议 7.1 中内积论证陈述的 $\boldsymbol{g}$ 和 $\boldsymbol{h}$，则 $\boldsymbol{r}(x)\odot\boldsymbol{y}^{|C_{\text{mul}}|}$ 也可在对数时间内计算得出。

（3）在最后的验证阶段，$\mathcal{V}$ 构造 $\boldsymbol{s}(X)$ 并计算 $\boldsymbol{s}(x)$ 需要线性级别运算[38]。对此，DRZ20 将构造 $\boldsymbol{s}(X)$ 和计算 $\boldsymbol{s}(x)$ 的任务委托给证明者并实现了计算开销的转移。

对于可更新性，DRZ20 是利用可更新的 Pedersen 承诺实现的，其能够保障参与方可更新承诺密钥 $\boldsymbol{g}$；且只要接收者是诚实的，则更新后承诺的绑定性就是基于 $\mathcal{ML}_n$ -Find-Rep 假设安全的。由于整个简洁NIZKAoK 的可靠性均是由Pedersen 承诺的绑定性保障的，因此仅承诺可更新就足以保障整个协议是可更新的。针对呈 $\mathcal{ML}_n$ 分布的承诺密钥 $[\boldsymbol{r}]_1=[1,x_1,x_2,x_2x_1,\cdots,x_v,\cdots,x_1]$，即向量承诺为 $\text{Com}(\boldsymbol{m})\leftarrow[\boldsymbol{m}\cdot\boldsymbol{r}]_1$，该可更新承诺需要引入验证密钥用于说明 $[\boldsymbol{r}]$ 的正确性。具体地，验证密钥为 $[\boldsymbol{x}]_2=([r_{2^0}]_2,[r_{2^1}]_2,\cdots,[r_{2^v}]_2)$，验证正确性时需计算对于 $1\leqslant i\leqslant v,1\leqslant j\leqslant 2^{i-1}$，$e\left([r_{2^{i-1}+j}]_1,[1]_2\right)\overset{?}{=}e\left(\left[r_j\right]_1,[x_i]_2\right)$。为更新承诺，更新发起方只需随机挑选 $\boldsymbol{y}\overset{\$}{\leftarrow}\mathbb{Z}_q^v$ 并计算 $[\boldsymbol{r}']\leftarrow[\overline{\boldsymbol{y}}\odot\boldsymbol{r}]_1,[\boldsymbol{x}']_2\leftarrow[\boldsymbol{y}\odot\boldsymbol{x}]_2$（其中 $\overline{\boldsymbol{y}}$ 表示服从 $\mathcal{ML}_{n=2^v}$ 分布的向量）即可得到更新后的密钥 $([\boldsymbol{r}']_1,[\boldsymbol{x}']_2)$，此外参与方还需生成NIZK 证明 π 用于在不泄露 y 的情况下证明 y 满足对于 $1\leqslant i\leqslant v$，有 $[x_i']_2=\left[y_ix_i\right]_2$，其中 π 可调用 Bulletproofs[16]生成，实际通信量为 $O(\log\log|C_{\text{mul}}|)$。

7.4.4.2　协议流程

DRZ20 的协议流程与 BCCGP16 的协议流程是类似的，简要描述如下。

（1）将电路可满足问题归约为 $p(Y)=p_M(Y)+p_L(Y)$ 是否为零多项式的问题。其形式如第 7.4.1 小节的等式（7.19）和等式（7.18）。

（2）证明者 $\mathcal{P}$ 将对证据 $\boldsymbol{a}$、$\boldsymbol{b}$、$\boldsymbol{c}$ 和盲化向量 $\boldsymbol{d}$ 的承诺发送给验证者 $\mathcal{V}$。与 BCCGP16 不同的是，此时的承诺为可更新的 Pedersen 向量承诺，为实现可更新性，需在公共参考串中相应引入验证密钥。

（3）在 $\mathcal{V}$ 发送随机挑战 y 后，$\mathcal{P}$ 构造多项式 $t(X)$ 使得 $t(X)$ 的常数项为 $p(y)$，$t(X)$ 形式如等式（7.22）。$\mathcal{P}$ 构造缺失常数项的多项式 $t'(X)$ 并发送对其的多项式承诺。

（4）在 $\mathcal{V}$ 发送随机挑战 x 后，$\mathcal{P}$ 通过多项式承诺揭示 $t'(x)$ 的值，然后 $\mathcal{P}$ 和 $\mathcal{V}$ 调用对 $t(x)$ 的内积论证。与 BCCGP16 不同的是，此时的内积论证为基于结构化承诺密钥的对数级别验证复杂度的内积论证。为保障可靠性，需在公共参考串中相应引入验证密钥。此外，为实现对数级别的验证复杂度，需将计算 $\boldsymbol{s}(x)$ 的任务委托给证明者，故证明者还需给出对 $\boldsymbol{s}(x)$ 的承诺并附带一个零知识证明，用于证明 $\boldsymbol{s}(x)$ 是正确构造的。

7.4.4.3　讨论总结

DRZ20 的安全性和复杂度分析如下。基于 A-DLOG 和 q-A-DLOG 假设，DRZ20 具有完美完备性、完美特殊诚实验证者零知识性和统计意义的证据扩展可仿真性。相比其他可更新的零知识证明方案[22,109-110,145]，DRZ20 不再需要系列知识假设和代数群模型（Algebraic Group Model），但在公共参考串长度、通信和验证复杂度上有所牺牲（特别地，通信复杂度从常数

群元素级别提升至对数级别）。具体地，DRZ20 中可更新的简洁 NIZKAoK 证明计算开销为 $(22+10M)n'E_1$，验证计算开销为 $(12\log n'E_1+8\log n'P)$，通信量为 $(12\log n'\mathbb{G}_1+4\log n'\mathbb{F})$，其中 m 指电路中的导线数目，M 是描述预处理电路输入输出导线数目上限的参数（预处理电路由 $\mathcal{P}$ 构造，用于委托计算 $s(X)$），n' 是预处理电路的规模，其满足 $n'\leqslant n+(2m/M-1)$。在 Sonic[109]中，$n'=3|C_{\text{mul}}|$，$M=3$。此外，E、P 分别指群幂运算和配对运算，E_1 指非对称群中群 $\mathbb{G}_1$ 上的群幂运算，$\mathbb{G}$、$\mathbb{F}$ 分别指对应群和域中的元素。对于实际性能，由于引入了双线性群，相比其他不需配对的同类零知识证明，DRZ20 会带来一定的性能损失。

7.5 本章小结

基于内积论证的零知识证明具有以下优点。

（1）底层假设更为通用。均基于 DLOG 假设及其变种，属于标准假设。

（2）应用场景多元。除实现对电路可满足问题的证明外，基于 IPA 还可构造低实际通信量的范围证明[16]、洗牌正确性证明（Proof of Correctness of a Shuffle）[39,180]、向量置换证明[40]（Vector Permutation Proof）等，在区块链“密码货币”场景下应用广泛。

然而，该类零知识证明的验证复杂度为线性级别，验证时引入大量的群幂运算也会导致实际验证开销较大。值得注意的是，DRZ20 虽然实现了验证复杂度在渐近级别上的突破，但需要承诺密钥结构化并引入公共参考串用于保障密钥分布的正确性。

第 8 章 基于安全多方计算的零知识证明

主要内容

- 安全多方计算
- 里德–所罗门码
- MPC-in-the-Head
- 典型协议分析

本章介绍基于 MPC-in-the-Head 的零知识证明。该类协议的构造思路是证明者在脑海中模拟运行一个针对零知识函数的安全多方计算（Secure Multiparty Computation，MPC）协议，然后将协议运行过程中的视图发送给验证者，验证者验证视图正确性，而协议的零知识性由安全多方计算协议的隐私性保障。第 8.1 节介绍相关定义及概念，第 8.2 节介绍该类协议的背景及主要思路，第 8.3 节分析典型协议，第 8.4 节进行总结。

8.1 定义及概念

定义 8.1（安全多方计算[181]）安全多方计算可使独立参与方在不信任彼此及第三方的情况下，基于各自的秘密输入共同计算某个目标联合函数，且计算期间不泄露除计算结果外的其他额外信息。记安全多方计算协议为 Π_f，目标联合函数为 $f(x,w_1,r_1,\cdots,w_n,r_n)$，其中公共输入为 x，参与方 $P_1,\cdots,P_n$ 的秘密输入分别为 $w_1,\cdots,w_n$、随机输入分别为 $r_1,\cdots,r_n$。参与方 P_i 在协议运行第 $j+1$ 轮时发送的消息可由消息确定函数 $\Pi(i,x,w_i,r_i,(\boldsymbol{m}_1,\cdots,\boldsymbol{m}_j))$ 决定，$(\boldsymbol{m}_1,\cdots,\boldsymbol{m}_j)$ 分别代表参与方 P_i 前 j 轮收到的消息向量。若消息向量包含 k 个不同参与方的消息（包括 P_i），就称消息确定函数 Π 为 k 元。记参与方 P_i 的视图为 V_i，其包含 w_i,r_i 及 P_i 在协议运行过程中收到的所有消息。参与方 P_i 的本地输出可由其视图 V_i 确定，记为 $f_i(x,V_i)$。在本章中，只考虑各参与方的本地输出与目标联合函数相等的情况，即

$$\forall i\in[n],f_i(x,V_i)=f(x,w_1,r_1,\cdots,w_n,r_n)$$

安全多方计算的敌手模型分为半诚实敌手模型和恶意敌手模型。半诚实敌手会诚实地运行协议，但会通过分析其他参与方的消息试图获得与诚实参与方秘密输入相关的信息；而恶意敌手可以在协议运行过程中采用任意高效算法进行攻击，如控制参与方发送消息、拒绝其他参与方的消息、篡改消息等。本章中出现的 MPC 协议均处于半诚实敌手模型下。

一个安全多方计算协议 Π_f 的完美正确性（Perfect Correctness）是指随机数 $r_1, r_2, \cdots, r_n$ 的选取不会影响目标函数计算结果的正确性，即

$$\forall i \in [n], \forall x, w_1, w_2, \cdots, w_n, \forall r_1, r_2, \cdots, r_n, \Pr[f_i(x, V_i) \neq f(x, w_1, r_1, \cdots, w_n, r_n)] = 0$$

一个安全多方计算协议 Π_f 的 t-隐私性（t-Privacy）是指一定数目的半诚实敌手无法获得与诚实参与方秘密输入相关的其他信息。具体地，称安全多方计算协议 Π_f 具有 t-隐私性如果对于任意输入 $(x, w_1, r_1, \cdots, w_n, r_n)$ 及任意腐化参与方集合 T（满足 $|T| \leqslant t$），都存在一个概率多项式时间模拟器 $\mathcal{S}$，使得腐化参与方的联合视图分布与模拟器生成的分布相同，即

$$\{x, V_i\}_{i \in T} = \left\{\mathcal{S}\left(T, x, \left(w_i, f_i(x, V_i)\right)\right)\right\}_{i \in T}$$

一个安全多方计算协议的 r-鲁棒性（r-Robustness）是指如果 $\mathcal{R}(x, w) \neq 1$，那么即使有 r 个恶意敌手也无法使诚实参与方输出接受。

一个安全多方计算协议的视图一致性[123]（Consistency of View）是指对于任意的视图对 (V_i, V_j)，x 和 V_i 所确定的由参与方 P_i 发给 P_j 的消息与视图 V_j 所表明的消息是一致的，反之亦然。

定义 8.2（交织里德–所罗门码[18]）对正整数 n 和 k，域 $\mathbb{F}$ 及向量 $\boldsymbol{\xi} = (\xi_1, \cdots, \xi_n) \in \mathbb{F}^n$，里德–所罗门码 $L = \mathrm{RS}_{\mathbb{F}, n, k, \xi}$ 是 $[n, k, d]$ 线性码，其形式为 $\left(p(\xi_1), \cdots, p(\xi_n)\right)$，其中 $p(\cdot)$ 是度小于 k 的多项式，记为码多项式。任意两个度小于 k 的域上多项式最多有 $k-1$ 个交点，因此码距 d 最小为 $n-k+1$。

若 $L \subset \mathbb{F}^n$ 是 $[n, k, d]$ 线性码，则交织码（Interleaved Code）L^m 是定义在 $\mathbb{F}^{m \times n}$ 上的 $[n, mk, d]$ 线性码。具体地，该码可排列成 $m \times n$ 的码矩阵 $\boldsymbol{U}$，该码矩阵的每一行 $\boldsymbol{u}_i$ 满足 $\boldsymbol{u}_i \in L$。基于交织码，交织里德–所罗码的定义自然可得，简记为交织里德–所罗门码。

在本章中，Ligero 系列协议[18,27-28]中码矩阵 $\boldsymbol{U}$ 可被视为信息论安全证明中的谕示，因此也被称为谕示矩阵。

定义 8.3（利用交织里德–所罗门码加密消息[18]）给定 $\boldsymbol{\eta} = (\eta_1, \cdots, \eta_\ell)(\ell \leqslant k)$ 及里德–所罗门码 $L = \mathrm{RS}_{\mathbb{F}, n, k, \xi}$，对长度为 ℓ 的消息向量 $\boldsymbol{x} = (x_1, \cdots, x_\ell)$ 的加密即码 $(p_u(\xi_1), \cdots, p_u(\xi_n))$，其中 $p_u(\cdot)$ 是码 u 对应的码多项式，且满足对于任意的 $i \in [\ell]$，$p_u(\eta_i) = x_i$。给定码矩阵 $\boldsymbol{U}$ 的每一行 $\boldsymbol{u}_1, \cdots, \boldsymbol{u}_m$，对消息向量 $\boldsymbol{x} = (x_{11}, \cdots, x_{1\ell}, \cdots, x_{m1}, \cdots, x_{m\ell})$ 的加密即码 $(p_{u_1}(\xi_1), \cdots, p_{u_1}(\xi_n), \cdots, p_{u_m}(\xi_1), \cdots, p_{u_m}(\xi_n))$。

8.2 背景及主要思路

8.2.1 背景

零知识证明与安全多方计算在多个层面存在紧密联系。在协议内涵层面，零知识证明可以视

为恶意敌手模型下的一种安全两方计算协议[181]。在该协议中，证明者和验证者共同拥有问题的陈述 x，证明者还拥有证据 w，证明者试图在不泄露证据的同时证明 $\mathcal{R}(x,w)=1$。该协议中目标联合函数 $f(x,w,r_1,r_2)=\mathcal{R}(x,w)$，验证者是敌手，其目标是获取与证据 w 相关的其他隐私信息。

在协议构造层面，零知识证明可用于构造安全多方计算协议，安全多方计算也可用于构造零知识证明。针对前者，Goldreich、Micali 和 Wigderson[182]利用零知识证明给出了一种在不更改目标联合函数的同时将半诚实敌手模型下的安全多方计算协议转换为恶意敌手模型下的安全多方计算协议的通用方法。针对后者，又分为基于混淆电路（Garbled Circuit）的零知识证明和基于 MPC-in-the-Head 的零知识证明。

Jawurek、Kerschbaum 和 Orlandi[183]于 2013 年提出了一种基于混淆电路的零知识证明，该类证明不需要底层的混淆电路具有隐私性而只需其具有可认证性（Authenticity）和可验证性（Verifiability），因此 Frederiksen、Nielsen 等[184]将该类协议称为免隐私的混淆方案（Privacy-Free Garbling Scheme）。后续工作[185-186]从通信复杂度、底层假设等方面优化了上述零知识证明。由于该类证明的通信复杂度均与陈述规模和证据大小呈线性关系，故不是简洁的，本章不再详述。

Ishai 等[123]于 2007 年提出了一种基于 MPC-in-the-Head 的零知识证明，后续工作具体实现了该协议[24]，并从通信复杂度、可靠性等角度进行了改进[18, 25-27]。该类零知识证明只需对称密钥操作、不需要可信初始化、通信复杂度可达到亚线性级别、实际证明速率较快，具有较高的理论价值和较为广泛的应用前景。

8.2.2 主要思路

Ishai 等提出的零知识证明主要思路如协议 8.1 所示。证明者首先在脑海中模拟一个安全多方计算协议的运行，得到每个参与方的视图，证明者随后对每个视图做承诺，并将这些承诺发给验证者；其次验证者挑选 2 个随机挑战；然后证明者打开这 2 个承诺；最后验证者验证一致性和正确性。该协议具有完美完备性，其源于 Π_f 的完美正确性；具有可靠性，其源于 Π_f 的完美正确性和敌手模型的半诚实；具有零知识性，其源于 2-隐私性。对于零知识性，由于验证者 $\mathcal{V}$ 拥有 2 个参与方的视图，其本质上相当于一个腐化了 2 个参与方并试图获取其他隐私信息的半诚实敌手，这与 2-隐私性的内涵是一致的。事实上，该证明的模拟器就是调用 2-隐私性的模拟器构造的。

协议 8.1　IKOS07 协议[123]

公共输入：陈述 x 和安全多方计算协议 Π_f，其中 Π_f 具有完美正确性和 2-隐私性，且目标联合函数 f 与某个 NP 语言 $\mathcal{L}_\mathcal{R}$ 满足条件：对于任意的 x、任意的 $w=w_1\oplus w_2\oplus\cdots\oplus w_n$ 和 $r_1,r_2,\cdots,r_n$，有 $f(x,w_1,r_1,\cdots,w_n,r_n)=\mathcal{R}(x,w_1\oplus w_2\oplus\cdots\oplus w_n)$

证明者输入：w，满足 $\mathcal{R}(x,w)=1$

1. $\mathcal{P}$ 将证据 w 随机分为 n 份 $w_1,\cdots,w_n$，随后在脑海中模拟以 x 为公共输入、以 $w_1,\cdots,w_n$ 为各参与方隐私输入、以 $r_1,\cdots,r_n$ 为各参与方随机输入的安全多方计算协议 Π_f。协议运行完毕后，$\mathcal{P}$ 会

得到 n 个参与方的视图 $V_1,\cdots,V_n$，分别承诺这 n 个视图，即生成随机数 $s_1,\cdots,s_n$，然后计算 $\mathrm{Com}(V_1;s_1),\cdots,\mathrm{Com}(V_n;s_n)$，并将这 n 个承诺发送给 $\mathcal{V}$。

2. $\mathcal{V}$ 随机挑选两个参与方 $i,j \xleftarrow{\$} [n]$，并将 i,j 发送给 $\mathcal{P}$。

3. $\mathcal{P}$ 将 V_i,s_i,V_j,s_j 发送给验证者。

4. $\mathcal{V}$ 验证如下 3 项并输出比特 b。（1）第 3 步收到的消息与第 1 步收到的承诺是一致的。（2）参与方 P_i 和 P_j 的本地输出 $f_i(x,V_i)$ 与 $f_j(x,V_j)$ 皆为 1。（3）参与方 P_i 和 P_j 的视图 V_i 和 V_j 是一致的。如果上述 3 项未全部通过，则选择拒绝。

输出： 比特 b，$b=1$ 代表 $\mathcal{V}$ 接受，$b=0$ 代表 $\mathcal{V}$ 拒绝。

基于 MPC-in-the-Head 的零知识证明运行安全多方计算协议的效率与运行普通安全多方计算协议的效率存在差别。在 MPC-in-the-Head 环境下，证明者可以免费利用不经意传输信道[123]（Oblivious Transfer Channel）及任意的二元确定函数[24]（特定条件下的 n 元确定函数也可以[26]），这是因为证明者只需在脑海中模拟，无须真正运行安全多方计算协议，省去了部分计算和通信开销。因此，虽然该类零知识证明的证明复杂度为准线性级别，但实际证明开销通常并不大。

对于证明复杂度以外的性能表现，针对实现非交互的方式，该类零知识证明是 Σ 协议，故可通过随机谕言模型下的 Fiat-Shamir 启发式转换为非交互零知识证明；针对是否抗量子及需要公钥加密，该类零知识证明是基于概率可验证证明、交互式概率可验证证明或交互式谕示证明构造的，调用合适的安全多方计算协议[182,187-188]即可实现只依赖对称密钥操作且抗量子的零知识证明。事实上，对该类零知识证明的优化主要集中在降低通信复杂度，且根据通信复杂度渐近级别的不同，该类零知识证明可分为两类，总结如表 8.1 所示，具体描述如下。

表 8.1　基于 MPC-in-the-Head 的(简洁)NIZKAoK 总结

协议	待证明陈述表示形式	MPC 模型	MPC 协议	MPC 协议参与方数目	消息确定函数	通信复杂度	可靠性误差 ε	证明复杂度	验证复杂度
ZKBoo[24]	算术/布尔	/	GMW[182]	$n=3$	2 元	$O(\|C\|)\mathbb{F}$	$\frac{2}{3}$	$O(\|C\|)\mathbb{F}_o$	$O(\|C\|)\mathbb{F}_o$
ZKB++[25]	算术/布尔	/	GMW	$n=3$	2 元	$O(\|C\|)\mathbb{F}$	$\frac{2}{3}$	$O(\|C\|)\mathbb{F}_o$	$O(\|C\|)\mathbb{F}_o$
KKW18[26]	布尔	预处理模型	文献[188]	n	n 元	$O(\|C\|+n\lambda_s)\mathbb{F}$	$\max\left\{\frac{1}{m},\frac{1}{n}\right\}$	$O(\|C\|)\mathbb{F}_o$	$O(\|C\|)\mathbb{F}_o$
Ligero[18]	算术/布尔	客服–服务器模型	/	$O\left(\sqrt{\|C\|}\right)$	1 元	$O(\sqrt{\|C\|})\mathbb{F}$	$\frac{e+6}{\|\mathbb{F}\|}+5\left(\frac{e+2k}{n}\right)^t+\left(1-\frac{e}{n}\right)^t$	$O(\|C\|\log\|C\|)\mathbb{F}_o$	$O(\|C\|)\mathbb{F}_o$

续表

协议	待证明陈述表示形式	MPC 模型	MPC 协议	MPC 协议参与方数目	消息确定函数	通信复杂度	可靠性误差 ε	证明复杂度	验证复杂度
Ligero++[27]	算术/布尔	客服–服务器模型	/	$O\left(\frac{\lvert C\rvert}{\log\lvert C\rvert}\right)$	1 元	$O(\log\lvert C\rvert)\mathbb{F}$	$\frac{d+2}{\lvert\mathbb{F}\rvert}+2(e+2k)^t+\left(1-\frac{e}{n}\right)^t+3\varepsilon_i$	$O(\lvert C\rvert\log\lvert C\rvert)\mathbb{F}_o$	$O(\lvert C\rvert)\mathbb{F}_o$
BooLigero[28]	布尔	客服–服务器模型	/	$O\left(\frac{\sqrt{\lvert C\rvert}}{\sqrt{\log\lvert\mathbb{F}\rvert}}\right)$	1 元	$\frac{O(\sqrt{\lvert C\rvert})}{\sqrt{\log\lvert\mathbb{F}\rvert}}\mathbb{F}\sim\frac{O(\sqrt{\lvert C\rvert})}{(\log\lvert\mathbb{F}\rvert)^{\frac{1}{4}}}\mathbb{F}$	$\frac{e+6}{\lvert\mathbb{F}\rvert}+5\left(\frac{e+2k}{n}\right)^t+\left(1-\frac{e}{n}\right)^t+\frac{1}{2^{\lambda_t}}$	$O(\lvert C\rvert\log\lvert C\rvert)\mathbb{F}_o$	$O(\lvert C\rvert)\mathbb{F}_o$
Limbo[29]	算术/布尔	客服–服务器模	文献[189-191]	n	n 元	$O(\lvert C\rvert)\mathbb{F}$	$\frac{1}{n}+\left(1-\frac{1}{n}\right)\varepsilon_r$	$O(\lvert C\rvert)\mathbb{F}_o$	$O(\lvert C\rvert)\mathbb{F}_o$

注：1．安全多方计算模型指构造安全多方计算协议所基于的模型，安全多方计算协议指 MPC-in-the-Head 调用的具体安全多方计算协议 Π_f 。

2．n 表示参与方个数，$|C|$表示电路规模；m 表示 KKW 协议中预处理阶段的份数；$\mathbb{F}$ 表示域元素，$\mathbb{F}_o$ 表示域上运算，$|\mathbb{F}|$ 表示 Ligero 等协议中域的大小，t 表示 Ligero 等协议中打开的视图数目；k, ℓ, e, d 均为里德–所罗门码的参数，其中 k 表示编码多项式的度，ℓ 表示原码消息长度，d 表示该编码的码距，e 满足 $e<d/4$；λ_S 表示伪随机生成器的种子长度，λ_t 表示比特约束检查协议的重复次数；ε 表示可靠性误差，ε_r 表示安全多方计算协议的鲁棒性误差，ε_i 表示内积论证的可靠性误差。

3．证明、通信和验证复杂度均为协议一轮开销，协议实际运行轮数及实际证明、验证计算开销和通信量与可靠性误差和安全级别有关。

第一种是通信复杂度为 $O(|C|)\mathbb{F}$ 的零知识证明，包括表 8.1 中的 ZKBoo[24]、ZKB++[25]、KKW18[26]和 Limbo[29]。协议 8.1 的通信量为$(n|\mathrm{Com}|+t(|\mathbb{F}|+|V|+|s|))$，其中$|\mathrm{Com}|$指承诺的大小，$t$ 为打开视图数目，$|\mathbb{F}|$指域元素的大小，$|V|$指视图规模，$|s|$指随机数的大小，因此通信复杂度主要由参与方数目和视图规模决定。考虑视图规模，对于一个目标联合函数为电路求值且基于加性秘密分享的安全多方计算协议，各参与方分别持有每条电路输入导线的秘密分享份额。为了保障安全多方计算协议的正确性和安全性，每个参与方视图在每个电路门处都需要存储一个秘密分享份额；否则要么无法正确得到电路计算结果，要么最多 n−1 个半诚实敌手就可破坏隐私性，这意味着每个参与方的视图规模至少为 $O(|C|)$。

事实上，第一种可实现的基于 MPC-in-the-Head 的零知识证明 ZKBoo[24]的通信复杂度为 $O((n-1)^2|C|)\mathbb{F}$ 。这是因为 ZKBoo 的底层安全多方计算协议是 GMW 协议[182]，其需要参与方两两交互，每个视图规模为 $O((n-1)|C|)$，且协议共需打开 n−1 个视图。若可靠性误差为 $2^{-\sigma}$，则 ZKBoo 的通信复杂度为 $\lambda|C|(n-1)^2/(\log_2 n-1)$，其中 $n\geqslant 3$。由于该函数是递增函数，因此 n=3 时通信复杂度最低，可靠性误差为 2/3，故协议在实际运行过程中需要重复较多轮数。

ZKB++[25]虽然将 ZKBoo 的实际通信量降低了约一半，然而其仍与 n 有关，可靠性误差也为 2/3。一个改进方向是设计通信复杂度与 n 无关的安全多方计算底层协议，这样就可以通过增加参与方个数 n 来降低可靠性误差进而降低总通信量。基于此，KKW18[26]设计了一个针对布尔电路、消息确定函数为 n 元、视图打开个数为 $n-1$ 的安全多方计算协议。在 KKW18 中，对于打开的 $n-1$ 个视图，每个视图的规模与 n 无关，此时可靠性误差为 $1/n$。为了验证协议的正确性与一致性，第 n 个参与方的广播消息仍需要由证明者发给验证者，此消息级别为 $O(|C|)$，故协议的通信复杂度仍为 $O(|C|)$。与上述思路不同的是，Limbo[29]基于客服–服务器模型构造了一种较为适合 MPC-in-the-Head 的安全多方计算协议，实现了通信复杂度虽为 $O(|C|)$但实际性能良好的 NIZKAoK。

通信复杂度为 $O(|C|)$的工作有两个共同特征：第一是均调用了基于加性秘密分享的安全多方计算协议，每个参与方的视图规模与电路规模呈线性关系；第二是除加性秘密分享带来的约束之外，参与方的视图之间仅有电路约束关系。

第二种是通信复杂度为亚线性级别的零知识证明，包括表 8.1 中的 Ligero[18]、Ligero++[27]和 Boo-Ligero[28]。在 Ligero[18]系列协议中，虽然参与方的总视图规模与电路规模呈线性关系，但每个参与方的视图是亚线性级别的；且参与方视图之间除电路约束关系外，还具有多项式约束（由里德–所罗门码决定）。Ligero 的主要思路是将电路线值排列为一个 $m\times\ell$ 的谕示矩阵，故有 $m\ell=O(|C|)$，且矩阵的每一行都是里德–所罗门码。在证明过程中证明者仅需发送给验证者 $O(m+t\ell)$个值，其中 t 为打开视图的个数且可设置为与安全参数呈线性关系，由基本不等式，可将 m 和 ℓ 设置为 $O\left(\sqrt{|C|}\right)$，从而实现 $O\left(\sqrt{|C|}\right)$级别的通信复杂度。Ligero++[27]利用内积论证优化了 Ligero 中的一致性检查，将通信复杂度进一步降低到了 $O(\log^2|C|)$级别。针对 Ligero 的布尔电路版本，BooLigero[28]优化了布尔电路中的数据存储方式从而压缩了参与方视图规模，进而降低了通信复杂度。

8.3 典型协议分析

本节介绍基于 MPC-in-the-Head 的零知识证明典型协议，分析各协议的构造思路、协议流程、复杂度及安全性，典型协议优化思路如图 8.1 所示。第 8.3.1 小节介绍 ZKBoo 和 ZKB++，第 8.3.2 小节介绍 KKW18，第 8.3.3 小节介绍 Ligero 和 Ligero++，第 8.3.4 小节介绍 BooLigero，第 8.3.5 小节介绍 Limbo。

8.3.1 ZKBoo/ZKB++

ZKBoo 由 Giacomelli、Madsen 和 Orlandi[24]提出，是第一个可实现的基于 MPC-in-the-Head 的 NIZKAoK。ZKBoo 的底层安全多方计算协议是 GMW 协议[182]，其消息确定函数为二元、底层信道为点对点传播、视图打开个数为 $n-1$。可以证明，当参与方数目 $n=3$ 时，ZKBoo 的实际通信量最低。

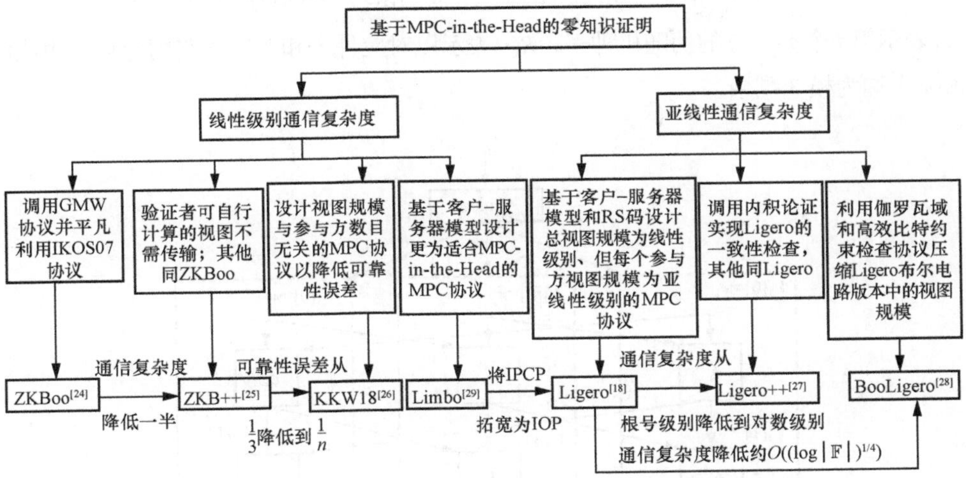

图 8.1 基于 MPC-in-the-Head 的零知识证明典型协议优化思路

8.3.1.1 主要思路

ZKBoo 设计了一个(2, 3)–函数拆解（(2, 3)–Function Decomposition）方案，即对于计算电路的某个目标函数 $f:\mathbb{F}^{|\boldsymbol{w}|}\to\mathbb{F}$，可将其拆解为 3 个计算分支，并且任意揭示 2 个计算分支不会泄露与秘密输入 $\boldsymbol{w}$ 相关的其他信息。此函数拆解方案本质上是 GMW 协议[182]在算术电路下的变种，即一种基于加性秘密分享的 2-隐私性安全多方计算协议。

ZKBoo 的拆解方案如图 8.2 所示。对于域上电路 $C:\mathbb{F}^{|\boldsymbol{w}|}\to\mathbb{F}$，$\boldsymbol{V}_i(i\in[3])$是一个长为$|C|+1$的向量，分别记为 $\boldsymbol{V}_i=(\boldsymbol{V}_i[0],\cdots,\boldsymbol{V}_i[|C|])$。$|C|$表示电路规模，$\boldsymbol{V}_i[0]$表示第 i 个参与方的输入 $\boldsymbol{w}_i$(长为$|\boldsymbol{w}|\cdot|\mathbb{F}|$个比特)，$\boldsymbol{V}_i[j](j\neq 0)$ 表示参与方 i 在第 j 个电路门处的份额。$\phi_i^{(j)}$ 表示参与方 i 在第 j 个电路门处的消息确定函数，其中 $\phi_i^{(j)}$ 由 $\boldsymbol{V}_i$, $\boldsymbol{V}_{i+1}$ 确定，与 $\boldsymbol{V}_{i+2}$ 无关。

在该方案中，证明者$\mathcal{P}$的步骤主要如下。（1）将证据 $\boldsymbol{w}$ 利用加性秘密分享随机分为 $\boldsymbol{w}_1$, $\boldsymbol{w}_2$, $\boldsymbol{w}_3$ 共 3 份，并分发给相应参与方，参见图 8.2 中的 Share 阶段。（2）在脑海中模拟各参与方利用消息确定函数 $\phi_i^{(j)}$ 计算下一个电路门的份额值并写入视图 $\boldsymbol{V}_i$ 的过程，直至计算出本地电路输出的份额值，参见图 8.2 中的虚线框内部分。（3）在脑海中模拟各参与方将本地电路输出份额值广播，并在获取其他方的份额后恢复电路最终输出值的过程，参见图 8.2 中的 Recover 阶段。

由于 $\boldsymbol{w}_i$ 是随机生成的，且消息确定函数 ϕ_i^j 是二元函数，故获取其中 2 个计算分支既能检查正确性和一致性，又不会泄露第 3 个参与方的秘密输入信息。具体地，对于输入为第 x 个门、第 y 个门，输出为第 z 个门的加法门，任意的 $i\in[3]$，下式成立。

$$\boldsymbol{V}_i[z]=\phi_i^{(z)}(\boldsymbol{V}_i[x],\boldsymbol{V}_i[y])=\boldsymbol{V}_i[x]+\boldsymbol{V}_i[y]$$

对于输入为 x、y，输出为 z 的乘法门，任意的 $i\in[3]$，下式成立。

$$V_i[z]=\phi_i^{(z)}(V_i[x,y],V_{i+1}[x,y],s_i,s_{i+1})=$$
$$V_i[x]\cdot V_i[y]+V_{i+1}[x]\cdot V_i[y]+V_i[x]\cdot V_{i+1}[y]+R(s_i,z)-R(s_{i+1},z) \quad (8.1)$$

其中，s_i表示第 i 个参与方的伪随机种子，$R(\cdot)$表示以对应种子和对应电路门为输入生成的随机数，i 和 i+1 均为模 3 剩余。

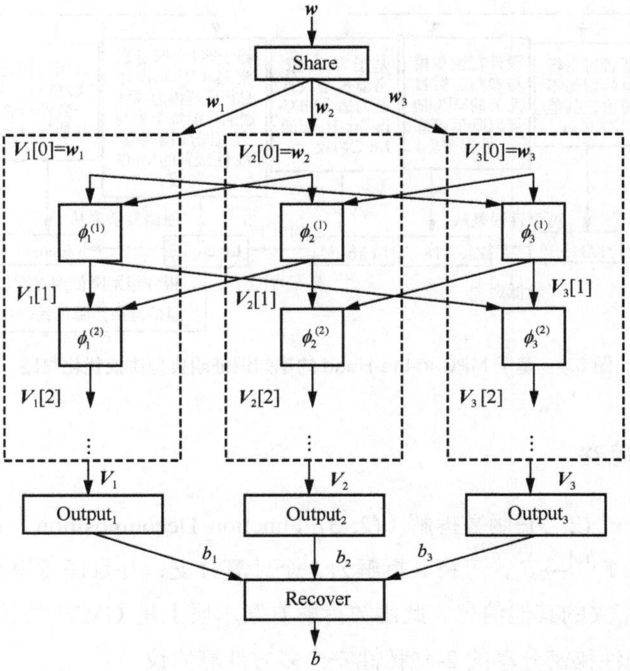

图 8.2 ZKBoo 的拆解方案[24]

8.3.1.2 协议流程

ZKBoo 的协议流程如图 8.3 所示，其分为证明者生成承诺、验证者挑战、证明者响应、验证者检查 4 个阶段，具体过程如下。

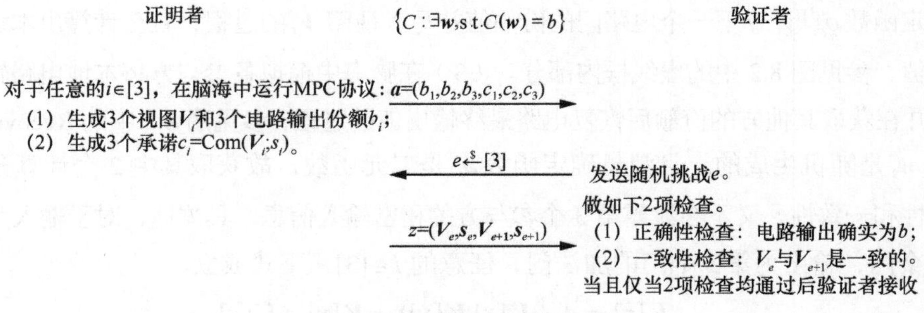

图 8.3 ZKBoo 的协议流程[24]

（1）证明者生成承诺。首先证明者在脑海中运行安全多方计算协议，得到视图 $\boldsymbol{V_1},\boldsymbol{V_2},\boldsymbol{V_3}$ 和

本地电路输出份额 b_1,b_2,b_3。然后 $\mathcal{P}$ 生成 3 个承诺，即对于任意的 $i\in[3]$，$c_i=\text{Com}(V_i;s_i)$，最后 $\mathcal{P}$ 将 $\boldsymbol{a}=(b_1,b_2,b_3,c_1,c_2,c_3)$ 发送给验证者 $\mathcal{V}$。

（2）验证者发送挑战。$\mathcal{V}$ 选择随机挑战 $e\xleftarrow{\$}[3]$ 发送给 $\mathcal{P}$。

（3）证明者打开承诺回复响应。$\mathcal{P}$ 打开对应承诺 c_e,c_{e+1} 并将 $\boldsymbol{z}=(V_e,s_e,V_{e+1},s_{e+1})$ 发送给 $\mathcal{V}$。

（4）验证者 $\mathcal{V}$ 进行如下两项检查。①正确性检查：对任意的 $i\in[3]$，b_i 确实可由 $\boldsymbol{w}_i$ 和 $\boldsymbol{V}_i$ 正确生成，且 b_1，b_2，b_3 确实可以恢复 b。②一致性检查：对任意的 $j\in[|C|]$，检查是否有 $\boldsymbol{V}_e[j]\stackrel{?}{=}\phi_e^{(j)}(\boldsymbol{V}_e,\boldsymbol{V}_{e+1},s_e,s_{e+1})$。当且仅当以上检查均通过，验证者接受。

ZKB++由 Chase 等[25]指出，给定 $\boldsymbol{V}_{e+1}$ 和 $\boldsymbol{w}_e$ 后 $\boldsymbol{V}_e$ 可自行算出，而且 $\mathcal{V}$ 在验证过程中本身就需要重新计算一遍电路，因此 $\mathcal{P}$ 可以在响应阶段不发送 $\boldsymbol{V}_e$。基于上述思想，结合若干其他的优化措施，ZKB++在不增加 $\mathcal{P}$ 和 $\mathcal{V}$ 的计算复杂度的同时，将 ZKBoo 的通信复杂度降低了约一半。

8.3.1.3　讨论总结

现分别从可靠性、知识可靠性、零知识性、复杂度和改进方向对 ZKBoo 和 ZKB++进行讨论总结。

（1）可靠性。在 ZKBoo 中，一个恶意的证明者可以通过伪造参与方视图或者破坏视图一致性来欺骗验证者。考虑伪造证据 $\boldsymbol{w}'$ 且 $\mathcal{R}(\boldsymbol{x},\boldsymbol{w}')=0$，若恶意证明者不破坏视图一致性，则由安全多方计算协议的完美正确性，验证者一定会发现错误。若恶意证明者破坏视图一致性，考虑最有利于欺骗成功的情况，即恶意证明者仅破坏一对视图的一致性，此时可靠性为 1/3，可靠性误差为 2/3。因此 ZKBoo 的可靠性误差为 2/3。

（2）知识可靠性。ZKBoo 是一个 3 轮 Σ 协议，并且具有 3-特殊可靠性。给定 3 个接受副本 $(\boldsymbol{a},1,\boldsymbol{z}_1),(\boldsymbol{a},2,\boldsymbol{z}_2),(\boldsymbol{a},3,\boldsymbol{z}_3)$，由于承诺的绑定性，$\boldsymbol{z}_1$ 和 $\boldsymbol{z}_3$ 中包含的视图 $\boldsymbol{V}_1$ 是一致的。同理，$\boldsymbol{z}_1$ 和 $\boldsymbol{z}_2$ 中包含的视图 $\boldsymbol{V}_2$，$\boldsymbol{z}_2$ 和 $\boldsymbol{z}_3$ 中包含的视图 $\boldsymbol{V}_3$ 也是一致的。在拥有 $\boldsymbol{V}_1,\boldsymbol{V}_2,\boldsymbol{V}_3$ 后，可分别计算 $\boldsymbol{w}_1\leftarrow\boldsymbol{V}_1[0],\boldsymbol{w}_2\leftarrow\boldsymbol{V}_2[0],\boldsymbol{w}_2\leftarrow\boldsymbol{V}_3[0]$，然后恢复 $\boldsymbol{w}\leftarrow\boldsymbol{w}_1+\boldsymbol{w}_2+\boldsymbol{w}_2$，从而提取出证据 $\boldsymbol{w}$。

（3）零知识性。考虑 ZKBoo 逐门更新视图和计算电路的过程，参与方的隐私信息就是每个电路门值的秘密分享份额，只要不泄露该份额即可满足零知识性。对于加法门，各参与方可以本地更新视图，故零知识性可自然保障。对于乘法门，计算参与方 e 的视图 $\boldsymbol{V}_e$ 时需要参与方 e+1 的视图 $\boldsymbol{V}_{e+1}$，而 $\boldsymbol{V}_{e+1}$ 又与 $\boldsymbol{V}_{e+2}$ 相关，因此验证者获取视图 $\boldsymbol{V}_e$ 和 $\boldsymbol{V}_{e+1}$ 时可能会获取与 $\boldsymbol{V}_{e+2}$ 相关的隐私信息，这违背了隐私性，从而破坏了零知识性。ZKBoo 解决该问题的方法是为消息确定函数增加随机输入，参见等式（8.1）中的 $R(\cdot,\cdot)$，该随机输入能够在保障正确性的同时实现视图的均匀分布，进而实现诚实验证者零知识性。

现简要描述 2-隐私性的模拟器 $\mathcal{S}$ 构造方法。给定 $e\in[3]$，模拟器 $\mathcal{S}$ 以电路的最终输出 b' 为输入，进行如下操作。

① 随机生成随机数 s_e',s_{e+1}'。

② 随机选取 $\boldsymbol{w}'_e[0]$ 和 $\boldsymbol{w}'_{e+1}[0]$。对于所有的 $j \in [|C|]$，如果第 j 个门是加法门，那么可以按照 $\phi_e^{(j)}(\boldsymbol{V}'_e, \boldsymbol{V}'_{e+1})$ 自行更新 $\boldsymbol{V}'_e[j]$ 和 $\boldsymbol{V}'_{e+1}[j]$。如果第 j 个门是乘法门，那么随机选取 $\boldsymbol{V}'_{e+1}[j]$，然后根据 $\phi_e^{(j)}$ 生成 $\boldsymbol{V}'_e[j]$。通过这种方式，最终可生成 $\boldsymbol{V}'_e$ 和 $\boldsymbol{V}'_{e+1}$。

③ 计算 $b'_e \leftarrow \text{Output}(\boldsymbol{V}'_e)$ 和 $b'_{e+1} \leftarrow \text{Output}(\boldsymbol{V}'_{e+1})$。

④ 计算 $b'_{e+2} \leftarrow b' - b'_e - b'_{e+1}$。

⑤ $\mathcal{S}$ 随机选取 c'_{e+2}，生成 $c'_e \leftarrow \text{Com}(\boldsymbol{V}_e; s_e)$，$c'_{e+1} \leftarrow \text{Com}(\boldsymbol{V}_{e+1}; s_{e+1})$，输出 $\boldsymbol{a}' = (b'_e, b'_{e+1}, b'_{e+2}, c'_e, c'_{e+1}, c'_{e+2})$，输出 $\boldsymbol{z}' = (\boldsymbol{V}'_e, s'_e, \boldsymbol{V}'_{e+1}, s'_{e+1})$。

可以验证，模拟器 $\mathcal{S}$ 所生成的副本与真实协议副本是分布一致的。事实上，模拟器 $\mathcal{S}$ 的计算和输出除了 $\boldsymbol{V}'_{e+1}[j]$ 以外，与真实协议的计算方式完全一致。又 $\boldsymbol{V}_{e+1}[j]$ 在计算时会引入随机函数 $R(s_{e+1}, j)$，因此 $\boldsymbol{V}_{e+1}[j]$ 本质上也是均匀分布的随机数，故 $\boldsymbol{V}_{e+1}[j]$ 和 $\boldsymbol{V}'_{e+1}[j]$ 也是分布一致的。基于 2-隐私性的模拟器，可以构造零知识证明的模拟器。

（4）复杂度。对于证明复杂度，证明者需在脑海中模拟电路的计算过程并调用 $O(|C|)$ 次消息确定函数，故证明复杂度为 $O(|C|)\mathbb{F}$；对于验证复杂度，验证者需在验证过程中重新计算电路，故验证复杂度也为 $O(|C|)\mathbb{F}$；对于通信复杂度，当 n 确定时，通信量主要由视图 $\boldsymbol{V}_e$ 和 $\boldsymbol{V}_{e+1}$ 决定，而视图规模均为 $O(|C|)$，故通信复杂度也为 $O(|C|)\mathbb{F}$。

（5）改进方向。对于通信复杂度，ZKBoo 和 ZKB++在采用加性秘密分享计算电路时会生成 n 个大小为 $O(|C|)$的副本，若视图打开数目为 $n-1$，则通信复杂度为 $O((n-1)|C|)$，其与参与方数目 n 和电路规模$|C|$有关，而 n 又与可靠性误差有关。在 ZKBoo 和 ZKB++中，为实现最低的通信复杂度，需取 n=3，而这会使得可靠性误差为 2/3。因此，相比其他零知识证明，为达到同样的安全级别，ZKBoo 和 ZKB++需重复运行较多的轮数，导致较高的实际通信量。一个优化方向是采用合适的安全多方计算协议将生成视图的过程交给验证者，使通信复杂度中的$|C|$项与 n 无关，从而通过降低可靠性误差来降低运行轮数进而优化通信复杂度，这恰好是 KKW18 的主要思想。

8.3.2 KKW18

KKW18 由 Katz、Kolesnikov 和 Wang[26]提出，其底层安全多方计算协议出自 Wang、Ranellucci 和 Katz 的工作[188]，该协议消息确定函数为 n 元、视图打开个数为 $n-1$。

8.3.2.1 主要思路

KKW18 虽然也是逐门计算电路，但是在该协议中各参与方的份额本质上是均匀分布的随机数，可由伪随机生成器生成，故对于打开的 $n-1$ 个视图，仅发送对应的随机种子（长度仅与安全参数有关）即可完成正确性和一致性检查。该思想与 ZKB++的内涵是一致的，即可由验证者计算出的视图不需要发送。需要注意的是，采用 n 元消息确定函数并不是自然的，因为检查正确性时需要第 n 个参与方的相关信息，而获取该相关信息又可能违背 n-隐私性进而破坏零知识性。针对这一问题，KKW18 采用了预处理模型下的安全多方计算协议，使得份额的生成与电路的计算相互独立，进而保障了特殊诚实验证者零知识性。

8.3.2.2　底层安全多方计算协议

KKW18 中的安全多方计算模型为预处理模型，可分为预处理阶段和在线阶段，KKW18 底层安全多方计算协议流程如图 8.4 所示。在给出具体描述前，首先介绍加性秘密分享的参数记法。

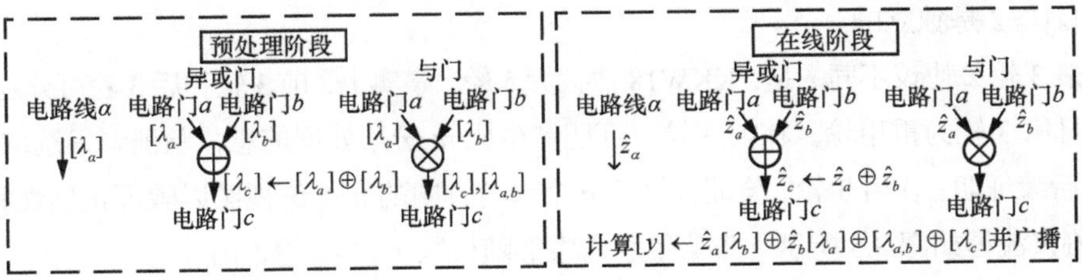

图 8.4　KKW18 底层安全多方计算协议流程[26]

记$[\cdot]$表示加性秘密分享的份额，$[\cdot]_i$特指参与方 P_i 的份额。对于电路中每条导线，n 个参与方拥有一个(n,n)的随机秘密分享掩藏份额和一个公开的掩藏值。记 z_α 为布尔电路 C 在导线 α 处的值，$\hat{z}_\alpha$ 为公开掩藏值，$[\lambda_\alpha]$为秘密分享掩藏份额，其恢复值为 λ_α，则 z_α 满足 $z_\alpha = \hat{z}_\alpha \oplus \lambda_\alpha$。

（1）预处理阶段

预处理阶段各参与方以伪随机种子和辅助输入为输入，生成各输入导线值及电路门值的秘密分享掩藏份额。对于输入导线 α，各参与方获得份额$[\lambda_\alpha]$。对于输入导线为 a、b，输出导线为 c 的异或门，各参与方获得秘密掩藏份额$[\lambda_a],[\lambda_b]$并自行计算生成$[\lambda_c] \leftarrow [\lambda_a] \oplus [\lambda_b]$。对于输入导线分别为 a 和 b、输出导线为 c 的与门，各参与方获得份额$[\lambda_{a,b}]$，其满足 $\lambda_{a,b}=\lambda_a \cdot \lambda_b$。

在预处理阶段，份额$[\lambda]$是均匀随机的，因此可由伪随机种子 $s \in \{0,1\}^{\kappa_s}$ 生成。需要注意的是，前 $n-1$ 个参与方的秘密掩藏份额$[\lambda_{a,b}]$虽然也可由该方法生成，但第 n 个参与方 P_n 的 $\lambda_{a,b}$ 需要长为$|C|$的辅助输入 aux 才能保证$[\lambda_{a,b}] = \lambda_a \cdot \lambda_b$成立。

（2）在线阶段

在线阶段各参与方以输入导线的公开掩藏值 $\hat{z}$ 为输入，结合输入导线和各自持有的秘密分享掩藏份额，计算电路中所有导线的公开掩藏值。对于异或门，参与方可本地计算公开掩藏值 $\hat{z}$。对于与门，参与方需本地计算$[y]$并将其广播，之后每个参与方才能得到该与门的公开掩藏值 $\hat{z}_c$。各参与方逐门更新，在计算得到输出导线的公开掩藏值 $\hat{z}$ 之后，广播各自输出导线的秘密分享掩藏份额$[\lambda]$并最终恢复输出导线值。

现对上述安全多方计算协议进行总结。首先，若证明者诚实运行协议，则由于秘密分享掩藏份额是在公开掩藏值之前生成的，它们是互相独立的。其次，上述安全多方计算协议仅需在计算与门和恢复电路最终输出导线值时广播本地计算值$[y]$，且各参与方计算广播值时不需要交互，故在整个协议中一个参与方最多需要传输$|C_{\text{add}}|+1$ 个比特，其中$|C_{\text{add}}|$表示电路中与门的个数。最后，在拥有参与方 P_i 的伪随机种子 s_i 及可能需要的辅助输入（仅针对 P_n）后，该参与方的广播值可自行算出。

8.3.2.3 协议流程

上述安全多方计算协议在零知识证明中调用时，每条输入导线值和每个电路值的秘密分享掩藏份额$[\lambda]$就是各参与方持有的隐私信息，其在预处理阶段生成，本质上是均匀分布的随机数；公开掩藏值$\hat{z}$于在线阶段生成，是每个参与方的公共输入。若协议诚实运行，则由于$[\lambda]$在$\hat{z}$之前生成，$[\lambda]$与$\hat{z}$是独立的。

与一般 3 轮 Σ 协议不同的是，KKW18 协议为 5 轮。事实上，前 3 轮和后 3 轮可分别视为 2 个 Σ 协议，且第 3 轮为重用轮。在前 3 轮，证明者生成 **m** 份预处理信息，验证者只选取其中 1 份用以完成后续证明；在后 3 轮，验证者打开 **n** 个参与方中的 **n**−1 份视图以验证正确性和一致性。KKW18 协议流程如图 8.5 所示（省略了承诺中的随机数），简述如下。

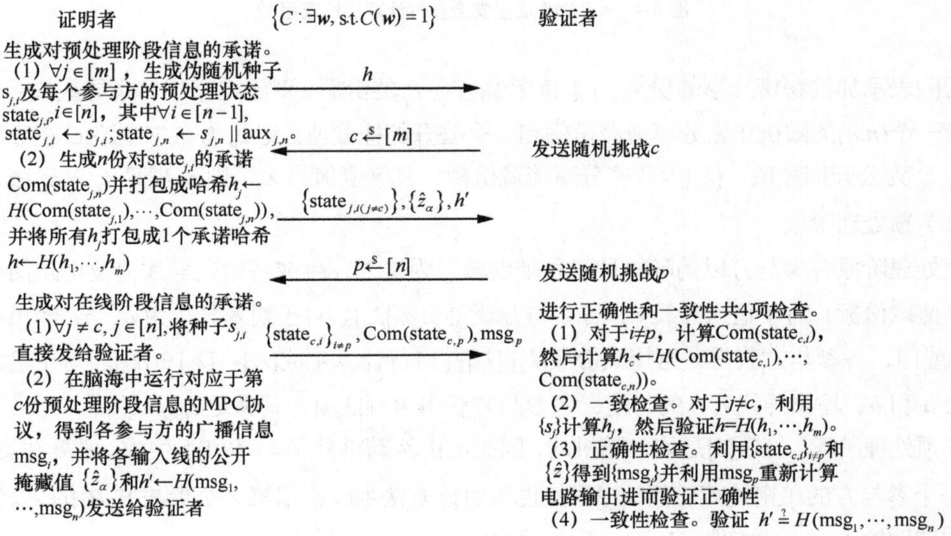

图 8.5 KKW18 协议流程[26]

（1）$\mathcal{P}$ 生成 **m** 份对预处理状态的承诺，并计算对该 **m** 份承诺的哈希。

（2）$\mathcal{V}$ 发送第一次挑战，即对预处理阶段承诺的随机挑战。

（3）$\mathcal{P}$ 响应第一次挑战，打开 **m**−1 份承诺。$\mathcal{P}$ 在脑海中模拟与未打开的预处理阶段适配的在线阶段，生成 **n** 份对广播信息的承诺，并计算对该 **n** 份承诺的哈希。

（4）$\mathcal{V}$ 发送第二次挑战，即对在线阶段广播信息承诺的随机挑战。

（5）$\mathcal{P}$ 响应第二次挑战，将随机挑战值对应的预处理状态承诺和广播信息及剩余 **n**−1 组的预处理信息发送给 $\mathcal{V}$。

验证者进行如下 3 项检查，当且仅当检查全部通过后接受。①利用步骤（5）中 **n**− 1 组预处理信息生成承诺，结合步骤（5）中收到的预处理状态承诺构造 h_c，验证与步骤（1）中哈希 **h** 的一致性。②利用步骤（5）$\{\text{state}_{c,i}\}_{i\neq p}$ 计算$\{\text{msg}_{i,i\neq p}\}$，结合 msg_p 和$\{\hat{z}\}$重新计算电路输出并验证正确性。③利用广播信息$\{\text{msg}_i\}_{i\in[n]}$计算哈希，验证广播信息与步骤（3）中哈希 **h′** 的一致性。

8.3.2.4　讨论总结

现分别从知识可靠性、零知识性和复杂度对 KKW18 进行讨论总结。

（1）知识可靠性

假定抗碰撞哈希函数存在、承诺具有绑定性，给定对于挑战对(c,p)、$(c',*)$和(c,p')的接受副本，其中$*$为任意值，且$c\neq c',p\neq p'$，则可提取出有效证据 w，其可靠性误差为$\max\{1/m,1/n\}$[26]。

（2）零知识性

与 ZKBoo 及 ZKB++类似，KKW18 的零知识性也是由秘密分享掩藏份额的随机性保障的。不同的是，KKW18 中的消息确定函数为 n 元，打开 $n-1$ 个视图是无法验证协议正确性的，为验证正确性还需要第 n 个参与方的广播信息 msg_n，而该信息可能泄露隐私。解决该问题的方法是在预处理模型下分阶段运行安全多方计算协议，其中秘密分享掩藏份额是均匀分布的且与公开掩藏值保持独立，进而保障隐私。具体地，对于某个输入导线为 a 和 b、输出导线为 c 的与门，由于公共掩藏值$\hat{z}_a$、$\hat{z}_b$与秘密分享掩藏份额$[\lambda]_a$、$[\lambda]_b$是独立的，即使获取参与方 P_p 的广播信息$[y]_p$（如图 8.4 所示）也难以推知导线 a、b 的秘密分享掩藏份额。而参与方 P_p的广播信息 msg_p就是其在所有与门处的广播信息$\{[y]_p\}$，因此 KKW18 的零知识性得以保障。为确保证明者生成的秘密分享掩藏份额是均匀随机且与公开掩藏值是独立的，需要在原有 Σ 协议的基础上增加两轮对预处理阶段的检查（图 8.5 中的前两步，即前两个箭头），故协议共为 5 轮。

若底层安全多方计算协议具备隐私性且承诺方案具有隐藏性，则图 8.5 所描述的协议具备完美特殊诚实验证者零知识性。给定针对安全多方计算协议的模拟器$\mathcal{S}_{\text{MPC}}$，可构造针对图 8.5 的零知识证明的模拟器$\mathcal{S}_{\text{ZK}}$，步骤如下。

① $\mathcal{S}_{\text{ZK}}$ 随机选取$c\xleftarrow{\$}[m]$ 及 $p\xleftarrow{\$}[n]$。

② $\mathcal{S}_{\text{ZK}}$ 运行$\mathcal{S}_{\text{MPC}}$用以模拟安全多方计算协议过程中每个参与方的视图。之后，$\mathcal{S}_{\text{ZK}}$ 可生成$\{\text{state}_i\}$，公开掩藏值$\{\hat{z}_\alpha\}$和 msg_p。此外，根据视图$\mathcal{S}_{\text{ZK}}$可计算$\{\text{msg}_i\}_{i\neq p}$，并最终计算$h'\leftarrow H(\text{msg}_1,\cdots,\text{msg}_n)$。

③ 对于$j\neq c$，$\mathcal{S}_{\text{ZK}}$ 按照诚实证明者的做法计算 h_j。对于$i\neq p$，$\mathcal{S}_{\text{ZK}}$ 令 $\text{state}_{c,i}\leftarrow\text{state}_i$，均匀选取 $r_{c,i}$并按照诚实证明者的做法计算 $\text{com}_{c,i}$。$\mathcal{S}_{\text{ZK}}$ 同时计算 $\text{com}_{c,p}$作为对 0 字符串的承诺。随后$\mathcal{S}_{\text{ZK}}$ 按照诚实证明者的做法计算 h。

④ $\mathcal{S}_{\text{ZK}}$ 输出脚本$(h,c,\{\text{state}_{j,i}\}_{j\neq c},\{\hat{z}_\alpha\},h',p,\{\text{state}_{c,i}\}_{i\neq p},\text{com}_{c,p},\text{msg}_p)$。

（3）复杂度

该协议的证明和验证复杂度与 ZKBoo 及 ZKB++类似，均为$O(|C|)$。对于通信复杂度，该协议的通信开销主要集中于协议流程的步骤（5），其中处理与门信息的通信量期望大小为$(n-1)\cdot(|C|/n+\kappa_S)$比特，广播通信复杂度至多为$|C_{\text{add}}|+1$ 比特，$|C_{\text{add}}|$为电路中与门的个数。因此，协议的单轮通信复杂度为$O(|C|+n\kappa_S)$。相比 ZKB++和 Ligero，针对与门数为 300～100 000 的布尔电路可满足问题，KKW18 实现了最低实际通信量。

8.3.3 Ligero/Ligero++

Ligero 由 Ames 等[18]提出，其底层安全多方计算协议的消息确定函数为一元、消息传播方式为广播、视图打开个数为 t(可调参数)、通信复杂度为 $O(\sqrt{|C|})\mathbb{F}$ 。Ligero++ 由 Bhadauria 等[27]提出，他们利用内积论证改进了 Ligero 协议一致性验证的过程，进而实现了 $O(\log|C|)\ \mathbb{F}$ 的通信复杂度。由于 Ligero++仅在一致性检查方面与 Ligero 有细微差别，本小节主要介绍 Ligero。

8.3.3.1 主要思路

Ligero 的主要思路及协议流程如图 8.6 所示。证明者 $\mathcal{P}$ 首先将秘密输入$(\boldsymbol{x}, \boldsymbol{y}, \boldsymbol{z}, \boldsymbol{w})$ 排列为矩阵，然后利用里德–所罗门码编码矩阵的每一行得到谕示矩阵，接着利用默克尔树对谕示矩阵的每一列进行承诺，最后 $\mathcal{P}$ 与 $\mathcal{V}$ 参与交互式协议用以证明电路是可满足的。其中，里德–所罗门码保证了 $\mathcal{V}$ 在获取谕示矩阵每行的部分值后也不能恢复整个多项式，所以无法得到电路其他位置的导线值，而里德–所罗门码的线性纠错性质保障了不符合电路约束的导线值会以较高的概率被 $\mathcal{V}$ 发现。

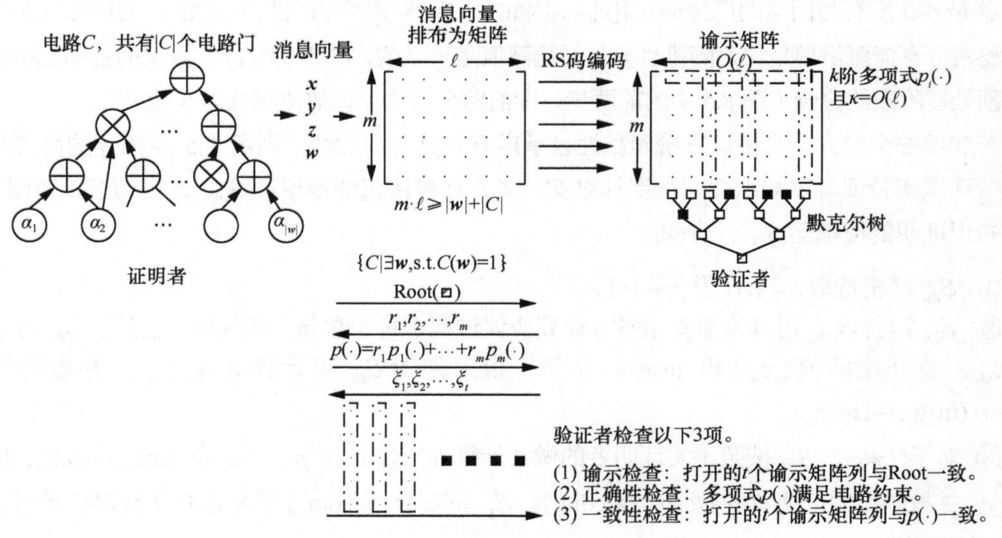

图 8.6 Ligero 的主要思路及协议流程[18]

8.3.3.2 协议流程

在交互式协议中，证明者和验证者需调用若干测试模块，具体如下。模块 1 为对交织里德–所罗门码的检查，该模块可用于检查谕示矩阵 $\boldsymbol{U}$ 与其对应的交织里德–所罗门码 L^m 的距离是否小于 e，其中 e 与交织里德–所罗门码的码距 d 有关，在 Ligero 中，有 $e<d/3$。模块 2 为对交织里德–所罗门码中线性约束的检查，在模块 1 成立的情况下，该模块可验证使用交织里

德–所罗门码加密的消息向量 $\boldsymbol{x}$ 是否满足线性关系 $\boldsymbol{Ax}=\boldsymbol{b}$，其中 $\boldsymbol{A}\in\mathbb{F}^{m\ell\times m\ell}$, $\boldsymbol{b}\in\mathbb{F}^{m\ell\times 1}$。模块 3 为对交织里德–所罗门码中二次约束的检查，在模块 1 成立的情况下，该模块可验证使用交织里德–所罗门码 $\boldsymbol{U}^x$, $\boldsymbol{U}^y$, $\boldsymbol{U}^z$ 加密的消息向量 $\boldsymbol{x}, \boldsymbol{y}, \boldsymbol{z}$ 是否满足二次关系 $\boldsymbol{x}\odot\boldsymbol{y}+\boldsymbol{a}\odot\boldsymbol{z}=\boldsymbol{b}$，其中 $\boldsymbol{a}$, $\boldsymbol{b}\in\mathbb{F}^{m\ell}$。上述 3 个测试模块的主要思路也列于图 8.6。首先证明者 $\mathcal{P}$ 发送对谕示矩阵的承诺（用默克尔树实现，图 8.6 中的 Root），其次验证者 $\mathcal{V}$ 发送随机挑战 $r_1,\cdots,r_m$，接着 $\mathcal{P}$ 返回谕示矩阵行多项式与挑战值的线性组合多项式 $p(\cdot)$，然后 $\mathcal{V}$ 发送第二次随机挑战 $\xi_1,\cdots,\xi_t$，最后 $\mathcal{P}$ 将谕示矩阵的这 t 列及其对应的默克尔树路径发送给 $\mathcal{V}$。此时 $\mathcal{V}$ 验证以下 3 项。①结合默克尔树路径，验证打开的 t 列与承诺 Root 是一致的。②验证组合多项式 $p(\cdot)$在点 $\eta_{i,i\in[\ell]}$ 处满足电路约束，即验证交织里德–所罗门码的对应消息向量满足电路约束。③验证组合多项式 $p(\cdot)$ 与谕示矩阵中随机选取的 t 列是一致的。

需要指出的是，上述测试模块的可靠性均是由里德–所罗门码的线性纠错性质保障的。同时，这些测试模块的检查过程本质上是一种交互式概率可验证证明。其中，谕示矩阵是谕示，随机挑战是访问请求。

借助上述测试模块，Ligero 的交互式论证简要流程如下。

（1）输入阶段。记算术电路为 $C:\mathbb{F}^{|\boldsymbol{w}|}\rightarrow\mathbb{F}$，证明者 $\mathcal{P}$ 拥有秘密输入 $\boldsymbol{w}=(\alpha_1,\cdots,\alpha_{|\boldsymbol{w}|})$ 使得 $C(\boldsymbol{w})=1$。记电路中门数为$|C|$，其门值分别记为 $\beta_1,\cdots,\beta_{|C|}$。

（2）码矩阵生成阶段。记 m, ℓ 满足 $m\cdot\ell\geqslant|\boldsymbol{w}|+|C|$，首先 $\mathcal{P}$ 生成扩展证据 $\boldsymbol{w}_e\in\mathbb{F}^{m\ell}$，$\boldsymbol{w}_e$ 满足前$|\boldsymbol{w}|+|C|$个值为$(\alpha_1,\cdots,\alpha_{|\boldsymbol{w}|},\beta_1,\cdots,\beta_{|C|})$。其次 $\mathcal{P}$ 构造 $\mathbb{F}^{m\ell}$ 上的向量 $\boldsymbol{x}, \boldsymbol{y}, \boldsymbol{z}$ 且其满足第 j 个值分别对应第 j 个乘法门的左输入、右输入及输出。再次 $\mathcal{P}$ 构造二次约束检查矩阵 $\boldsymbol{P}_x$, $\boldsymbol{P}_y$ 和 $\boldsymbol{P}_z$，其满足 $\boldsymbol{P}_x\boldsymbol{w}_e=\boldsymbol{x}$, $\boldsymbol{P}_y\boldsymbol{w}_e=\boldsymbol{y}$, $\boldsymbol{P}_z\boldsymbol{w}_e=\boldsymbol{z}$。然后 $\mathcal{P}$ 构造线性约束检查矩阵 $\boldsymbol{P}_{\text{add}}$，其满足 $\boldsymbol{P}_{\text{add}}\boldsymbol{w}_e$ 的第 j 个位置与第 j 个加法门的左输入、右输入及输出分别对应相等。最后 $\mathcal{P}$ 对消息向量 $\boldsymbol{w}_e, \boldsymbol{x}, \boldsymbol{y}$ 和 $\boldsymbol{z}$ 进行加密得到 4 个码矩阵 $\boldsymbol{U}^{w_e}$, $\boldsymbol{U}^x$, $\boldsymbol{U}^y$, $\boldsymbol{U}^z\in L^m$，记码矩阵 $\boldsymbol{U}\in L^{4m}$ 为 4 个码矩阵纵向排列后的码矩阵。需要注意的是，上述检查矩阵中元素全为常数，且电路结构是公开的，故检查矩阵可由验证者自行计算得出。

（3）交互阶段。$\mathcal{P}$ 和 $\mathcal{V}$ 运行如下 3 个模块协议。①调用模块 1 检查 $\boldsymbol{U}$ 与 L^{4m} 的码距是否小于 e。②调用模块 2 检查线性约束的正确性，即利用码矩阵 $\boldsymbol{U}^{w_e}$ 检查 $\boldsymbol{w}$ 是否满足 $\boldsymbol{P}_{\text{add}}\boldsymbol{w}_e=0$。③调用模块 2 和模块 3 检查二次约束的正确性，即先调用模块 2 利用码矩阵 $\boldsymbol{U}^w$, $\boldsymbol{U}^x$, $\boldsymbol{U}^y$, $\boldsymbol{U}^z$ 检查对于任意的 $\boldsymbol{a}\in\{\boldsymbol{x},\boldsymbol{y},\boldsymbol{z}\}$，有 $[\boldsymbol{I}\,|-\boldsymbol{P}_a]\begin{bmatrix}\boldsymbol{U}^a\\ \boldsymbol{U}^{w_e}\end{bmatrix}\stackrel{?}{=}0$，其用于验证 $\boldsymbol{x}, \boldsymbol{y}, \boldsymbol{z}$ 是正确构造的，再调用模块 3 利用码矩阵 $\boldsymbol{U}^x$, $\boldsymbol{U}^y$, $\boldsymbol{U}^z$ 检查 $\boldsymbol{x}\odot\boldsymbol{y}-\boldsymbol{z}\stackrel{?}{=}0$，其用于验证 $\boldsymbol{x}, \boldsymbol{y}, \boldsymbol{z}$ 满足乘法门约束。

可以证明，协议的可靠性误差为 $(e+6)/|\mathbb{F}|+(1-e/n)^t+5\left((e+2k)/n\right)^t$。

Ligero++指出，在 Ligero 中检查码矩阵与谕示多项式一致性的过程相当于验证一个内积关系，即验证对于任意的 $\xi_{i,i\in[t]}, p(\xi_i)\stackrel{?}{=}\boldsymbol{r}\cdot\boldsymbol{p}(\xi_i)$，其中 $\boldsymbol{r}=(r,\cdots,r_m)$，$\boldsymbol{p}(\xi_i)=(p_1(\xi_i),\cdots,p_m(\xi_i))$。因

此，可以调用内积论证（出自 Virgo[17]）实现上述检查。若内积论证中的向量规模为 n，则其通信复杂度为 $O(\log n)\,\mathbb{F}$。也就是说，可通过调节 m, ℓ 进一步降低通信复杂度。

8.3.3.3 讨论总结

现分别从底层安全多方计算协议、零知识性、复杂度对上述协议进行讨论分析。

（1）底层安全多方计算协议。与 ZKBoo、ZKB++和 KKW18 不同的是，Ligero 系列协议的底层安全多方计算协议较为简单。在 Ligero 中，参与者的数目与谕示矩阵的列相等，且谕示矩阵的每一列即每个参与方的隐私信息。由于该安全多方计算协议的目标联合函数是计算谕示矩阵每一行与某个随机向量的线性组合，每个参与方的计算任务就是在获取该随机向量后计算持有列与随机向量的线性组合并广播。该安全多方计算协议本质上属于客户–服务器模型，基于该安全多方计算模型，Ligero、Ligero++和 BooLigero 结合交织里德–所罗门码实现了通信复杂度亚线性级别的突破；虽然 Limbo[29]的通信复杂度为 $O(|C|)\,\mathbb{F}$，但在少于 500 000 个乘法门的中等规模电路下其实际通信量较低。

（2）零知识性。上述协议并不是零知识的，这是因为验证者获取的两种信息可能破坏零知识性，第一种是秘密输入与挑战值的线性组合，第二种是谕示中的 t 列。针对第一种，一个有效的方法是为各谕示矩阵增加一行随机编码且令其不影响原线性组合在 ℓ 个点的取值，这保障了线性组合不会泄露隐私信息。针对第二种，基于交织里德–所罗门码加密消息的随机性，只需满足验证者可接触的多项式点值数目（获取 ℓ 个点值以验证电路约束关系、t 个点值以验证谕示的一致性）小于多项式的度大小即可保障零知识性，即满足 $k>\ell+t$。

（3）复杂度。对于验证复杂度，验证者需要验证正确性和一致性，即分别计算 m 个多项式 $p_i(\cdot)$在$(\ell+t)$个点的取值，大致需要 $m(\ell+t)=|C|+t\sqrt{|C|}$ 次运算（t 可为常数），因此复杂度为 $O(|C|)\,\mathbb{F}$。对于证明复杂度，$\mathcal{P}$ 的主要开销为构造 m 个度为 $k=O(\ell)$的多项式，利用快速傅里叶逆变换计算拉格朗日插值[192]从而构造多项式的复杂度为 $O(mk\log^2 k)<O(|C|\log^2|C|)\,\mathbb{F}$。对于通信复杂度，通信开销主要集中在线性组合阶段发送的多项式（规模为 $O(k+\ell)$）和打开谕示矩阵阶段发送的 t 个矩阵列（规模为 $O(t\cdot m)$），又因为 m 和 ℓ 需满足 $O(m\cdot\ell)=O(|C|)$，故实际参数设置中可设置 $k=O(\lambda)$, $\ell=m=O(\sqrt{|C|})$ 从而实现 $O(\sqrt{|C|})\,\mathbb{F}$ 级别的通信复杂度。需要指出的是，Ligero 可通过调整 m,ℓ 之间的关系调整证明复杂度和通信复杂度之间的关系。在 Ligero++中，如果调用内积论证完成一致性检查，则完成 t 个规模为 m 的码矩阵列一致性检查仅需发送 $t\log m$ 个元素，因此可重新设置参数 m, ℓ 为 $m=O(|C|/\log|C|)$, $\ell=O(\log|C|)$从而实现 $O(\log|C|)\,\mathbb{F}$ 的通信复杂度。

8.3.4 BooLigero

BooLigero 由 Gvili、Scheffler 和 Varia[28]提出，其优化了 Ligero 布尔电路版本的通信复杂度。BooLigero 的协议流程与 Ligero 是类似的，本小节只讨论 BooLigero 优化通信复杂度的方法。

8.3.4.1　主要思路

BooLigero 的主要思路分为 4 部分，分别是增加布尔约束、用伽罗瓦域存储比特、利用伽罗瓦域乘法实现按位与、高效比特约束检查协议，简要描述如下。

（1）增加布尔约束。Ligero 本身虽然是针对算术电路的，但也适用于布尔电路。对于布尔电路，需要为每个电路门值增加布尔约束限制其为 0 或 1，即增加约束 $\alpha^2-\alpha=0$，此外要增加对异或门和与门约束的算术版本。给定布尔值 α_1,α_2，考虑约束 $\alpha_1+\alpha_2=r_0+2\cdot r_1$，若规定上述约束中值均为 0 或 1，则 r_0 是 α_1 和 α_2 的异或，r_1 是 α_1 和 α_2 的与，可通过增加辅助输入比特 d 独立验证异或门或与门约束。例如，对于与门约束 $\alpha_1\cdot\alpha_2=\alpha_3$，可增加辅助输入比特 d 验证线性约束 $\alpha_1+\alpha_2\stackrel{?}{=}d+2\cdot\alpha_3$。验证异或门的线性约束方法同理可得。值得注意的是，为保障可靠性误差足够小，Ligero 中的域往往需取足够大。但是 BooLigero 只需要用到域中 0 和 1 共两个元素，这会造成约$(\log_2|\mathbb{F}|-1)$比特的存储浪费，并增加通信开销。一个自然的想法是引入能用一个域元素存储多个布尔值的域（如伽罗瓦域）从而充分利用存储空间。

（2）用伽罗瓦域存储比特。为解决存储浪费问题，BooLigero 指出可利用伽罗瓦域存储比特值，从而实现一个域元素存储多个比特。考虑伽罗瓦域 $\mathbb{F}_{2^\gamma}$，若每一位代表一个比特值，则一个域元素一次性可以存储 γ 个比特。基于此，Ligero 中谕示矩阵的元素数目会降低为原来的 $1/O(\log|\mathbb{F}|)$，通信复杂度会降低为原来的 $1/O(\log|\mathbb{F}|^{1/2})$。然而，运行 Ligero 中的电路约束检查模块不仅需要布尔域到伽罗瓦域的存储转化，还需要布尔域到伽罗瓦域的电路计算转化，而这是难以实现的。

（3）利用伽罗瓦域乘法实现按位与。虽然伽罗瓦域上的加法等同于布尔域上的按位异或，但是伽罗瓦域上的乘法不同于布尔域上的按位与。为解决该问题，针对与门，BooLigero 提出了一种利用伽罗瓦域乘法实现比特的按位与的方法，但该方法一方面需要为每个与门增加变量，另一方面需要增加新的变量约束检查。具体地，为验证长为 γ 的两个向量之间的与关系，需在谕示矩阵中增加 $\sqrt{\gamma}$ 个新变量，也就需增加 $\sqrt{\gamma}$ 个对新变量的约束检查。

（4）高效比特约束检查协议。在 BooLigero 中，对新变量的约束具有高度规律性，其形式都是一组向量的“某位置是 0”或者一组向量的“某个位置等于目标向量的某个位置”。为了验证某变量满足某约束关系，BooLigero 提出了一种零知识的高效比特约束检查协议来实现批量化比特关系验证。该协议基于 cut-and-choose 思想，可以在不揭露秘密输入信息 $\boldsymbol{x}$ 的同时证明其满足关系 $\boldsymbol{Tx}=\mathbf{0}$（其中 $\boldsymbol{T}$ 为某个公开矩阵）。同时，该协议的通信复杂度仅与安全参数有关，与隐私信息的长度无关。

8.3.4.2　讨论总结

根据电路结构的不同，相比 Ligero 的布尔电路版本，BooLigero 可将通信复杂度降低为原来的 $1/O(\log|\mathbb{F}|^{1/2})\sim 1/O(\log|\mathbb{F}|^{1/4})$。具体地，若电路全是异或门，谕示矩阵元素数目会减少至原来的 $1/O(\log|\mathbb{F}|)$，通信复杂度会降低到原来的 $1/O(\log|\mathbb{F}|^{1/2})$；若电路全是与门，谕示矩

阵会因实现伽罗瓦域按位与运算增加至原来变量数的$O(\log|\mathbb{F}|^{1/2})$倍，故矩阵元素数目会减少至原来的$1/O(\log|\mathbb{F}|^{1/2})$，通信复杂度会降低至原来的$1/O(\log|\mathbb{F}|^{1/4})$。

8.3.5 Limbo

Limbo 由 Guilhem、Orsini 和 Tanguy[29]提出，其拓展了 Ligero 的安全多方计算协议模型并基于交互式谕示证明实现了通信复杂度虽然为$O(|C|)\mathbb{F}$但实际性能良好的 NIZKAoK。Limbo 适用于算术电路和布尔电路，对于布尔电路，Limbo 的实际通信量相比 KKW18 显著降低；对于算术电路，相比其他基于 MPC-in-the-Head 的零知识证明，Limbo 实现了针对中等规模电路（乘法门少于 500 000 个）可满足性问题的当前最优实际性能。

8.3.5.1 主要思路

构造基于 MPC-in-the-Head 的高效零知识证明的一个自然思路是利用高效的安全多方计算协议。与之不同的是，Limbo 的主要思路是利用最适合 MPC-in-the-Head 的安全多方计算模型可能会使零知识证明更高效。具体地，Limbo 中的ρ轮通用安全多方计算模型如图 8.7 所示，其是客户–服务器模型，即参与者可分为 1 个客户（发送方）P_S、n个计算服务器$P_1,\cdots,P_n$和 1 个接收方P_R。在该模型中，P_S拥有整个计算的输入，且在每一轮的开始阶段P_S最多发送 1 次消息。在第j轮（$j\in[2,\rho-1]$），计算服务器调取公共抛币函数获得随机串R^j并根据本轮及之前收到的信息进行本地计算。在第ρ轮，计算服务器获得随机串R^ρ经过本地计算后向P_R发送消息。在上述模型中，计算服务器之间不需进行交互。

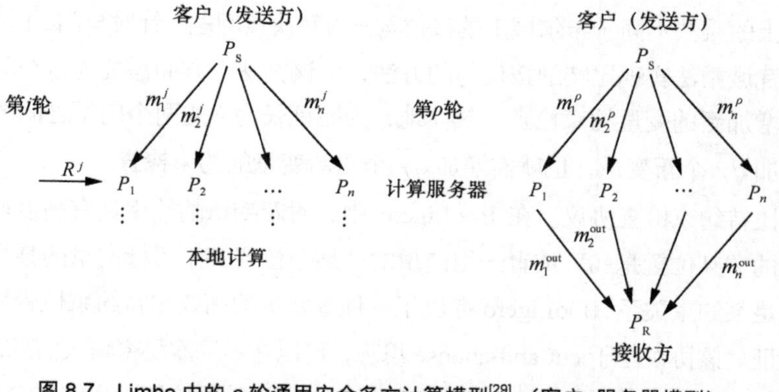

图 8.7 Limbo 中的ρ轮通用安全多方计算模型[29]（客户–服务器模型）

上述模型略加修改即可构造基于 MPC-in-the-Head 的零知识证明。此时，证明者$\mathcal{P}$在脑海中模拟上述安全多方计算协议的运行，随机串来源于验证者$\mathcal{V}$的随机挑战，且在每轮结束后$\mathcal{P}$利用本轮发送的信息构造一个谕示。相比调用其他安全多方计算模型，该证明中计算服务器之间不需要交互，由于交互会带来视图规模的增大和运行安全多方计算协议开销的提升，基于该模型构造的零知识证明的实际通信量和计算开销均较低。事实上，Ligero 就是ρ=1 时的特例，并且该模型本质上属于交互式谕示证明。可以证明，当安全多方计算协议具有$(P_R, n-1)$-隐私性和$(P_S, 0)$-鲁棒性时，基于该模型的交互式零知识论证可靠性误差为$\varepsilon = 1/n + \delta(1-1/n)$，其中，$(P_R, n-1)$-隐私性指半诚实模型下敌手腐蚀$P_R$和$n-1$个计算服务器仍可保障隐私；$(P_S,0)$-鲁棒性指在恶意模型下敌手腐蚀$P_S$仍可保障鲁棒性，$\delta$为鲁棒性误差并取决于具体安全多方计算协议。此外，将上述安全多方计算模型中的发送方数目增加为τ个并调用相同的公共抛币函数可将可靠性误差降低为$\varepsilon = 1/n^{\tau} + \delta(1-1/n^{\tau})$。

8.3.5.2　底层安全多方计算协议

基于上述思路，Limbo 采用一个简单的安全多方计算协议（见文献[189-191]）构造了交互式零知识知识论证，并利用 Fiat-Shamir 启发式转换为了 NIZKAoK。对于基于加性秘密分享的安全多方计算协议，加法门的结果可根据自身的秘密掩藏份额自行计算和更新，因此只需考虑乘法门。具体地，该安全多方计算协议用于证明m个乘法门约束成立，即证明给定m个三元组$\{x_\ell, y_\ell, z_\ell\}_{\ell\in[m]}$，对于任意的$\ell\in[m]$，都有$x_\ell \cdot y_\ell = z_\ell$，主要思路如协议 8.2 所示。

现分析该安全多方计算协议的可靠性。若至少一个乘法门三元组是错误的，则由 Schwartz-Zippel 引理和R的随机性可知，若$[\boldsymbol{x}]_i \cdot [\boldsymbol{y}]_i - [z]_i \neq 0$，则验证者通过的概率为$(m-1)/|\mathbb{F}|$。基于此，如果$[\boldsymbol{x}]_i \cdot [\boldsymbol{y}]_i - [z]_i$和$[\boldsymbol{a}] \cdot [\boldsymbol{b}] - [c]$至少有一个不为 0，则由$s$的随机性可知，验证者通过的概率为$2/|\mathbb{F}|$。因此，该协议的可靠性为$(m-1)/|\mathbb{F}| + (1-(m-1)/|\mathbb{F}|)\cdot 2/|\mathbb{F}|$。

利用上述安全多方计算协议可自然构造对应的零知识证明，此时协议轮数为 3。然而在上述安全多方计算协议中，广播的消息规模为$2mn$，因此对应零知识证明的通信复杂度至少为$O(n|C_{\mathrm{mul}}|)$。为进一步降低通信复杂度，Guilhem、Orsini 和 Tanguy[29]提出了一种通过压缩内积规模降低通信复杂度的方法，但会增加$\log_k m$轮交互。利用该方法，对于每个乘法门，只需传输 1 个域元素即可完成证明，此时协议的通信复杂度可降低为$O(|C|)\,\mathbb{F}$。

协议 8.2　Limbo 的底层安全多方计算协议主要思路

公共输入：域$\mathbb{F}, \ell, n$，电路C

证明者秘密输入：$\{[x_\ell]_i, [y_\ell]_i, [z_\ell]_i\}$，其中$\ell\in[m], i\in[n]$，$[x_\ell]_i$表示第$i$个计算服务器在第$\ell$个乘法门处左输入的份额，$[y_\ell]_i$、$[z_\ell]_i$分别表示在第$\ell$个乘法门处右输入、输出的份额

1. 对于所有的$\ell\in[m]$，$i\in[n]$，发送方P_S将份额$[x_\ell]_i$, $[y_\ell]_i$, $[z_\ell]_i$发送给P_i。此外，发送方P_S随机选取满足关系$\boldsymbol{a}\cdot\boldsymbol{b} = c$的向量份额$[\boldsymbol{a}]_i, [\boldsymbol{b}]_i, [c]_i$也发送给$P_i$。
2. 各计算服务器调取公共抛币函数获取随机数R, s。
3. 对于所有的$i\in[n]$，计算服务器P_i计算

$$[\boldsymbol{x}]_i \leftarrow ([x_1]_i, R\cdot[x_2]_i, \cdots, R^{m-1}\cdot[x_m]_i), [\boldsymbol{y}]_i \leftarrow ([y_1]_i, [y_2]_i, \cdots, [y_m]_i), [z]_i \leftarrow \sum_{\ell\in[m]} R^{\ell-1}\cdot[z_\ell]_i$$

然后计算服务器P_i计算$[\boldsymbol{\sigma}]_i \leftarrow s\cdot[\boldsymbol{x}]_i - [\boldsymbol{a}]_i$和$[\boldsymbol{\rho}]_i \leftarrow [\boldsymbol{y}]_i - [\boldsymbol{b}]_i$，随后广播$[\boldsymbol{\sigma}]_i$和$[\boldsymbol{\rho}]_i$。

4. 各计算服务器恢复$\boldsymbol{\sigma}$和$\boldsymbol{\rho}$。

5．对于所有的 $i \in [n]$，计算服务器 P_i 计算

$$[v]_i \leftarrow s \cdot [z]_i - [c]_i - [\boldsymbol{b}]_i \cdot \boldsymbol{\sigma} - [\boldsymbol{a}]_i \cdot \boldsymbol{\rho} - \boldsymbol{\rho} \cdot \boldsymbol{\sigma}$$

然后 P_i 将 $[v]_i$ 发送给接收方 P_R。

6．P_R 恢复 v。

输出： 比特 b，若 $v=0$，输出 $b=1$；否则输出 $b=0$。

8.3.5.3 讨论总结

针对乘法门少于 500 000 个的中等规模算术电路可满足问题，Limbo 的实际性能良好。除此之外，与 Ligero 类似，Limbo 也具有一定的灵活性。例如，在同等安全级别下，增加 n 的数目可有效降低轮数从而降低实际通信量，然而这会增加证明者的计算开销，因此可通过调节 n,τ 等参数的大小从而调节证明者计算开销和通信量之间的关系。

8.4 本章小结

本章介绍了基于 MPC-in-the-Head 的零知识证明，并简要给出了 ZKBoo、ZKB++、KKW18、Ligero、Ligero++、BooLigero 和 Limbo 等典型协议的主要思路、协议流程、复杂度和安全性分析。该类证明具有以下优点。

（1）底层假设更为通用。该类证明只需假设抗碰撞哈希函数存在，且只有对称密钥操作，故是抗量子的，并可用于构造高效抗量子数字签名（如 Picnic[25-26,29]）。

（2）具有一定的灵活性。可通过调整参数控制证明者的计算开销和通信量之间的关系。

（3）可堆叠性（Stackable）。Goel 等[193]指出 Ligero 和 KKW18 具有可堆叠性，即给定针对 NP 语言 $\mathcal{L}_{\mathcal{R}}$ 的 Σ 协议，证明陈述 $(x_1 \in \mathcal{L}_{\mathcal{R}}) \vee \cdots \vee (x_\ell \in \mathcal{L}_{\mathcal{R}})$ 的通信复杂度为 $O(\mathrm{CC}(\Sigma)+\lambda\log \ell)$，其中 $\mathrm{CC}(\Sigma)$ 为 Σ 协议的通信复杂度，λ 为安全参数，而证明上述陈述的平凡通信复杂度为 $O(\ell \cdot \mathrm{CC}(\Sigma)+\lambda)$。

该类协议的通信复杂度虽已达到对数级别，但是实际通信量通常较高[34]，如何进一步降低该类零知识证明的实际通信量是一个问题。此外，目前在理论研究和实际性能层面均未找到最适合 MPC-in-the-Head 的安全多方计算协议，因此，如何选取高效的安全多方计算协议是未来的一个研究方向。

第 9 章 改进的内积论证系统

主要内容

- 内积论证的应用框架
- 改进的内积论证及范围证明

本章介绍笔者在零知识证明领域已有的研究成果，相关定义及概念同第 7 章。第 9.1 节介绍在内积论证方面的研究成果，第 9.2 节介绍在范围证明方面的研究成果，第 9.3 节进行总结。

9.1 内积论证

Bootle 等[38]首次提出内积论证的概念，并利用递归结构设计了具有对数通信复杂度的协议。他们的内积论证允许证明者向验证者证明两个被承诺向量的内积等于某个公开标量值，其中两个向量被分别承诺成两个群元素。Bünz 等[16]修改了上述内积论证所证明的关系，把两个向量承诺成一个群元素，进而采用相似的递归结构降低了内积论证的具体通信复杂度。Daza 等[40]借助结构化的承诺密钥改进了 Bootle 等的内积论证，使其同时具有对数的通信和验证复杂度。基于上述 3 个协议，笔者对内积论证做了更深入的研究。

9.1.1 ZZLT21-IPA

Bootle 等[38]的内积论证（BCCGP16-IPA）所证明的关系为

$$\left\{(\boldsymbol{g},\boldsymbol{h}\in\mathbb{G}^n, A, B\in\mathbb{G}, z\in\mathbb{Z}_p;\boldsymbol{a},\boldsymbol{b}\in\mathbb{Z}_p^n): A=\boldsymbol{g}^{\boldsymbol{a}}\wedge B=\boldsymbol{h}^{\boldsymbol{b}}\wedge \boldsymbol{a}\cdot\boldsymbol{b}=z\right\} \tag{9.1}$$

其具体通信复杂度约为 $6\log_2 n$ 个元素，其中 n 为向量维数。而 Bünz 等[16]的内积论证（Bulletproofs-IPA）证明的关系为

$$\left\{(\boldsymbol{g},\boldsymbol{h}\in\mathbb{G}^n, P\in\mathbb{G}, z\in\mathbb{Z}_p;\boldsymbol{a},\boldsymbol{b}\in\mathbb{Z}_p^n): P=\boldsymbol{g}^{\boldsymbol{a}}\boldsymbol{h}^{\boldsymbol{b}}\wedge \boldsymbol{a}\cdot\boldsymbol{b}=z\right\}$$

其具体通信复杂度约为 $2\log_2 n$ 个元素。虽然 Bulletproofs-IPA 具有更低的通信复杂度，但通过抽

象出内积论证的一般应用框架，发现 BCCGP16-IPA 适用于更多场景。通过将拟证明的关系进行等价转换，进一步把 BCCGP16-IPA 的具体通信复杂度降至 $4\log_2 n$ 个元素，优化的内积论证协议记为 ZZLT21-IPA，3 个内积论证的具体复杂度对比如表 9.1 所示。此外，3 个内积论证都采用了相似的递归结构，递归轮数和每轮通信量是此消彼长的关系，若想减少递归轮数，则需把向量分成更多段，而这导致每轮需发送更多元素。基于此，笔者分别为 3 个内积论证建立了递归轮数和总通信复杂度的函数关系，并利用导数求极值的方法得到了各个内积论证的最优递归轮数。本小节的研究成果已发表在会议 ICICS 2021 上[194]。

表 9.1　3 个内积论证的具体复杂度对比

协议	所含承诺数量	证明复杂度	验证复杂度	通信复杂度
BCCGP16-IPA[38]	两个向量承诺	$(8n-32)E$ $(6n-24)M$	$(4n+4\log_2 n-16)E$ $\log_2 nM$	$(4\log_2 n-8)\mathbb{G}$ $(2\log_2 n+4)\mathbb{F}$
Bulletproofs-IPA[16]	一个向量承诺	$(8n+2\log_2 n-18)E$ $(6n-12)M$	$(4n+2\log_2 n-5)E$ $2M$	$(2\log_2 n-2)\mathbb{G}$ $4\mathbb{F}$
ZZLT21-IPA[194]	两个向量承诺	$(8n+2\log_2 n-36)E$ $(6n-24)M$	$(4n+4\log_2 n-15)E$ $4M$	$(4\log_2 n-8)\mathbb{G}$ $8\mathbb{F}$

注：1. n 表示内积论证中向量的维数。$\mathbb{G}$、$\mathbb{F}$ 分别指椭圆曲线群和有限域，在通信复杂度中均表示相应群或域中的元素。E、M 分别表示群幂运算和域乘运算。

2. 通信复杂度为在最优递归轮数下的计算结果。

9.1.1.1　内积论证应用框架

内积论证目前已广泛应用在范围证明[16,40]和算术电路可满足性证明[16,38,40]中，以降低通信复杂度和验证复杂度。通过分析这些协议的共同特点和调用内积论证的方式，可以抽象出内积论证的一般应用框架。具体地，证明者拥有私有向量 $(\boldsymbol{pv}_1,\cdots,\boldsymbol{pv}_t)$，并用这些向量根据公开的系数计算向量 $\boldsymbol{a},\boldsymbol{b}$，如 $\boldsymbol{a}=k_1\boldsymbol{pv}_1+\cdots+k_t\boldsymbol{pv}_t,\boldsymbol{b}=\boldsymbol{k}_1'\boldsymbol{pv}_1+\cdots+\boldsymbol{k}_t'\boldsymbol{pv}_t$。然后，证明者向验证者证明：①向量 $\boldsymbol{a},\boldsymbol{b}$ 是按照计算式正确计算的；②$\boldsymbol{a},\boldsymbol{b}$ 的内积等于公开标量 z，即 $\boldsymbol{a}\cdot\boldsymbol{b}=z$。为此，证明者和验证者可以执行如下协议。

1. 首先证明者生成对私有向量$(\boldsymbol{pv}_1,\cdots,\boldsymbol{pv}_t)$的承诺$(cm_1,\cdots,cm_t)$，假设使用不含随机数的 Pedersen 承诺，则对于 $i\in[t]$，$cm_i=\boldsymbol{g}^{\boldsymbol{pv}_i}$。接着证明者把承诺$\{cm_i\}_{i\in[t]}$和向量 $\boldsymbol{a}, \boldsymbol{b}$ 发送给验证者。

2. 验证者计算 $A=\prod_{i=1}^{t}cm_i^{k_i}$，$B=\prod_{i=1}^{t}cm_i^{k_i'}$，然后验证 $A=\boldsymbol{g}^{\boldsymbol{a}}\wedge B=\boldsymbol{g}^{\boldsymbol{b}}\wedge \boldsymbol{a}\cdot\boldsymbol{b}=z$。若 3 个等式都成立，则接受，否则拒绝。

由离散对数关系假设和 Pedersen 承诺的同态属性，上述协议实现了证明的基本功能。但由于证明者要发送向量 $\boldsymbol{a}$, $\boldsymbol{b}$，协议具有与向量维数呈线性关系的通信复杂度。观察到验证者要验证的 3 个方程正好是 BCCGP16-IPA 所证明的关系，证明者可以不发送 $\boldsymbol{a},\boldsymbol{b}$，而是和验证者调用 BCCGP16-IPA。因为此内积论证具有对数于向量维数的通信复杂度，上述协议的通信复杂度降至对数级别。

上述应用框架可以直接调用 BCCGP16-IPA，但若要调用通信复杂度更低的 Bulletproofs-IPA，需要对框架添加一些额外的约束。首先，不能存在私有向量 $\boldsymbol{pv}_i$ 同时用于构造向量 $\boldsymbol{a}$ 和 $\boldsymbol{b}$。其次，假设 $\boldsymbol{a}=k_1\boldsymbol{pv}_1+\cdots+k_s\boldsymbol{pv}_s$, $\boldsymbol{b}=k_{s+1}'\boldsymbol{pv}_{s+1}+\cdots+k_t'\boldsymbol{pv}_t$，承诺$(\boldsymbol{pv}_1,\cdots,\boldsymbol{pv}_s)$和$(\boldsymbol{pv}_{s+1},\cdots,\boldsymbol{pv}_t)$时需分别使用两个随机独立的承诺密钥。此应用框架调用 Bulletproofs-IPA 时需要满足更多的约束，由此可推断 BCCGP16-IPA 适用于更多场景。

9.1.1.2　主要思路

由 9.1.1.1 小节的分析可知，相比 Bulletproofs-IPA，虽然 BCCGP16-IPA 具有较高的通信复杂度，但它适用于更多场景。BCCGP16-IPA 的通信复杂度主要取决于递归轮数和每轮发送的元素数目，其中前者由向量被划分的段数决定，后者由内积论证所证明的关系决定。为了降低其通信复杂度，在保持递归轮数不变的情况下，可以修改其证明的关系，以减少每轮需发送的元素数目。具体地，定义新关系为

$$\{(\boldsymbol{g},\boldsymbol{h}\in\mathbb{G}^n,u,A,B\in\mathbb{G};\boldsymbol{a},\boldsymbol{b}\in\mathbb{Z}_p^n):A=\boldsymbol{g}^{\boldsymbol{a}}\wedge B=\boldsymbol{h}^{\boldsymbol{b}}u^{\boldsymbol{a}\cdot\boldsymbol{b}}\}\tag{9.2}$$

为了证明关系（9.1），由验证者均匀随机地选择挑战 $c'\in\mathbb{Z}_p^*$，接着证明者和验证者分别计算 $\hat{u}=u^{c'},\hat{B}=B\hat{u}^z$，然后以 $(\boldsymbol{g},\boldsymbol{h},\hat{u},A,\hat{B};\boldsymbol{a},\boldsymbol{b})$ 为输入执行对关系（9.2）的论证协议。若 $A=\boldsymbol{g}^{\boldsymbol{a}}\wedge\hat{B}=\boldsymbol{h}^{\boldsymbol{b}}\hat{u}^{\boldsymbol{a}\cdot\boldsymbol{b}}$，则可构造一个提取器提取出 $\boldsymbol{a},\boldsymbol{b}$，满足关系（9.1）中的 3 个约束。

对关系（9.2）的论证协议同样采用递归的构造。首先把向量都分成两段，即

$$\boldsymbol{g}=(\boldsymbol{g}_{1/2},\boldsymbol{g}_{2/2}),\boldsymbol{h}=(\boldsymbol{h}_{1/2},\boldsymbol{h}_{2/2}),\boldsymbol{a}=(\boldsymbol{a}_{1/2},\boldsymbol{a}_{2/2}),\boldsymbol{b}=(\boldsymbol{b}_{1/2},\boldsymbol{b}_{2/2})$$

接着证明者利用分段的向量做承诺，生成并发送 A_{-1},A_1,B_{-1},B_1。

$$A_{-1}=\boldsymbol{g}_{2/2}^{\boldsymbol{a}_{1/2}},\quad A_1=\boldsymbol{g}_{1/2}^{\boldsymbol{a}_{2/2}},\quad B_{-1}=\boldsymbol{h}_{2/2}^{\boldsymbol{b}_{1/2}}\cdot u^{\boldsymbol{a}_{2/2}\cdot\boldsymbol{b}_{1/2}},\quad B_1=\boldsymbol{h}_{1/2}^{\boldsymbol{b}_{2/2}}\cdot u^{\boldsymbol{a}_{1/2}\cdot\boldsymbol{b}_{2/2}}$$

然后验证者均匀随机地选择并发送挑战 $c\in\mathbb{Z}_p^*$。证明者随后计算并发送 $\boldsymbol{a}',\boldsymbol{b}'$，作为对挑战的响应。

$$\boldsymbol{a}'=c\boldsymbol{a}_{1/2}+c^2\boldsymbol{a}_{2/2},\boldsymbol{b}'=c^{-1}\boldsymbol{b}_{1/2}+c^{-2}\boldsymbol{b}_{2/2}$$

最后验证者只需计算

$$A'=A_{-1}^{c^{-1}}AA_1^{c},B'=B_{-1}^{c}BB_1^{c^{-1}},\boldsymbol{g}'=\boldsymbol{g}_{1/2}^{c^{-1}}\odot\boldsymbol{g}_{2/2}^{c^{-2}},\quad\boldsymbol{h}'=\boldsymbol{h}_{1/2}^{c}\odot\boldsymbol{h}_{2/2}^{c^2}$$

然后验证 $A'=\boldsymbol{g}'^{\boldsymbol{a}'}\wedge B'=\boldsymbol{h}'^{\boldsymbol{b}'}u^{\boldsymbol{a}'\cdot\boldsymbol{b}'}$。分析可知，若这两个方程成立，则可构造一个提取器提取出 $\boldsymbol{a},\boldsymbol{b}$，满足关系（9.2）中的两个约束。

在上述构造中，验证者所要验证的方程和证明者所要证明的关系具有一致的形式，故证明者可以不发送总长度为 n 的向量 $\boldsymbol{a}',\boldsymbol{b}'$，而是递归地重复上述过程，直到 $\boldsymbol{a}',\boldsymbol{b}'$ 的总长度为 2，再发送它们以供验证。向量维数从 n 缩减到 1 需要 $\log_2 n$ 轮递归，但此时每轮需发送 A_{-1},A_1,B_{-1},B_1 共 4 个元素，故总通信复杂度约为 $4\log_2 n$ 个元素。

9.1.1.3　协议流程

ZZLT21-IPA 协议流程如图 9.1 所示，具体描述如下。

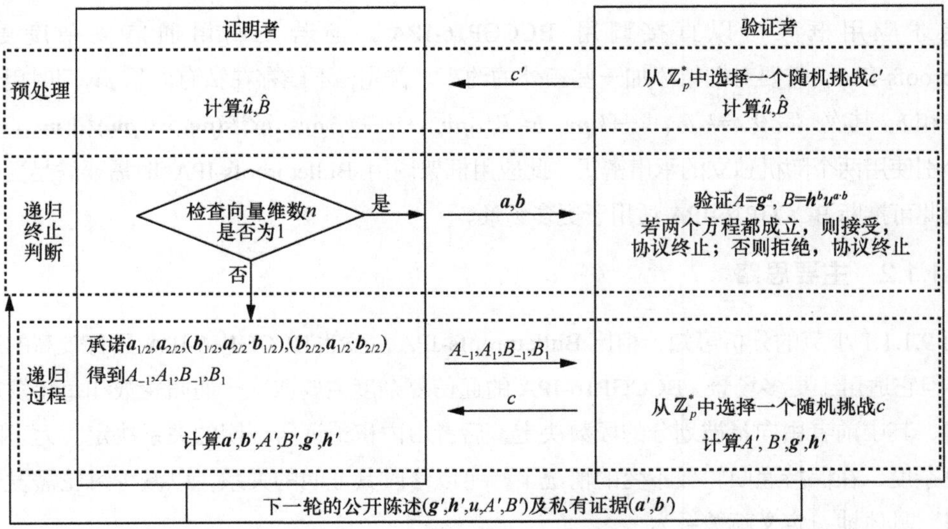

图 9.1 ZZLT21-IPA 协议流程

（1）预处理。验证者均匀随机地选择挑战 $c'\in\mathbb{Z}_p^*$ 并发送给证明者，接着证明者和验证者分别计算 $\hat{u}=u^{c'},\hat{B}=B\hat{u}^z$，然后以陈述 $(\boldsymbol{g},\boldsymbol{h},\hat{u},A,\hat{B})$ 和证据 $(\boldsymbol{a},\ \boldsymbol{b})$ 为输入，执行下述对关系（9.2）的证明。

（2）递归终止判断。若向量维数 n 为 1，则证明者直接将证据 $(\boldsymbol{a},\boldsymbol{b})$ 发送给验证者，验证者验证 $A=\boldsymbol{g}^{\boldsymbol{a}}\wedge B=\boldsymbol{h}^{\boldsymbol{b}}u^{\boldsymbol{a}\cdot\boldsymbol{b}}$。当且仅当两个方程均成立时才接受证明，然后协议终止。若向量维数 n 大于 1，则跳转至步骤（3）。

（3）证明者生成承诺。证明者生成承诺 A_{-1},A_1,B_{-1},B_1 并发送给验证者。

$$A_{-1}=\boldsymbol{g}_{2/2}^{\boldsymbol{a}_{1/2}},\quad A_1=\boldsymbol{g}_{1/2}^{\boldsymbol{a}_{2/2}},\quad B_{-1}=\boldsymbol{h}_{2/2}^{\boldsymbol{b}_{1/2}}\cdot u^{\boldsymbol{a}_{2/2}\cdot\boldsymbol{b}_{1/2}},\quad B_1=\boldsymbol{h}_{1/2}^{\boldsymbol{b}_{2/2}}\cdot u^{\boldsymbol{a}_{1/2}\cdot\boldsymbol{b}_{2/2}}$$

（4）验证者发起挑战。验证者均匀随机地选择挑战 $c\in\mathbb{Z}_p^*$，并把 c 发送给证明者。

（5）证明者做出响应。证明者计算

$$\boldsymbol{a}'=c\boldsymbol{a}_{1/2}+c^2\boldsymbol{a}_{2/2},\quad \boldsymbol{b}'=c^{-1}\boldsymbol{b}_{1/2}+c^{-2}\boldsymbol{b}_{2/2}$$

（6）递归执行协议。证明者和验证者分别计算

$$A'=A_{-1}^{c^{-1}}AA_1^{c},\quad B'=B_{-1}^{c}BB_1^{c^{-1}},\quad \boldsymbol{g}'=\boldsymbol{g}_{1/2}^{c^{-1}}\odot\boldsymbol{g}_{2/2}^{c^{-2}},\quad \boldsymbol{h}'=\boldsymbol{h}_{1/2}^{c}\odot\boldsymbol{h}_{2/2}^{c^2}$$

以陈述 $(\boldsymbol{g}',\boldsymbol{h}',u,A',B')$ 和证据 $(\boldsymbol{a}',\boldsymbol{b}')$ 为输入，跳转至步骤（2）。

9.1.1.4 讨论总结

最优递归轮数

内积论证的递归构造技术使得其通信复杂度和递归轮数具有特定的函数关系，通过构建该函数关系，可以求出使通信复杂度最优的递归轮数。假设当向量维数为 2^k 时，递归停止，则 ZZLT21-IPA 需要通信的元素数目 $f(k)=2^{k+1}-4k+4\log_2 n$，当 $k=2$ 时，$f(k)$ 取最小值 $4\log_2 n$。

BCCGP16-IPA 需要通信的元素数目 $s(k)=2^{k+1}-6k+6\log_2 n$，当 $k=2$ 时，$s(k)$取最小值 $6\log_2 n-4$。Bulletproofs-IPA 需要通信的元素数目 $t(k)=2^{k+1}-2k+2\log_2 n$，当 $k=1$ 时，$t(k)$取最小值 $2\log_2 n+2$。

复杂度分析

在预处理阶段，验证者的随机挑战可以通过哈希函数生成，$\hat{u},\hat{B}$ 的计算仅含常数级别的群上运算，故此阶段的复杂度可以忽略不计。在递归阶段，递归停止于 4 维向量会使协议具有最优的通信复杂度，此时协议共递归 $\log_2 n-2$ 轮，证明者每轮需发送 A_{-1},A_1,B_{-1},B_1 这 4 个群元素，且最后需额外发送 $\boldsymbol{a}$ 和 $\boldsymbol{b}$ 这两个总长度为 8 的域向量，故总通信量为 $4\log_2 n$ 个元素。证明者的主要计算开销是每轮计算承诺 A_{-1},A_1,B_{-1},B_1、新证据 $\boldsymbol{a}',\boldsymbol{b}'$ 和新承诺密钥 $\boldsymbol{g}',\boldsymbol{h}'$，共需 $O(n)$级别的群幂运算和域乘运算[注1]。验证者的主要计算开销是每轮计算 $A',B',\boldsymbol{g}',\boldsymbol{h}'$，共需 $O(n)$级别的群幂运算。

安全性分析

在安全性方面，协议具有完美完备性和统计意义的证据扩展可仿真性。现对这两个安全属性的证明做简要描述。

1. 完美完备性。若 $\boldsymbol{a},\boldsymbol{b}$ 是针对关系（9.1）的有效证据，则 $A=\boldsymbol{g}^{\boldsymbol{a}}\wedge B=\boldsymbol{h}^{\boldsymbol{b}}\wedge \boldsymbol{a}\cdot\boldsymbol{b}=z$。对于一个随机挑战 c'，可以推出 $A=\boldsymbol{g}^{\boldsymbol{a}}\wedge Bu^{c'z}=\boldsymbol{h}^{\boldsymbol{b}}u^{c'(\boldsymbol{a}\cdot\boldsymbol{b})}$，故 $\boldsymbol{a},\boldsymbol{b}$ 是针对关系（9.2）的有效证据。在协议的第一轮递归中，可以进一步推出 $\boldsymbol{a}',\boldsymbol{b}'$满足 $A'=\boldsymbol{g}'^{\boldsymbol{a}'}\wedge B'=\boldsymbol{h}'^{\boldsymbol{b}'}u^{\boldsymbol{a}'\cdot\boldsymbol{b}'}$，故 $\boldsymbol{a}',\boldsymbol{b}'$ 是第二轮递归的有效证据。每一轮递归都生成下一轮的有效证据，故最终验证者会接受证明。

2. 统计意义的证据扩展可仿真性。首先，可构造一个高效的提取器$\mathcal{X}_1$，根据多项式数量的可接受副本，以不可忽略的概率提取出针对关系（9.2）的有效证据。在每一个递归轮，对于证明者生成的承诺 A_{-1},A_1,B_{-1},B_1，提取器$\mathcal{X}_1$不断地利用新鲜的随机挑战“重绕”证明者，得到本轮的可接受副本。因为每个副本都满足验证方程，所以提取器$\mathcal{X}_1$可对这些方程做特定的线性组合，基于离散对数关系假设在概率多项式时间内算出针对关系（9.2）的有效证据。然后基于$\mathcal{X}_1$，可构造一个高效的提取器$\mathcal{X}$，以不可忽略的概率提取出针对关系（9.1）的有效证据。提取器$\mathcal{X}$在预处理阶段利用两个不同的挑战 c'_1,c'_2“重绕”证明者，并利用$\mathcal{X}_1$提取出 $\boldsymbol{a}_1,\boldsymbol{b}_1$和 $\boldsymbol{a}_2,\boldsymbol{b}_2$，满足

$$A=\boldsymbol{g}^{\boldsymbol{a}_1},Bu^{c'_1 z}=\boldsymbol{h}^{\boldsymbol{b}_1}u^{c'_1(\boldsymbol{a}_1\cdot\boldsymbol{b}_1)},A=\boldsymbol{g}^{\boldsymbol{a}_2},Bu^{c'_2 z}=\boldsymbol{h}^{\boldsymbol{b}_2}u^{c'_2(\boldsymbol{a}_2\cdot\boldsymbol{b}_2)}$$

根据离散对数关系假设，这 4 个方程表明 $\boldsymbol{a}_1=\boldsymbol{a}_2,\boldsymbol{b}_1=\boldsymbol{b}_2,\boldsymbol{a}_1\cdot\boldsymbol{b}_1=z,B=\boldsymbol{h}^{\boldsymbol{b}_1}$，所以 $\boldsymbol{a}_1,\boldsymbol{b}_1$ 是针对关系（9.1）的有效证据。由于敌手打破离散对数关系假设的概率是可忽略的，故提取器 $\mathcal{X}$ 失败的概率也是可忽略的。

9.1.2　ZZTLZ22–IPA

BCCGP16-IPA[38]、Bulletproofs-IPA[16]和 ZZLT21-IPA[194]虽然都具有对数级别的通信复杂度，但它们的验证复杂度均是线性的，当向量维数较大时，验证证明仍需要较大的时间开销。Daza

注 1：证明者在协议的各轮递归中无须使用 A',B'，所以可以不计算这两个值。

等[40]（DRZ20-IPA）借助结构化的承诺密钥改进了 BCCGP16-IPA，使其同时具有对数级别的通信和验证复杂度，但在内积论证中，证明者每轮都需要发送两个用以验证承诺密钥正确性的群元素，相比 BCCGP16-IPA，其具体通信复杂度增加了 $2\log_2 n$ 个群元素。基于此，可通过增加预处理阶段，等价转换拟证明关系，使 Daza 等内积论证的具体通信复杂度减少了 $2\log_2 n$ 个域元素。同时，由于预处理阶段结合了内积论证所证明的部分关系，其具体验证复杂度减少了 $2\log_2 n$ 个域乘运算。优化的内积论证协议记为 ZZTLZ22-IPA，相关内积论证的复杂度对比如表 9.2 所示。

表 9.2　相关内积论证的复杂度对比

协议	证明复杂度	验证复杂度	通信复杂度
BCCGP16-IPA[38]	$(8n-32)E$ $(6n-24)M$	$(4n+4\log_2 n-16)E$ $\log_2 nM$	$(4\log_2 n-8)\ \mathbb{G}$ $(2\log_2 n+4)\ \mathbb{F}$
DRZ20-IPA[40]	$(8n-8)E_1$ $(6n-6)M$	$(8\log_2 n+2)E_1$ $(2\log_2 n+1)M$ $4\log_2 nP$	$6\log_2 n\ \mathbb{G}_1$ $(2\log_2 n+2)\ \mathbb{F}$
ZZLT21-IPA[194]	$(8n+2\log_2 n-36)E$ $(6n-24)M$	$(4n+4\log_2 n-15)E$ $4M$	$(4\log_2 n-8)\ \mathbb{G}$ $8\mathbb{F}$
ZZTLZ22-IPA	$(8n+2\log_2 n-7)E_1$ $(6n-6)M$	$(8\log_2 n+5)E_1$ $1M$ $4\log_2 nP$	$6\log_2 n\ \mathbb{G}_1$ $2\mathbb{F}$

注：1．n 表示内积论证中向量的维数。$\mathbb{G}$、$\mathbb{F}$ 分别指椭圆曲线群和有限域，（$\mathbb{G}_1, \mathbb{G}_2, \mathbb{G}_T$）指配对群，在通信复杂度中均表示相应群或域中的元素。E、M、P 分别表示群幂运算、域乘运算和配对运算，下标指出相应的群。

2．BCCGP16-IPA 和 ZZLT21-IPA 的通信复杂度均为在最优递归轮数下的计算结果。DRZ20-IPA 和 ZZTLZ22-IPA 由于使用结构化的承诺密钥来降低验证复杂度，所以递归必须直到向量维数为 1 时才停止。

9.1.2.1　主要思路

DRZ20-IPA 所证明的关系为

$$\begin{aligned}&\{([r]_1,[s]_1\in\mathbb{G}_1,[\boldsymbol{x}]_2,[\boldsymbol{y}]_2\in\mathbb{G}_2^k,[\boldsymbol{r}]_1,[\boldsymbol{s}]_1\in\mathbb{G}_1^n,A,B\in\mathbb{G}_1,z\in\mathbb{Z}_p;\boldsymbol{a},\boldsymbol{b}\in\mathbb{Z}_p^n):\\&A=[\boldsymbol{a}\cdot\boldsymbol{r}]_1\wedge B=[\boldsymbol{b}\cdot\boldsymbol{s}]_1\wedge z=\boldsymbol{a}\cdot\boldsymbol{b}\}\end{aligned}\tag{9.3}$$

其中 r, s=1，$[\boldsymbol{r}]_1,[\boldsymbol{s}]_1$ 分别是由 $\boldsymbol{x}, \boldsymbol{y}$ 生成的结构化承诺密钥，向量分布为 $\mathcal{ML}_{n=2^k}$。A,B 可分别视为对 $\boldsymbol{a}, \boldsymbol{b}$ 的 Pedersen 承诺。此内积论证也采用了递归构造，证明者需要在每轮发送群元素和域元素，供验证者计算下一轮的陈述。由于承诺密钥是结构化的，验证者不用在每轮计算下一轮的承诺密钥，而是让证明者计算并发送一些元素供验证者验证。这使得验证复杂度由线性级别降为对数级别，但带来了额外的通信开销。为了保持高效的验证特性，同时降低通信复杂度，新增预处理阶段以减少每轮发送的、用于计算新陈述的元素数目。具体地，定义一个新关系为

$$\begin{aligned}&\{([r]_1,[s]_1\in\mathbb{G}_1,[\boldsymbol{x}]_2,[\boldsymbol{y}]_2\in\mathbb{G}_2^k,[\boldsymbol{r}]_1,[\boldsymbol{s}]_1\in\mathbb{G}_1^n,u,A,B\in\mathbb{G}_1;\boldsymbol{a},\boldsymbol{b}\in\mathbb{Z}_p^n):\\&A=[\boldsymbol{a}\cdot\boldsymbol{r}]_1\wedge B=[\boldsymbol{b}\cdot\boldsymbol{s}]_1\cdot u^{\boldsymbol{a}\cdot\boldsymbol{b}}\}\end{aligned}\tag{9.4}$$

预处理阶段的思路同 ZZLT21-IPA，为证明关系（9.3），由验证者均匀随机地选择挑战 $c'\in\mathbb{Z}_p^*$，

接着证明者和验证者分别计算 $\hat{u}=u^{c'},\hat{B}=B\hat{u}^{z}$，然后以$([r]_1,[s]_1,[\boldsymbol{x}]_2,[\boldsymbol{y}]_2,[\boldsymbol{r}]_1,[\boldsymbol{s}]_1,\hat{u},A,\hat{B};\boldsymbol{a},\boldsymbol{b})$为输入执行对关系（9.4）的论证协议。若 $A=[\boldsymbol{a}\cdot\boldsymbol{r}]_1\wedge\hat{B}=[\boldsymbol{b}\cdot\boldsymbol{s}]_1\cdot\hat{u}^{\boldsymbol{a}\cdot\boldsymbol{b}}$，则可构造一个提取器提取出 $\boldsymbol{a},\boldsymbol{b}$，满足关系（9.3）中的 3 个约束。

对关系（9.4）的论证协议同样采用递归的构造，递归思路同 ZZLT21-IPA。首先证明者把向量都分成两段，利用分段向量做承诺并把承诺发送给验证者。接着验证者均匀随机地选择并发送挑战。然后证明者计算下一轮的陈述和证据，验证者计算下一轮的部分陈述，双方开始执行递归过程。最终当向量维数为 1 时，证明者直接把证据发送给验证者，验证者验证关系以选择接受或拒绝证明。不同的是，验证者不需要在每轮计算下一轮的承诺密钥。借鉴 DRZ20-IPA 的思路，让证明者每轮把新承诺密钥的第一个值发送给验证者，验证者使用配对方程验证本轮新承诺密钥计算的正确性。承诺密钥的结构化特征保证，通过所有轮的验证，验证者可以确信最终得到的承诺密钥是正确计算的。

9.1.2.2　协议流程

ZZTLZ22-IPA 协议流程如图 9.2 所示，具体描述如下。

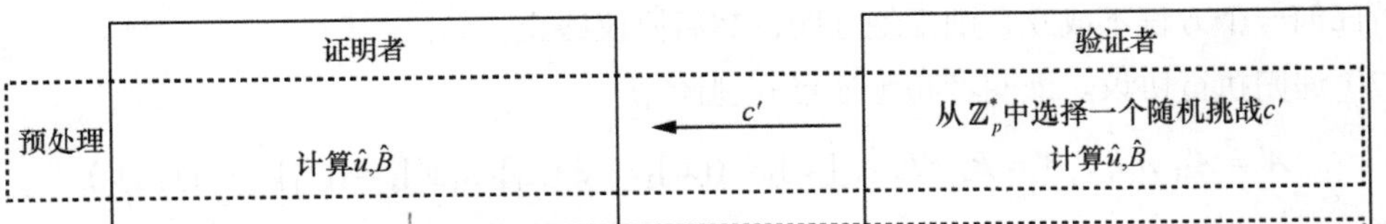

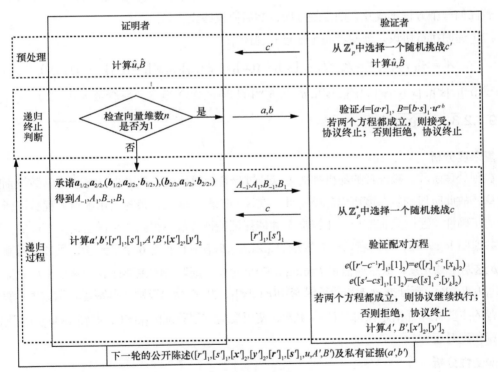

图 9.2　ZZTLZ22-IPA 协议流程

（1）预处理。验证者均匀随机地选择挑战 $c'\in\mathbb{Z}_p^*$ 并发送给证明者，接着证明者和验证者分别计算 $\hat{u}=u^{c'},\hat{B}=B\hat{u}^{z}$，然后以陈述$([r]_1,[s]_1,[\boldsymbol{x}]_2,[\boldsymbol{y}]_2,[\boldsymbol{r}]_1,[\boldsymbol{s}]_1,\hat{u},A,\hat{B})$和证据$(\boldsymbol{a},\boldsymbol{b})$为输入，执行下述对关系（9.4）的证明。

（2）递归终止判断。若向量维数 n 为 1，则证明者直接将证据 (a, b) 发送给验证者，验证者验证 $A=[a\cdot r]_1 \wedge B=[b\cdot s]_1\cdot u^{a\cdot b}$，当且仅当两个方程均成立时才接受证明，然后协议终止。若向量维数 n 大于 1，则跳转至步骤（3）。

（3）证明者生成承诺。证明者生成如下承诺 A_{-1}, A_1, B_{-1}, B_1 并发送给验证者。

$$A_{-1}=[\boldsymbol{a}_{1/2}\cdot \boldsymbol{r}_{2/2}]_1, A_1=[\boldsymbol{a}_{2/2}\cdot \boldsymbol{r}_{1/2}]_1,$$
$$B_{-1}=\left[\boldsymbol{b}_{1/2}\cdot \boldsymbol{s}_{2/2}\right]_1\cdot u^{\boldsymbol{a}_{2/2}\cdot \boldsymbol{b}_{1/2}}, B_1=\left[\boldsymbol{b}_{2/2}\cdot \boldsymbol{s}_{1/2}\right]_1\cdot u^{\boldsymbol{a}_{1/2}\cdot \boldsymbol{b}_{2/2}}$$

（4）验证者发起挑战。验证者均匀随机地选择挑战 $c\in\mathbb{Z}_p^*$，并把 c 发送给证明者。

（5）证明者做出响应。证明者计算

$$[\boldsymbol{r}']_1=[\boldsymbol{r}_{1/2}]_1^{c^{-1}}\odot[\boldsymbol{r}_{2/2}]_1^{c^{-2}},\ [\boldsymbol{s}']_1=[\boldsymbol{s}_{1/2}]_1^{c}\odot[\boldsymbol{s}_{2/2}]_1^{c^2},\ [r']_1=[r_1']_1,$$
$$\boldsymbol{a}'=c\boldsymbol{a}_{1/2}+c^2\boldsymbol{a}_{2/2},\ \boldsymbol{b}'=c^{-1}\boldsymbol{b}_{1/2}+c^{-2}\boldsymbol{b}_{2/2},\ [s']_1=[s_1']_1$$

把 $[r']_1, [s']_1$ 发送给验证者。

（6）验证者验证承诺密钥。验证者验证下述两个配对方程。

$$e([r'-c^{-1}r]_1,[1]_2)=e([r]_1^{c^{-2}},[x_k]_2),\quad e([s'-cs]_1,[1]_2)=e([s]_1^{c^2},[y_k]_2)$$

若任何一个方程不成立，则拒绝证明，然后协议终止。

（7）递归执行协议。证明者和验证者分别计算

$$A'=A_{-1}^{c^{-1}}AA_1^{c},\ B'=B_{-1}^{c}BB_1^{c^{-1}},\ [\boldsymbol{x}']_2=([x_1]_2,\cdots,[x_{k-1}]_2),[\boldsymbol{y}']_2=([y_1]_2,\cdots,[y_{k-1}]_2)$$

以陈述 $([\boldsymbol{r}']_1, [\boldsymbol{s}']_1, [\boldsymbol{x}']_2, [\boldsymbol{y}']_2, [r']_1, [s']_1, u, A', B')$ 和证据 $(\boldsymbol{a}', \boldsymbol{b}')$ 为输入，跳转至步骤（2）。

9.1.2.3 讨论总结

复杂度分析

在预处理阶段，验证者的随机挑战可以通过哈希函数生成，$\hat{u}, \hat{B}$ 的计算仅含常数级别的群上运算，故此阶段的复杂度可以忽略不计。在递归阶段，验证者每轮需用配对方程验证新承诺密钥的正确性，递归只有停止于 1 维向量才能保证验证者最终得到的承诺密钥是正确的，此时协议共递归 $\log_2 n$ 轮，证明者每轮需发送 $A_{-1},A_1,B_{-1},B_1,[r']_1,[s']_1$ 这 6 个群元素，且最后需额外发送 a,b 这两个域元素，故总通信量为 $(6\log_2 n+2)$ 个元素。证明者的主要计算开销是在每轮计算承诺 A_{-1},A_1,B_{-1},B_1、新证据 $\boldsymbol{a}',\boldsymbol{b}'$ 和新承诺密钥 $[\boldsymbol{r}']_1,[\boldsymbol{s}']_1$，共需 $O(n)$ 级别的群幂运算和域乘运算[注2]。验证者的主要计算开销是在每轮计算 A',B'、使用配对方程验证 $[r']_1,[s']_1$，共需 $O(\log n)$ 级别的群幂运算和配对运算。

安全性分析

在安全性方面，协议具有完美完备性和统计意义的证据扩展可仿真性。现对这两个安全属性的证明做简要描述。

注 2：证明者在协议的各轮递归中无须使用 A', B'，所以可以不计算这两个值。

1. 完美完备性。若 $\boldsymbol{a}, \boldsymbol{b}$ 是针对关系（9.3）的有效证据，则 $A=[\boldsymbol{a}\cdot\boldsymbol{r}]_1 \wedge B=[\boldsymbol{b}\cdot\boldsymbol{s}]_1 \wedge z=\boldsymbol{a}\cdot\boldsymbol{b}$。对于一个随机挑战 c'，可以推出 $A=[\boldsymbol{a}\cdot\boldsymbol{r}]_1 \wedge Bu^{c'z}=[\boldsymbol{b}\cdot\boldsymbol{s}]_1\cdot u^{c'(\boldsymbol{a}\cdot\boldsymbol{b})}$，故 $\boldsymbol{a},\boldsymbol{b}$ 也是针对关系（9.4）的有效证据。在协议的第一轮递归中，可以进一步推出 $\boldsymbol{a}', \boldsymbol{b}'$满足 $A'=[\boldsymbol{a}'\cdot\boldsymbol{r}']_1 \wedge B'=[\boldsymbol{b}'\cdot\boldsymbol{s}']_1\cdot u^{\boldsymbol{a}'\cdot\boldsymbol{b}'}$，故 $\boldsymbol{a}', \boldsymbol{b}'$是第二轮递归的有效证据。每一轮递归都生成下一轮的有效证据，故最终验证者会接受证明。

2. 统计意义的证据扩展可仿真性。首先可构造一个高效的提取器 $\mathcal{X}_1$，根据多项式数量的可接受副本，以不可忽略的概率提取出针对关系（9.4）的有效证据。在每一个递归轮，对于证明者生成的承诺 A_{-1}, A_1, B_{-1}, B_1，提取器 $\mathcal{X}_1$ 不断地利用新鲜的随机挑战“重绕”证明者，得到本轮的可接受副本。因为每个副本都满足验证方程，所以提取器 $\mathcal{X}_1$ 可对这些方程做特定的线性组合，基于 $\mathcal{ML}_n$-Find-Rep 假设在概率多项式时间内算出针对关系（9.4）的有效证据。然后基于 $\mathcal{X}_1$，可构造一个高效的提取器 $\mathcal{X}$，以不可忽略的概率提取出针对关系（9.3）的有效证据。提取器 $\mathcal{X}$ 在预处理阶段利用两个不同的挑战 c_1', c_2' “重绕”证明者，并利用 $\mathcal{X}_1$ 提取出 $\boldsymbol{a}_1, \boldsymbol{b}_1$ 和 $\boldsymbol{a}_2, \boldsymbol{b}_2$，满足

$$A=[\boldsymbol{a}_1\cdot\boldsymbol{r}]_1,\ Bu^{c_1'z}=[\boldsymbol{b}_1\cdot\boldsymbol{s}]_1\cdot u^{c_1'(\boldsymbol{a}_1\cdot\boldsymbol{b}_1)},\ A=[\boldsymbol{a}_2\cdot\boldsymbol{r}]_1,\ Bu^{c_2'z}=[\boldsymbol{b}_2\cdot\boldsymbol{s}]_1\cdot u^{c_2'(\boldsymbol{a}_2\cdot\boldsymbol{b}_2)}$$

根据 $\mathcal{ML}_n$-Find-Rep 假设，这 4 个方程表明 $\boldsymbol{a}_1=\boldsymbol{a}_2, \boldsymbol{b}_1=\boldsymbol{b}_2, \boldsymbol{a}_1\cdot\boldsymbol{b}_1=z, B=[\boldsymbol{b}_1\cdot\boldsymbol{s}]_1$，所以 $\boldsymbol{a}_1, \boldsymbol{b}_1$ 是针对关系（9.3）的有效证据。由于敌手打破 $\mathcal{ML}_n$-Find-Rep 假设的概率是可忽略的，故提取器 $\mathcal{X}$ 失败的概率也是可忽略的。

9.2 范围证明

目前学术界和工业界广泛采用的范围证明是 Bünz 等[16]提出的协议（Bulletproofs-RP），该协议不需要可信第三方执行建立步骤，具有简洁的对数通信复杂度，安全性仅依赖于较弱的离散对数假设。然而，该协议的渐近验证复杂度仍是线性的，当拟证明的范围长度较大时，验证证明仍需要较大的时间开销。Daza 等[40]基于具有对数验证复杂度的内积论证，通过把验证者需要线性操作的部分计算委托给证明者，设计了具有对数通信和验证复杂度的范围证明协议（DRZ20-RP），极大地降低了此前范围证明在较大范围长度下的实际验证开销。然而，相比 Bulletproofs-RP，DRZ20-RP 的具体通信复杂度增加了约 $5\log_2 n$ 个群元素和 $2\log_2 n$ 个域元素，其中 n 指拟证明范围的比特长度注3。此外，DRZ20-RP 基于配对友好的椭圆曲线群，相比 Bulletproofs-RP 基于的普通椭圆曲线群，每个群元素需要用更多的字节进行存储，因此该协议的实际通信开销显著增加。基于此，首先通过增加预处理阶段，降低了 Daza 等提出的内积论证的具体通信和验证复杂度，详细阐述见 9.1.2 小节 ZZTLZ22-IPA。然后基于 ZZTLZ22-IPA，通过精简范围证明的约束转换关系，降低了 DRZ20-RP 的具体通信、证明和验证复杂度。优化的

注 3：一般假设范围的比特长度 n 是 2 的次幂，但若范围的实际比特长度 m 不满足该条件，则用 n 表示大于或等于 m 的最小 2 次幂。

范围证明协议记为 ZZTLZ22-RP，相关范围证明的具体复杂度对比如表 9.3 所示。

表 9.3　相关范围证明的具体复杂度对比

协议	证明复杂度	验证复杂度	通信复杂度
Bulletproofs-RP[16]	$(8n+5m+2\log_2 n-1)E$ $(6n+8m-2)M$	$(5n+2m+2\log_2 n+9)E$ $(m+3)M$	$(2\log_2 n+4)\mathbb{G}$ $5\mathbb{F}$
DRZ20-RP[40]	$(14n+11)E_1$ $(35n+15)M$	$(9\log_2 n+24)E_1$ $\log_2 nE_2$ $(2\log_2 n+1)M$ $6\log_2 nP$	$(7\log_2 n+12)\mathbb{G}_1$ $(2\log_2 n+5)\mathbb{F}$
ZZTLZ22-RP	$(14n+2\log_2 n+4)E_1$ $(24n+3)M$	$(9\log_2 n+21)E_1$ $\log_2 nE_2$ $1M$ $6\log_2 nP$	$(7\log_2 n+8)\mathbb{G}_1$ $5\mathbb{F}$

注：1. m 表示拟证明范围的比特长度，n 表示大于或等于 m 的最小 2 次幂，即 $n=2^k \geqslant m$。$\mathbb{G}$、$\mathbb{F}$ 分别指椭圆曲线群和有限域，$(\mathbb{G}_1,\mathbb{G}_2,\mathbb{G}_T)$指配对群，在通信复杂度中均表示相应群或域中的元素。E、M、P 分别表示群幂运算、域乘运算和配对运算，下标指出相应的群。

2. 该表中考虑了拟证明范围的比特长度不是 2 次幂的情况，对 3 个范围证明的复杂度做了更细致的区分。

9.2.1　主要思路

DRZ20-RP 证明的关系为

$$\{([\boldsymbol{x}]_2 \in \mathbb{G}_2^k,[\boldsymbol{r}]_1 \in \mathbb{G}_1^n,[u]_1,V \in \mathbb{G}_1;v,\rho_v \in \mathbb{Z}_p): V=[r_1]_1^v \cdot [r_2]_1^{\rho_v} \wedge v \in [0,2^m-1]\} \tag{9.5}$$

其中$[\boldsymbol{r}]_1$是由 $\boldsymbol{x}$ 生成的结构化的承诺密钥，n 为满足 $n=2^k \geqslant m$ 的最小整数，V 可视为对 v 的 Pedersen 承诺，该关系表明一个被承诺的值 v 属于公开范围$[0,2^m-1]$。为证明该范围约束可满足，Daza 等首先构造了多项式 $p(Y)$，把范围约束转成了 $p(Y)$的系数约束，接着构造了双变量多项式 $t(X,Y)$，把 $p(Y)$的系数约束转成了 $t(X,Y)$的系数约束，然后基于 Σ 协议完成了对该约束的证明，最后调用内积论证降低了协议的通信和验证复杂度。

为了降低 DRZ20-RP 的复杂度，采取相似的约束转换过程，但精简了过程中的部分约束。具体地，为了适配后续协议，更改关系（9.5）中的承诺表示，定义新关系为

$$\{([\boldsymbol{x}]_2 \in \mathbb{G}_2^k,[\boldsymbol{r}]_1 \in \mathbb{G}_1^n,[u]_1,V \in \mathbb{G}_1;v,\rho_v \in \mathbb{Z}_p): V=[r_1]_1^v \cdot [u]_1^{\rho_v} \wedge v \in [0,2^m-1]\} \tag{9.6}$$

关系（9.6）中的范围约束可用更精简的约束表示为

$$\{a_i=0\}_{i=m+1}^n \wedge \{b_i=a_i-1\}_{i=1}^m \wedge \boldsymbol{a} \odot \boldsymbol{b}=\boldsymbol{0} \wedge \boldsymbol{a} \cdot \boldsymbol{2}^n=v \tag{9.7}$$

分析可知，若这些约束可满足，则 $\boldsymbol{a}$ 的前 m 位只能取 0 或 1，第 m+1 位到第 n 位只能取 0，且由于 $\boldsymbol{a}\cdot\boldsymbol{2}^n=v$，$v$ 一定属于范围$[0, 2^m-1]$。为证明约束（9.7）可满足，验证者均匀随机地选择挑战 $y \in \mathbb{Z}_p^*$，然后证明者向验证者证明

$$\sum_{i=m+1}^n a_i y^{i-1}=0 \wedge \sum_{i=1}^m (a_i-b_i-1)y^{i-1}=0 \wedge \boldsymbol{a}\cdot(\boldsymbol{b} \odot \boldsymbol{y}^n)=0 \wedge \boldsymbol{a}\cdot\boldsymbol{2}^n-v=0 \tag{9.8}$$

由 Schwartz-Zippel 引理，该步骤的可靠性误差约为 $n/|\mathbb{Z}_p^*|$。接着把约束（9.8）转换成单变量

多项式的系数约束。令 $\boldsymbol{Y}_1=(1,Y,Y^2,\cdots,Y^{m-1},0,\cdots,0)\in\mathbb{Z}_p^n$，定义单变量多项式 $p(Y)$ 为

$$p(Y)=\boldsymbol{a}\cdot(\boldsymbol{b}\odot\boldsymbol{Y}^n)+Y^n(\boldsymbol{a}\cdot\boldsymbol{Y}^n+(-\boldsymbol{b}-\boldsymbol{1}^n)\cdot\boldsymbol{Y}_1)+Y^{2n}(\boldsymbol{a}\cdot\boldsymbol{2}^n-v)=$$
$$\boldsymbol{a}\cdot(\boldsymbol{b}\odot\boldsymbol{Y}^n)\ +\boldsymbol{a}\cdot(Y^n\boldsymbol{Y}^n+Y^{2n}\boldsymbol{2}^n)\ +\boldsymbol{b}\cdot(-Y^n\boldsymbol{Y}_1)-(\boldsymbol{1}^n\cdot(Y^n\boldsymbol{Y}_1)\ +Y^{2n}v)$$

则约束（9.8）可满足当且仅当 $p(y)=0$。进一步地，把单变量多项式 $p(Y)$ 的系数约束转换为双变量多项式的系数约束。均匀随机地选择向量 $\boldsymbol{c}\in\mathbb{Z}_p^n$，构造如下的多项式。

$$\boldsymbol{\ell}(X)=\boldsymbol{a}X+\boldsymbol{b}X^{-1}+\boldsymbol{c}X^2,$$
$$\boldsymbol{q}(X,Y)=(Y^n\boldsymbol{Y}^n+Y^{2n}\boldsymbol{2}^n)X^{-1}+(-Y^n\boldsymbol{Y}_1)X,$$
$$t(X,Y)=\boldsymbol{\ell}(X)\cdot(\boldsymbol{\ell}(X)\ \odot\boldsymbol{Y}^n+2\boldsymbol{q}(X,Y))-2(\boldsymbol{1}^n\cdot(Y^n\boldsymbol{Y}_1)+Y^{2n}v)$$

可以发现，$t(X,Y)$ 关于 X 的常数项 t_0 正好是 $2p(Y)$。为证明 $p(y)=0$，只需证明对于随机挑战 $y\in\mathbb{Z}_p^*$，$t_0=0$。

为证明 $t_0=0$，让验证者基于随机挑战 $x\in\mathbb{Z}_p^*$ 获得 t_{xy} 和 t'_{xy}，其中 $t_{xy}=t(x,y)$，$t'_{xy}=t(x,y)-t_0$。若 $t_{xy}=t'_{xy}$，则验证者可相信 $t_0=0$。具体地，首先证明者做对 $\boldsymbol{a},\boldsymbol{b},\boldsymbol{c}$ 的 Pedersen 向量承诺，并把承诺发送给验证者。验证者发送随机挑战 $y\in\mathbb{Z}_p^*$ 给证明者。接着证明者计算 $t(X,y)=t_{-2}X^{-2}+t_0+\sum_{i=1}^4 t_iX^i$，对除 t_0 之外的系数做 Pedersen 承诺，并把承诺发送给验证者。验证者发送随机挑战 $x\in\mathbb{Z}_p^*$ 给证明者。然后证明者计算并发送 $\boldsymbol{\ell}(x)$。验证者利用承诺的同态属性验证 $\boldsymbol{\ell}(x)$ 是正确计算的，计算 $\boldsymbol{q}(x,y)$，并利用承诺的同态属性验证

$$\boldsymbol{\ell}(x)\cdot(\boldsymbol{\ell}(x)\odot\boldsymbol{y}^n+2\boldsymbol{q}(x,y))-2(\boldsymbol{1}^n\cdot(y^n\boldsymbol{y}_1)+y^{2n}v)=t_{-2}x^{-2}+\sum_{i=1}^4 t_ix^i$$

其中，等式左边为 t_{xy}，等式右边为 t'_{xy}。

在以上描述中，验证者需要确保得到了正确计算的 $\boldsymbol{\ell}(x),\boldsymbol{q}(x,y)$ 及内积 $\boldsymbol{\ell}(x)\cdot(\boldsymbol{\ell}(x)\odot\boldsymbol{y}^n+2\boldsymbol{q}(x,y))$，记此内积为 z。但证明者需发送 $\boldsymbol{\ell}(x)$，这带来线性级别的通信复杂度；验证者需计算 $\boldsymbol{q}(x,y),z$，这带来线性级别的验证复杂度。此外，验证者需验证收到的 $\boldsymbol{\ell}(x)$ 是正确计算的，具体地，验证方程

$$[\boldsymbol{\ell}(x)\cdot\boldsymbol{r}]_1\cdot[u]_1^{\rho_\ell}=[\alpha]_1^x\cdot[\beta]_1^{x^{-1}}\cdot[\gamma]_1^{x^2}$$

其中 $[\alpha]_1$，$[\beta]_1$，$[\gamma]_1$ 分别是对 $\boldsymbol{a}$，$\boldsymbol{b}$，$\boldsymbol{c}$ 的承诺，ρ_ℓ 是相关的随机值。对该方程进行移项，令 $A\leftarrow[\alpha]_1^x\cdot[\beta]_1^{x^{-1}}\cdot[\gamma]_1^{x^2}\cdot[u]_1^{-\rho_\ell}$，则证明者可以不发送 $\boldsymbol{\ell}(x)$，而是向验证者证明他知道 $\boldsymbol{\ell}(x)$，满足

$$A=[\boldsymbol{\ell}(x)\cdot\boldsymbol{r}]_1 \tag{9.9}$$

同理，令 $B\leftarrow A\cdot[2\boldsymbol{q}(x,y)\cdot(\boldsymbol{y}^{-n}\odot\boldsymbol{r})]_1$，则可以不让验证者计算 $\boldsymbol{q}(x,y)$，$\boldsymbol{\ell}(x)\odot\boldsymbol{y}^n+2\boldsymbol{q}(x,y)$，而是让证明者证明他知道 $\boldsymbol{\ell}(x)\odot\boldsymbol{y}^n+2\boldsymbol{q}(x,y)$，满足

$$B=\left[\left(\boldsymbol{\ell}(x)\odot\boldsymbol{y}^n+2\boldsymbol{q}(x,y)\right)\cdot(\boldsymbol{y}^{-n}\odot\boldsymbol{r})\right]_1 \tag{9.10}$$

可以不让验证者计算 z，而是让证明者计算 z 并证明

$$z=\boldsymbol{\ell}(x)\cdot(\boldsymbol{\ell}(x)\odot\boldsymbol{y}^n+2\boldsymbol{q}(x,y)) \tag{9.11}$$

方程（9.9）、方程（9.10）、方程（9.11）正好是 9.1.2 小节 ZZTLZ22-IPA 所证明的关系，因此可以调用该内积论证来降低通信和验证复杂度。

此外，为调用内积论证，验证者需计算 B，此计算具体可展开为

$$B \leftarrow A \cdot [\boldsymbol{y}^n \cdot (\boldsymbol{y}^{-n} \odot \boldsymbol{r})]_1^{2x^{-1}y^n} \cdot [\boldsymbol{2}^n \cdot (\boldsymbol{y}^{-n} \odot \boldsymbol{r})]_1^{2x^{-1}y^{2n}} \cdot [\boldsymbol{y}_1 \cdot (\boldsymbol{y}^{-n} \odot \boldsymbol{r})]_1^{-2xy^n}$$

其中计算$[\boldsymbol{y}^n \cdot (\boldsymbol{y}^{-n} \odot \boldsymbol{r})]_1, [\boldsymbol{2}^n \cdot (\boldsymbol{y}^{-n} \odot \boldsymbol{r})]_1, [\boldsymbol{y}_1 \cdot (\boldsymbol{y}^{-n} \odot \boldsymbol{r})]_1$需要线性级别的操作。为了实现对数级别的验证复杂度，采用 Daza 等[40]委托验证者计算的方法。具体地，由 Pedersen 向量承诺的密钥同态属性$[\theta_1]_1$, $[\theta_2]_1$的计算并不依赖于y，因此可在初始化阶段由可信第三方生成。

$$[\theta_1]_1 \leftarrow [(\boldsymbol{1}^m, 0, \cdots, 0) \cdot \boldsymbol{r}]_1 = [\boldsymbol{y}_1 \cdot (\boldsymbol{y}^{-n} \odot \boldsymbol{r})]_1,$$
$$[\theta_2]_1 \leftarrow [\boldsymbol{1}^n \cdot \boldsymbol{r}]_1 = [\boldsymbol{y}^n \cdot (\boldsymbol{y}^{-n} \odot \boldsymbol{r})]_1$$

对于$[\boldsymbol{2}^n \cdot (\boldsymbol{y}^{-n} \odot \boldsymbol{r})]_1$，采用 Daza 等对单项式向量的承诺方案，把线性级别的计算委托给证明者执行，而验证者只需通过对数级别的操作验证计算的正确性。具体地，由 Daza 等的引理，验证者只需验证方程（9.12）。

$$[2^n \cdot (\boldsymbol{y}^{-n} \odot \boldsymbol{r})]_1 = \left[\prod_{i=1}^{k} (1 + 2^{2^{i-1}} y^{-2^{i-1}} x_i)\right]_1 \tag{9.12}$$

为此，对于$i \in \{1, 2, \cdots, k\}$，证明者计算并发送$k$个 Pedersen 向量承诺。

$$[\delta_i]_1 = \left[\left(2^0 y^{-0}, 2^1 y^{-1}, 2^2 y^{-2}, \cdots, 2^{2^{i-1}} y^{-(2^{i-1})}\right) \cdot (r_1, r_2, r_3, \cdots, r_{2^i})\right]_1$$

验证者检查配对方程。

$$e\left([\delta_{i-1}]_1^{2^{2^{i-1}} y^{-2^{i-1}}}, [x_i]_2\right) = e\left([\delta_i]_1 \cdot [\delta_{i-1}]_1^{-1}, [1]_2\right)$$

其中$[\delta_0]_1 = [1]_1$。第i个配对方程保证方程（9.12）右边第i次计算的正确性，若所有配对方程均成立，则$[\delta_k]_1$正好等于方程（9.12）右边的结果，进而可知$[\delta_k]_1 = [\boldsymbol{2}^n \cdot (\boldsymbol{y}^{-n} \odot \boldsymbol{r})]_1$。

9.2.2 协议流程

ZZTLZ22-RP 协议流程如图 9.3 所示，具体描述如下。

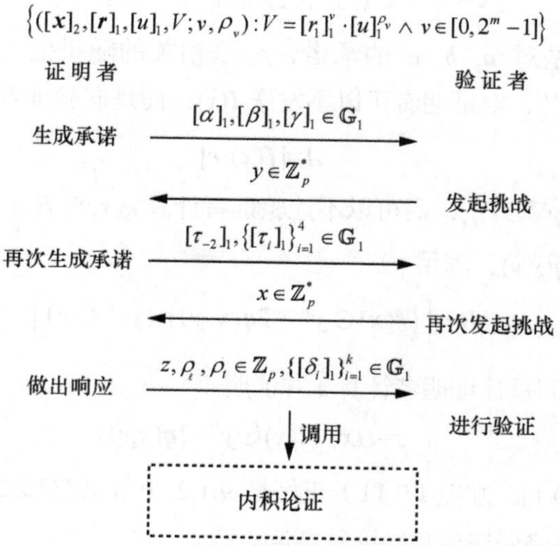

图 9.3　ZZTLZ22-RP 协议流程

（1）证明者生成承诺。证明者计算 $\boldsymbol{a}$ 满足 $\boldsymbol{a}\cdot\boldsymbol{2}^n=v$，令 $\boldsymbol{b}=\boldsymbol{a}-\boldsymbol{1}^n$，选择 $p_a,p_b,p_c \xleftarrow{\$} \mathbb{Z}_p^*$，$c \xleftarrow{\$} \mathbb{Z}_p^n$，计算 $[\alpha]_1=[\boldsymbol{r}]_1^{\boldsymbol{a}}\cdot[u]_1^{\rho_a},[\beta]_1=[\boldsymbol{r}]_1^{\boldsymbol{b}}\cdot[u]_1^{\rho_b},[\gamma]_1=[\boldsymbol{r}]_1^{\boldsymbol{c}}\cdot[u]_1^{\rho_c}$，把承诺 $[[\alpha]_1,[\beta]_1,[\gamma]_1$ 发送给验证者。

（2）验证者发起挑战。验证者均匀随机地选择挑战 $y\in\mathbb{Z}_p^*$，把 y 发送给证明者。

（3）证明者再次生成承诺。证明者计算多项式 $t(X,y)=t_{-2}X^{-2}+\sum_{i=0}^{4}t_iX^i$，对于 $i\in\{-2,1,2,3,4\}$，选择 $\rho_i \xleftarrow{\$} \mathbb{Z}_p^*$，计算 $[\tau_i]_1=[r_1]_1^{t_i}\cdot[u]_1^{\rho_i}$。把承诺 $[\tau_{-2}]_1,\{[\tau_i]_1\}_{i=1}^4$ 发送给验证者。

（4）验证者再次发起挑战。验证者均匀随机地选择挑战 $x\in\mathbb{Z}_p^*$，把 x 发送给证明者。

（5）证明者做出响应。证明者计算

$$\boldsymbol{\ell}=\boldsymbol{\ell}(x),\ \boldsymbol{q}=\boldsymbol{q}(x,y),\ z=\boldsymbol{\ell}\cdot(\boldsymbol{\ell}\odot\boldsymbol{y}^n+2\boldsymbol{q}),$$

$$\rho_\ell=\rho_a x+\rho_b x^{-1}+\rho_c x^2,\rho_t=\rho_{-2}x^{-2}+\sum_{i=1}^{4}\rho_i x^i+2y^{2n}\rho_v$$

对于 $i\in\{1,2,\cdots,k\},[\delta_i]_1=[(2^0y^{-0},2^1y^{-1},2^2y^{-2},\cdots,2^{2^i-1}y^{-(2^i-1)})\cdot(r_1,r_2,r_3,\cdots,r_{2^i})]_1$。把 $z,\rho_\ell,\rho_t,\{[\delta_i]_1\}_{i=1}^k$ 发送给验证者。

（6）验证者进行验证。验证如下的方程。

$$[r_1]_1^z\cdot[u]_1^{\rho_t}=[r_1]_1^{2\cdot(\boldsymbol{1}^n\cdot(\boldsymbol{y}^n y_1))}\cdot V^{2y^{2n}}\cdot[\tau_{-2}]_1^{x^{-2}}\cdot\prod_{i=1}^{4}[\tau_i]_1^{x^i}$$

对于 $i\in\{1,2,\cdots,k\}$，$e\left([\delta_{i-1}]_1^{2^{2^{i-1}}y^{-2^{i-1}}},[x_i]_2\right)=e\left([\delta_i]_1\cdot[\delta_{i-1}]_1^{-1},[1]_2\right)$，其中 $[\delta_0]_1=[1]_1$。若有任何一个方程不成立，则拒绝证明，然后协议终止。否则，验证者继续计算

$$A=[\alpha]_1^x\cdot[\beta]_1^{x^{-1}}\cdot[\gamma]_1^{x^2}\cdot[u]_1^{-\rho_\ell},B=A\cdot[\theta_2]_1^{2x^{-1}y^n}\cdot[\delta_k]_1^{2x^{-1}y^{2n}}\cdot[\theta_1]_1^{-2xy^n}$$

（7）调用内积论证。以私有证据 $(\boldsymbol{\ell},\boldsymbol{\ell}\odot\boldsymbol{y}^n+2\boldsymbol{q})$ 和公开陈述

$$\left([1]_1,[1]_1,[\boldsymbol{x}]_2,[\boldsymbol{x}]_2\odot\left(y^{-2^0},y^{-2^1},\cdots,y^{-2^{k-1}}\right),[\boldsymbol{r}]_1,[\boldsymbol{r}]_1\odot\boldsymbol{y}^{-n},A,B,z\right)$$

为输入，调用 ZZTLZ22-IPA。

9.2.3 讨论总结

复杂度分析

对于证明复杂度，在调用内积论证之前，证明者的主要开销是计算

$$[\alpha]_1,[\beta]_1,[\gamma]_1,t(X,y),[\tau_{-2}]_1,\{[\tau_i]_1\}_{i=1}^4,\boldsymbol{\ell},\boldsymbol{q},z,\rho_\ell,\rho_t,\{[\delta_i]_1\}_{i=1}^k,[\boldsymbol{r}]_1\odot\boldsymbol{y}^{-n}$$

这共需 $\mathbb{G}_1$ 中的群幂运算 $(6n+11)$ 个和 $(18n+9)$ 个域乘运算。加上 ZZTLZ22-IPA 的证明复杂度，总证明复杂度为 $\mathbb{G}_1$ 中的 $(14n+2\log_2 n+4)$ 个群幂运算和 $(24n+3)$ 个域乘运算。

对于验证复杂度，在调用内积论证之前，验证者的主要开销是计算

$$A,B,[\boldsymbol{x}]_2\odot(y^{-2^0},y^{-2^1},\cdots,y^{-2^{k-1}})$$

验证 $z,\{[\delta_i]_1\}_{i=1}^{k}$，这共需 $\mathbb{G}_1$ 中的$(\log_2 n+16)$个群幂运算、$\mathbb{G}_2$ 中的 $\log_2 n$ 个群幂运算和 $2\log_2 n$ 个配对运算。加上 ZZTLZ22-IPA 的验证复杂度，总验证复杂度为 $\mathbb{G}_1$ 中的$(9\log_2 n+21)$个群幂运算、$\mathbb{G}_2$ 中的 $\log_2 n$ 个群幂运算、1 个域乘运算和 $6\log_2 n$ 个配对运算。

对于通信复杂度，在调用内积论证之前，证明者需发送

$$[\alpha]_1,[\beta]_1,[\gamma]_1,[\tau_{-2}]_1,\{[\tau_i]_1\}_{i=1}^{4},z,\rho_\ell,\rho_t,\{[\delta_i]_1\}_{i=1}^{k}$$

共（$\log_2 n+8$）个群元素和 3 个域元素。加上 ZZTLZ22-IPA 的通信复杂度，总通信复杂度为（$7\log_2 n+8$）个群元素和 5 个域元素。

安全性分析

在安全性方面，协议具有完美完备性、计算意义的证据扩展可仿真性和完美特殊诚实验证者零知识性。现对这 3 个安全属性的证明做简要描述。

1. 完美完备性。若原始范围约束是可满足的，则单变量多项式 $p(Y)$的系数约束是可满足的，进而可知双变量多项式 $t(X,Y)$的系数约束是可满足的，故验证者要验证的方程均成立，最终验证者会接受证明。

2. 计算意义的证据扩展可仿真性。可构造一个高效的提取器 $\mathcal{X}$，根据多项式数量的可接受副本，以不可忽略的概率提取出针对关系（9.6）的有效证据。提取器 $\mathcal{X}$ 利用新鲜的随机挑战 y,x "重绕"证明者到指定位置，得到相应的可接受副本。针对每一个副本，$\mathcal{X}$ 调用内积论证的提取器，提取出内积论证的证据 $\boldsymbol{\ell}$。因为每个可接受副本都满足验证方程，故提取器 $\mathcal{X}$ 可对这些方程做特定的线性组合，基于 $\mathcal{ML}_n$-Find-Rep 假设在概率多项式时间内算出相应的证据。根据 9.2.1 小节的约束转换过程，可推出该证据是针对关系（9.6）的有效证据。由于敌手打破 $\mathcal{ML}_n$-Find-Rep 假设的概率是可忽略的，故提取器 $\mathcal{X}$ 失败的概率也是可忽略的。

3. 完美特殊诚实验证者零知识性。给定一个陈述，可构造一个模拟器 $\mathcal{S}$ 生成一个模拟证明，使得该证明与诚实证明者生成的证明具有完美不可区分的分布。模拟器 $\mathcal{S}$ 的构造如下。

（1）利用验证者的随机性生成挑战 x,y。

（2）均匀随机地生成 $[\alpha]_1,[\beta]_1,[\tau_1]_1,[\tau_2]_1,[\tau_3]_1,[\tau_4]_1\in\mathbb{G}_1,\rho_\ell,\rho_t\in\mathbb{Z}_p^*,\boldsymbol{\ell}\in\mathbb{Z}_p^n$。

（3）计算 $z,\{[\delta_i]_1\}_{i=1}^{k}$，根据验证方程计算 $[\gamma]_1$, $[\tau_{-2}]_1$。

（4）使用模拟的证据 $\boldsymbol{\ell},\boldsymbol{\ell}\odot\boldsymbol{y}^n+2\boldsymbol{q}$ 调用内积论证，得到内积论证中的可接受副本 trc。

（5）输出 $[\alpha]_1,[\beta]_1,[\gamma]_1,y,[\tau_{-2}]_1,\{[\tau_i]_1\}_{i=1}^{4},x,z,\rho_\ell,\rho_t,\{[\delta_i]_1\}_{i=1}^{k}$,trc。

在模拟证明和真实证明中，$[\alpha]_1,[\beta]_1,\{[\tau_i]_1\}_{i=1}^{4}$ 都是随机的群元素，ρ_ℓ,ρ_t 都是随机的域元素，$[\gamma]_1,[\tau_{-2}]_1,z,\{[\delta_i]_1\}_{i=1}^{k}$ 都是由验证方程唯一确定的，trc 都是内积论证中的可接受副本，故模拟器 $\mathcal{S}$ 生成的模拟证明和真实证明具有完美不可区分的分布。

9.3 本章小结

内积论证是众多高效零知识证明协议的核心组成部分，如算术电路可满足性证明、范围证

明和多项式承诺方案等都可以借助该论证实现更优的性能。范围证明作为一种特殊的零知识证明，已经部署在许多密码学应用中，其性能也在极大程度上决定了相关应用的实际性能。本章介绍了笔者在内积论证和范围证明方面的研究成果。针对内积论证，主要总结了内积论证的应用框架，降低了现有内积论证协议的具体通信复杂度和验证复杂度。针对范围证明，在实现渐近对数通信复杂度和验证复杂度的同时，进一步降低了现有范围证明协议的具体证明、通信和验证复杂度。

本章设计的协议主要利用结构化的承诺密钥实现了渐近对数级别的验证复杂度，但这种密钥需要可信第三方生成，且引入了运算效率较差的双线性群。如何仅基于普通的椭圆曲线群且不依赖可信第三方实现渐近对数级别的验证复杂度，是未来值得研究的一个方向。

第 10 章 零知识证明的应用

主要内容

- 零知识证明开源库
- 零知识证明与 Zash
- 零知识证明与以太坊扩容
- 零知识证明与 Monero

第 4 章～第 8 章介绍了目前主流的简洁非交互零知识证明的技术原理，并给出了对应的典型协议。这些协议均是针对电路可满足问题构造的。然而，当零知识证明在各种场景下真正落地应用时，面临的挑战不尽相同。本章主要介绍零知识证明的应用，第 10.1 节介绍零知识证明的工程应用基础，第 10.2 节介绍零知识证明在区块链领域，包括匿名支付、以太坊扩容、隐私保护等方面的应用情况，第 10.3 节进行总结。

10.1 零知识证明的工程应用基础

10.1.1 底层数学基础与实现语言

零知识证明需要大量底层的数学运算，如基于二次算术程序的零知识证明（见第 5 章）需要实现椭圆曲线群上运算和双线性配对运算，有的基于双向高效交互式证明和基于内积论证的零知识证明（分别见第 6 章和第 7 章）则需要较多的群幂运算，基于交互式谕示证明的零知识证明和基于 MPC-in-the-Head 的零知识证明（分别见第 4 章和第 8 章）则主要需要有限域中的矩阵乘法、向量内积、多项式求值及插值运算等。在实际应用零知识证明时，首先需要实现这些底层数学运算。目前，这些底层数学运算已经有较为成熟的封装，如 libff 库基于 C++语言封装了有限域和椭圆曲线运算，并在 libsnark、libiop 等库（如表 10.1 所示）中均得到了广泛使用。作为一种在密码学中被广泛使用的数据结构，椭圆曲线除了在 libff 库中得以封装实现，还在

secp256k1、BN254、BLS12-381 等库中得以封装实现。

随着零知识证明在应用领域的蓬勃发展，不仅是零知识证明的底层数学运算，越来越多的零知识证明本身也得到了编程实现。已有实现基于各种编程语言，包括 C++、Python、Rust、Java、Go 等，且已封装成若干编程库，供开发者在不同的应用场景中使用。由于零知识证明涉及大量计算，对计算机的性能有较高的要求，许多零知识证明是基于 C++、Rust 等系统级编程语言实现的，如基于 C++的 libsnark、libiop，基于 Rust 的 bellman 等（如表 10.1 所示）。其中，Rust 语言正被越来越多的零知识证明开发者使用。Rust 语言具有入门简单、语言功能强大、标准库众多等优点，能使新入门的开发者快速借助编程直观感受零知识证明的理论构造。同时 Rust 语言支持交叉编译及跨架构、跨平台二进制文件的生成，满足更高的速度需求并且更加注重安全性。因此，Rust 语言在实际应用中备受青睐。2020 年，区块链技术初创公司 Matter Labs 基于 Rust 语言推出零知识证明智能编程语言框架 Zinc。该语言框架可用于创建安全的零知识证明电路，也可用于智能合约开发。此外，零知识证明实际的应用场景比较复杂，而系统级编程语言功能较为单一，复杂的使用环境可能会导致其速度优势难以体现。因此开发者会基于不同的场景选择应用级编程语言开发零知识证明应用，如 Java 语言、JavaScript 语言等。

10.1.2 零知识证明开源库

零知识证明具有若干开源库，如表 10.1 所示。

表 10.1 零知识证明开源库总结

库	语言	实现的协议	库	语言	实现的协议
libsnark	C++	Groth16[14]、BCTV14a[20]等	gnark	Go	Groth16[14]、PLONK[22]等
bellman	Rust	Groth16[14]等	libiop	C++	Ligero[18]、Aurora[30]等
jsnark	Java	Groth16[14]等	xJsnark	Java	Groth16[14]等
DIZK	Java	Groth16[14]等	snarkjs	JavaScript	Groth16[14]、BCTV14a[20]等

libsnark 的电路库涵盖了基本的密码学工具，如实现了 SHA256、默克尔树、配对等算法，便于用户使用。bellman 是一种基于 Rust 语言的 zk-SNARK 电路生成器，同样提供了一系列电路库，如布尔运算和抽象代数中一些运算的电路封装。该库包含两大组件，分别是有限域和群，基于这两个组件能够高效地产生标量字段类型的电路。目前该仓库将 Groth16 作为其验证后端，提供了一体化的证明和验证操作，同样，电路库中给予了 SHA256 的实现。

libsnark 开发时间最早，且使用最广泛，为其他框架提供了参考。jsnark 是一种基于 Java 语言的 zk-SNARK 电路生成器。它参考了之前的 libsnark 项目，并将其作为后端执行证明生成和验证的工作，而自身作为前端，负责处理 Java 程序的转换。同样，该项目提供了 RSA、SHA256 以及默克尔树等常见密码学算法的实现。xJsnark 为 jsnark 的升级版，是基于 Kosba 等[215]的研究实现的，主要将 jsnark 的后端进行了替换，实现了更高效的证明，以及缩小了电路尺寸。该项目与 jsnark 项目可共用一套高级语言编写的程序，因此之前的电路也能在此使用。对于 Bulletproofs，delak-crypto 小组为其编写了完整的工具链，能从 Rust 语言生成一阶约束系统，并由一阶约束系统生成证明。由于 Bulletproofs 原生支持范围证明，其他的约束电路提供了相应程序接口，目前已有基于这些接口实现的电路，如 MiMC 哈希函数、默克尔树以及成员证明等。由于零知识证明的应用场景主要在区块链上，如何直接在合约上编写零知识证明成为一大研究方向。除此之外，在以太坊中应用 zk-SNARK 时可以使用 EthSnarks 和 ZoKrates。其中，EthSnarks 实现了 Groth16，在 Linux 系统、Mac 系统和 Windows 系统均可使用。EthSnarks 一站式支持 Python 语言和 C++语言，并且解决了在以太坊中使用 zk-SNARK 的最大问题之一：实现了在台式机、移动设备和浏览器之间的跨平台。而 ZoKrates 提供了一个 Solidity 插件，从而可以直接在以太坊智能合约上进行引入，这极大提高了以太坊 Dapp 的功能性。同样，其提供了一些标准电路模块，如 SHA256 哈希函数、MiMC 哈希函数等。libiop 也是由 Scipr 实验室提供的，其提供了编写交互式谕示证明的标准程序，实现了一种可将任意交互式谕示证明转换为非交互式论证的通用转换[91]及若干典型的基于交互式谕示证明的零知识证明，如 Aurora[30]、Ligero[18]等。

10.1.2.1 libsnark 简介

libsnark 是由 Scipr 实验室开发的基于 C++语言的开源库，Scipr 团队成员包含 Ben-Sasson 等，他们曾发表 TinyRAM 等一系列研究结果，也曾参与 Zcash 等实际区块链项目的搭建。libsnark 实现了 GGPR13[36]、BCGTV13[86]、BCIOP13[41]、BCTV14a[20]、Groth16[14]等知名的 zk-SNARK，是最早一批实现零知识证明或计算完整性验证的语言库。它支持一系列不同形式的 NP 问题验证，包括 C 语言程序可满足问题、布尔电路可满足问题、算术电路可满足问题和一阶约束系统可满足问题等。

具体地，libsnark 支持如下 zk-SNARK 的 C++语言实现。

- 针对一阶约束系统可满足问题的 zk-SNARK。该 zk-SNARK 采用 GGPR13 和 BCIOP 的方法，优化了 BCTV14a。libsnark 同时基于通用群模型实现了 Groth16。相比 BCTV14a，Groth16 基于更强的假设实现了更快的证明生成速率和更短的证明。
- 针对酉平方约束系统（Unitary-Square Constraint System）可满足问题的 zk-SNARK。类似于一阶约束系统与二次算术程序的转换关系，酉平方约束系统可由 DFGK14[132]中的平方张成程序构造。
- 针对二输入布尔电路可满足问题的 zk-SNARK。二输入布尔电路可满足问题可归约为酉平方约束系统可满足问题，且该归约过程比归约为一阶约束系统更高效。
- 针对一阶约束系统可满足问题的模拟可提取 zk-SNARK。该 zk-SNARK 来自 GM17[136]。对于算术电路，该 zk-SNARK 比 BCTV14a 慢，但证明长度更短。
- ADSNARK，其是一种用于证明认证数据陈述的 zk-SNARK，来自 BBFR15[134]。
- PCD（Proof-Carrying Data）系统。该系统使用了 zk-SNARK 的递归组合，其来自 BCCT13[146]，并在 BCTV14b[195]中得到了优化。

此外，libsnark 给出了若干利用上述 zk-SNARK 的应用实例，包括 TinyRAM 机器代码的执行[20,86]、利用 PCD 系统构造的可扩展 TinyRAM 代码执行、零知识集群运算[142]等。

libsnark 实现 zk-SNARK 的步骤如下。首先，将待证明陈述表示为易证明的问题，主要包括一阶约束系统可满足问题、算术电路可满足问题、布尔电路可满足问题或 TinyRAM 上的可满足问题等，以与 libsnark 中的接口相适配。其次，基于这一系列易证明的问题，调用 libsnark 中的参数生成算法生成公共参数、证明者参考串及验证者参考串。再次，调用 libsnark 中的证明算法生成对易证明问题的证明。最后，调用 libsnark 中的验证算法验证证明的正确性。

对于实现 zk-SNARK 的底层域及椭圆曲线，libsnark 调用了 libff 依赖，其支持 Edwards 椭圆曲线[196]和 BN128 曲线[197]，分别为 80 bit 安全和 128 bit 安全。

10.1.2.2 bellman 简介

bellman 是由 Zcash 团队开发的基于 Rust 语言的开源库，其实现了 Groth16。bellman 实现 Groth16 的步骤如下。第一，利用系列多项式约束表达的待证明陈述，构建对应的电路可满足问题，该步是由前置程序配置的，也可利用通用的零知识证明电路生成器生成。第二，根据电路可满足问题生成对应的一阶约束系统可满足问题。第三，将一阶约束系统可满足问题转化为二次算术程序。该过程的主要技术是拉格朗日插值，但为了降低计算复杂度，可通过快速傅里叶变换实现。第四，生成对应二次算术程序可满足问题的公共参数及证明者、验证者参考串。第五，根据公共参数、公共参考串及公共输入，调用证明算法生成对上述问题的证明。第六，调用验证算法验证证明的正确性。

对于实现 Groth16 的底层域和椭圆曲线，bellman 调用了 ff 依赖来生成素数域，调用了 group 依赖来实现群上运算，调用了 bls12_381 依赖来实现 BLS12-381 椭圆曲线。

10.1.2.3 gnark 简介

gnark[198]是由 consenSys 开发的基于 Go 语言的开源库，其实现了 Groth16 和 PLONK[22]。由于 gnark 实现 Groth16 和 PLONK 的步骤与 libsnark 和 bellman 基本一致，本小节仅介绍 gnark 独有的功能及优点。

相比 libsnark 和 bellman，gnark 提供了专门接口用于设计和生成电路。gnark 中的前向包可直接通过调用 frontend.API 函数生成多项式约束。例如，x^2=api.Mul(x,x)可表示 $x \cdot x$。在多项式约束生成完毕后，可调用 frontend.Complie 函数将多项式约束编译为算术电路。这避免了 libsnark 和 bellman 中需要手动将待证明陈述转换为电路形式的问题。

此外，相比 bellman，gnark 的实现速率更快。对于基于 BLS-381 椭圆曲线实现的 Groth16，当约束数目为 10^5 时，gnark 的实现速率约为 bellman 的 3.1 倍；当约束数目为 3.2×10^7 时，gnark 的实现速率约为 bellman 的 3.8 倍；当约束数目为 6.4×10^7 时，gnark 的实现速率约为 bellman 的 4 倍。

对于底层椭圆曲线，gnark 支持 BN254、BLS12-381、BLS12-377、BLS24-315、BW6-633、

BW6-761 等椭圆曲线。此外，gnark 支持 MiMC 哈希函数[199]、EcDSA 签名体制[200]、默克尔树验证等函数调用。

10.1.2.4 libiop 简介

libiop 是由 Scipr 实验室开发的基于 C++语言的开源库，实现了基于交互式谕示证明的简洁非交互零知识证明，主要包括 Ligero[18]、Aurora[30]和 Fractal[201]，针对的语言都是一阶约束系统可满足问题。其中，Ligero-IOP 的轮数为 2，Aurora-IOP 和 Fractal-IOP 的轮数均为 $O(\log N)$，N 为一阶约束系统的规模。3 个协议的谕示规模均为 $O(N)$个域元素。Ligero-IOP 的访问请求复杂度为 $O(\sqrt{N})$ 个域元素，Aurora-IOP 和 Fractal-IOP 的访问请求复杂度为 $O(\log N)$个域元素。3 个协议的证明复杂度均为 $O(N\log N)$。Ligero-IOP 和 Aurora-IOP 的验证复杂度为 $O(N)$，Fractal-IOP 的验证复杂度为 $O(\log N)$。

事实上，这 3 个交互式谕示证明是由两部分组成的，一是里德–所罗门码的交互式谕示证明，二是低度检查协议。具体地，libiop 中的 encoded 文件描述了与 3 个协议对应的里德–所罗门码交互式谕示证明，ldt 文件描述了对里德–所罗门码的低度检查协议，包括 Ligero 中的直接检查和 Aurora、Fractal 中的快速里德–所罗门码检查协议（即 FRI 协议）[202]。

然后，libiop 实现了 BCS 转换[91]。BCS 转换可利用任何密码哈希函数（用以实现随机谕言模型）将任意的公开抛币交互式谕示证明转换为 SNARG，且满足如下性质：（1）透明，即唯一的全局参数就是哈希函数；（2）抗量子，在量子随机谕言模型下是量子安全的[203]；（3）轻量级，除哈希函数外不需要任何其他的密码操作；（4）如果交互式谕示证明本身是知识证明，那么转换后的 SNARG 也是知识论证；（5）如果交互式谕示证明满足诚实验证者的零知识，那么转换后的 SNARG 满足同样性质。

最后，libiop 在 snark 文件中实现了利用 BCS 转换将上述 3 个交互式谕示证明转换为 zkSNARK 的过程。

对于底层域，libiop 调用了 libfqfft 依赖实现有限域上的快速傅里叶变换。

10.1.2.5 jsnark 与 xJsnark 简介

jsnark 是由 akosba 开发的基于 Java 语言的开源库，该开源库以 libsnark 为后端，并且可以良好兼容由 Pinocchio 中的电路生成器产生的电路。jsnark 主要实现了一个用于构建及扩充电路的工具库，并扩充了 libsnark 的功能使其可与 Pinocchio 编译器生成的电路直接匹配。

xJsnark 是 jsnark 的升级版，提供了一系列前端功能，使程序员能够以更高级别的方式编写零知识证明电路（特别是对于加密应用程序）。具体地，xJsnark 提供了如下电路生成器。

- SHA 256 的高级实现：其被编译成一个与手动生成的电路约束数类似的电路，约束数目为 25 538 个。
- AES128 的高级实现：其优化了后端中的 S 盒实现，加密一个块的约束数目为 14 240 个。
- RSA 密钥的知识证明：其给出了针对密钥长度为 2 048 bit 的 RSA 加密密钥的知识证明

电路，约束数目为 2 578 个。

- 9×9 的数独：其给出了 9×9 数独知识证明的高效电路生成方法，约束数目为 756 个。
- Zcash 的倾倒电路，其假设涉及的默克尔树的高度为 64，约束数目为 3 814 991 个。

10.1.2.6　DIZK 简介

DIZK[204]是由 Scipr 实验室开发的基于 Java 语言的开源库，提供了与 libsnark 相同的协议实现，但效率更高。DIZK 通过分布式集群计算，能够支持门数为十亿级别的电路，且处理每个门的开销仅为 10 μs。

具体地，DIZK 支持如下分布式实现。

- 分布式论证系统，包括 Groth16 和输入批量化的算术电路求值协议[205]。
- 可扩展的计算操作，包括分布式的快速傅里叶变换[206]、分布式的多标量乘法[207]和分布式的拉格朗日插值[208]。
- 利用 zk-SNARK 实现的应用，包括对裁剪、旋转、模糊后的图像完整性认证[209]，机器学习模型的完整性认证[210]。

10.1.2.7　snarkjs 简介

snarkjs 是由 iden3 开发的基于 JavaScript 语言的开源库，其提供了 Groth16 和 PLONK 的实现。与之前 zk-SNARK 库不同的是，snarkjs 提供了多方共同完成可信建立的实现，其包括全局公共参考串和针对具体关系的公共参考串的生成过程。由于使用了 ES 模块，snarkjs 可直接应用于 zkRollup 等零知识证明应用。

10.1.3　零知识证明电路生成器

早在 1987 年，Goldreich、Micali 和 Widerson[75]就已证明针对任意 NP 问题都可以构造零知识证明及零知识知识证明。将 NP 问题转换为零知识证明通常有两种方式：第一种方式依赖于该 NP 问题自身的代数结构，如离散对数问题，可以通过 Schnorr 协议[211]实现零知识证明；第二种方式则是将问题拆分成以算术门或逻辑门作为基本运算单元表述的中间形式，再将中间形式转换为电路，然后针对对应电路的可满足问题调用通用零知识证明完成证明。第一种方式执行效率高，但其解决方式具有局限性，每种问题都需要设计对应的协议，而且针对复杂问题很难直接设计高效的协议；第二种方式具有普适性，适合由各种代数或布尔运算组合而成的问题，是一种通用的零知识证明。

目前的通用零知识证明需要将计算过程转换为算术电路等中间形式，因此一个重要的研究领域是如何自动对格式化计算程序生成算术电路。2010 年，Meiklejohn 等[212]实现了一个零知识证明描述语言系统，它有一个解释器能将输入程序转换为专用密码学语言，通过给定对应程序、输入值，能够输出证明。在这项工作之前，计算过程都是无状态的，即不需要使用存储设备。

此后，零知识证明电路表述工具开始发展，如 Ben-Sasson 等[86]于 2011 年提出一个叫 TinyRAM 的虚拟机，能够接收用 C 语言描述的 NP 问题，并在虚拟机中执行证明和验证过程。该团队对 TinyRAM 不断完善，并提出了新的模型 vnTinyRAM[20]以及可扩展 TinyRAM[213]，其中可扩展 TinyRAM 参考了 Valiant 等[93]与 Bitansky 等[146]关于递归生成证明的思想，通过椭圆曲线技术实现了递归证明生成。

除了上文提到的 Pinocchio 工具链，另一种典型的零知识证明电路生成器是 Braun 等[214]提出的 Pentry。Pentry 的主要思路是证明者对每个计算过程生成摘要，计算过程能够存储在未受信任的存储器上。Pentry 使得可验证计算能应用于 MapReduce 等更广泛的应用场景。针对电路自动生成效率问题，Kosba 等[215]考虑到之前存在的高级语言及算术电路的编译器无法达到最优效果，得到的电路大小不是最小的，研究出了一种新的编译器 xJsnark，该编译器对短整型和长整型进行了优化，减少了乘法的重复计算，且支持使用 Java 编写程序。

尽管目前零知识证明的算术电路生成工具能够自动进行计算及电路的转换，但转换效率较低。例如，利用 Pinocchio 电路生成器针对 SHA 256 自动生成电路的门数为 58 160，而伍前红等[216]根据电路结构可手动生成门数为 27 904 的对应电路。如何构造更为高效的通用电路生成器，如何针对常见问题（如典型哈希函数）构造更为高效的特定电路生成器，是未来的研究方向之一。

10.2 零知识证明在区块链隐私与扩容中的应用

零知识证明具备完备性、可靠性和零知识性，可以在建立信任的情况下最大限度地保护隐私，但由于其效率低，在一定程度上制约了零知识证明的落地应用。近 10 年来，随着简洁非交互零知识证明的发展和成熟，零知识证明的效率得到了极大程度的优化。例如，针对 25×25 规模的矩阵乘法，如果基于 Kilian92[58]的优化方案[122]构造证明协议，则证明时间和验证时间均超过亿年；而利用 Pinocchio[13]证明该矩阵乘法的证明时间不到 100 s，验证时间不到 0.1 s。零知识证明的良好性质和优秀性能促使了其在隐私计算等领域尤其是区块链上的广泛应用。本节简要介绍零知识证明在区块链上的 3 个典型应用，第 10.2.1 小节以 Zcash 为例，介绍零知识证明在区块链匿名支付中的应用；第 10.2.2 小节以以太坊扩容为例，介绍零知识证明在以太坊扩容中的应用；第 10.2.3 小节以 Monero 为例，介绍零知识证明尤其是范围证明在 Monero 中的隐私保护功能。

10.2.1 零知识证明与 Zcash

Zcash 是基于 Ben-Sasson 等论文[20]的落地实现，其在比特币的基础上，利用 zk-SNARK 技术实现了隐藏交易，以保护区块链交易中的隐私。第 10.2.1.1 小节介绍区块链中的隐私泄露问题，第 10.2.1.2 小节介绍 Zcash 的工作机制，第 10.2.1.3 小节概括了零知识证明是如何应用在

Zcash 中的，第 10.2.1.4 小节介绍 Zcash 的算法原理。

10.2.1.1 区块链中的隐私泄露问题

比特币[217]由中本聪在 2008 年提出，其经过 10 余年的发展，得到了广泛关注。利用区块链和密码学技术，比特币系统不仅实现了难以篡改、公开透明等性质，还在一定程度上保障了用户隐私。近年的一系列研究指出可以利用区块信息对比特币系统实现去隐私化分析[9-12]，甚至有研究指出比特币系统没提供任何隐私性，其主要原因在于比特币系统的隐私保障更类似化名而不是匿名。由于交易双方的地址、金额、时间都是公开存储在区块链上的，一旦用户的真实身份与某个地址的匹配信息遭到泄露（如商家泄露、黑客攻击等），攻击者就可以通过建立交易网络、分析聚类等方式进行深入的去隐私化分析，导致用户的隐私进一步泄露。

具体而言，2013 年，Ron 和 Shamir[11]提出一笔交易的所有输入地址属于同一用户的想法。同年，Meiklejohn、Pomarole 和 Jordan[12]提出“聚类算法”，由一个比特币地址可以得到与此地址属于同一用户的所有比特币地址，目的是向利用比特币从事犯罪或欺诈行为的人发出挑战。对于比特币线上支付，如果交易未包含混币，则对交易的发送地址使用聚类算法来锁定该用户的比特币钱包。聚类算法的主要思想有汇聚一个交易的多个输入地址和汇聚一个交易的发送地址和找零地址。

为了抵抗聚类算法，CoinJoin 技术[218]诞生，在一个 CoinJoin 交易中，多组资金发送者和接收者将他们的交易合并到一个单一的联合交易中。这种做法安全可行，打断了发送地址和接收地址之间一一对应的关系。采用 CoinJoin 的主要障碍是在同一时间聚集想要进行混币交易且交易资金相同的用户十分困难[219]。Möser 和 Böhme[220]详细介绍了 JoinMarket，一个供比特币用户进行 CoinJoin 交易的平台。JoinMarket 并不是作为一个中心化机构将同一时间想要进行混币交易的用户聚集起来，而是将用户分为两组，即供给者和需求者，供给者提供比特币供需求者混币，得到小费。这种机制的优势是需求者创建混币交易时不需要等待“志同道合”的人，随时可以进行混币，因为 JoinMarket 市场供大于求，随时都有供给者提供比特币。Moser 和 Bohme[220]为了在区块链上找出 JoinMarket 交易用于详细研究，提出了判断一个交易是不是 JoinMarket 混币的准则。利用这个准则，Goldfeder 等[221]在区块链上找出了 95 239 个 JoinMarket 混币交易，其中有 78 697 个发生在 2015 年 6 月到 2017 年 6 月之间。

除了聚类算法外，还有其他针对区块链的去隐私化技术。Meiklejohn 等[12]通过与在线钱包、供应商和其他服务提供者进行交互，至少得到他们的一个地址，然后在区块链分析得到的实体图中找到相应地址集群，高精度地将服务商真实身份与地址集群联系起来。Ron 和 Shamir[11]使用交易图分析了 2012 年 5 月 13 日之前进行的所有交易，发现大多数小额比特币一直停留于所在地址从未参与任何交易，且大多数交易是小额交易。Fleder、Kester 和 Pillai[222]在公开的线上比特币论坛和比特币交易账簿上获取信息，进行比特币交易图分析，实现了去隐私化，他们成功地将比特币论坛上的用户身份与“丝绸之路”的节点绑定。Reid 和 Harrigan[9]研究从区块链提取出的交易网络和用户网络，认为大型集中服务（如交易所、钱包服务）通过部署标记后的比特币，可以对相当多的用户实现去隐私化。Spagnuolo、Maggi 和 Zanero[223]提出了模式化的区块链分析构架 BitIodine，调查了勒索软件 CryptoLocker，并确定了受害者的身份信息和支付赎金的数量。Biryukov 和 Pustogarov[224]实现了对使用隐私保护工具 Tor 连接比特币网络的用户的去隐私化。Kalodner、Goldfeder 和 Chator 提出了区块链分析平台 BlockSci[225]，帮助科研工作者分析区块链上的区块、交易等数据。Biryukov、Khovratovich 和 Pustogarov [226]提出了通过监听比特币网络来收集附近节点的网络信息，可以将用户的公钥链接到用户的 IP 地址（准确率近 30%），进一步可以将 IP 地址与地址集群联系起来。

祝烈煌等[227]给出了身份隐私和交易隐私的定义，针对隐私保护问题，详细地分析了区块链技术的优点和缺点，介绍了交易溯源技术、账户聚类技术等对区块链隐私的攻击方法，详细介绍了网络层恶意节点检测和限制接入技术、区块链交易层的混币技术、加密技术和限制发布技术等隐私保护机制，并分析了现有隐私保护技术存在的缺陷。Conti 等[228]详细介绍了目前对用户隐私泄露过程的研究成果。为了更好地保护用户的隐私，比特币系统允许用户生成多个公钥（地址），要想实现去匿名化，首先使用一个详细的区块链分析程序（如 BitIodine、BitConeView）来协助进行区块链分析[11]，通过区块链分析将区块链上的地址划分为若干个地址集群，然后采取进一步的措施将地址集群与用户的真实身份联系起来[229]。

10.2.1.2 Zcash 的工作机制

由于比特币本身隐私性较弱，一系列致力于保障隐私的“数字货币”被研发出来。典型的有 Dash、Monero 和 Zcash。其中，Zcash 是目前技术上较完善的保障隐私的“数字货币”之一。

类似于比特币，Zcash 在用户地址（也就是公钥的哈希值）之间进行交易，而只有拥有相应私钥的用户才能发起交易。Zcash 中有两种地址，一种是透明地址（Transparent Address，简称 t 地址），另一种是隐藏地址（Shielded Address，简称 z 地址）。当一笔交易是在 t 地址之间进行时，它与比特币交易是极为相似的，即交易的地址和数值都是完全可见的。而 z 地址提供了一种隐藏“货币”发送方、接收方和交易数值的方法。只有当一笔交易在两个 z 地址之间进行时，交易的隐私才会得到完全保障，这种交易被称为隐藏交易。

为了支持隐藏交易，Zcash 提供了一个隐藏池（Shielded Pool）用于存储隐藏地址中的货币，隐藏交易的匿名性是通过 zk-SNARK 保障的。与一般的比特币交易采用私钥对交易进行签名不同，要从隐藏地址转移“货币”，用户需要生成一个 zk-SNARK 证明，其可在不泄露用户身份的情况下证明用户拥有未花费的“货币”。与隐藏地址相关的交易需要 JoinSplit 结构，该结构包含 3 个基本的信息：进入隐蔽池的“货币”数额（$v_{\text{pub}}^{\text{old}}$）、离开隐蔽池的“货币”数额（$v_{\text{pub}}^{\text{new}}$）和零知识证明。JoinSplit 支持 3 种不同类型的交易。第一种类型是进入隐藏的交易（Shielded Transaction），此时“货币”从透明地址发送到隐藏地址，“货币”数额 $v_{\text{pub}}^{\text{old}}$ 是非零且公开的，而隐藏地址本身是不可见的。第二种类型是离开隐藏的交易（De-shielded Transaction），此时“货币”从隐藏地址发送到透明地址，“货币”数额 $v_{\text{pub}}^{\text{new}}$ 是非零的。第三种类型是隐藏交易，在两个隐藏地址之间转账。对于隐藏交易来说，交易双方的地址和交易的金额都是匿名的。Zcash 中的交易类型如表 10-2 所示，Zcash 中不同类型交易的工作方式如图 10.1 所示。

表 10.2　Zcash 中的交易类型

发送地址	接收地址	交易类型	发送方信息	接收方信息
t 地址	*t* 地址	透明交易(*t*-*t*)	可见	可见
t 地址	*z* 地址	进入隐藏的交易(*t*-*z*)	可见	不可见
z 地址	*t* 地址	离开隐藏的交易(*z*-*t*)	不可见	可见
z 地址	*z* 地址	隐藏交易(*z*-*z*)	不可见	不可见

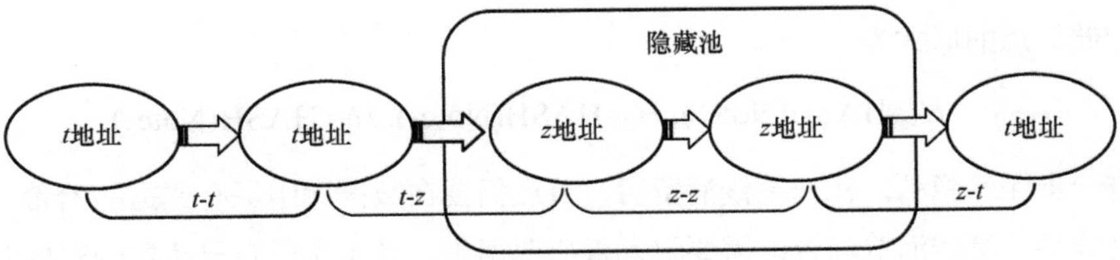

图 10.1　Zcash 中不同类型交易的工作方式

值得一提的是，Zcash 运用的 zk-SNARK 按时间顺序分别是 BCTV14[20]（是对 Pinoc-chio[13] 的修改）、Groth16[14]和 Halo[165]，其证明长度约为几百字节，而验证一个证明仅需要几毫秒。虽然 zk-SNARK 具有很短的证明长度和较快的验证速率，但 zk-SNARK 需要可信初始化以生成证明者和验证者所共享的公共参考串。可信初始化具有两方面的缺陷。一方面，如果某个攻击者获取了公共参考串生成过程中的秘密，那么他就可以伪造有效证明，从而构造“假币”。为解决这个问题，Zcash 通过安全多方计算来确保公共参数的生成和安全性。另一方面，与较短的证明长度和较快的验证速率相比，证明者创建一个隐藏交易需要若干秒，进而需要花费更多的资源。

10.2.1.3　零知识证明与 Zcash 的隐私

本小节简要说明零知识证明是如何应用于 Zcash 的。在比特币中，为验证一笔交易的有效性，需要在区块链上广播交易发送方和接收方的地址及每个地址涉及的金额，而这些信息往往是用户的隐私信息。Zcash 则是利用 zk-SNARK 在不泄露上述隐私信息的同时完成有效性验证。下面，简单介绍比特币中的未花费交易输出（Unspent Transaction Output，UTXO）。

在比特币中，每一笔 UTXO 都相当于一个未花费的票据，该票据同时描述了这笔钱拥有者的地址和数额。不失一般性，假设每个地址中最多仅有 1 个票据，且每个票据的数额均为 1 BTC。在某一时刻，区块链中的每个节点会存储一系列的未支付票据，而这些票据是由地址所决定的。举例而言，某个节点的数据库具有如下的形式。

$$\mathrm{Note}_1=\mathrm{pk}_1,\quad \mathrm{Note}_2=\mathrm{pk}_2,\quad \mathrm{Note}_3=\mathrm{pk}_3$$

其中，pk 表示公钥，也就是用户地址。假设 pk_1 是小明的地址且他想要将 1 BTC 转给小红的地址 pk_2，为此，小明首先将信息“将 1 BTC 从地址 pk_1 转移到地址 pk_4”发送给全网节点；然后利用与公钥 pk_1 相匹配的私钥 sk_1 对之前的消息进行签名，这样全网节点就可以验证小明是地址 pk_1 中钱的拥有者；在验证完成后，数据库更新为如下形式。

$$\text{Note}_4=\text{pk}_4,\quad \text{Note}_2=\text{pk}_2,\quad \text{Note}_3=\text{pk}_3$$

由于每个节点的地址是公开可见的，区块链网络中任何节点都可以看到当前网络中哪些地址拥有钱。为了保护这些隐私，一个简单的方式是在数据库中存储票据的加密形式（如利用哈希）而不是票据本身。为每个票据增加一个随机序列号 r（类似于真实货币的编号），此时票据的形式为

$$\text{Note}_1=(\text{pk}_1,r_1),\quad \text{Note}_2=(\text{pk}_2,r_2),\quad \text{Note}_3=(\text{pk}_3,r_3)$$

数据库中存储信息的形式为

$$H_1=\text{HASH}(\text{Note}_1), H_2=\text{HASH}(\text{Note}_2), H_3=\text{HASH}(\text{Note}_3) \tag{10.1}$$

为了进一步保障隐私，在一笔钱消费后，节点仍会在数据库中保有票据的哈希。在此情况下，为了区分某一笔钱消费与否，需要引入否决票据集，其包含所有已花费的票据对随机序列号的哈希值。例如，对于形如式（10.1）的数据库，当票据 Note_2 被花费后，引入否决票据集后节点的数据库形式可能如表 10.3 所示。

表 10.3　引入否决票据集后节点的数据库形式

票据哈希集	否决票据集
$\text{H}_1=\text{HASH}(\text{Note}_1)$	$\text{nf}_1=\text{HASH}(r_2)$
$\text{H}_2=\text{HASH}(\text{Note}_2)$	空
$\text{H}_3=\text{HASH}(\text{Note}_3)$	空

假设小明拥有票据 Note_1 并想将其中的钱转移给小红，后者的地址是 pk_4（为方便，假设小明和小红之间拥有隐秘信道），小明将通过公布他持有票据的随机序列号去权，并创建一个属于小红的新票据。具体地，小明进行如下操作。

1. 随机选取一个新的随机序列号 r_4，并定义一个新票据 $\text{Note}_4\leftarrow(\text{pk}_4, r_4)$。
2. 将票据 Note_4 秘密发给小红。
3. 将票据 Note_1 的否决票据，$\text{nf}_2=\text{HASH}(r_1)$广播到全网。
4. 将对新票据 Note_4 的哈希值 $\text{H}_4=\text{HASH}(\text{Note}_4)$广播到全网。

当一个节点收到 nf_2 和 H_4 后，该节点会检查与 nf_2 相匹配的票据是否已被花费，即检查 nf_2 是否存在于否决票据集。如果不存在，节点就将 nf_2 添加到否决票据集中，并将 H_4 增加到票据集中，其状态如表 10.4 所示，从而完成对这笔交易的验证。

表 10.4　小明和小红在交易后的数据库形式

票据哈希集	否决票据集
$H_1=\text{HASH}(\text{Note}_1)$	$\text{nf}_1=\text{HASH}(r_2)$
$H_2=\text{HASH}(\text{Note}_2)$	$\text{nf}_2=\text{HASH}(r_1)$
$H_3=\text{HASH}(\text{Note}_3)$	空
$H_4=\text{HASH}(\text{Note}_4)$	空

在上述交易验证中，缺失了对几个关键点的证明。节点没有验证 Note_1 的有效性，即验证 $\text{HASH}(\text{Note}_1)$是否在票据集中，也没有验证 nf_2 与 Note_1 是否匹配。一个简单的方法是小明将 Note_1 广播到全网，但这就失去了隐私保护的初衷。

零知识证明正是用于在保护隐私的同时完成交易有效性验证的。具体地，小明会生成一个证明 π，其用于证明：

1. $\text{Note}_1=(\text{pk}_1, r_1)$的哈希值在票据哈希集中；
2. 小明拥有 pk_1 的对应私钥 sk_1，即 Note_1 属于小明；
3. $\text{Hash}(r_1) = \text{nf}_2$，因此，如果 nf_2 不在否决票据集中，就可以说明 Note_1 还没有被消费过。

其中，零知识证明的零知识性用于保障 π 不泄露与 pk_1、sk_1 和 r_1 相关的其他信息。

10.2.1.4 Zcash 的算法原理

Zcash 自上线以来，经历了数次更新。首次更新 Overwinter[230]于 2018 年 6 月 26 日实行，当时区块高度为 347 500。第二次更新 Sapling[231]于 2018 年 10 月 28 日实行，当时区块高度为 419 200。第三次更新 Blossom[232]于 2019 年 12 月 11 日实行，当时区块高度为 653 600。第四次更新 Heartwood[233]于 2020 年 7 月 16 日实行，当时区块高度为 903 000。第五次更新 Canopy[234]于 2020 年 11 月 18 日实行，当时区块高度为 1 046 400。本部分参考 Zcash 原始论文[20]，简要介绍 Zcash 的工作原理。

相关术语

Zcash 中的相关术语如下。

- 账本。在某个时间节点 T，所有用户都可获得账本 L_T，其由一系列交易组成。账本仅支持后向添加，这意味着对于时间 $T<T'$，账本 L_T 是 $L_{T'}$的前缀。
- 公共参数。用 pp 表示，其在可信初始化阶段产生。
- 地址。每个用户拥有至少一组地址(addr_{pk}, addr_{sk})。其中，公钥地址 addr_{pk} 是公开的，用以接收转账，私钥地址 addr_{sk} 可使用户提取发送到其公钥地址的钱。一个用户可以拥有多组地址。
- “货币”。“货币” c 包含“货币”承诺 $\text{cm}(c)$、“货币”数额 $v(c)$、“货币”序列号 $\text{sn}(c)$ 和“货币”地址 $\text{addr}_{\text{pk}}(c)$。其中，“货币”承诺 $\text{cm}(c)$在“货币” c 生成后即出现在账本上。“货币”序列号是一串特殊字符串，主要用于防止双花问题。“货币”地址 $\text{addr}_{\text{pk}}(c)$ 用于描述 c 的拥有者。
- “货币”承诺列表。在某一时间 T，cmList_T 表示出现在账本 L_T 中的所有交易的“货币”承诺。
- 序列号列表。在某一时间 T，snList_T 表示出现在账本 L_T 中的所有倾倒交易（Pour Transaction）的序列号。
- 默克尔树承诺。在某一时间 T，Tree_T 表示 cmList_T 所构成的默克尔树，rt_T 表示该树的树根。

新交易

除了 Zcash 基于的基础“货币”系统，即比特币系统本身的交易，Zcash 还有两种新的交易类型——熔铸交易（Mint Transaction）和倾倒交易。

（1）熔铸交易。熔铸交易可以理解为新币产生的交易。熔铸交易 tx_{Mint} 是字符串$(cm, v, *)$。其中，cm 是“货币”承诺，v 是“货币”数额，*表示一些其他信息。熔铸交易意味着“货币”承诺为 cm、数额为 v 的“货币”c 已经生成。

（2）倾倒交易[注1]。倾倒交易描述了 Zcash 中的转账过程。一笔倾倒交易 tx_{Pour} 是字符串$(rt, sn_1^{old}, sn_2^{old}; cm_1^{new}; cm_2^{new}; v_{pub}; info; *)$。其中，rt 是默克尔树根，$sn_1^{old}$ 和 sn_2^{old} 是两个旧币的序列号，cm_1^{new} 和 cm_2^{new} 是转换成新币的“货币”承诺，v_{pub} 是公开输出，tx_{Pour} 中还包含信息串 info（其中可能含有接收 v_{pub} 的用户）和这笔交易建立时的默克尔树根 rt。

倾倒交易 tx_{Pour} 的含义如下。两个序列号为 sn_1^{old} 和 sn_2^{old} 的旧币 c_1^{old} 和 c_2^{old} 经过交易后，转变为“货币”承诺为 cm_1^{new} 和 cm_2^{new} 的新币 c_1^{new} 和 c_2^{new}。

Zcash 中的算法简述如下。

（1）启动阶段。

在启动阶段，系统生成一系列的公共参数。

输入： 安全参数 λ。

输出： 公共参数 pp。

启动阶段由可信机构完成，其只进行一次，并且所有其他阶段均不再需要可信结构的参与。

（2）创建地址。

创建地址算法利用之前生成的公开参数，生成一组地址对。

输入： 公共参数 pp。

输出： 地址对$(addr_{pk}, addr_{sk})$。

为了接收“货币”，每个用户至少生成一组地址对$(addr_{pk}, addr_{sk})$。公钥地址是公开的，而私钥地址是用于接收发到对应公钥地址的“货币”的。一个用户能够生成任意数目的地址对。

在 Zcash 中，公钥地址和私钥地址的生成方式如下。首先由公钥加密方案 $\mathcal{K}_{enc}$ 生成公私钥对(pk_{enc}, sk_{enc})，然后随机挑选伪随机函数 PRF^{addr} 的种子 a_{sk}，接着计算 $a_{pk} \leftarrow PRF_{a_{sk}}^{addr}(0)$，最后设立 $addr_{pk} \leftarrow (a_{pk}, pk_{enc})$，$addr_{sk} \leftarrow (a_{sk}, sk_{enc})$。

（3）熔铸。

熔铸算法生成一个给定数额的“货币”c 和一笔熔铸交易 tx_{Mint}。

输入： 公共参数 pp；“货币”数额 v；目标的公钥地址 $addr_{pk}$。

输出： “货币”c 和熔铸交易 tx_{Mint}。

熔铸模块生成的“货币”c 有着数额 v 和“货币”地址 $addr_{pk}$。熔铸模块生成的熔铸交易 tx_{Mint} 等于$(cm, v, *)$。在 Zcash 中，cm 的生成方式如下。首先将公钥 $addr_{pk}$ 解析为(a_{pk}, pk_{enc})，然后随机生成伪随机函数 PRF^{sn} 的种子 ρ、随机生成两个承诺陷门 r，s，接着生成 $k \leftarrow COMM_r(a_{pk} \| \rho)$，

注1：本部分以双输入双输出的倾倒交易为例进行介绍，双输入双输出的倾倒交易是完备自洽的，并可自然拓展至多输入多输出的倾倒交易。

$cm \leftarrow COMM_s(v||k)$，最后设立 $c \leftarrow (addr_{pk}, v, \rho, r, s, cm)$。

（4）倾倒。

倾倒算法记录输入的旧币转换为新币的过程，并将输入的旧币标记为已花费。并且，输入旧币的部分数额可能会用于公开输出，即 v_{pub}。倾倒模块允许用户在细分、汇总和转移“货币”的同时保持“货币”的匿名性。

输入：公共参数 pp；默克尔树根 rt；旧币 c_1^{old} 和 c_2^{old}；旧密钥地址 $addr_{sk,1}^{old}$ 和 $addr_{sk,2}^{old}$；从货币承诺 $cm(c_1^{old})$到默克尔树根 rt 的路径 $path_1$ 和从“货币”承诺 $cm(c_2^{old})$到默克尔树根 rt 的路径 $path_2$；新币的数额 v_1^{new} 和 v_2^{new}；新币的公钥地址 $addr_{pk,1}^{new}$ 和 $addr_{pk,2}^{new}$；公开输出数额 v_{pub}；交易字符串 info。

输出：新币 c_1^{new} 和 c_2^{new}；倾倒交易 tx_{Pour}。

倾倒模块以旧币 c_1^{old} 和 c_2^{old} 与相对应的旧密钥地址 $addr_{sk,1}^{old}$ 和 $addr_{sk,2}^{old}$ 为输入。为了确保 c_1^{old} 和 c_2^{old} 是合法的，倾倒算法还需要以默克尔树根 rt 及旧币承诺 $cm(c_1^{old})$和 $cm(c_2^{old})$对应的路径为输入。v_1^{new} 和 v_2^{new} 确定了新生成“货币”的数额，而新币公钥地址 $addr_{pk,1}^{new}$ 和 $addr_{pk,2}^{new}$ 则确定了新币的归属。公开输出数额 v_{pub} 确定了公开支付的“货币”数额，如将 Zcash 赎回为比特币或者支付交易费。输出数额的和 $v_1^{new}+v_2^{new}+v_{pub}$ 等于输出“货币”的数额总和。

（5）验证。

验证算法用于验证交易的有效性。

输入：公共参数 pp，一笔交易 tx，当前的账本 L。

输出：比特 b，当且仅当 $b=1$ 时交易是有效的。

熔铸交易和倾倒交易都需要被认证后才能正式上链。在 Zcash 中，交易可由分布式网络中的节点验证。

（6）接收。

接收算法遍历账本并且接收支付给某个特定用户地址的“货币”。

输入：接收者的地址对$(addr_{pk}, addr_{sk})$；当前账本 L。

输出：接收货币的集合。

当一个拥有着地址对$(addr_{pk}, addr_{sk})$的用户想要接收发送到对应公钥地址 $addr_{pk}$ 的“货币”时，他就需要运行接收算法。对于每笔支付到 $addr_{pk}$ 的交易，接收算法输出序列号未出现在 L 上的所有“货币”。

在 Zcash 的上述 6 个算法中，仅有倾倒算法涉及隐私泄露问题。事实上，Zcash 正是采用 zk-SNARK 在保障倾倒算法正确性和有效性的同时实现了隐私保护。对于形式为 $tx_{Pour}=(rt, sn_1^{old}, sn_2^{old}, cm_1^{new}, cm_2^{new}, v_{pub}, info, *)$的倾倒交易，其需要证明：①发起交易者拥有旧币 c_1^{old} 和 c_2^{old}；②旧币 c_1^{old} 和 c_2^{old} 是有效的，即对旧币 c_1^{old} 和 c_2^{old} 的承诺在账本上；③揭示的序列号 sn_1^{old} 和 sn_2^{old} 分别对应于旧币 c_1^{old} 和 c_2^{old}；④揭示的“货币”承诺 cm_1^{new} 和 cm_2^{new} 对应于新币 c_1^{new} 和 c_2^{new}；⑤“货币”金额在交易前后是不变的。

在 Zcash 中，上述 5 点可用 NP 关系 $\mathcal{R}_{\text{Pour}}$ 描述。具体地，陈述 x 可用 $x=(\text{rt},\text{sn}_1^{\text{old}},\text{sn}_2^{\text{old}},\text{cm}_1^{\text{new}},\text{cm}_2^{\text{new}},v_{\text{pub}},h_{\text{sig}},h_1,h_2)$ 描述。其包括默克尔树树根 rt、待花费的“货币”序列号、新币的“货币”承诺、公开输出数额及用于实现非延展性的 h_{sig}, h_1, h_2。证据 w 可表示为

$$w=(\text{path}_1,\text{path}_2,c_1^{\text{old}},c_2^{\text{old}},\text{addr}_{\text{sk},1}^{\text{old}},\text{addr}_{\text{sk},2}^{\text{old}},c_1^{\text{new}},c_2^{\text{new}})$$

其中，对于 $i\in\{1,2\}$，

$$\begin{aligned}
c_i^{\text{old}} &= \left(\text{addr}_{\text{pk},i}^{\text{old}},v_i^{\text{old}},\rho_i^{\text{old}},r_i^{\text{old}},s_i^{\text{old}},\text{cm}_i^{\text{old}}\right),\\
c_i^{\text{new}} &= \left(\text{addr}_{\text{pk},i}^{\text{new}},v_i^{\text{new}},\rho_i^{\text{new}},r_i^{\text{new}},s_i^{\text{new}},\text{cm}_i^{\text{new}}\right),\\
\text{addr}_{\text{pk},i}^{\text{old}} &= \left(a_{\text{pk},i}^{\text{old}},\text{pk}_{\text{enc},i}^{\text{old}}\right),\\
\text{addr}_{\text{pk},i}^{\text{new}} &= \left(a_{\text{pk},i}^{\text{new}},\text{pk}_{\text{enc},i}^{\text{new}}\right),\\
\text{addr}_{\text{sk},i}^{\text{old}} &= \left(a_{\text{sk},i}^{\text{old}},\text{sk}_{\text{enc},i}^{\text{old}}\right)
\end{aligned}$$

称 $\mathcal{R}_{\text{Pour}}(x,w)=1$ 当且仅当如下条件成立。

① 对于 $i\in\{1,2\}$，cm_i^{old} 确实位于账本上，即 path_i 是一个有效路径。

② 对于 $i\in\{1,2\}$，地址密钥 $a_{\text{sk},i}^{\text{old}}$ 与 c_i^{old} 是对应的，即 $a_{\text{pk},i}^{\text{old}}=\text{PRF}_{a_{\text{sk},i}^{\text{old}}}^{\text{addr}}(0)$。

③ 对于 $i\in\{1,2\}$，旧币的序列号是正确计算的，即 $\text{sn}_i^{\text{old}}=\text{PRF}_{a_{\text{sk},i}^{\text{old}}}^{\text{sn}}(\rho_i^{\text{old}})$。

④ 对于 $i\in\{1,2\}$，旧币是正确构造的，即 $\text{cm}_i^{\text{old}}=\text{COMM}_{s_i^{\text{old}}}(\text{COMM}_{r_i^{\text{old}}}(a_{\text{pk},i}^{\text{old}}\parallel\rho_i^{\text{old}})\parallel v_i^{\text{old}})$。

⑤ 对于 $i\in\{1,2\}$，新币是正确构造的，即 $\text{cm}_i^{\text{new}}=\text{COMM}_{s_i^{\text{new}}}(\text{COMM}_{r_i^{\text{new}}}(a_{\text{pk},i}^{\text{new}}\parallel\rho_i^{\text{new}})\parallel v_i^{\text{new}})$。

⑥ 地址密钥 $a_{\text{sk},i}^{\text{old}}$ 与 h_{sig} 和 h_i 是绑定的，即 $h_i=\text{PRF}_{a_{\text{sk},i}^{\text{old}}}^{\text{pk}}(i\parallel h_{\text{sig}})$。

⑦ 交易前后的“货币”金额是一致的，即 $v_1^{\text{new}}+v_2^{\text{new}}+v_{\text{pub}}=v_1^{\text{old}}+v_2^{\text{old}}$。

为证明关系 $\mathcal{R}_{\text{Pour}}$ 成立，需要先将上述约束转化为算术电路可满足问题，再针对该问题调用 zk-SNARK 证明。

10.2.2 零知识证明与以太坊扩容

10.2.2.1 区块链扩容

区块链技术是在分布式、不可信环境中，节点通过共识机制对公共账本达成一致的技术。区块链能够提供去中心化、无信任的交互、高水平的安全性和不易篡改的公共账本，它使“加密货币”生态系统得以发展，并持续推动相关领域的技术创新。

区块链去中心化、安全性和可扩展性被称为区块链的三元悖论。去中心化指的是区块链系统中无可信中心，所有节点能够相对公平地参与到区块链共识机制中。安全性指的是区块链系统能够实现一致性和活性，且能够抵抗各种攻击，如基于工作量证明可能面临的自私挖矿攻击、扣块攻击等，基于权益证明可能面临的无利害关系攻击、长程攻击等。可扩展性指的是区块链系统处理交易能力能够随全网节点的增长而增长。安全性增强往往意味着可扩展性受到限制，

去中心化增强可能导致安全性下降。在公开区块链中，去中心化与安全性被认为是必须首先满足的条件，之后才是可扩展性，这是因为去中心化与安全性保证了公开区块链的核心本质。基于国内相关法律法规的监管需求或者应用发展的需求，如何在保证不牺牲太多去中心化与安全性的前提下提升可扩展性是区块链扩容需要探究的根本问题。

区块链的可扩展性受限于其本身的参数设置、共识协议和网络时延等因素。区块链的吞吐率与区块大小直接相关，以比特币区块链为例，每个区块存在 1 兆字节的限制，由于每笔交易最少需要 250 字节的空间，因此单个比特币区块最多承载 4 000 笔交易。以太坊区块链采用类似的方式，规定每个区块最多消耗 12.5 兆单位个 Gas，由于每笔交易最少需要 2.1 万单位个 Gas，因此单个以太坊区块最多承载 600 笔交易。共识协议使得广播到区块链的交易能够达到一致，同样以比特币和以太坊区块链为例，其目前采用工作量证明共识机制，这种机制需要网络中的矿工计算一个难题，而这一难题是十分消耗时间的。比特币区块链平均需要 10 分钟产生一个新的区块，以太坊区块链平均需要 15 秒产生一个新的区块。因此，比特币区块链的吞吐率约为每秒 7 笔交易，以太坊区块链的吞吐率约为每秒 40 笔交易。除以上因素之外，考虑到网络中的交易与区块传播时延，实际的吞吐率将比上述理论分析值更低。随着用户数逐渐增多，区块链中的交易频次也将逐渐提升，在保持区块大小与共识协议等因素不变的情况下，交易双方需要等待更长的确认时间，甚至有一些交易永远也不能被确认。因此，亟须提升当前区块链的可扩展性。

解决区块链中的可扩展性问题，主要思路可以分为两个大类：链上扩容方案与链下扩容方案。链上扩容方案直接改变区块链结构进而提升区块链吞吐率，一旦实施完成，在较小牺牲去中心化与安全性的前提下，可明显地提升可扩展性，考虑到需要矿工的一致性共识，实施这类方案通常需要较长的时间，短时间内难以实现。链下扩容方案基于可靠的链上环境构建了一个可扩展的链下交易系统，能够高效地将主链上的计算或存储任务转移到链下执行，从而提升了链上可扩展性，但是这会带来去中心化或安全性问题。更具体来说，链上扩容方案主要包含以下几种。

（1）分片：该技术起源于数据库的分区技术，用于将大型的数据库划分为许多更小的、更快的、更易于管理的数据分片。区块链中的分片技术[235-237]将区块链网络划分为多个子网络，每一个子网络被称为一个分片，分片与分片之间相互独立，每个分片内部运行单独的共识协议，分片所产生的区块最终将添加到区块链主链中。使用分片技术的最大优点在于，原先需要被全网验证的交易与区块，现在仅需在单个分片内部验证，进而达到扩容目标。

（2）更换共识协议：基于工作量证明的共识协议关键在于求解一个数学难题，这需要较多的计算资源才能提供一个合法的区块。在保证去中心化及安全性的前提下，更换一个高效的共识协议[238-241]是链上扩容的一种思路。目前，以太坊区块链期望将原本的共识协议替换为权益证明共识协议，能够根据矿工的资金权益来选择一个区块生成者，从而大幅减小了单个区块的产生时间及资源消耗，达到扩容目标。

链上扩容方案涉及区块链中最核心的底层协议，通常存在实现难度大、实现周期长以及安全性偏弱的问题。考虑到目前对于扩容的迫切需求，链下扩容方案可以在短时间实现且具有较好的可扩展性，因此受到更多的关注。链下扩容方案主要包含以下几种。

（1）状态通道：这种方案在交易用户之间建立了一种链下的支付通道。首先，用户向链上合约存入一定资金并建立起一个支付通道[242]。其次，用户可以在该通道上进行一系列的交易活动，这些交易同样需要用于身份认证的签名以及用于确认交易数目的序列号。最后，当交易活动结束时，用户可以向链上合约递交结算交易，合约将更新用户的资金余额。使用状态通道，区块链不直接参与每一笔交易，而链下的交易可以被瞬间结算，进而达到扩容目标。

（2）侧链：侧链[243]实际上是一条与区块链平行的、独立执行的区块链。用户首先将资金存入链上合约中，即将资金从主链转移到侧链，然后在侧链中进行交易。侧链周期性地向主链发送状态承诺来更新链上的资产情况，如果侧链发送了一个无效的状态承诺，那么链上用户可以发布欺诈证明，使得侧链遭到惩罚。此方案本质思想在于，将拥挤的主链上的资产转移到更加空闲的侧链上，并在侧链上执行交易，进而达到扩容目标。

（3）Rollup：为了能够在不改变区块链本身运行参数的条件下提升交易吞吐率，一种可行的办法是将链下用户的交易压缩打包为一笔交易再发布到链上。首先，用户将资金存入链上智能合约中，该合约保存着链下用户的余额。其次，当压缩交易发布到链上后，合约内部的状态根据交易发生转移，表示链下用户的余额发生改变。最后，当用户完成交易后，其可以将链上的资金再转移回自己的原本账户。将包含压缩交易的交易发布到链上的费用，比直接发布原交易到链上的费用低，从而达到扩容目标。

10.2.2.2 基于零知识证明的以太坊扩容方案

根据用户收支交易数据是否存储在区块链上，基于零知识证明的以太坊扩容框架可分为 zk Rollup、Validium 和 Volition。zk Rollup 是 Rollup 的具体实例，通过链上合约记录链下用户的余额状态。当链下网络的用户发布压缩交易时，需要提供合约的状态转移，而通过零知识证明可以使得合约验证状态转移的合法性。zk Rollup 将用户收支交易数据存储在链上，从而提供了数据可用性。即使交易处理用户退出或被腐化后，用户节点的数据仍可得到安全保障。Validium 与 zk Rollup 类似，同样使用零知识证明技术来证明状态转移的合法性。与 zk Rollup 不同的是，Validium 为了能够更进一步地提升方案的可扩展性，选择将交易数据存储在链下。这种方法虽然在一定程度上提供了可扩展性，但是会导致链下用户无法将其链下资金转移到链上。为了缓解这一问题，Validium 引入了数据委员会，负责存储交易数据的副本。数据委员会由第三方机构担任，用户必须相信该机构不会恶意拒绝提供服务。除以上两种方案外，还有一种介于两者之间的框架——Volition，该方案允许用户自由选择将自己的数据存储在链上还是链下。基于零知识证明的以太坊主流扩容方案如表 10.5 所示。

表 10.5 基于零知识证明的以太坊主流扩容方案

扩容框架	代表性方案	底层协议	可信初始化	数据存储位置	隐私交易	去中心化	特点
zk Rollup	Hermez	Groth16	逐次更新	链上	不支持	完全去中心化	去中心化
	Loopring	Groth16	逐次更新	链上	不支持	中心化中继者	支持代币交换
	Aztec	Plonk	全局可更新	链上	支持	中心化中继者	支持隐私交易
Validium	dYdX	STARK	不需要	链下	不支持	中心化中继者	支持代币交换
	Immutable X	STARK	不需要	链下	不支持	中心化中继者	支持 NFT 交易
	DeversiFi	STARK	不需要	链下	不支持	中心化中继者	支持代币交换

（1）zk Rollup

zk Rollup 方案是一种使用零知识证明技术的区块链扩容方案，核心在于将链上计算任务转移到链下执行，进而缓解链上拥挤的交易环境。zk Rollup 拥有 3 类角色，分别是交易者、中继者与链上合约。链下用户包含交易者与中继者，交易者在链下网络环境中发布压缩交易，中继者在链下网络环境中收集压缩交易，并将这些压缩交易以批交易的形式发布到链上合约。链上合约持有链下交易者的资金，其内部存在一个状态，用于表示对当前链下交易者的资金状态的承诺。当链上合约收到中继者发来的批交易时，会更新状态，这意味着经过批交易后，原先交易者资金状态发生了变化。

形式化而言，可以通过 S[account]=balance 描述当前链下用户的资金状态，其中 account 表示交易者地址，balance 表示交易者资金余额。链上合约内部以默克尔树的形式保存链下用户的资金状态，初始化每个叶子节点为空。通过对默克尔树进行编码可以构建叶子节点的下标到链上地址的映射，使得每个叶子节点存储着地址为 account 的余额 balance。如果要计算一次默克尔树根，需要进行 $2|S|$次哈希运算，其中$|S|$表示非空的叶子节点数量。

由于合约中仅存有表示合约状态的默克尔根，合约本身无法对其从叶子节点进行还原。如果用户希望证明对链下网络中一笔资金的所有权，那么其需要提供一个默克尔证明，包含从该用户对应的叶子节点到根节点的计算中所需要的所有哈希值。如图 10.2 所示，如果地址为 00 的用户希望证明 $S[00]=b_1$，则其需要提供 b_1、h_2 和 h_{34} 作为默克尔证明。因此，默克尔证明的长度与状态集合之间的关系为 $O(\log|S|)$。形式化而言，存在状态构造函数 CONSTRUCT(balance,proof)=state，其中 balance 表示某一用户的余额，proof 表示对该余额的默克尔证明，该函数表示可以通过用户的余额与相应的默克尔证明还原出合约状态。因此，合约在收到一个默克尔证明及相应的余额后，可以根据当前的状态验证某一账户资金的合法性。

原始的 Rollup 方案存在 3 种基本交易类型，具体描述如下。

① 存储交易：此种交易表示链上用户将资金转移到链下网络中。具体而言，链上用户向合约中发送一笔交易，该交易中附带 4 个参数 index、deposit、signature 和 proof。其中，index 表示链下用户的标号，deposit 表示该地址希望在链下网络中存储的资金，signature 表示用户的签名，proof 表示默克尔证明，用于证明用户先前没有注册。当合约收到该交易后，首先检查默克尔证明的合法性，其次检查用户的签名，最后根据默克尔证明与用户存储后的账户资金计算新的状态，并将状态更新。

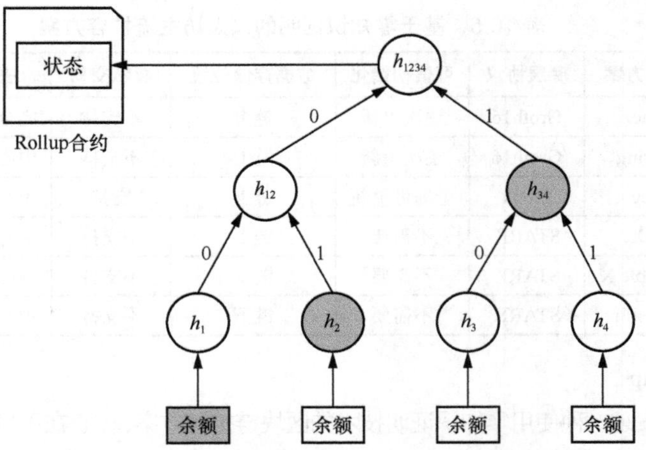

图 10.2 链上合约状态表示

② 提取交易：此种交易表示链下网络用户将资金转移到链上。具体而言，链下网络用户向合约发送一笔交易，该交易中附带 4 个参数 address、balance、signature 和 proof。其中，address 表示提取地址，balance 表示用户在链下网络的资金余额，signature 表示用户的签名，proof 表示默克尔证明，用于证明用户交易者资金的合法性。当合约收到该交易后，首先检查默克尔证明的合法性，其次检查用户的签名，随后将余额发送给 address 地址的用户，最后根据默克尔证明与用户提取后的账户资金计算新的状态，并将状态更新。

③ 链下交易：此种交易表示链下网络用户之间进行交易。具体而言，链下用户之间进行交易，链下中继者收集这些交易打包形成一个批交易发送给链上合约，该批交易中附带 3 个参数 transaction、balance 和 proof。其中，transaction 表示链下交易者之间发起的交易，balance 表示交易者的余额，proof 表示默克尔证明，用于验证交易者资金的合法性。当合约收到该交易后，首先检查默克尔证明的合法性，其次检查用户的签名，最后根据默克尔证明与用户交易后的账户资金计算新的状态，并将状态更新。

在上述交易中，合约可以验证某一用户对其资金的持有权。这是因为，合约可以通过默克尔证明与用户的资产信息还原出默克尔根，再将这个值与合约的状态进行比较，从而判断这笔资金的合法性，之后验证用户的签名，进而判断资产持有权的合法性。然而，在以上 3 种交易中，中继者将打包多笔交易，需要多个默克尔证明验证多个链下用户账户资金的合法性，并且合约需要根据交易者的余额信息与默克尔证明构造新的状态，这在存储与计算上都需要消耗大量的资源，无法起到较好的扩容效果。zk Rollup 通过引入零知识证明技术，解决了上述问题。

形式化而言，合约的状态转移可以描述为方程 STF(state, transaction, balance, proof)= new_state，其中 state 表示合约当前状态，transaction 表示交易者之间的交易信息，balance 表示交易参与者的余额信息，proof 表示默克尔证明，new_state 表示新的合约状态。该状态转移方程描述了合约需要获取交易信息、交易余额信息与默克尔证明来构造一个新的状态。使用零知识证明技术，可以将上述方程转化为一个零知识证明系统，使得合约能够在不知晓交易参与者的余额信息与默克尔证明的情况下，验证状态转移的合法性，进而降低扩容方案的存储与计算开销。该零知识证明系统可以被形式化描述为以下 3 个阶段。

① 初始化：$S(1^k)=(S_p, S_v)$。在该阶段中，可信方根据安全参数，为证明者生成证明密钥 S_p 和为验证者生成验证密钥 S_v。

② 证明生成：$P(S_p$, state, new_state, transaction, balance, proof$)=\pi$。在该阶段中，证明者，即中继者，通过证明密钥、初始状态、更新状态、批交易中所包含的交易者的交易、交易者的余额以及默克尔证明构造一个零知识证明 π，证明了对于状态为 R 的合约，存在一些交易 transaction，使得 CONSTRUCT(balance′, proof) = new_state，其中 balance′为交易后的用户余额。

③ 证明验证：$V(S_v$, state, new_state, transaction, $\pi)$ = {true, false}。在该阶段中，验证者，即链上合约，通过验证密钥验证零知识证明 π。如果验证通过，表示中继者提供的状态转移是合法的，于是合约将当前状态更新为用户提供的状态，反之则拒绝中继者提供的状态。

如图 10.3 所示，相较于 Rollup，zk Rollup 引入简洁非交互式零知识证明，使得中继者无须在批交易中额外加入双方余额以及默克尔证明这两个参数。中继者根据交易及当前状态计算出一个新的状态，并生成一个零知识证明，以证明存在一些交易，使得当前状态能够转移到这个新的状态。合约仅需验证该零知识证明，随后将当前状态更新为中继者给出的状态。

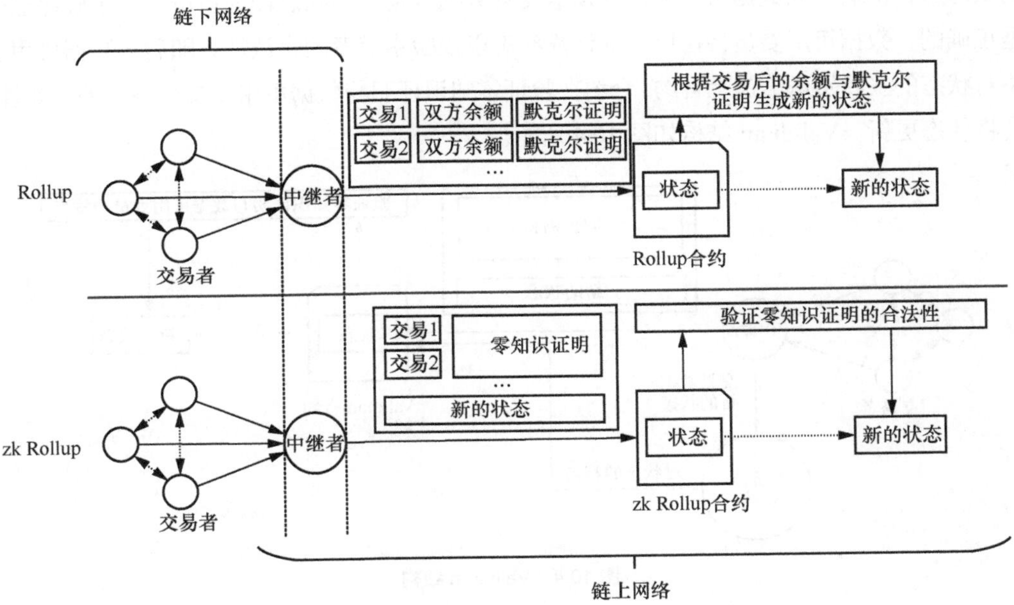

图 10.3　Rollup 与 zk Rollup 结构对比

由于默克尔树证明大小与默克尔树的大小呈对数关系，而批交易还需要存储交易以及用户余额，这将占据很大的存储空间。在引入零知识证明后，中继者可以直接省略用户余额以及默克尔证明，取而代之的是零知识证明以及新的状态，进而大幅缩减批交易的大小。相较于 Rollup， zk Rollup 的性能有较大提升。

（2）Validium

zk Rollup 使用零知识证明技术，使得链上合约无须计算新的状态，而仅需验证中继者给出的新状态的合法性，进而提升了整体吞吐率。为了进一步地提升方案的整体性能，Validium 通过将交易数据保存在链下进而减小了批交易体积，从而实现更高的吞吐率。

在 zk Rollup 中，中继者将交易数据发布上链有两个关键原因。第一，在交易数据发布上链后，所有人都可以通过公开的区块链查询到这些交易，因此用户可以查询到自己在链下网络中的交易是否成功上链从而起到监督作用。第二，链下用户通过链上的交易历史数据可以构造资产合法性的默克尔证明，使得其能够将资产从链下网络中提取到链上。如果交易数据不保存在链上，那么链下用户便无法获取历史交易数据，进而无法构造默克尔证明。在这种情况下，链下用户完全依赖于中继者才能实现链下资金的提取，如果中继者为其提供虚假的历史交易数据，用户将永远无法构造正确的默克尔证明，进而无法提取其链下资产。

针对上述可能的攻击情形，Validium 引入了由第三方信誉组织担任的数据可用委员会（Data Available Committee）。Validium 拥有 4 类角色，分别是链下交易者、中继者、链上合约以及数据可用委员会。Validum 中同样存在 3 种基本的交易类型，分别是存储交易、提取交易以及链下交易。这 3 种交易类型的流程与 zk Rollup 相似，其关键的不同点在于，中继者每次发布一个新的状态后，都需要向数据可用委员会发送交易数据以及新的状态作为备份。为了确保这一备份是正确的，数据可用委员会可以本地计算状态以校验中继者的合法性。随后，数据可用委员会将对状态的签名发送给链上合约，合约在验证零知识证明与数据可用委员会签名的有效性后，才会将状态更新。Validium 结构如图 10.4 所示。

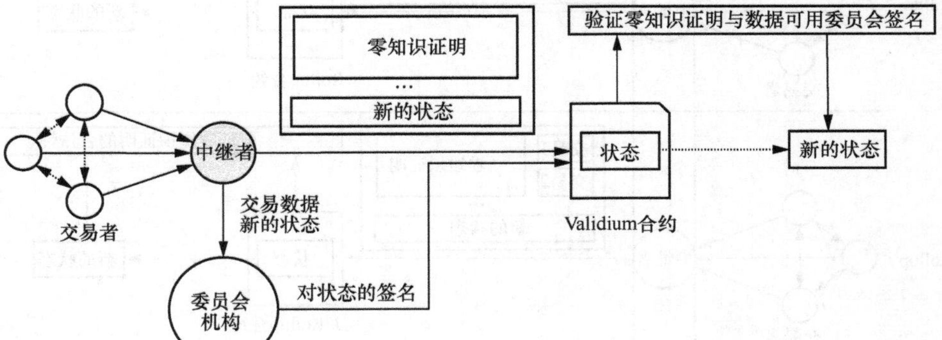

图 10.4　Validium 结构

数据可用委员会都由信誉良好的实体组成，其受到社区和市场的信任，因此他们在提供服务的同时需要收取一定的费用。在这种信任假设的前提下，用户不需要担心其在链下的资金无法被提取，因为当中继者拒绝为某一交易者提供提取服务时，用户可以相信数据可用委员会会发布历史链下交易数据，从而使得交易者能够向链上合约发起提取请求。

相较于 zk Rollup，Validium 在很大程度上失去了去中心化属性，这是因为其引入了第三方委员会机构存储链下数据，因此用户必须相信这一机构能够履行其既定的任务。然而，在实际的应用场景中，这种方式仍然存在一些风险，比如，链下数据丢失导致用户无法提取资产，用户可能被数据可用委员会审查以限制其对数据的访问权限等。除了以上风险之外，这些委员会机构可能会因法律而被要求执行 KYC（Know Your Customer）规范以及 AML（Anti Money Laundering）规范以预防金融诈骗、洗钱以及恶意融资等违法活动，这对于期待通过“数字货币”交易而提供一定程度的匿名性的用户是不友好的。

无论是 zk Rollup 还是 Validium，中继者都扮演了一个十分重要的角色，中继者的安全性对整个系统的安全性至关重要。第一，中继者是零知识证明系统中的证明者，如果零知识证明系统存在实现上的漏洞，那么用户的资金可能因此而丢失。第二，如果中继者拒绝为某一交易者提供服务，用户必须依赖其他的方式才能将其资金从链下收回。第三，中继者必须保持足够的活性，如果其在某一时刻离线，那么整个链下网络的交易将无法正常进行。第四，中继者可以通过更改发布区块中的交易顺序来获取最大可提取价值（Maximal Extractable Value）。因此，保证中继者具有活性且安全可信是十分重要的。现有的一些解决方案，如 Hermez 等，通过贡献证明（Proof of Donation）的方式选举中继者，在保证每个人都有可能成为中继者的前提下最大化系统性能，从而在很大程度上实现了去中心化。然而，大部分主流的扩容方案，如 Loopring、dYdX、Immutable X 等，通过中心化中继者的方式实现，这显然与去中心化的区块链是相悖的。

（3）Volition

zk Rollup 与 Validium 最大的区别在于保证数据可用性的方式不同，前者选择将数据存储在链上，后者选择将交易存储在链下，也正因此，两者在去中心化以及安全性上存在巨大的差别。Volition 同时实现了上述两种方案，并且将选择权交给用户，用户根据其应用场景，选择将交易数据存储在链上还是在链下。

Volition 将链下网络账户划分为两类，分别是链下数据账户与链上数据账户，一个用户可以同时使用多个账户，并且在多个账户之间进行资金转移。中继者在打包交易时，必须将那些链上数据账户的交易打包到批交易中，从而实现链上数据可用性；而将那些链下数据账户的交易发送给第三方机构备份，从而实现链下数据可用性。

Volition 在特定应用场景下具有重要意义。例如，一个交易公司出于交易手续费用的考虑，可能在每天的交易开放时段使用链下数据账户进行交易，从而最小化手续费用，之后再将当日的资金从链下数据账户中转移到链上数据账户中，从而保证数据可用性。

10.2.3 零知识证明与 Monero

10.2.3.1 Monero 的隐私保护技术

Monero 也是一种致力于保护隐私的“密码货币”，与 Zcash 不同的是，Monero 中所有用户和交易都是默认匿名的。Monero 所采用的隐私保护技术主要有混淆地址（Stealth Address）、环签名（Ring Signature）和环机密交易（Ring Confidential Transaction，RingCT）。这 3 项隐私保护技术的关系如图 10.5 所示。

图 10.5　Monero 中隐私保护技术的关系

（1）由于用户的“加密货币”钱包地址是公开的，一旦通过某种方式获知了用户身份和其地址的关系，全网所有节点就可以追溯到该用户的所有交易，从而破坏隐私性。混淆地址可在一定程度上解决该问题。在 Monero 的交易中，发送方会代表接收方为每个交易创建随机的一次性地址。随机性能够混淆该地址，但接收方仍然可以在网络中正确识别。利用混淆地址，只有发送方和接收方可以确定付款被发送到何处，从而实现不可链接性（Unlinkability）。

（2）环签名是一种群体数字签名，该群体中的每个用户都拥有私钥，且签名可以由群体中的任何成员执行。环签名具有无条件匿名性，即攻击者即使非法获取了所有可能签名者的私钥，他能确定出真正的签名者的概率不超过 $1/n$，这里 n 为所有可能签名者的个数。在 Monero 中，环签名的主要作用是掩藏一笔交易的真实发送者。假设小明想要将 1 XMR 发送给小红，Monero 会要求小明和其他若干持有 1 XMR 的用户共同组成一个群体，然后通过环签名证明小明合法持有 1 XMR。而环签名的无条件匿名性可以保证全网的其他节点无法判别究竟是群体中的哪个用户完成了支付。通过环签名，Monero 实现了不可追踪性（Untraceability）。

（3）RingCT 在 Monero 中用于隐藏交易数额。RingCT 推出了一种改进版的环签名，称为多层可链接的自发匿名群签名（Multi-layered Linkable Spontaneous Anonymous Group Signature），它允许以合理的效率隐藏交易金额、发送方和接收方，并生成可验证、不需可信建立的“加密货币”。

10.2.3.2　Monero 中的交易金额隐藏

本小节主要参考 Monero 的官方文档《Zero to Monero: second edition》[244]。

Monero 中的每个用户都有两套公私钥对，记为(k^v, K^v)和(k^s, K^s)，其中 $K^v=k^vG$, $K^s= k^sG$，G 为 p 阶椭圆曲线群 $\mathbb{G}$ 的生成元，本小节用加法表示群中运算。公钥对(K^v, K^s)称为用户的地址；私钥 k^v 称为视图密钥，用来判断一个交易的输出是否属于该用户；私钥 k^s 称为花费密钥，用来花费属于该用户的交易输出。为了接收交易金额，接收方需要把自己的地址分发给其他用户，发送方在交易输出中指定接收方的地址。同时为了保证第三方无法知道用户拥有哪些交易输出，

Monero 为每个交易输出创建唯一的一次性地址，对接收方地址进行混淆。

具体地，设接收方 Bob 的两套公私钥对为(k_{B}^{v}，K_{B}^{v})和(k_{B}^{s}，K_{B}^{s})，发送方 Alice 知道 Bob 的地址并向 Bob 发起交易。

（1）Alice 均匀随机地选择 $r \in \mathbb{Z}_p$，计算一次性地址 $K^o = \mathrm{HASH}(rK_{\mathrm{B}}^{v})G + K_{\mathrm{B}}^{s}$，其中 HASH 指输入映射为 $\mathbb{Z}_p$ 中元素的哈希函数。

（2）Alice 把 K^o 作为交易的输出地址，并把 rG 添加到交易数据中。

（3）Bob 收到 rG, K^o 后，利用视图密钥 k_{B}^{v} 计算 $k_{\mathrm{B}}^{v}rG = rK_{\mathrm{B}}^{v}$，然后计算 $K_{\mathrm{B}}'^{s} = K^o - \mathrm{HASH}(k_{\mathrm{B}}^{v} \cdot rG)G$，若 $K_{\mathrm{B}}'^{s} = K_{\mathrm{B}}^{s}$，则 Bob 可以确信这个交易是发送给他的。

此外，Monero 中的交易可能包含多个输出，而交易的发送方通常只生成一个随机数 r，并把 rG 作为交易公钥（Transaction Public Key）。交易不同的输出指定的可能是同一个接收方地址，为了保证交易中每个输出的一次性地址是不同的，Monero 为每个输出添加不同的索引。假设一个交易有 q 个输出，每个输出附有索引 $t \in \{0,\cdots,q-1\}$，若第 t 个输出指定的地址为(K_t^v, K_t^s)，则此时该输出的一次性地址为 $K_t^o = \mathrm{HASH}\left(rK_t^v,\ t\right)G + K_t^s$。

在 Monero 中，交易的每个输出都通过 Pedersen 承诺进行隐藏，若第 t 个输出的金额为 b_t，则隐藏它的承诺可表示为 $C(b_t, y_t) = b_tG + y_tH$，其中 H 为随机群元素，y_t 为盲因子。为了花费交易输出，接收方需要知道交易的输出金额，并能够重构出相应的 Pedersen 承诺，同时 b_t 和 y_t 不能被第三方所知。为此，Monero 利用其特殊的交易地址保证交易的发送方和接收方可以各自计算出相同的 b_t, y_t。具体地，发送方选择金额 b_t，利用 r，K_t^v，t，计算

$$y_t = \mathrm{HASH}\,(\text{"commitment\_mask"},\ \mathrm{HASH}(rK_t^v, t)),$$
$$\mathrm{amt}_t = b_t \oplus_8 \mathrm{HASH}(\text{"amount"}, \mathrm{HASH}(rK_t^v, t))$$

其中，$\oplus_8$ 表示对变量的前 8 字节做异或运算，b_t 由范围证明限制为只占 8 字节，HASH 输出的域元素占 32 字节，在运算时取前 8 字节。发送方把 amt_t 放到交易中。接收方利用交易公钥 rG、视图密钥 k_t^v、索引 t 和数据 amt_t，计算

$$b_t = \mathrm{amt}_t \oplus_8 \mathrm{HASH}(\text{"amount"}, \mathrm{HASH}(k_t^v \cdot rG, t))$$
$$y_t = \mathrm{HASH}(\text{"commitment\_mask"}, \mathrm{HASH}(k_t^v \cdot rG, t))$$

在计算出 b_t, y_t 后，接收方可以重新计算对 b_t 的 Pedersen 承诺，并判断计算的承诺和交易中的承诺是否一致。

Monero 中交易的每个输入都对应之前交易的一个输出，故一个交易的输入金额和输出金额均使用 Pedersen 进行隐藏，任何第三方都无法知道交易的具体金额值，但交易的验证者需要确保交易中所有输入金额的总和等于输出金额的总和。假设一个交易有 m 个输入金额 $a_0,\cdots,a_{m-1}$ 和 q 个输出金额 $b_0,\cdots,b_{q-1}$，那么需满足 $\sum_{j=0}^{m-1} a_j - \sum_{t=0}^{q-1} b_t = 0$。Monero 使用 RingCT 技术来保证这一点。具体地，对于 $0 \leqslant j \leqslant m-1$，$0 \leqslant t \leqslant q-1$，设对第 j 个输入金额的 Pedersen 承诺为 $C_j^a = a_jG + x_jH$，对第 t 个输出金额的 Pedersen 承诺为 $C_t^b = b_tG + y_tH$，其中 x_j 和 y_t 是盲因子。

发送方选择不同的盲因子 x'_j，生成对 a_j 的伪输出承诺 $C'^a_j = a_j G + x'_j H$。可知 C^a_j 和 C'^a_j 是基于不同盲因子的、对同一个值的承诺，且 $C^a_j - C'^a_j = (x_j - x'_j)H$ 是对 0 的 Pedersen 承诺。令盲因子 x'_j 满足 $\sum_{j=0}^{m-1} x'_j - \sum_{t=0}^{q-1} y_t = 0$，则

$$\sum_{j=0}^{m-1} C'^a_j - \sum_{t=0}^{q-1} C^b_t = \sum_{j=0}^{m-1} a_j G - \sum_{t=0}^{q-1} b_t G$$

若此运算的结果为 0，那么可推导出输入金额 $a_0,\cdots,a_{m-1}$ 的总和等于输出金额 $b_0,\cdots,b_{q-1}$ 的总和。综上所述，为了让交易的验证者相信交易中所有输入金额的总和等于输出金额的总和，发送方选择满足 $\sum_{j=0}^{m-1} x'_j - \sum_{t=0}^{q-1} y_t = 0$ 的盲因子 x'_j，生成伪输出承诺 C'^a_j，并生成证明 π_j，用以说明 $C^a_j - C'^a_j$ 是对 0 的 Pedersen 承诺，把 $\{C'^a_j, \pi_j\}_{j=0}^{m-1}$ 放到交易中。交易验证者验证证明 $\{\pi_j\}_{j=0}^{m-1}$，并验证方程 $\sum_{j=0}^{m-1} C'^a_j - \sum_{t=0}^{q-1} C^b_t = 0$，若所有验证均成立，则接受，否则拒绝。

RingCT 技术主要利用 Pedersen 承诺的同态性质，通过对承诺做同态加法运算来验证 $\sum_{j=0}^{m-1} a_j - \sum_{t=0}^{q-1} b_t = 0$，但这个等式中的运算是 $\mathbb{Z}_p$ 中的模 p 运算，如果不对输入金额和输出金额的范围加以限制，非法交易会额外地生成有效的输出金额。例如，假设一个交易的两个输入金额为 12、16，两个输出金额为 30、$p-2$，可知等式(12+16)−(30+p−2)=0 在模 p 运算下同样成立，但输出金额 $p-2$ 可能远大于输入金额总和。

为此，Monero 使用 Bulletproofs[16]的范围证明来限制交易中的每个输出金额都处于范围[0, $2^{64}-1$]中。Monero 一般取 p 是范围长度的 2^{189} 倍，这样若一个非法交易仍要额外地生成有效的输出金额，那它至少应包含约 2^{189} 个输出，这是不太现实的。具体地，Monero 使用了 Bulletproofs 的聚合范围证明协议，令 $\boldsymbol{C}^b = (C^b_0,\cdots,C^b_{q-1}), \boldsymbol{b} = (b_0,\cdots,b_{q-1}), \boldsymbol{y} = (y_0,\cdots,y_{q-1})$，则其证明的关系为 $\{(G,H \in \mathbb{G}, \boldsymbol{C}^b \in \mathbb{G}^q; \boldsymbol{b}, \boldsymbol{y} \in \mathbb{Z}_p^q) : C^b_t = b_t G + y_t H \wedge b_t \in [0, 2^{64}-1] \forall t \in \{0,\cdots,q-1\}\}$。交易的发送方需把对该关系的证明添加到交易中，约占 $(2\cdot\lceil \log_2(64\cdot q)\rceil + 9)\cdot 32$ 字节。

10.3 本章小结

本章主要介绍了零知识证明的工程应用基础和在区块链领域的应用情况。虽然零知识证明具有性能良好、接口简单、证明能力完备的优点，但是与安全多方计算等密码隐私技术相比，目前零知识证明的应用场景较为有限。如何将零知识证明适配于更多实际应用场景，是未来的重要研究方向之一。

第 11 章 零知识证明的标准化

主要内容

- 零知识证明的标准化实例
- 零知识证明与国产密码算法

11.1 零知识证明的标准化实例

零知识证明技术自 1985 年提出迄今已近 40 年，在其发展中涌现出了种类繁多且特色鲜明的具体协议，取得了非常显著的成果。随着不同的零知识证明分支理论的发展，一些零知识证明技术在工程化应用方面逐渐蓬勃发展起来，如今零知识证明理论研究和工程化应用研究正呈现百花齐放的状态。但是零知识证明的应用仍然面临着巨大的挑战。首先零知识证明及技术的理论难度大、理解困难；其次零知识证明没有形成统一的标准，其所基于的各种技术错综复杂，众多定义之间有着模糊的界限，且目前没有对这些技术比较详尽清晰的总结分析。因此，研究者召开了零知识证明研讨会致力于零知识证明的标准化，并持续地对零知识证明的发展贡献力量。

ZKProof 是一个对零知识证明进行标准化的组织。该组织每年都会召开一次零知识证明技术研讨会，该研讨会聚集了知名的密码学家、从业人员来讨论新提案，审查前沿项目并积极促进社区参考文档的生成，以用作零知识证明落地应用的受信任标准。经过多年的努力，该组织对零知识证明的标准化做出了重要贡献，产生了若干标准化建议。本节将从 3 个方面简要介绍零知识证明的标准化进度，第 11.1.1 小节介绍 Σ 协议的标准化，第 11.1.2 小节介绍一阶约束系统的标准化，第 11.1.3 小节介绍椭圆曲线的标准化，第 11.1.4 小节介绍承诺–证明的零知识证明标准化，第 11.1.5 小节介绍零知识证明互操作性的标准化。

11.1.1 Σ 协议的标准化

Σ 协议由于形式简单、性质良好，近年来得到了较为广泛的应用。然而 Σ 协议缺乏标准化，这在一定程度上会阻碍其更为广泛的部署，并增加落地实现时的安全风险。在实际部署 Σ 协议或使用 Σ 协议实现其他密码学原语时，一些典型漏洞列举如下。

（1）在非素数阶群上的实现可能会导致小子群攻击（Small Subgroup Attack）。虽然在 Weierstrass 曲线上实现 Σ 协议具有良好的性能，但是一个小的辅因子就可能会对安全造成致命的影响。2017 年，Monero 披露了基于加密票据的电子货币中的一个漏洞：使用 curve25519[245] 代替素数阶的曲线可能会导致双花问题。

（2）在利用 Fiat-Shamir 启发式将 Σ 协议转化为签名时，泄露、部分泄露或重复使用第一轮消息是不安全的。Σ 协议中的第一轮消息（也就是 a）必须均匀分布，从而保障零知识性。即使 a 只有几位暂时性泄露，证据也有可能被提取出[246]。

（3）在使用 Fiat-Shamir 启发式时，若只根据第一步发送的消息而没有使用整个陈述或群的描述非交互地计算挑战，则可能会引起适应性安全问题[247]。

2021 年，Krenn 和 Orr'u[248]在第四届 ZKProof 研讨会注1上提出了素数阶群上 Σ 协议的一个标准化提议，并包含了 Σ 协议的与组合和或组合。该提议详细介绍了 Σ 协议，提供了协议示例，给出了相关具体实现方向（如关于椭圆曲线或哈希函数的选择），并提供了简化 Σ 协议的安全和兼容实现的指南。

11.1.2 一阶约束系统的标准化

一个一阶约束系统（Rank-1 Constraint System，R1CS）是七元组$(\mathbb{F}, \boldsymbol{A}, \boldsymbol{B}, \boldsymbol{C}, \boldsymbol{io}, m, n)$，其中 $\boldsymbol{io}$ 表示公共输入输出向量，$\boldsymbol{A}, \boldsymbol{B}, \boldsymbol{C} \in \mathbb{F}^{m\times m}$，$m \geqslant |\boldsymbol{io}|+1$，$n$ 是所有矩阵中非零值的最大数目。虽然许多零知识证明[13,30,34]基于一阶约束系统，但一阶约束系统却没有一种合适的统一标准以更好地适用于原型设计和快速开发。在 2019 年的第二届 ZKProof 研讨会注2上，Drevon[249]对一阶约束系统的标准格式进行了定义，即 J-R1CS。J-R1CS 为用 JSON 行格式描述的一阶约束系统，其包含了 J-R1CS 头部和一阶约束。其中，头部包含的主要信息如下。

- 版本号：J-R1CS 目前的版本。
- 域特征：R1CS 中变量系数所处的域的素数阶。
- 延伸度：可选属性，指域扩展的程度，默认为 1。
- 实例：公开输入的变量数目。
- 证据：私有输入的变量数目。
- 约束：一阶约束系统的数量。
- 优化：若设置为真，表示向量内所有索引唯一且有序，并且变量系数均不为 0。

在 J-R1CS 中，主要通过添加索引的方式省去系数为 0 的项。具体而言，索引为 0 表示常数项，

注1：ZKProof Standards. The 4th ZKProof Workshop 2021.
注2：ZKProof Standards. The 2nd ZKProof Workshop 2019.

索引为正数表示证据变量的系数，索引为负数表示实例变量的系数，而未表示的项意味着该变量的系数为 0。例如，系数向量 $\boldsymbol{A}$ 的 J-R1CS 表示为[[0,2],[−1,6],[5,4]]，表示常数项为 2，第一个实例变量的系数为 6，第五个证据变量的系数为 4，其余变量系数均为 0。一阶约束系统的 JSON 行表示在可用性、可读性和互操作性方面均具备优势，使其成为零知识证明预备工作的不错选择。

11.1.3　椭圆曲线的标准化

自从 zk-SNARK 出现，针对配对友好的椭圆曲线的研究及电路内部密码函数的有效实现备受关注。而在众多椭圆曲线中，twisted Edwards 曲线对加法有着统一的公式，Montgomery 曲线则可以高效操作。这两种曲线是双向等价的，可以通过映射互相转换，适用于零知识证明中的电路运算。在第二届 ZKProof 研讨会上，Bellés- Muñoz 、Whitehat、Baylina 等[250]定义了在给定域上生成 twisted Edwards 椭圆曲线的确定性算法，并提供了一种检查该曲线安全性的算法。具体而言，twisted Edwards 椭圆曲线方程形式为 $ax^2+y^2=1+dx^2y^2$，其中 a 和 d 不相等且均不为 0，运算均基于域$\mathbb{F}_p$。给定一个素数 p，该算法生成一个定义在域$\mathbb{F}_p$上的 twisted Edwards 椭圆曲线，包含以下信息：

- Edwards 椭圆曲线所基于的域的素数阶；
- 定义曲线方程的参数 a 和 d；
- Edwards 椭圆曲线的阶及该阶的辅因子和大素数的分解；
- Edwards 椭圆曲线的基点。

在具体生成该曲线时，首先确定性地生成域$\mathbb{F}_p$上的 Montgomery 曲线 E^M 并设置基点和生成元；接着利用 Edwards 曲线和 Montgomery 曲线的双向等价性把 Montgomery 曲线转换成 twisted Edwards 曲线，自然地得到了新的曲线方程的参数、阶和基点。该算法已经实现并经过测试，如 Zcash 所基于的曲线 Jubjub[251]可通过对 BLS12-381 曲线执行该算法得到，Ethereum 所基于的曲线 Baby Jubjub 可通过对曲线 BN128 执行该算法得到。通过该算法可以在给定域$\mathbb{F}_p$上以透明和确定性的方式生成 Edwards 曲线，进而可以实现 SNARK 电路中涉及椭圆曲线的函数，如 Pedersen 哈希函数、Edwards 曲线数字签名算法等。

11.1.4　承诺–证明的零知识证明标准化

承诺–证明的零知识证明，是零知识证明的一般情况，即证明者的陈述是对于某个数值的承诺。零知识证明的大多数应用需使用一些承诺方案，通过证明具备打开承诺的能力来确保用户的隐私性和数据的隐藏性。承诺–证明的零知识证明有如下几种功能。

- 如果使用的承诺方案具有压缩性质，那么对冗长的数据进行承诺注3可以产生简洁的数据

注3：一般而言，这种承诺是向量承诺。例如，普通的 Pedersen 承诺（见定义 2.8）是将 $\mathbb{Z}_q$ 上的一个元素映射为群 $\mathbb{G}_q$ 上的一个元素，而 Pedersen 向量承诺则可以将 $\mathbb{Z}_q$ 上的一个向量映射为群 $\mathbb{G}_q$ 上的一个元素。

表示，通过分发数据承诺而不是数据本身可以极大地降低通信复杂度。

- 可以在生成有关数据的证明之前发布对数据的承诺。例如，Benarroch 等[252]提出的身份方案要求发行者向用户发布一个承诺，该承诺稍后将用于证明某些身份属性；在某些情况下，这些承诺甚至会在身份属性明确之前发布。这意味着，对于某个特定的承诺，希望在承诺打开时所证明的陈述具有一定的灵活性。
- 使用承诺可以使不同的零知识证明得以互操作。例如，可以使用不同的零知识证明完成对同一承诺的不同陈述的证明。

鉴于承诺–证明的零知识证明的各种功能，有必要建立一个统一框架用以实现承诺方案的实例化。在此背景下，在 ZKProof 研讨会上，Benarroch 等[253]首先对承诺和承诺–证明的零知识证明的术语、语法和定义进行了标准化，并给出了其标准的定义形式。

11.1.5 零知识证明互操作性的标准化

Benarroch 等[254]指出，每个零知识证明系统均可分为后端和前端。后端主要指底层密码协议实现，包括密钥生成算法、证明算法和验证算法等，能够证明使用低级语言所表达的陈述。低级语言包括算术电路、布尔电路、一阶约束系统、二次算术程序等。前端则主要由以下几部分组成。

① 利用高级语言表达陈述的表示方法。

② 把高级语言表示的陈述转换成适合后端低级语言表达的编译器。

③ 实例归约：把高级语言表示的实例转换成适合后端低级语言表达的实例。

④ 证据归约：把高级语言表示的证据转换成适合后端低级语言表达的证据。

当前的零知识证明大多是端到端的，即前端和后端的实现有着完全的依赖关系，这使得不同的后端和前端之间没有可移植性，并且无法使用不同的前端生成约束系统。为了满足可移植性，在 2019 年的 ZKProof 研讨会上，Benarroch 等提出在前端和后端之间添加一个显式的格式化层并定义接口 zkInterface，该接口允许用户自由地结合前端和后端。在该接口中，不同前端的小工具库可以互相调用，因此可以使用多个前端来表示完整的陈述。

zkInterface 目前侧重于非交互式零知识证明，并且仅用于以一阶约束系统/二次算术程序类型的约束系统表示的一般陈述，其定义的标准范围包含调用者和被调用者交换消息的定义、消息的序列化、构建约束系统的协议及实施技术建议，而后端的互操作性及编程语言和前端框架的标准则不属于其定义的范围。此外，更一般的零知识证明系统及其他约束系统样式（如算术电路、布尔电路）的互操作性标准仍是未来需要关注的方向。

11.2 零知识证明与国产密码算法

《中华人民共和国密码法》[255]第二十四条明确规定：“国家鼓励商用密码从业单位采用商

用密码推荐性国家标准、行业标准，提升商用密码的防护能力，维护用户的合法权益。”可以说，国产密码算法（以下简称国密算法）和零知识证明的结合对国家网络安全具有重要意义，零知识证明若要在我国工程学术界使用，必须与现有的国密算法相结合。在一系列国密算法中，SM2 算法、SM3 算法和 SM9 算法可以应用到零知识证明中，下面分别介绍这 3 种可结合的方向。

SM2 算法定义了一系列椭圆曲线标准，可以按照该标准构造椭圆曲线循环群。许多零知识证明需在循环群中做群幂运算和乘法运算，但目前其使用的椭圆曲线循环群均来自国际标准，因此可以在零知识证明中应用 SM2 算法定义的椭圆曲线循环群实现国产算法和零知识证明的结合。但是 SM2 算法定义的椭圆曲线无法实现双线性映射，故不能应用于基于二次算术程序的零知识证明，如 Pinocchio[13]、BCTV14[20]、Groth16[14]等。而基于内积论证的 BCCGP16[38]、Bulletproofs[16]等仅用到椭圆曲线群的基本运算，无须使用配对，故可以很好地结合 SM2 算法。

SM3 算法作为一种安全的哈希函数，可以在零知识证明中替代目前使用的国际标准的哈希函数。零知识证明中往往使用哈希函数来压缩冗长的数据、对私有数值进行承诺，以及对默克尔树叶子节点进行哈希以完成默克尔树认证路径证明等，这些哈希函数完全可以使用国产的 SM3 算法。此外，对于众多零知识证明基于的随机谕言模型，该模型假设密码学安全的哈希函数可以作为随机谕言机进而产生真正的随机数，而目前使用的哈希函数均为国际标准的哈希函数，如 SHA-2 算法、SHA-3 算法等，因此用 SM3 算法替代这些国际标准的算法仍可实现国密算法与零知识证明的结合。

SM9 算法定义了椭圆曲线双线性映射的若干标准，故可以构造椭圆曲线循环群及双线性映射并应用到基于配对的零知识证明中，如基于二次算术程序的 zk-SNARK。这类算法使用快速傅里叶变换算法实现其所需的多项式除法操作，要求使用的双线性映射的椭圆曲线阶减 1 有足够大的 2 的高次幂因子。但 SM9 算法采用的双线性映射并不满足这一要求，如果直接结合将使得 zk-SNARK 的性能大大降低。同时 SM9 标准规定双线性映射采用的椭圆曲线应为基域 q 大于 2^{191} 的素数上的常曲线或基域 q 大于 2^{768} 的素数上的超奇异曲线，而 zk-SNARK 使用的双线性映射为基于 128 比特的椭圆曲线，不符合 SM9 算法规定的安全需求。2019 年，黎琳和张旭霞[256]基于 BN 曲线构造双线性映射的方法，提出了针对 zk-SNARK 双线性对的国密化方案，其选取的椭圆曲线参数支持傅里叶变换，且符合 SM9 标准，在不影响 zk-SNARK 性能的前提下，满足了国密算法的安全性要求。

11.2.1 基于国密哈希算法的零知识证明电路

早在 1987 年，Goldreich、Micali 和 Widerson[75]就已证明针对任意 NP 问题都可以构造零知识证明及零知识知识证明。将 NP 问题转换为零知识证明通常有两种方式：第一种方式依赖于该 NP 问题自身的代数结构，如离散对数问题，可以通过 Schnorr 协议[211]实现零知识证明；第二种方式则是将问题拆分成以算术门或逻辑门作为基本运算单元表述的中间形式，再将中间形式提取为电路，最后输入基于特定零知识证明的后端程序生成证明。第一种方式执行效率高，但其解决方式具有局限性，每种问题都需要设计对应的协议；而第二种方式具有普适性，适合由各种代数或布尔运算组合而成的问题，是一种通用零知识证明。

通用零知识证明最为烦琐的部分之一，就是将待证明陈述用算术电路或布尔电路的形式描述表达。这一过程可以通过特定的工具自动实现，但是效率较低，导致实际证明时间较长；另一种方式是针对具体问题的计算步骤，人工设计电路结构并实现。对于一些简单的问题，如证明两数相等、证明成员归属等问题，这种方法实现简单且性能优异，但对于一些复杂的密码学原语，如 SHA256 等哈希函数，由数以万计的基本运算构成，且其运算为由代数运算和布尔运算组成的混合运算形式，人工实现的复杂度极高。

虽然针对哈希函数构造电路是复杂的，但针对哈希原像的零知识证明却具有广泛的应用场景。例如，互联网应用中，密码口令是通过哈希函数存储在服务器进行验证的，用户需要在浏览器中输入口令，口令通过哈希函数转换为哈希值并与服务器存储的哈希值进行对比。口令验证是哈希原像证明的一个实例，但该实例并不是零知识的，因为参与密码口令哈希计算的实例获取了该口令。但在区块链、云计算的很多应用场景下，需要在不泄露消息原像的情况下生成证明，如用户想要在不泄露私钥的情况下证明他拥有私钥，从而实现身份认证。哈希原像的零知识证明具有重要意义，目前在区块链领域的一些方案如（Zokrates[257]、ZkBoo[24]）中均提供了特定哈希函数原像证明的实现。

由于哈希函数不具备良好的代数结构，目前针对哈希原像的零知识证明多是通过通用零知识证明框架完成的，即将计算过程转换为电路形式，而电路的大小和深度将决定证明的大小和速度。SHA256 作为密码学中最为广泛使用的哈希函数，其有多个版本的哈希原像零知识证明实现，但受限于算法本身，其电路大小较大且证明效率较低。为此，很多零知识证明友好的哈希函数被设计和实现，如 MiMC[199]和 Poseidon[258]。随着近年来国家对网络空间安全的重视，以及国密算法的成熟，越来越多的国内工程项目的底层密码学算法逐渐开始用国密算法进行替代，从而实现密码技术的自主可控。

伍前红等[216]从 SM3 的计算步骤与电路模块的对应关系入手，设计了一种电路分层结构，每一层包含多个零知识证明子电路，且由下层子电路构成。他们在合理设计电路结构并规范化电路生成范式的情况下，安全且高效地实现了 SM3 零知识证明电路，并在此基础上扩展实现了多种零知识证明。实验结果表明，采用 Pinocchio 电路生成器自动生成 SM3 的对应算术电路具有 69 730 个门，而伍前红等实现的电路仅有 32 772 个门。

具体地，伍前红等提出了一种 SM3 电路分层架构，实现了电路解耦合复用，下层电路对上层电路透明。在确保电路完整性和高效性的前提下，他们将 SM3 零知识证明算术电路自顶向下分为 4 层，下层电路规模小于上层电路，且下层电路均被良好封装，可以直接被上层电路复用，从而提高电路生成效率。

11.2.2 基于国密算法的高效范围证明

范围证明除了能证明某个被承诺的数值属于一个公开的数值范围，还能证明某个被承诺的元素属于一个公开的集合，此类范围证明又称集合成员关系证明。相比数值类型的范围证明，集合成员关系证明所蕴含的范围更加通用。2008 年，Camenisch、Chaabouni 和 Shelat[164]首次基于数字签名方案设计了一个集合成员关系证明协议。在该协议中，首先，验证者对集合中的每个元素都生成一个签名，并把所有的签名发送给证明者。对于成员固定的集合，上述过程只需作为预处理执行一次，在具体的集合成员关系证明实例中，证明者和验证者均把预处理阶段生成的签名作为输入的一部分。接着，为了证明某个承诺所蕴含的元素是集合的一个成员，证明者只需证明他拥有对该元素的签名。因为证明者不知道签名密钥，所以若验证者验证了证明者确实拥有被承诺元素的签名，那么这个元素一定是集合的成员。该协议使用配对友好的椭圆曲线群，除了预处理阶段的通信开销，协议的证明仅包含常数个群元素。

此类集合成员关系证明的性能在很大程度上取决于其使用的数字签名方案。上述协议使用基于配对的 Boneh-Boyen 签名方案[259]，因此协议需要高耗时的双线性对运算，同时该协议还涉及烦琐的证书管理。何德彪、张语荻和孙金龙[260]利用国密 SM9 数字签名方案构造了一种避免证书管理的集合成员关系证明协议，但仍需要双线性对运算，所以协议的计算开销比较高。林超、黄欣沂和何德彪[261]基于国密 SM2 的标识数字签名方案，设计了一种新的集合成员关系证明协议，有效解决了证书管理和双线性对开销问题。同前述工作，他们的集合成员关系证明协议也可用来构造高效的数值范围证明协议。

11.3 本章小结

本章主要介绍了零知识证明的标准化实例及其与国产密码算法的结合。目前零知识证明所基于的各种技术错综复杂，众多定义之间有着模糊的界限，并且没有对这些技术比较详尽清晰的总结分析，因此有必要规范整个零知识证明设计流程的方方面面。另外，零知识证明若要在国内得到规范使用，有必要与现有的国密算法相结合。如何基于国密算法（如 SM2 算法）设计零知识证明；如何设计国密算法的零知识证明应用，如 SM3 哈希函数原像证明，都是目前亟待解决的问题。

第 12 章 未来研究方向

主要内容

- 技术发展方向
- 应用发展方向

12.1 技术发展方向

近年来，虽然针对简洁非交互零知识证明的研究取得了较大进展，但是仍然存在很多尚未解决的理论和技术问题。未来的主要发展趋势如下。

（1）通用方法层面。进一步总结完善构造简洁非交互零知识证明的通用方法，如拓宽交互式概率可验证证明、交互式谕示证明，探讨是否存在可用于更高效构造简洁非交互零知识证明的信息论安全证明，讨论基于 IPA 的零知识证明是否存在基于信息论安全证明构造的视角等；基于某一特定信息论安全证明，优化改进密码编译器的具体技术，实现更好的性能。

（2）性能层面。从复杂度角度，进一步降低简洁非交互零知识的证明、通信和验证复杂度，如削弱基于双向高效交互式证明的零知识证明中电路深度 d 的影响；从实际性能角度，优化算法性能，如利用批量验证的方式降低基于 IPA 的零知识证明的实际验证开销、通过证明者在脑海中一次性模拟多个安全多方计算运行的方式降低基于 MPC-in-the-Head 的零知识证明的实际证明开销、选取或设计更适合 MPC-in-the-Head 的安全多方计算协议等。

（3）初始化层面。虽然基于二次算术程序/线性概率可验证证明的零知识证明（zk-SNARK）可实现常数级别群元素的通信复杂度和仅与公共输入输出长度呈线性关系的验证复杂度，但在区块链应用中，如何保障可信初始化的安全性、优化可信初始化的性能仍是一个难点。因此，探讨高效可更新公共参考串的构造方式，研究公共参考串长度更短、生成更快的 zk-SNARK 是未来可能的一个发展方向。

（4）安全层面。研究如何基于标准假设构造简洁非交互零知识证明，提高协议的安全性；分析如何基于更为通用的假设构造 zk-SNARK 及系列可更新零知识证明；探讨在系统参数可公开生成的零知识证明中利用基于随机谕言模型的 Fiat-Shamir 启发式实现非交互是否会降低及如何降低协议性能。

12.2 应用发展方向

简洁非交互零知识证明是当前的研究热点，未来将在区块链、隐私计算等领域得到更为广泛的应用。

（1）随着区块链技术的不断发展和广泛应用，区块链面临的隐私泄露问题越来越突出，研究改善区块链隐私的相关技术尤其是密码支撑技术显得愈发重要。零知识证明是实现区块链隐私保护的主要密码支撑技术，其在建立信任的同时最大限度地保障了隐私。基于零知识证明的区块链隐私保护不仅具有理论的安全性，还具有实现的可行性。未来，深入推进零知识证明在区块链领域的应用将成为区块链发展的重要方向之一，而零知识证明技术的发展会进一步完善区块链隐私保护技术。

（2）隐私计算是在保护数据隐私的前提下，解决数据流通、数据应用等数据服务问题，在保证数据提供方不泄露原始数据的前提下，对数据进行计算、分析与建模的一系列信息技术，涵盖数据的产生、存储、计算、应用、销毁等信息流转的全生命周期。零知识证明接口清晰、应用简单，相比同类其他技术性能良好，在隐私计算领域具有广泛的应用前景，被 Gartner 认为将在未来 5～10 年内发展成熟并成为隐私计算领域主要技术之一。鉴于零知识证明的高通用性、强隐私性和操作便捷性，未来零知识证明将在隐私计算领域大放异彩。

参考文献

[1] GOLDWASSER S, MICALI S, RACKOFF C. The knowledge complexity of interactive proof-systems[C]//Proceedings of the Seventeenth Annual ACM Symposium on Theory of Computing. New York: ACM Press, 1985: 291-304.

[2] GARTNER RESEARCH. Hype cycle for privacy[EB]. 2021.

[3] UNIFORM LAW COMMISSION. Uniform personal data protection act[EB]. 2021.

[4] SAHAI A. Non-malleable non-interactive zero knowledge and adaptive chosen-ciphertext security[C]//Proceedings of the 40th Annual Symposium on Foundations of Computer Science. Piscataway: IEEE Press, 2002: 543-553.

[5] GUILLOU L C, QUISQUATER J J. A "paradoxical" identity-based signature scheme resulting from zero-knowledge[C]//CRYPTO'88: Proceedings on Advances in Cryptology. New York: ACM Press, 1990: 216-231.

[6] FEIGE U, FIAT A, SHAMIR A. Zero-knowledge proofs of identity[J]. Journal of Cryptology, 1988, 1(2): 77-94.

[7] 李凤华, 李晖, 贾焰, 等. 隐私计算研究范畴及发展趋势[J]. 通信学报, 2016, 37(4): 1-11.

[8] 李凤华, 李晖, 牛犇. 隐私计算理论与技术[M]. 北京: 人民邮电出版社, 2021.

[9] REID F, HARRIGAN M. An analysis of anonymity in the Bitcoin system[C]//Proceedings of the 2011 IEEE Third International Conference on Privacy, Security, Risk and Trust and 2011 IEEE Third International Conference on Social Computing. Piscataway: IEEE Press, 2011: 1318-1326.

[10] BARBER S, BOYEN X, SHI E, et al. Bitter to better—how to make Bitcoin a better currency[C]//Proceedings of the International Conference on Financial Cryptography and Data Security. Heidelberg: Springer, 2012: 399-414.

[11] RON D, SHAMIR A. Quantitative analysis of the full Bitcoin transaction graph[C]//Proceedings of the International Conference on Financial Cryptography and Data Security. Heidelberg: Springer, 2013: 6-24.

[12] MEIKLEJOHN S, POMAROLE M, JORDAN G, et al. A fistful of Bitcoins[J]. Communications of the ACM, 2016, 59(4): 86-93.

[13] PARNO B, HOWELL J, GENTRY C, et al. Pinocchio: nearly practical verifiable computation[C]//Proceedings of the 2013 IEEE Symposium on Security and Privacy. Piscataway: IEEE Press, 2013: 238-252.

[14] GROTH J. On the size of pairing-based non-interactive arguments[C]//Proceedings of the Annual International Conference on the Theory and Applications of Cryptographic Techniques. Heidelberg: Springer, 2016: 305-326.

[15] BEN-SASSON E, BENTOV I, HORESH Y, et al. Scalable zero knowledge with no trusted setup[C]//Proceedings of the Annual International Cryptology Conference. Cham: Springer, 2019: 701-732.

[16] BÜNZ B, BOOTLE J, BONEH D, et al. Bulletproofs: short proofs for confidential transactions and more[C]//Proceedings of the 2018 IEEE Symposium on Security and Privacy (SP). Piscataway: IEEE Press, 2018: 315-334.

[17] ZHANG J H, XIE T C, ZHANG Y P, et al. Transparent polynomial delegation and its applications to zero knowledge proof[C]//Proceedings of the 2020 IEEE Symposium on Security and Privacy (SP). Piscataway: IEEE Press, 2020: 859-876.

[18] AMES S, HAZAY C, ISHAI Y, et al. Ligero: lightweight sublinear arguments without a trusted setup[J]. Designs, Codes and Cryptography, 2023, 91(11): 3379-3424.

[19] DANEZIS G, FOURNET C, KOHLWEISS M, et al. Pinocchio coin: building zerocoin from a succinct pairing-based proof system[C]//Proceedings of the First ACM Workshop on Language Support for Privacy-enhancing Technologies. New York: ACM Press, 2013: 27-30.

[20] BEN-SASSON E, CHIESA A, TROMER E, et al. Succinct non-interactive zero knowledge for a von Neumann architecture[C]//Proceedings of the 23rd USENIX Conference on Security Symposium. New York: ACM Press, 2014: 781-796.

[21] BEN SASSON E, CHIESA A, GARMAN C, et al. Zerocash: decentralized anonymous payments from Bitcoin[C]//Proceedings of the 2014 IEEE Symposium on Security and Privacy. Piscataway: IEEE Press, 2014: 459-474.

[22] GABIZON A, WILLIAMSON Z J, CIOBOTARU O M. Plonk: permutations over lagrange-bases for oecumenical noninteractive arguments of knowledge[J]. IACR Cryptology ePrint Archive, 2019: 953.

[23] MICALI S. CS proofs[C]//Proceedings 35th Annual Symposium on Foundations of Computer Science. Piscataway: IEEE Press, 2002: 436-453.

[24] GIACOMELLI I, MADSEN J, ORLANDI C. ZKBoo: faster zero-knowledge for Boolean circuits[C]//Proceedings of the 25th USENIX Conference on Security Symposium. New York: ACM Press, 2016: 1069-1083.

[25] CHASE M, DERLER D, GOLDFEDER S, et al. Post-quantum zero-knowledge and signatures from symmetric-key primitives[C]//Proceedings of the 2017 ACM SIGSAC Conference on Computer and Communications Security. New York: ACM Press, 2017: 1825-1842.

[26] KATZ J, KOLESNIKOV V, WANG X. Improved non-interactive zero knowledge with applications to post-quantum signatures[C]//Proceedings of the 2018 ACM SIGSAC Conference on Computer and Communications Security. New York: ACM Press, 2018: 525-537.

[27] BHADAURIA R, FANG Z Y, HAZAY C, et al. Ligero++: a new optimized sublinear IOP[C]//Proceedings of the 2020 ACM SIGSAC Conference on Computer and Communications Security. New York: ACM Press, 2020: 2025-2038.

[28] GVILI Y, SCHEFFLER S, VARIA M. BooLigero: improved sublinear zero knowledge proofs for Boolean circuits[C]//Proceedings of the International Conference on Financial Cryptography and Data Security. Heidelberg: Springer, 2021: 476-496.

[29] GUILHEM C D, ORSINI E, TANGUY T. Limbo: efficient zero-knowledge MPCitH-based arguments[C]//Proceedings of the 2021 ACM SIGSAC Conference on Computer and Communications Security. New York: ACM Press, 2021: 3022-3036.

[30] BEN-SASSON E, CHIESA A, RIABZEV M, et al. Aurora: transparent succinct arguments for R1CS[C]//Proceedings of the Annual International Conference on the Theory and Applications of Cryptographic Techniques. Cham: Springer, 2019: 103-128.

[31] ZHANG Y, GENKIN D, KATZ J, et al. A zero-knowledge version of vSQL[J]. IACR Cryptology ePrint Archive, 2017: 1146.

[32] WAHBY R S, TZIALLA I, SHELAT A, et al. Doubly-efficient zkSNARKs without trusted setup[C]//Proceedings of the 2018 IEEE Symposium on Security and Privacy (SP). Piscataway: IEEE Press, 2018: 926-943.

[33] XIE T, ZHANG J H, ZHANG Y P, et al. Libra: succinct zero-knowledge proofs with optimal prover computation[C]//Proceedings of the Annual International Cryptology Conference. Cham: Springer, 2019: 733-764.

[34] SETTY S. Spartan: efficient and general-purpose zkSNARKs without trusted setup[C]//Proceedings of the Annual International Cryptology Conference. Cham: Springer, 2020: 704-737.

[35] ZHANG J H, LIU T Y, WANG W J, et al. Doubly efficient interactive proofs for general arithmetic circuits with linear prover time[C]//Proceedings of the 2021 ACM SIGSAC Conference on Computer and Communications Security. New York: ACM Press, 2021: 159-177.

[36] GENNARO R, GENTRY C, PARNO B, et al. Quadratic span programs and succinct NIZKs without PCPs[C]//Proceedings of the Annual International Conference on the Theory and Applications of Cryptographic Techniques. Heidelberg: Springer, 2013: 626-645.

[37] GROTH J, KOHLWEISS M, MALLER M, et al. Updatable and universal common reference strings with applications to zk-SNARKs[C]//Proceedings of the Annual International Cryptology Conference. Cham: Springer, 2018: 698-728.

[38] BOOTLE J, CERULLI A, CHAIDOS P, et al. Efficient zero-knowledge arguments for arithmetic circuits in the discrete log setting[C]//Proceedings of the Annual International Conference on the Theory and Applications of Cryptographic Techniques. Heidelberg: Springer, 2016: 327-357.

[39] HOFFMANN M, KLOOß M, RUPP A. Efficient zero-knowledge arguments in the discrete log setting, revisited[C]//Proceedings of the 2019 ACM SIGSAC Conference on Computer and Communications Security. New York: ACM Press, 2019: 2093-2110.

[40] DAZA V, RÀFOLS C, ZACHARAKIS A. Updateable inner product argument with logarithmic verifier and applications[C]//Proceedings of the Public-Key Cryptography - PKC 2020: 23rd IACR International Conference on Practice and Theory of Public-Key Cryptography. New York: ACM Press, 2020: 527-557.

[41] BITANSKY N, CHIESA A, ISHAI Y, et al. Succinct non-interactive arguments via linear interactive proofs[J]. Journal of Cryptology, 2022, 35(3): 15.

[42] BABAI L, FORTNOW L, LEVIN L A, et al. Checking computations in polylogarithmic time[C]//Proceedings of the twenty-third annual ACM Symposium on Theory of Computing. New York: ACM Press, 1991: 21-32.

[43] ARORA S, SAFRA S. Probabilistic checking of proofs; a new characterization of NP[C]//Proceedings of the 33rd Annual Symposium on Foundations of Computer Science. Piscataway: IEEE Press, 2002: 2-13.

[44] ARORA S, LUND C, MOTWANI R, et al. Proof verification and the hardness of approximation problems[J]. Journal of the ACM, 45(3): 501-555.

[45] CORMODE G, MITZENMACHER M, THALER J. Practical verified computation with streaming interactive proofs[C]//Proceedings of the 3rd Innovations in Theoretical Computer Science Conference. New York: ACM Press, 2012: 90-112.

[46] GOLDWASSER S, KALAI Y T, ROTHBLUM G N. Delegating computation: interactive proofs for muggles[J]. Journal of the ACM, 62(4): 27.

[47] SETTY S, BRAUN B, VU V, et al. Resolving the conflict between generality and plausibility in verified computation[C]//Proceedings of the 8th ACM European Conference on Computer Systems. New York: ACM Press, 2013: 71-84.

[48] LUND C, FORTNOW L, KARLOFF H, et al. Algebraic methods for interactive proof systems[C]//Proceedings of the 31st Annual Symposium on Foundations of Computer Science. Piscataway: IEEE Press, 1990: 2-10.

[49] KALAI Y T, RAZ R. Interactive PCP[C]//Proceedings of the International Colloquium on Automata, Languages, and Programming. Heidelberg: Springer, 2008: 536-547.

[50] WAHBY R S, SETTY S, REN Z C, et al. Efficient RAM and control flow in verifiable outsourced computation[C]//IACR Cryptology ePrint Archive, 2014:674.

[51] BEN-SASSON E, BENTOV I, CHIESA A, et al. Computational integrity with a public random string from quasi-linear PCPs[J]. Lecture Notes in Computer Science, 2017: 551-579.

[52] REINGOLD O, ROTHBLUM G N, ROTHBLUM R D. Constant-round interactive proofs for delegating computation[C]//Proceedings of the Forty-Eighth Annual ACM Symposium on Theory of Computing. New York: ACM Press, 2016: 49-62.

[53] BLUM M, FELDMAN P, MICALI S. Non-interactive zero-knowledge and its applications[C]//Proceedings of the Twentieth Annual ACM Symposium on Theory of Computing. New York: ACM Press, 1988: 103-112.

[54] BELLARE M, ROGAWAY P. Random oracles are practical: a paradigm for designing efficient protocols[C]//Proceedings of the 1st ACM Conference on Computer and Communications Security. New York: ACM Press, 1993: 62-73.

[55] CANETTI R, GOLDREICH O, HALEVI S. The random oracle methodology, revisited (preliminary version)[C]//Proceedings of the Thirtieth Annual ACM Symposium on Theory of Computing. New York: ACM Press, 1998: 209-218.

[56] YAO A C. Protocols for secure computations[C]//Proceedings of the 23rd Annual Symposium on Foundations of Computer Science (SFCS 1982). Piscataway: IEEE Press, 1982: 160-164.

[57] REED I S, SOLOMON G. Polynomial codes over certain finite fields[J]. Journal of the Society for Industrial and Applied Mathematics, 1960, 8(2): 300-304.

[58] KILIAN J. A note on efficient zero-knowledge proofs and arguments (extended abstract)[C]//Proceedings of the Twenty-Fourth Annual ACM Symposium on Theory of Computing. New York: ACM Press, 1992: 723-732.

[59] BITANSKY N, CANETTI R, CHIESA A, et al. From extractable collision resistance to succinct non-interactive arguments of knowledge, and back again[C]//Proceedings of the 3rd Innovations in Theoretical Computer Science Conference. New York: ACM Press, 2012: 326-349.

[60] PEDERSEN T P. Non-interactive and information-theoretic secure verifiable secret sharing[C]//Proceedings of the 11th Annual International Cryptology Conference on Advances in Cryptology. New York: ACM Press, 1991: 129-140.

[61] KATE A, ZAVERUCHA G M, GOLDBERG I. Constant-size commitments to polynomials and their applications[M]//Advances in Cryptology - ASIACRYPT 2010. Berlin Heidelberg: Springer, 2010: 177-194.

[62] BÜNZ B, FISCH B, SZEPIENIEC A. Transparent SNARKs from DARK compilers[C]//Proceedings of the Annual International Conference on the Theory and Applications of Cryptographic Techniques. Cham: Springer, 2020: 677-706.

[63] 迈克尔·西普塞. 计算理论导引[M]. 段磊, 唐常杰, 等 译. 北京: 机械工业出版社, 2015.

[64] GOLDREICH O. The foundations of cryptography-volume1: basic techniques[M]. Cambridge: Cambridge University Press, 2001.

[65] BRASSARD G, CHAUM D, CRÉPEAU C. Minimum disclosure proofs of knowledge[J]. Journal of Computer and System Sciences, 1988, 37(2): 156-189.

[66] TOMPA M, WOLL H. Random self-reducibility and zero knowledge interactive proofs of possession of information[C]//Proceedings of the 28th Annual Symposium on Foundations of Computer Science (SFCS

1987). Piscataway: IEEE Press, 1987: 472-482.

[67] BRASSARD G, CRÉPEAU C, LAPLANTE S, et al. Computationally convincing proofs of knowledge[C]// Proceedings of the 8th Annual Symposium on Theoretical Aspects of Computer Science. New York: ACM Press, 1991: 251-262.

[68] FEIGE U, LAPIDOT D, SHAMIR A. Multiple non-interactive zero knowledge proofs based on a single random string[C]//Proceedings of the 31st Annual Symposium on Foundations of Computer Science. Piscataway: IEEE Press, 2002: 308-317.

[69] BELLARE M, GOLDREICH O. On defining proofs of knowledge[J]. Lecture Notes in Computer Science, 1993, 740: 390-420.

[70] SHAMIR A. Ip = pspace[J]. Journal of the ACM,1992, 39(4): 869-877.

[71] SCHWARTZ J T. Fast probabilistic algorithms for verification of polynomial identities[J]. Journal of the ACM, 27(4): 701-717.

[72] ZIPPEL R. Probabilistic algorithms for sparse polynomials[C]//Proceedings of the International Symposium on Symbolic and Algebraic Computation. New York: ACM Press, 1979: 216-226.

[73] KUSHILEVITZ E, NISAN N. Communication complexity[M]. Cambridge: Cambridge University Press, 1997.

[74] GOLDREICH O, OREN Y. Definitions and properties of zero-knowledge proof systems[J]. Journal of Cryptology, 1994, 7(1): 1-32.

[75] GOLDREICH O, MICALI S, WIGDERSON A. How to prove all NP-statements in zero-knowledge, and a methodology of cryptographic protocol design[C]//CRYPTO'86: Proceedings on Advances in cryptology. New York: ACM Press, 1987: 171-185.

[76] IMPAGLIAZZO R, YUNG M. Direct minimum-knowledge computations[C]//CRYPTO'87: A Conference on the Theory and Applications of Cryptographic Techniques on Advances in Cryptology. New York: ACM Press, 1987: 40-51.

[77] GOLDREICH O, KAHAN A. How to construct constant-round zero-knowledge proof systems for NP[J]. Journal of Cryptology, 1996, 9(3): 167-189.

[78] KATZ J. Which languages have 4-round zero-knowledge proofs?[J]. Journal of Cryptology, 2012, 25(1): 41-56.

[79] FLEISCHHACKER N, GOYAL V, JAIN A. On the existence of three round zero-knowledge proofs[C]// Proceedings of the Annual International Conference on the Theory and Applications of Cryptographic Techniques. Cham: Springer, 2018: 3-33.

[80] HADA S, TANAKA T. On the existence of 3-round zero-knowledge protocols[C]//Proceedings of the 18th Annual International Cryptology Conference on Advances in Cryptology. New York: ACM Press, 1998: 408-423.

[81] BEN-SASSON E, CHIESA A, GREEN M, et al. Secure sampling of public parameters for succinct zero knowledge proofs[C]//Proceedings of the 2015 IEEE Symposium on Security and Privacy. Piscataway: IEEE Press, 2015: 287-304.

[82] BOWE S, GABIZON A, GREEN M D. A multi-party protocol for constructing the public parameters of the pinocchio zk-SNARK[C]//Proceedings of the Financial Cryptography and Data Security: FC 2018 International Workshops. New York: ACM Press, 2018: 64-77.

[83] GENTRY C, WICHS D. Separating succinct non-interactive arguments from all falsifiable assumptions[C]//Proceedings of the forty-third annual ACM symposium on Theory of computing. New York: ACM Press, 2011: 99-108.

[84] NAOR M. On cryptographic assumptions and challenges[C]//Proceedings of the 2003 Annual International Cryptology Conference. 2003: 96-109.

[85] GOLDREICH O, HÅSTAD J. On the complexity of interactive proofs with bounded communication[J]. Information Processing Letters, 1998, 67(4): 205-214.

[86] BEN-SASSON E, CHIESA A, GENKIN D, et al. SNARKs for C: verifying program executions succinctly and in zero knowledge[C]//Proceedings of the Annual Cryptology Conference. Heidelberg: Springer, 2013: 90-108.

[87] BITANSKY N, CANETTI R, CHIESA A, et al. Recursive composition and bootstrapping for SNARKS and proof-carrying data[C]//Proceedings of the Forty-Fifth Annual ACM Symposium on Theory of Computing. New York: ACM Press, 2013: 111-120.

[88] CRAMER R, DAMGÅRD I, SCHOENMAKERS B. Proofs of partial knowledge and simplified design of witness hiding protocols[C]//Proceedings of the 14th Annual International Cryptology Conference on Advances in Cryptology. New York: ACM Press, 1994: 174-187.

[89] FIAT A, SHAMIR A. How to prove yourself: practical solutions to identification and signature problems[C]//CRYPTO'86: Proceedings on Advances in cryptology. New York: ACM Press, 1987: 186-194.

[90] BELLARE M, ROGAWAY P. Random oracles are practical: a paradigm for designing efficient protocols[C]//CCS'93: Proceedings of the 1st ACM Conference on Computer and Communications Security. New York: ACM Press, 1993: 62-73.

[91] BEN-SASSON E, CHIESA A, SPOONER N. Interactive oracle proofs[C]//Proceedings of the Theory of Cryptography Conference. Heidelberg: Springer, 2016: 31-60.

[92] CANETTI R, CHEN Y L, HOLMGREN J, et al. Fiat-Shamir: from practice to theory[C]//Proceedings of the 51st Annual ACM SIGACT Symposium on Theory of Computing. New York: ACM Press, 2019: 1082-1090.

[93] VALIANT P. Incrementally verifiable computation or proofs of knowledge imply time/space efficiency[C]//Proceedings of the 5th Conference on Theory of Cryptography. New York: ACM Press, 2008: 1-18.

[94] CANETTI R, GOLDREICH O, HALEVI S. The random oracle methodology, revisited[J]. Journal of the ACM, 51(4): 557-594.

[95] CANETTI R, CHEN Y L, REYZIN L. On the correlation intractability of obfuscated pseudorandom functions[C]//Proceedings of the Theory of Cryptography Conference. Heidelberg: Springer, 2016: 389-415.

[96] KALAI Y T, ROTHBLUM G N, ROTHBLUM R D. From obfuscation to the security of Fiat-Shamir for proofs[C]//Proceedings of the Annual International Cryptology Conference. Cham: Springer, 2017: 224-251.

[97] CANETTI R, CHEN Y L, REYZIN L, et al. Fiat-Shamir and correlation intractability from strong KDM-secure encryption[C]//Proceedings of the Annual International Conference on the Theory and Applications of Cryptographic Techniques. Cham: Springer, 2018: 91-122.

[98] BRAKERSKI Z, KOPPULA V, MOUR T. NIZK from LPN and trapdoor hash via correlation intractability for approximable relations[C]//Proceedings of the Annual International Cryptology Conference. Cham: Springer, 2020: 738-767.

[99] LOMBARDI A, VAIKUNTANATHAN V. Correlation-intractable hash functions via shift-hiding[C]//Proceedings of 13th Innovations in Theoretical Computer Science Conference. 2022.

[100]MA S L, DENG Y, HE D B, et al. An efficient NIZK scheme for privacy-preserving transactions over account-model blockchain[J]. IEEE Transactions on Dependable and Secure Computing, 2021, 18(2): 641-651.

[101]CHASE M, GANESH C, MOHASSEL P. Efficient zero-knowledge proof of algebraic and non-algebraic statements with applications to privacy preserving credentials[C]//CRYPTO 2016: Proceedings of the 36th Annual International Cryptology Conference on Advances in Cryptology. New York: ACM Press, 2016(9816): 499-530.
[102]ZHANG Z F, YANG K, HU X X, et al. Practical anonymous password authentication and TLS with anonymous client authentication[C]//Proceedings of the 2016 ACM SIGSAC Conference on Computer and Communications Security. New York: ACM Press, 2016: 1179-1191.
[103]LI Z P, WANG D, MORAIS E. Quantum-safe round-optimal password authentication for mobile devices[J]. IEEE Transactions on Dependable and Secure Computing, 2022, 19(3): 1885-1899.
[104]WANG Q X, WANG D, CHENG C, et al. Quantum2FA: efficient quantum-resistant two-factor authentication scheme for mobile devices[J]. IEEE Transactions on Dependable and Secure Computing, 2023, 20(1): 193-208.
[105]NAORM. On cryptographic assumptions and challenges[C]//Advances in Cryptology - CRYPTO 2003. Heidelberg: Springer, 2003: 96-109.
[106]BELLARE M, FUCHSBAUER G, SCAFURO A. NIZKs with an untrusted CRS: security in the face of parameter subversion[C]//Proceedings of International Conference on the Theory and Application of Cryptology and Information Security. Heidelberg: Springer, 2016: 777-804.
[107]ABDOLMALEKI B, LIPMAA H, SIIM J, et al. On subversion-resistant in a Sonic-like system[J]. IACR Cryptology ePrint Archive, 2019, 2019: 601.
[108]FUCHSBAUER G. Subversion-zero-knowledge SNARKs[C]//Public-Key Cryptography - PKC 2018. Cham: Springer International Publishing, 2018: 315-347.
[109]MALLER M, BOWE S, KOHLWEISS M, et al. Sonic: zero-knowledge SNARKs from linear-size universal and updatable structured reference strings[C]//Proceedings of the 2019 ACM SIGSAC Conference on Computer and Communications Security. New York: ACM Press, 2019: 2111-2128.
[110]CHIESA A, HU Y C, MALLER M, et al. Marlin: preprocessing zkSNARKs with universal and updatable SRS[C]//Proceedings of Annual International Conference on the Theory and Applications of Cryptographic Techniques. Cham: Springer, 2020: 738-768.
[111]GOLDREICH O. Zero-knowledge twenty years after its invention[J]. IACR Cryptology ePrint Archive, 2002: 186 (2002).
[112]LI F, MCMILLIN B. A survey on zero-knowledge proofs[M]//Advances in Computers. Amsterdam: Elsevier, 2014: 25-69.
[113]MOHR A. A survey on zero-knowledge proofs with applications to cryptography[EB]. 2007.
[114]NITULESCU A. zk-SNARKs: a gentle introduction[EB]. 2020.
[115]MORAIS E, KOENS T, VAN WIJK C, et al. A survey on zero knowledge range proofs and applications[J]. SN Applied Sciences, 2019, 1(8): 946.
[116]SUN X Q, YU F R, ZHANG P, et al. A survey on zero-knowledge proof in blockchain[J]. IEEE Network, 2021, 35(4): 198-205.
[117]MEIKLEJOHN S, ERWAY C C, KÜPÇÜ A, et al. ZKPDL: a language-based system for efficient zero-knowledge proofs and electronic cash[C]//Proceedings of the 19th USENIX conference on Security. New York: ACM Press, 2010: 13.
[118]VIRZA M. On deploying succinct zero-knowledge proofs[D]. Cambridge: Massachusetts Institute of Technology, 2017.
[119]GROTH J. Short pairing-based non-interactive zero-knowledge arguments[C]//Proceedings of International

Conference on the Theory and Application of Cryptology and Information Security. Heidelberg: Springer, 2010: 321-340.

[120]MERKLER C. A digital signature based on a conventional encryption function[C]//Advances in Cryptology — CRYPTO'87. Heidelberg: Springer, 1987: 369-378.

[121]CRESCENZO G, LIPMAA H. Succinct NP proofs from an extractability assumption[C]//Proceedings of the 4th Conference on Computability in Europe: Logic and Theory of Algorithms. New York: ACM Press, 2008: 175-185.

[122]ISHAI Y, KUSHILEVITZ E, OSTROVSKY R. Efficient arguments without short PCPs[C]//Proceedings of the Twenty-Second Annual IEEE Conference on Computational Complexity (CCC'07). Piscataway: IEEE Press, 2007: 278-291.

[123]ISHAI Y, KUSHILEVITZ E, OSTROVSKY R, et al. Zero-knowledge proofs from secure multiparty computation[J]. SIAM Journal on Computing, 2009, 39(3): 1121-1152.

[124]ARORA S, LUND C, MOTWANI R, et al. Proof verification and the hardness of approximation problems[J]. Journal of the ACM, 45(3): 501-555.

[125]HASTAD J, KHOT S. Query efficient PCPs with perfect completeness[C]//Proceedings 42nd IEEE Symposium on Foundations of Computer Science. Piscataway: IEEE Press, 2001: 610-619.

[126]BEN-SASSON E, CHIESA A, GENKIN D, et al. On the concrete efficiency of probabilistically-checkable proofs[C]//Proceedings of the Forty-Fifth Annual ACM Symposium on Theory of Computing. New York: ACM Press, 2013: 585-594.

[127]BEN-SASSON E, CHIESA A, GABIZON A, et al. Quasi-linear size zero knowledge from linear-algebraic PCPs[C]//Proceedings of the Theory of Cryptography Conference. Heidelberg: Springer, 2016: 33-64.

[128]CRAMER R, DAMGÅRD I. Zero-knowledge proofs for finite field arithmetic, or: can zero-knowledge be for free? [M]//Advances in Cryptology—CRYPTO'98. Heidelberg: Springer, 1998: 424-441.

[129]BEN-SASSON E, SUDAN M. Short PCPs with polylog query complexity[J]. SIAM Journal on Computing, 2008, 38(2): 551-607.

[130]LIPMAA H. Progression-free sets and sublinear pairing-based non-interactive zero-knowledge arguments[C]//Proceedings of the 9th International Conference on Theory of Cryptography. New York: ACM Press, 2012: 169-189.

[131]LIPMAA H. Succinct non-interactive zero knowledge arguments from span programs and linear error-correcting codes[C]//Proceedings of the International Conference on the Theory and Application of Cryptology and Information Security. Heidelberg: Springer, 2013: 41-60.

[132]DANEZIS G, FOURNET C, GROTH J, et al. Square span programs with applications to succinct NIZK arguments[C]//Proceedings of the International Conference on the Theory and Application of Cryptology and Information Security. Heidelberg: Springer, 2014: 532-550.

[133]KOSBA A E, PAPADOPOULOS D, PAPAMANTHOU C, et al. TRUESET: faster verifiable set computations[C]//Proceedings of the 23rd USENIX Conference on Security Symposium. New York: ACM Press, 2014: 765-780.

[134]BACKES M, BARBOSA M, FIORE D, et al. ADSNARK: nearly practical and privacy-preserving proofs on authenticated data[C]//Proceedings of the 2015 IEEE Symposium on Security and Privacy. Piscataway: IEEE Press, 2015: 271-286.

[135]COSTELLO C, FOURNET C, HOWELL J, et al. Geppetto: versatile verifiable computation[C]//Proceedings of the 2015 IEEE Symposium on Security and Privacy. Piscataway: IEEE Press, 2015: 253-270.

[136]GROTH J, MALLER M. Snarky signatures: minimal signatures of knowledge from simulation-extractable SNARKs[C]//Proceedings of the Annual International Cryptology Conference. Cham: Springer, 2017: 581-612.
[137]KARCHMER M, WIGDERSON A. On span programs[C]//Proceedings of the 8th Annual Structure in Complexity Theory Conference. Piscataway: IEEE Press, 2002: 102-111.
[138]DAMGÅRD I. Towards practical public key systems secure against chosen ciphertext attacks[C]//Proceedings of the 11th Annual International Cryptology Conference on Advances in Cryptology. New York: ACM Press, 1991: 445-456.
[139]BONEH D, BOYEN X. Short signatures without random oracles[C]//Proceedings of the International Conference on the Theory and Applications of Cryptographic Techniques. Heidelberg: Springer, 2004: 56-73.
[140]GROTH J, OSTROVSKY R, SAHAI A. Non-interactive zaps and new techniques for NIZK[C]//Proceedings of the 26th Annual International Conference on Advances in Cryptology. New York: ACM Press, 2006: 97-111.
[141]BRAUN B, FELDMAN A J, REN Z C, et al. Verifying computations with state[C]//Proceedings of the Twenty-Fourth ACM Symposium on Operating Systems Principles. New York: ACM Press, 2013: 341-357.
[142]CHIESA A, TROMER E, VIRZA M. Cluster computing in zero knowledge[C]//Proceedings of the Annual International Conference on the Theory and Applications of Cryptographic Techniques. Heidelberg: Springer, 2015: 371-403.
[143]SHOUP V. Lower bounds for discrete logarithms and related problems[C]//Proceedings of the 16th Annual International Conference on Theory and Application of Cryptographic Techniques. New York: ACM Press, 1997: 256-266.
[144]FUCHSBAUER G, KILTZ E, LOSS J. The algebraic group model and its applications[C]//Proceedings of the Annual International Cryptology Conference. Cham: Springer, 2018: 33-62.
[145]GABIZON A. Improved prover efficiency and SRS size in a Sonic-like system[J]. IACR Cryptology ePrint Archive, 2019: 601.
[146]BITANSKY N, CANETTI R, CHIESA A, et al. Recursive composition and bootstrapping for SNARKs and proof-carrying data[C]//Proceedings of the Forty-Fifth Annual ACM Symposium on Theory of Computing. New York: ACM Press, 2013: 111-120.
[147]VON ZUR GATHEN J, GERHARD J. Modern computer algebra[M]. Cambridge: Cambridge University Press, 2013.
[148]CAMPANELLI M, FAONIO A, FIORE D, et al. Lunar: a toolbox for more efficient universal and updatable zkSNARKs and commit-and-prove extensions[C]//Proceedings of the 27th International Conference on the Theory and Application of Cryptology and Information Security. New York: ACM Press, 2021: 3-33.
[149]RÀFOLS C, ZAPICO A. An algebraic framework for universal and updatable SNARKs[C]//Proceedings of the Annual International Cryptology Conference. Cham: Springer, 2021: 774-804.
[150]LIPMAA H, SIIM J, ZAJĄC M. Counting vampires: from univariate sumcheck to Updatable ZK-SNARK[M]//Advances in Cryptology-ASIACRYPT 2022. Cham: Springer Nature Switzerland, 2022: 249-278.
[151]BENABBAS S, GENNARO R, VAHLIS Y. Verifiable delegation of computation over large datasets[C]//Proceedings of the 31st Annual Conference on Advances in Cryptology. New York: ACM Press, 2011: 111-131.
[152]ZHANG Y P, GENKIN D, KATZ J, et al. vSQL: verifying arbitrary SQL queries over dynamic outsourced databases[C]//Proceedings of the 2017 IEEE Symposium on Security and Privacy (SP). Piscataway: IEEE Press, 2017: 863-880.

[153]THALER J. Time-optimal interactive proofs for circuit evaluation[C]//Advances in Cryptology - CRYPTO 2013. Heidelberg: Springer. 2013: 71-89.

[154]WAHBY R S, JI Y, BLUMBERG A J, et al. Full accounting for verifiable outsourcing[C]//Proceedings of the 2017 ACM SIGSAC Conference on Computer and Communications Security. New York: ACM Press, 2017: 2071-2086.

[154]WAHBY R S, JI Y, BLUMBERG A J, et al. Full accounting for verifiable outsourcing[C]//Proceedings of the 2017 ACM SIGSAC Conference on Computer and Communications Security. New York: ACM Press, 2017: 2071-2086.

[155]BEN-OR M, GOLDREICH O, GOLDWASSER S, et al. Everything provable is provable in zero-knowledge[C]//CRYPTO'88: Proceedings on Advances in Cryptology. New York: ACM Press, 1990: 37-56.

[156]CHIESA A, FORBES M A, SPOONER N. A zero knowledge sumcheck and its applications[J]. ArXiv e-Prints, 2017, arXiv: 1704.02086.

[157]SCHNORR C P. Efficient signature generation by smart cards[J]. Journal of Cryptology, 1991, 4(3): 161-174.

[158]MAURER U. Unifying zero-knowledge proofs of knowledge[C]//Proceedings of the 2nd International Conference on Cryptology in Africa: Progress in Cryptology. New York: ACM Press, 2009: 272-286.

[159]BABAI L, FORTNOW L, LUND C. Non-deterministic exponential time has two-prover interactive protocols[J]. Computational Complexity, 1991, 1(1): 3-40.

[160]BLUMBERG A, THALER J, VU V, et al. Verifiable computation using multiple provers[J]. IACR Cryptology ePrint Archive, 2014, 2014: 846.

[161]CAMPANELLI M, FIORE D, QUEROL A. LegoSNARK: modular design and composition of succinct zero-knowledge proofs[C]//Proceedings of the 2019 ACM SIGSAC Conference on Computer and Communications Security. New York: ACM Press, 2019: 2075-2092.

[162]GROTH J. Linear algebra with sub-linear zero-knowledge arguments[C]//Proceedings of the 29th Annual International Cryptology Conference on Advances in Cryptology. New York: ACM Press, 2009: 192-208.

[163]SEO J H. Round-efficient sub-linear zero-knowledge arguments for linear algebra[C]//Proceedings of the International Workshop on Public Key Cryptography. Heidelberg: Springer, 2011: 387-402.

[164]CAMENISCH J, CHAABOUNI R, SHELAT A. Efficient protocols for set membership and range proofs[C]//Proceedings of the 14th International Conference on the Theory and Application of Cryptology and Information Security: Advances in Cryptology. New York: ACM Press, 2008: 234-252.

[165]BOWE S, GRIGG J, HOPWOOD D. Halo: recursive proof composition without a trusted setup[J]. IACR Cryptology ePrint Archive, 2019, 2019: 1021.

[166]BÜNZ B, MALLER M, MISHRA P, et al. Proofs for inner pairing products and applications[C]//Proceedings of the Advances in Cryptology - ASIACRYPT 2021: 27th International Conference on the Theory and Application of Cryptology and Information Security. New York: ACM Press, 2021: 65-97.

[167]KIM S, LEE H, SEO J H. Efficient zero-knowledge arguments in discrete logarithm setting: sublogarithmic proof or sublinear verifier[C]//Proceedings of the International Conference on the Theory and Application of Cryptology and Information Security. Cham: Springer, 2022: 403-433.

[168]CHUNG H, HAN K, JU C Y, et al. Bulletproofs+: shorter proofs for a privacy-enhanced distributed ledger[J]. IEEE Access, 2022, 10: 42081-42096.

[169]BRICKELL E F, CHAUM D, DAMGÅRD I, et al. Gradual and verifiable release of a secret[C]//Proceedings of the CRYPTO'87: A Conference on the Theory and Applications of Cryptographic

Techniques on Advances in Cryptology. New York: ACM Press, 1987: 156-166.
[170]CHAUM D. Showing credentials without identification: transferring signatures between unconditionally unlinkable pseudonyms[C]//Proceedings of the International Conference on Cryptology on Advances in Cryptology. New York: ACM Press, 1990: 246-264.
[171]GROTH J. Non-interactive zero-knowledge arguments for voting[C]//Applied Cryptography and Network Security. Heidelberg: Springer, 2005: 467-482.
[172]CAMENISCH J, HOHENBERGER S, LYSYANSKAYA A. Compact E-cash[C]//Proceedings of the 2005 Annual International Conference on the Theory and Applications of Cryptographic Techniques. Heidelberg: Springer, 2005: 302-321.
[173]LIPMAA H, ASOKAN N, NIEMI V. Secure Vickrey auctions without threshold trust[C]//Proceedings of the 6th International Conference on Financial Cryptography. New York: ACM Press, 2002: 87-101.
[174]PARKES D C, RABIN M O, SHIEBER S M, et al. Practical secrecy-preserving, verifiably correct and trustworthy auctions[J]. Electronic Commerce Research and Applications, 2008, 7(3): 294-312.
[175]RABIN M O, MANSOUR Y, MUTHUKRISHNAN S, et al. Strictly-black-box zero-knowledge and efficient validation of financial transactions[C]//Proceedings of the International Colloquium on Automata, Languages, and Programming. Heidelberg: Springer, 2012: 738-749.
[176]BOUDOT F. Efficient proofs that a committed number lies in an interval[C]//Proceedings of the 19th International Conference on Theory and Application of Cryptographic Techniques. New York: ACM Press, 2000: 431-444.
[177]LIPMAA H. On diophantine complexity and statistical zero-knowledge arguments[C]//Proceedings of the International Conference on the Theory and Application of Cryptology and Information Security. Heidelberg: Springer, 2003: 398-415.
[178]COUTEAU G, KLOOß M, LIN H, et al. Efficient range proofs with transparent setup from bounded integer commitments[C]//Proceedings of the Advances in Cryptology - EUROCRYPT 2021: 40th Annual International Conference on the Theory and Applications of Cryptographic Techniques. New York Press: ACM, 2021: 247-277.
[179]GROTH J. Efficient zero-knowledge arguments from two-tiered homomorphic commitments[C]// Proceedings of the 17th International Conference on The Theory and Application of Cryptology and Information Security. New York: ACM Press, 2011: 431-448.
[180]BAYER S, GROTH J. Efficient zero-knowledge argument for correctness of a shuffle[C]//Proceedings of the 31st Annual International Conference on Theory and Applications of Cryptographic Techniques. New York: ACM Press, 2012: 263-280.
[181]EVANS D, KOLESNIKOV V, ROSULEK M. A pragmatic introduction to secure multi-party computation[J]. Foundations and Trends in Privacy and Security, 2018, 2(2/3).
[182]GOLDREICH O, MICALI S, WIGDERSON A, et al. How to play any mental game, or a completeness theorem for protocols with honest majority[C]//Proceedings of the 1987 Annual ACM Symposium on Theory of Computing. New York: ACM Press, 1987: 218-229.
[183]JAWUREK M, KERSCHBAUM F, ORLANDI C. Zero-knowledge using garbled circuits: how to prove non-algebraic statements efficiently[C]//Proceedings of the 2013 ACM SIGSAC Conference on Computer & Communications Security. New York: ACM Press, 2013: 955-966.
[184]FREDERIKSEN T K, NIELSEN J B, ORLANDI C. Privacy-free garbled circuits with applications to efficient zero-knowledge[C]//Proceedings of the Annual International Conference on the Theory and Applications of Cryptographic Techniques. Heidelberg: Springer, 2015: 191-219.

[185]ZAHUR S, ROSULEK M, EVANS D. Two halves make a whole-reducing data transfer in garbled circuits using half gates[C]//Proceedings of the 2015 Annual International Conference on the Theory and Applications of Cryptographic Techniques. Heidelberg: Springer, 2015: 220-250.

[186]KONDI Y, PATRA A. Privacy-free garbled circuits for formulas: size zero and information-theoretic[C]//Proceedings of the Annual International Cryptology Conference. Cham: Springer, 2017: 188-222.

[187]BEN-OR M, GOLDWASSER S, WIGDERSON A. Completeness theorems for non-cryptographic fault-tolerant distributed computation[C]//Proceedings of the Twentieth Annual ACM Symposium on Theory of Computing. New York: ACM Press, 1988: 1-10.

[188]WANG X, RANELLUCCI S, KATZ J. Authenticated garbling and efficient maliciously secure two-party computation[C]//Proceedings of the Proceedings of the 2017 ACM SIGSAC Conference on Computer and Communications Security. New York: ACM Press, 2017: 21-37.

[189]BONEH D, BOYLE E, CORRIGAN-GIBBS H, et al. Zero-knowledge proofs on secret-shared data via fully linear PCPs[C]//Proceedings of the Annual International Cryptology Conference. Cham: Springer, 2019: 67-97.

[190]BOYLE E, GILBOA N, ISHAI Y, et al. Practical fully secure three-party computation via sublinear distributed zero-knowledge proofs[C]//Proceedings of the 2019 ACM SIGSAC Conference on Computer and Communications Security. New York: ACM Press, 2019: 869-886.

[191]GOYAL V, SONG Y F, ZHU C Z. Guaranteed output delivery comes free in honest majority MPC[C]//Proceedings of the Annual International Cryptology Conference. Cham: Springer, 2020: 618-646.

[192]LIN S J, CHUNG W H, HAN Y S. Novel polynomial basis and its application to reed-solomon erasure codes[C]//Proceedings of the 2014 IEEE 55th Annual Symposium on Foundations of Computer Science. Piscataway: IEEE Press, 2014: 316-325.

[193]GOEL A, GREEN M, HALL-ANDERSEN M, et al. Stacking sigmas: a framework to compose Σ -protocols for disjunctions[C]//Proceedings of the Advances in Cryptology-EUROCRYPT 2022: 41st Annual International Conference on the Theory and Applications of Cryptographic Techniques, Trondheim. New York: ACM Press, 2022: 458-487.

[194]ZHANG Z Y, ZHOU Z B, LI W H, et al. An optimized inner product argument with more application scenarios[C]//Proceedings of the International Conference on Information and Communications Security. Cham: Springer, 2021: 341-357.

[195]BEN-SASSON E, CHIESA A, TROMER E, et al. Scalable zero knowledge via cycles of elliptic curves[J]. Algorithmica, 2017, 79(4): 1102-1160.

[196]EDWARDS H. A normal form for elliptic curves[J]. Bulletin of the American Mathematical Society, 2007, 44(3): 393-422.

[197]BARRETO P S L M, NAEHRIG M. Pairing-friendly elliptic curves of prime order[C]//Selected Areas in Cryptography. Heidelberg: Springer, 2006: 319-331.

[198]BOTREL G, PIELLARD T, HOUSNI Y E, et al. Consen SYS/GNARK: v0.6.4[P]. 2022.

[199]ALBRECHT M, GRASSI L, RECHBERGER C, et al. MiMC: efficient encryption and cryptographic hashing with minimal multiplicative complexity[C]//Proceedings of the International Conference on the Theory and Application of Cryptology and Information Security. Heidelberg: Springer, 2016: 191-219.

[200]JOSEFSSON S, LIUSVAARA I. Edwards-curve digital signature algorithm (EdDSA)[J]. RFC, 2017, 8032: 1-60.

[201]CHIESA A, OJHA D, SPOONER N. Fractal: post-quantum and transparent recursive proofs from holography[C]//Proceedings of the Advances in Cryptology - EUROCRYPT 2020: 39th Annual International

Conference on the Theory and Applications of Cryptographic Techniques. New York: ACM Press, 2020: 769-793.

[202]BEN-SASSON E, BENTOV I, HORESH Y, et al. Fast reed-solomon interactive oracle proofs of proximity[C]//Leibniz International Proceedings in Informatics (LIPIcs). Germany: Schloss Dagstuhl-Leibniz-Zentrum für Informatik, 2018.

[203]CHIESA A, MANOHAR P, SPOONER N. Succinct arguments in the quantum random oracle model[C]//Proceedings of the Theory of Cryptography Conference. Cham: Springer, 2019: 1-29.

[204]WU H, ZHENG W T, CHIESA A, et al. DIZK: a distributed zero knowledge proof system[C]//Proceedings of the USENIX Conference on Security Symposium. New York: ACM Press, 2018: 675-692.

[205]WILLIAMS R R. Strong ETH breaks with Merlin and Arthur: short non-interactive proofs of batch evaluation[C]//Proceedings of the 31st Conference on Computational Complexity. New York: ACM Press, 2016: 1-17.

[206]SZE T W. Schönhage-Strassen algorithm with MapReduce for multiplying terabit integers[C]//Proceedings of the 2011 International Workshop on Symbolic-Numeric Computation. New York: ACM Press, 2012: 54-62.

[207]BRICKELL E F, GORDON D M, MCCURLEY K S, et al. Fast exponentiation with precomputation[C]//Proceedings of the 11th Annual International Conference on Theory and Application of Cryptographic Techniques. New York: ACM Press, 1992: 200-207.

[208]BERRUT J P, TREFETHEN L N. Barycentric Lagrange interpolation[J]. SIAM Review, 2004, 46(3): 501-517.

[209]NAVEH A, TROMER E. PhotoProof: cryptographic image authentication for any set of permissible transformations[C]//Proceedings of the 2016 IEEE Symposium on Security and Privacy (SP). Piscataway: IEEE Press, 2016: 255-271.

[210]ABRAMSON N, BRAVERMAN D, SEBESTYEN G. Pattern recognition and machine learning[J]. IEEE Transactions on Information Theory, 1963, 9(4): 257-261.

[211]SCHNORR C P. Efficient signature generation by smart cards[J]. Journal of Cryptology, 1991, 4(3): 161-174.

[212]MEIKLEJOHN S, ERWAY C C, KÜPÇÜ A, et al. ZKPDL: a language-based system for efficient zero-knowledge proofs and electronic cash[C]//Proceedings of the 19th USENIX Conference on Security. New York: ACM Press, 2010: 13.

[213]BEN-SASSON E, CHIESA A, TROMER E, et al. Scalable zero knowledge via cycles of elliptic curves[J]. Algorithmica, 2017, 79(4): 1102-1160.

[214]BRAUN B, FELDMAN A J, REN Z C, et al. Verifying computations with state[C]//Proceedings of the Twenty-Fourth ACM Symposium on Operating Systems Principles. New York: ACM Press, 2013: 341-357.

[215]KOSBA A, PAPAMANTHOU C, SHI E. xJsnark: a framework for efficient verifiable computation[C]//Proceedings of the 2018 IEEE Symposium on Security and Privacy (SP). Piscataway: IEEE Press, 2018: 944-961.

[216]伍前红，谢平，王堃，等. 基于国密 SM3 的哈希原像零知识证明软件: 2021SR1768581[P]. 2021.

[217]SATOSHI N. Bitcoin: a peer-to-peer electronic cash system[EB]. 2008.

[218]MAXWELL G. CoinJoin: bitcoin privacy for the real world[EB]. 2013.

[219]ATLASK. Weak privacy guarantees for shared coin mixing service[EB]. 2014.

[220]MÖSER M, BÖHME R. Join me on a market for anonymity[C]//Proceedings of the Workshop on the Economics of Information Security. 2016.

[221]GOLDFEDER S, KALODNER H, REISMAN D, et al. When the cookie meets the blockchain: privacy risks of web payments via cryptocurrencies[J]. Proceedings on Privacy Enhancing Technologies, 2018, 2018(4): 179-199.

[222]FLEDER M, KESTER M S, PILLAI S. Bitcoin transaction graph analysis[J]. ArXiv e-Prints, 2015, arXiv: 1502.01657.

[223]SPAGNUOLO M, MAGGI F, ZANERO S. BitIodine: extracting intelligence from the Bitcoin network[C]//Proceedings of the International Conference on Financial Cryptography and Data Security. Heidelberg: Springer, 2014: 457-468.

[224]BIRYUKOV A, PUSTOGAROV I. Bitcoin over tor isn't a good idea[C]//Proceedings of the 2015 IEEE Symposium on Security and Privacy. Piscataway: IEEE Press, 2015: 122-134.

[225]KALODNER H, GOLDFEDER S, CHATOR A, et al. BlockSci: design and applications of a blockchain analysis platform[J]. ArXiv e-Prints, 2017, arXiv: 1709.02489.

[226]BIRYUKOV A, KHOVRATOVICH D, PUSTOGAROV I. Deanonymisation of clients in Bitcoin P2P network[C]//Proceedings of the 2014 ACM SIGSAC Conference on Computer and Communications Security. New York: ACM Press, 2014: 15-29.

[227]祝烈煌，高峰，沈蒙，等. 区块链隐私保护研究综述[J]. 计算机研究与发展, 2017, 54(10): 2170-2186.

[228]CONTI M, SANDEEP KUMAR E, LAL C, et al. A survey on security and privacy issues of Bitcoin[J]. IEEE Communications Surveys & Tutorials, 2018, 20(4): 3416-3452.

[229]ANDROULAKI E, KARAME G O, ROESCHLIN M, et al. Evaluating user privacy in Bitcoin[C]//SADEGHI AR. Proceedings of the International Conference on Financial Cryptography and Data Security. Heidelberg: Springer, 2013: 34-51.

[230]LIU S. Network peer management for overwinter. Zcash improvement proposal201[EB]. 2018.

[231]HOPWOOD D. Deployment of the sapling network upgrade. Zcash improvement proposal 205[EB]. 2018.

[232]COMPANYE C. Blossom[EB]. 2019.

[233]HOPWOOD D. Deployment of the heartwood network upgrade. Zcash improvement proposal 250[EB]. 2020.

[234]HOPWOOD D. Deployment of the canopy network upgrade. Zcash improvement proposal 251[EB]. 2020.

[235]LUU L, NARAYANAN V, ZHENG C D, et al. A secure sharding protocol for open blockchains[C]//Proceedings of the Proceedings of the 2016 ACM SIGSAC Conference on Computer and Communications Security. New York: ACM Press, 2016: 17-30.

[236]ZAMANI M, MOVAHEDI M, RAYKOVA M. RapidChain: scaling blockchain via full sharding[C]//Proceedings of the 2018 ACM SIGSAC Conference on Computer and Communications Security. New York: ACM Press, 2018: 931-948.

[237]KOKORIS-KOGIAS E, JOVANOVIC P, GASSER L, et al. OmniLedger: a secure, scale-out, decentralized ledger via sharding[C]//Proceedings of the 2018 IEEE Symposium on Security and Privacy (SP). Piscataway: IEEE Press, 2018: 583-598.

[238]KIAYIAS A, RUSSELL A, DAVID B, et al. Ouroboros: a provably secure proof-of-stake blockchain protocol[C]//Proceedings of the Annual International Cryptology Conference. Cham: Springer, 2017: 357-388.

[239]MILLER A, JUELS A, SHI E, et al. Permacoin: repurposing Bitcoin work for data preservation[C]//Proceedings of the 2014 IEEE Symposium on Security and Privacy. Piscataway: IEEE Press, 2014: 475-490.

[240]KOKORIS-KOGIAS E, JOVANOVIC P, GAILLY N, et al. Enhancing Bitcoin security and performance with strong consistency via collective signing[C]//Proceedings of the 25th USENIX Conference on Security

Symposium. New York: ACM Press, 2016: 279-296.
[241]PARK S, KWON A, FUCHSBAUER G, et al. SpaceMint: a cryptocurrency based on proofs of space[C]//International Conference on Financial Cryptography and Data Security. Heidelberg: Springer, 2018: 480-499.
[242]DECKER C, WATTENHOFER R. A fast and scalable payment network with Bitcoin duplex micropayment channels[C]//Proceedings of the 17th International Symposium on Stabilization, Safety, and Security of Distributed Systems. New York: ACM Press, 2015: 3-18.
[243]BACK A, CORALLO M, DASHJR L, et al. Enabling blockchain innovations with pegged sidechains[EB]. 2014.
[244]KOE, ALONSO K M, NOETHER S. Zero to Monero: second edition[EB]. 2020.
[245]BERNSTEIN D J. Curve25519: new Diffie-Hellman speed records[C]//Proceedings of the 9th international conference on Theory and Practice of Public-Key Cryptography. New York: ACM Press, 2006: 207-228.
[246]ARANHA D F, NOVAES F R, TAKAHASHI A, et al. LadderLeak: breaking ECDSA with less than one bit of nonce leakage[C]//Proceedings of the 2020 ACM SIGSAC Conference on Computer and Communications Security. New York: ACM Press, 2020: 225-242.
[247]BERNHARD D, PEREIRA O, WARINSCHI B. How not to prove yourself: pitfalls of the Fiat-Shamir heuristic and applications to helios[C]//International Conference on the Theory and Application of Cryptology and Information Security. Heidelberg: Springer, 2012: 626-643.
[248]KRENN S, ORR'U M. Proposal: Σ-protocols[EB]. 2021.
[249]DREVON G. J-R1CS, a JSON lines format for R1CS[EB]. 2020.
[250]BELLÉS-MUÑOZ M, WHITEHAT R, BAYLINA I, et al. Twisted edwards elliptic curves for zero-knowledge circuits[J]. Mathematics, 2021, 9(23).
[251]HOPWOOD D, BOWE S, HORNBY T, et al. Zcash protocol specification[EB]. 2022.
[252]BENARROCH D, CANETTI R, MILLER A, et al. Applications track proceeding[EB]. 2018.
[253]BENARROCH D, CAMPANELLI M, FIORE D, et al. Proposal: commit-and-prove zero-knowledge proof systems and extensions[EB]. 2020.
[254]BENARROCH D, GURKAN K, KAHAT R, et al. zk-interface, a standard tool for zero-knowledge interoperability[EB]. 2019.
[255]中华人民共和国密码法[S]. 2019.
[256]黎琳，张旭霞. zk-SNARK 的双线性对的国密化方案[J]. 信息网络安全, 2019(10): 10-15.
[257]EBERHARDT J, TAI S. ZoKrates-scalable privacy-preserving off-chain computations[C]//Proceedings of the 2018 IEEE International Conference on Internet of Things and IEEE Green Computing and Communications and IEEE Cyber, Physical and Social Computing and IEEE Smart Data. Piscataway: IEEE Press, 2018: 1084-1091.
[258]GRASSI L, KHOVRATOVICH D, RECHBERGER C, et al. Poseidon: a new hash function for zero-knowledge proof systems[C]//Proceedings of the 2021 USENIX Security Symposium. Berkeley: USENIX Association, 2021: 519-535.
[259]BONEH D, BOYEN X. Short signatures without random oracles[C]//Proceedings of the International Conference on the Theory and Applications of Cryptographic Techniques. Heidelberg: Springer, 2004: 56-73.
[260]何德彪，张语荻，孙金龙. 一种 SM2 数字签名生成方法及系统: CN107634836B[P]. 2020.
[261]林超，黄欣沂，何德彪. 基于国密 SM2 的高效范围证明协议[J]. 计算机学报, 2022, 45(1): 148-159.